U0327680

给水排水工程专业设计丛书
主编 崔福义

普通高等教育土建学科专业"十五"规划教材
高等学校给水排水工程专业指导委员会规划推荐教材

水处理工程设计计算

韩洪军
杜茂安 主编
周　彤 主审

中国建筑工业出版社

图书在版编目（CIP）数据

水处理工程设计计算 / 韩洪军，杜茂安主编. — 北京：中国建筑工业出版社，2005（2025.2 重印）

（给水排水工程专业设计丛书. 普通高等教育土建学科专业“十五”规划教材. 高等学校给水排水工程专业指导委员会规划推荐教材）

ISBN 978-7-112-07511-9

Ⅰ. 水…　Ⅱ. ①韩… ②杜…　Ⅲ. ①水处理 - 市政工程 - 建筑设计 ②水处理 -市政工程-工程计算　Ⅳ. TU991.2

中国版本图书馆 CIP 数据核字(2005)第 075298 号

普通高等教育土建学科专业“十五”规划教材

高等学校给水排水工程专业指导委员会规划推荐教材

水处理工程设计计算

韩洪军
杜茂安　主编

周　彤　主审

*

中国建筑工业出版社出版、发行(北京西郊百万庄)

各地新华书店、建筑书店经销

北京圣夫亚美印刷有限公司印刷

*

开本：787 毫米×960 毫米　1/16　印张：26½　字数：550 千字

2006 年 3 月第一版　2025 年 2 月第十六次印刷

定价：**68.00** 元

ISBN 978-7-112-07511-9

(44267)

本书主要阐述城市水处理工程的设计原理和计算方法。内容包括城市水处理工程的各种工艺流程、处理方法、设计原理、计算步骤和技术经济分析，从理论基础到各种构筑物的设计和计算等方面作了全面、系统的阐述；并对给水处理和排水处理近几年涌现出来的新工艺、新技术作了比较深入的介绍。

本书可作为高等学校给水排水工程专业和环境工程专业本科毕业设计指导用书，也可供给水排水工程专业和环境工程专业的技术人员在设计、施工和运行管理中参考使用。

* * *

责任编辑：刘爱灵
责任设计：赵　力
责任校对：关　健　张　虹

给水排水工程专业设计丛书

前 言

自从有了人类的生活和生产活动，人类活动就受控于水的自然循环和社会循环所产生的水量和水质。20 世纪以来，由于人口增长和工农业生产的快速发展，加剧了这种影响，水已成为 21 世纪最有争议的城市问题。据联合国预测，21 世纪全世界将有 10 多亿人得不到清洁的饮用水，约 10 亿人缺乏公共用水卫生设施。由于水资源短缺而给人们生活和经济方面造成的损失是十分巨大的。随着城市规模的不断扩大和人口的增加，水环境污染又成了一个重要问题。

我国的水资源总量不少，但人均占有水量仅 2400 ~ 2500m^3/年，列世界第 110 位，为世界人均占有水量的 1/4。而且我国水资源时空分布极不均匀，可利用水资源量占天然水资源量的比重小，水环境污染普遍较严重，水的浪费现象也十分严重。这些因素的综合结果形成我国可资利用的水资源日益短缺，已被联合国列为 13 个水资源贫乏的国家之一。

城市水处理工程的建设是一项系统工程，包括工程的前期立项和环境影响评价、工程的设计与建设资金的筹措。为了设计好、建设好城市水处理工程，需要在项目的立项和设计各个环节充分了解工程的内容、要求和设计计算方法，掌握必要的专业知识，使工程建成后达到预期的效果，实现良好的环境效益和社会效益。

本书主要是针对从事给水排水工程专业和环境工程专业的本科生、研究生以及设计人员、运行管理人员而编写的。全书注意吸收了城市水处理工程的新理论和新技术，同时，力求理论与设计相结合。编写时，参考了全国高等学校给水排水工程专业指导委员会制定的相关课程的教学基本要求和编者所在学校的教学大纲。全书编写的指导思想是简明、准确、方便、实用，以满足实际设计的需要为原则，具有相当的实用性。

本书由韩洪军编写第 1、2、9、10、17 章；杜茂安编写第 3、4 章；时文歆编写第 6 章；封丽编写第 5、7 章；杜茂安、宫曼丽编写第 8 章；张立秋编写第 11 章；李欣编写第 12、13 章；李欣、韩洪军编写第 14 章；孙晓平、徐春艳编写第 15 章；沈晋编写第 16 章。全书由韩洪军、杜茂安统稿。

本书可作为高等学校给水排水工程专业和环境工程专业的教学用书，也可供给水排水工程专业和环境工程专业的设计、运行管理人员参考。由于编者水平所限，书中难免有不妥之处，敬请读者批评指正。

目　录

第4篇 效益分析

第1篇
水处理工程毕业设计基本资料

第1章　水处理工程毕业设计基本内容

1.1　水处理工程设计资料

为了完成水处理工程毕业设计，设计者应收集有关设计基础资料。一般情况下，设计基础资料应由建设单位和城市规划部门提供，在毕业设计中，设计资料可由指导教师根据实际情况给出。设计资料包括城市总体规划、水文地质及气象资料、地形图、给水排水系统和受纳水体情况、地震等级、供水供电、概算指标等资料。对于毕业设计中采用的资料或数据，设计者还应深入实际调查了解，以保证设计基础资料的完整性和准确性。

1.1.1　城市规划资料

1. 设计范围和设计题目

设计范围包括地域范围、设计深度、设计时间、工程内容、说明书的要求等。设计题目应注明某省某市的水处理工程设计，设计资料应与该地区实际情况相符。

2. 城市总体规划

城市的总体规划决定了城市的性质、城市的布局及发展方向，城市的规模、城市的发展速度等。城市总体规划包括人口、居住建筑标准、道路、河流、工业布局及生产规模、近期及远期的划分以及城市水厂的位置、处理规模、处理程度、工艺流程等。此外，水处理工程设计还应与相关专业规划相协调，如环境保护规划等。

3. 城市地形资料

城市地形资料包括城市地形图一张，比例尺为1:5000～1:10000，城市水厂附近的地形图一张，比例尺为1:2000～1:5000。

1.1.2　气象资料

1. 气温

历年最热月的平均气温、最冷月平均气温及正常月平均气温、年最高气温及年最低气温、逐年各月平均气温。

2. 湿度

历年蒸发量、最大年蒸发量、历年平均相对湿度。

3. 降雨量

历年最高年降雨量、历年平均年降雨量、暴雨强度公式。

4. 土壤冰冻资料

多年土壤平均冰冻深度、最大冰冻深度。

5. 风向

常年主导风向、常年夏季主导风向、多年风向频率或风向玫瑰图及最大风速。

1.1.3　水文地质资料

1. 地表水

河流的历年变迁情况及其断面、河床特征、河流上下游的卫生防护及取水地点上下游的排污情况、今后可能污染的程度及趋势、当地水体一览表、有关河流的100年一遇洪水位、50年一遇洪水位、常年水位、最低水位、河流的平均流量、最大流量、保证率为95%的水文年的最小流量、以及河流的污染情况、物理化学分析、细菌检验、藻类生长等情况。

2. 地下水

地下水含水层厚度与分布、动贮量、静贮量、可开采贮量、补给源与流向、扬水资料、涌水量、水位变化、土壤渗透系数及井的影响半径、钻孔柱状图及水文地质剖面图等，地下水的最高水位、最低水位及综合利用情况，在喀斯特发育地区应特别注意地下水和地面水相互补给情况，地下水的污染情况，水的感观、物理化学分析、细菌检验等情况。

3. 地质资料

水处理工程厂址区的地质钻孔柱状图、地质承载能力、地下水位、不良地质情况、地震强度等。

1.1.4　给水排水设施现状资料

城市水源概况、取水方式、净水工艺流程、管网系统及布局、供水范围及水质、水量、水压情况、城市现有雨水管道系统、污水管道系统及管道走向、排水口位置。

1.1.5　供电资料

城市供电部门的要求、供电的电源电压、电源的可靠程度、对大型电机启动的要求、通讯和调度的要求、计量要求及电费收取办法。

1.1.6　有关编制概算和组织施工方面的资料

当地建筑材料、设备供应、租地、征地、青苗赔偿、拆迁补偿办法、有关编制概算的定额资料、地区差价、间接费用定额、运输费和施工组织力量等。

1.1.7　有关法规的资料

1. 国家的有关法律、法规、规范、标准。
2. 地方的有关规定、条例、标准。

1.2　现 场 查 勘

设计者在接到设计资料后，应对设计资料进行整理、核实，有条件时还应深入现场查勘，了解实地情况，搜集补充有关资料，以便提出切合实际的设计方案。

1.2.1　现场查勘的目的

1. 了解城市发展规划及现有水处理工程设施和设计现场情况，增加感性认识。
2. 选择水源、取水地点、管线走向、水厂和泵。

1.2.2　现场查勘的步骤

1. 了解设计任务书的要求、内容和已经给出的设计资料。
2. 熟悉城市规划情况，城市地形资料，列出查勘提纲。
3. 现场查勘、访问、搜集有关资料，并整理分析提出初步的设计方案。
4. 向当地管理部门或指导教师汇报查勘情况、初步方案和下步设计工作的安排，听取意见和要求。

1.2.3　现场查勘注意事项

1. 在初期资料收集分析的基础上，尽早确定查勘的范围及重点，使现场查勘工作有针对性，起到补充作用。
2. 地表水源取水应了解河床变迁，冲淤变化，最高洪水位情况，取水构筑物与航运的关系，地下水源开发利用情况，现有管井构造、水位、出水量等情况。湖泊或水库取水时应了解湖泊或水库的水质特性、浮游生物的情况、藻类情况和季节的影响程度。
3. 通过附近同类水处理工程的调研，详细了解水源水质、处理方法和处理效果，药剂品种、用量、价格和货源情况，运转经验和存在的问题等。
4. 选择厂址时，应了解防涝、防洪标准及排水出路。

1.3　工程制图基本要求

1.3.1　制图基本知识

1. 图纸幅面与标题栏

在水处理工程制图中，常用的图纸幅面为 A_0、A_1、A_2、A_3、A_4，它们的具体尺寸见表1-1、表1-2。

幅面及图框尺寸　　**表1-1**　单位：mm

幅面代号 / 尺寸代号	A_0	A_1	A_2	A_3	A_4
$b \times 1$	841×1189	594×841	420×594	297×420	210×297
c	10			5	
a	25				

图纸边长加尺寸　　**表1-2**　单位：mm

幅面代号	长边尺寸	长边加长后尺寸								
A_0	1189	1338	1487	1635	1784	1932	2081	2230	2378	
A_1	841	1051	1261	1472	1682	1892	2102			
A_2	594	892	1041	1189	1338	1487	1635	1784	1932	2081
A_3	420	631	841	1051	1261	1472	1682	1892		

标题栏应放置在图纸右下角，宽180mm，高40～50mm，应包括设计单位名称区、签字区、工程名称区、图名区和图号区。

2. 平面布置

图面布置要求达到布置紧凑、比例恰当、工程内容表达清楚。应该选择合适的图幅，能够用2号图表达清楚的，就不用1号图。在图面布置上，应力求避免图与图之间（例如平面图与剖面图之间）、图与文字说明之间、图与表格之间的空隙过大或过分拥挤的现象。

构筑物设计图的图面布置，一般可采用图1-1所示的两种形式。水厂平面布置图的编排形式见图1-2。

水厂平面布置还应注意以下问题：

（1）平面图上应表示地形、生产构筑物、辅助构筑物、风向玫瑰图、坐标轴线、指北向、围墙、绿地、道路等。要注明厂界转角坐标或厂界定位标志、构筑物和管道的标高、构筑物和建筑物的坐标和主要尺寸、各构筑物和建筑物的距离及扩建预留地等。

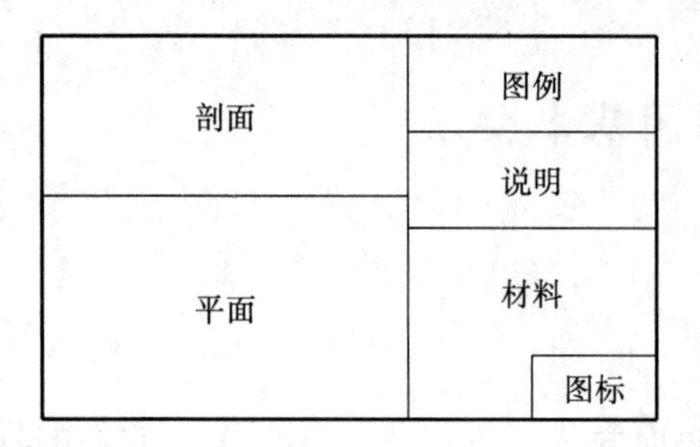

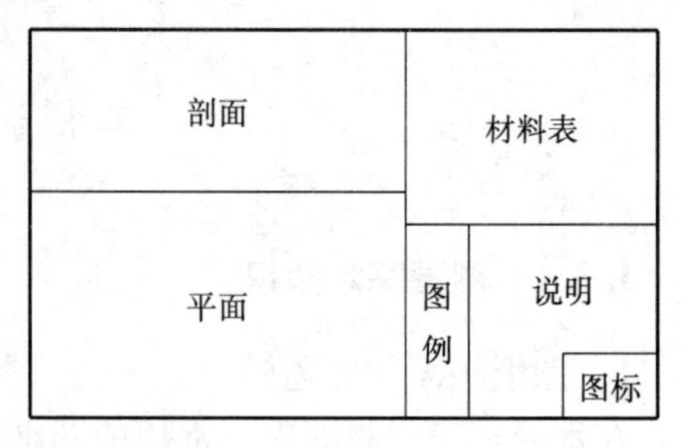

图1-1　构筑物设计图的图面布置图

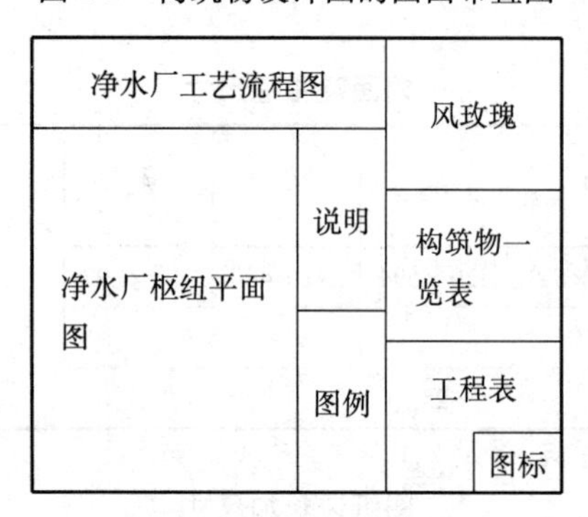

图1-2　水厂平面布置图

（2）工艺流程图一般布置在图纸上方，如布置有困难，也可以另绘一张图。工艺流程图的横向比例和纵向比例可不一致，工艺流程一般为从左向右绘制，纵向比例尺标注图左侧。

3. 图纸比例

工程制图中要把各种图幅画多大，确定比例是首要工作，水处理工程图常用数字比例尺表示图纸的大小，数字注写位置要求如下：

（1）整张图纸不用一个比例时，各个图幅的比例与图名一起放在图幅下面的粗横线上。

（2）整张图纸只用一个比例时，可以注写在图标内的图名下面。

（3）详图的比例须注写在详图图名右侧。

设计中各种图纸的绘图比例参见表1-3。

绘图比例　　**表1-3**

名　称	比　例
区域规划图	1:50000、1:10000、1:5000、1:2000
区域位置图	1:10000、1:5000、1:2000、1:1000
厂区平面图	1:2000、1:1000、1:500、1:200
管道纵断面图	横向1:1000、1:500、1:200

续表

名　称	比　例
水处理厂平面图	1:1000、1:500、1:200、1:100
水处理流程图	无比例
水处理高程图	无比例
构筑物平剖面图	1:60、1:50、1:40、1:30、1:10
泵房平剖面图	1:100、1:60、1:50、1:40、1:30
给水排水平面图	1:300、1:200、1:100、1:50
给水排水系统图	1:200、1:100、1:50或不按比例
设备加工图	1:100、1:50、1:40、1:30、1:20、1:10、1:2、1:1
节点详图	1:50、1:40、1:30、1:20、1:10、1:5、1:3、1:2、1:1

4. 线条宽度

图中各种线条的宽度可根据图幅的大小决定，一般根据图中的粗实线宽度为“*b*”，确定其他线条的宽度。水处理工程图中的“*b*”值选用0.5~1.0mm。同一图中同类型线条宽度应基本保持一致。见表1-4所示的线型。

图线形式（*b*=0.5~1.0mm）　**表1-4**

序号	名　称		线　号	宽度	适用范围
1	实线	粗实线	━━━━	*b*	1. 新建各种工艺管线 2. 单线管线 3. 轴测管线 4. 图名线 5. 钢筋线 6. 图标、图框的外框线
2		中实线	────	*b*/2	1. 工艺图构筑物轮廓线 2. 结构图构筑物轮廓线 3. 原有各种工艺管线 4. 新建各种工艺双线条管线
3		细实线	────	*b*/4	1. 尺寸线、尺寸界线 2. 剖面线 3. 引出线\辅助线 4. 展开图中表面光滑过渡线 5. 标高符号线 6. 图标、表格的分格线

续表

序号	名　称		线　号	宽度	适用范围
4		粗虚线		b	1. 新建各种不可见工艺管线 2. 不可见钢筋线
5	虚线（首末或相交处应为线段）	中虚线		$b/2$	1. 构筑物不可见轮廓线 2. 机械图不可见轮廓线 3. 原有各种不可见工艺管线
6		细虚线		$b/4$	土建图中已被剖去的示意位置线
7		粗点划线		b	平面图中吊车轨道线
8	点划线（首末或相交处应为线段）	中点划线		$b/2$	结构平面图上构件（屋梁、层面梁、基础梁、边系梁、过梁等）布置线
9		细点划线		$b/4$	1. 中心线 2. 定位轴线
10	折线段			$b/4$	折断线、断开界线

1.3.2　图纸的绘制

1. 平面图的绘制

水处理工程总平面图及各种单体平面图中的建筑物、构筑物及各种管道的位置均应一致，图上应注明管道类别、坐标、尺寸、节点编号及各建筑物、构筑物的管道进出口位置。当不绘制给水排水管道纵断面图时，图上应将各种管道的管径、标高、流量、管道长度等标注清楚。

2. 单体构筑物

单体构筑物平面图绘制时可按照不敷土的情况将地下管道画成实线，对所取平面以上的部位，如清水池的检修孔、通风孔等，如确需要表示，可用虚线绘制。若构筑物比较复杂，可用几个平面图表示，但图上需表明该层平面图位置。若欲在一个平面图上表示两个不同位置的平面布置，应在剖面上用转折的剖切线，注明其位置。

当构筑物的平面尺寸过大，在图上难于全部绘制时，在不影响所表示的工艺部分内容前提下，其间可用折线断开，但其总尺寸仍须注明。图中进水管、出水管、溢流管等管道名称和标高应在图上注明。

3. 管道纵断面图

管道纵断面图中，应标注地面线、道路、铁路、排水沟、河谷、建筑物、构筑物的编号以及与本管道相关的各种地下管道、地沟、电缆沟等的相对距离和各自的标高。一般压力管道宜采用单粗实线绘制，重力管道宜采用双粗实线或双中实线绘制。

1.3.3　图纸的标注

每张图纸中每一种尺寸或者每一种注明一般仅标注一次，但在实际需要时也可重复标注。

1. 标高

一般地形图是以大地水准面为基础，即把多年平均海平面作为零点，它又称为水准面。各处地面点与大地水准面的垂直距离，称为绝对高程。各处测量点与当地假定的水准面的垂直距离，称为相对高程。目前，我国水准点的高程规定按1965年青岛水准原点为计算依据。

标高符号一律以倒三角加水平线形式表达，在特殊情况下或注写数字的地方不够时，可用引出线（垂直于倒三角底边）移出水平线。总平面图上的室外整平后的标高，必须以全部涂黑的三角形标高符号表示。

标高应以m为单位，宜注写到小数点后第三位。在总平面图及相应的厂区给水排水图中可注写到小数点后第二位。

沟道（包括明沟、暗沟及管沟）、管道应注明起迄点、转角点、连接点、变坡点、交叉点的标高；沟道宜标注沟内底标高；压力管道宜标注管中心标高；室内外重力管道宜标注管内底标高；必要时，室内架空重力管道可标注管中心标高，但图中应加以说明。

室内管道应注明相对标高；室外管道宜标注绝对标高，当无绝对标高资料时，可标注相对标高。标高的标注方法应符合下列规定：

（1）平面图和系统图中管道标高应按图1-3的方式标注。

（2）剖面图中管道标高应按图1-4的方式标注。

（3）平面图中沟槽标高应按图1-5的方式标注。

（4）平面图中管道直径应按图1-6的方式标注。

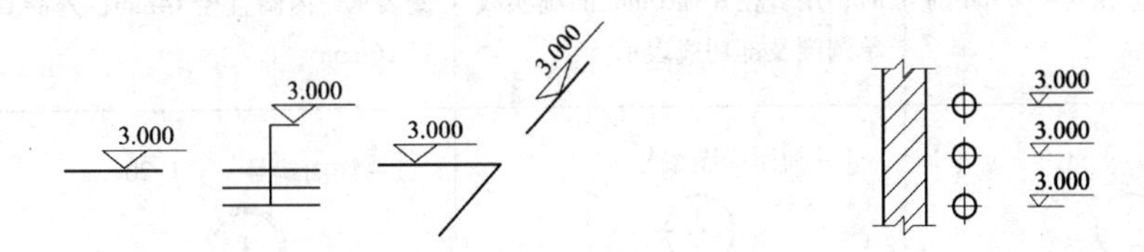

图1-3　平面图、系统图中管道标高标注法　　图1-4　剖面图中管道标高标注法

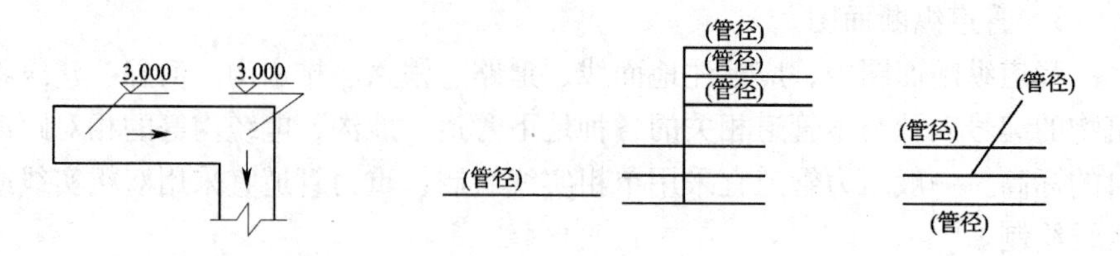

图1-5　平面图中沟槽标高标注法　　　　图1-6　平面图管径标注法

2. 尺寸界限与尺寸线

尺寸界限应用细实线绘制，与被注长度垂直，其一端应离开图样不小于2mm，另一端应超出尺寸线2～3mm。必要时，图样轮廓线也可作为尺寸界线。

尺寸线也用细实线绘制，应与被注长度平行，且不宜超出尺寸界线2mm。任何图线均不得用作尺寸线，见图1-7所示。

尺寸起止符号用中粗短线绘制，倾斜方向与尺寸界线成顺时针45°角，长度2～3mm。半径、直径、角度与弧长的尺寸起止符号用箭头表示。

图样上的尺寸单位，除标高及总平面图用m外，其余的必须以mm作单位。

尺寸界线
尺寸线

图1-7　尺寸界线与尺寸线标注

3. 索引标志

图纸上某一部分或某一构件、局部剖面图等的详图索引标志如表1-5所示。引出线应采用水平、垂直45°或垂直60°细实线表示，且应对准索引标志的圆心。如有文字说明，一般可注写在引出横线的上面，引出线同时索引几个相同部分时，各引出线应平行。

详图索引标志　　表1-5

详图索引标志	局部剖面详图索引标志	详 图 标 志
图上某一部分或某一构件另有详图时，用直径8～16mm的细实线圆圈表示	图上某一局部剖面另有详图时，用直径8～10mm的细实线单圆圈及剖切线表示	详图的编号用外细内粗的双圆圈表示，内圈直径14mm，外圈直径16mm
1－详图编号 1 — 详图在本张图纸上	1－剖面详图编号 1 — 局部剖面详图在本张图纸上	1－详图编号　　1:20 1 被索引图样在本张图纸上

续表

详图索引标志	局部剖面详图索引标志	详 图 标 志
2－详图编号  (2/4) 详图不在本张图纸上 横线下为详图所在图纸编号	2－剖面详图编号 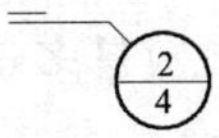 (2/4) 局部剖面详图不在本张图纸上 横线下为详图所在图纸编号	2－详图编号　1:10  (2/4) 被索引图样不在本张图纸上 横线下为被索引图样所在图纸编号
3－S213 标准详图编号 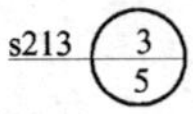 s213 (3/5) 横线下为详图所在图纸编号或采用标准详图号	注：粗线（剖切线）表示剖视方向，必须贯穿所切剖面的全部。如粗线在引出线之上，即表示该剖面的剖视方向是向上	

4．管径

图纸中镀锌焊接钢管、非镀锌焊接钢管、铸铁管、硬聚氯乙烯管、聚丙烯管等管道，管径应以公称直径 *DN* 表示（如 *DN*100）；耐酸陶瓷管、混凝土管、钢筋混凝土管、陶土管等管道，管径应以内径 *d* 表示（如 *d*380）；焊接钢管（直缝或螺旋缝电焊接钢管）、无缝钢管、不锈钢管等管道的管径应以外径×壁厚表示（如 *D*108×4、*D*159×4.5 等）；管径的单位一般用 mm 表示。

5．方向标

（1）坐标

平面图通常用坐标网来控制地形地貌或构筑物的平面位置，因为任何一个点的位置，都可以根据它的纵横两轴的距离来确定。需注意的是，数学上通常以横轴作 X，纵轴作 Y，而平面图上经常以纵轴作 X，横轴作 Y，两者计算原理相同，但使用的象限不同。

（2）指北针

平面图中一般以指北针表明管道或建筑物的朝向，指北针用细实线绘制，见图1-8。圆的直径为24mm，指针尾部宽度为3mm，需要较大指北针时，指针尾部宽度宜为直径的1/8。

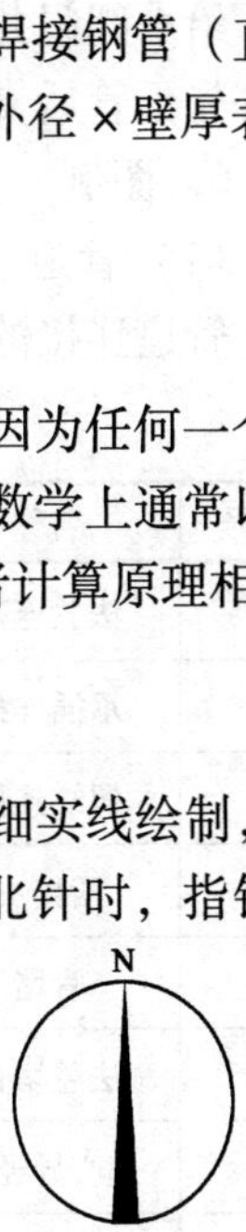

N

图1-8　指北针

（3）风玫瑰图

风玫瑰图可以表示工程所在地的常年风向频率及风向。风向是指来风方向，即从外面吹向地区中心。风向频率是指在一定时间内各种风向出现的次数占所有观测总次数的百分比。

(4) 对称符号

若平面图为对称情况时，可在平面图中轴线上用对称符号标明，其对称部分可省略绘制，见图1-9。

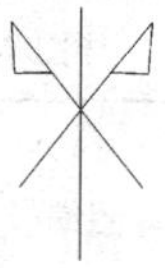

图1-9　对称符号

(5) 编号

当建筑物给水排水的进口、出口数量多于1个时，宜用阿拉伯数字编号，按图1-10的方式表示。

当建筑物内穿过一层及多于一层的立管，其数量多于1个时，宜用阿拉伯数字编号，按图1-11的方式表示。

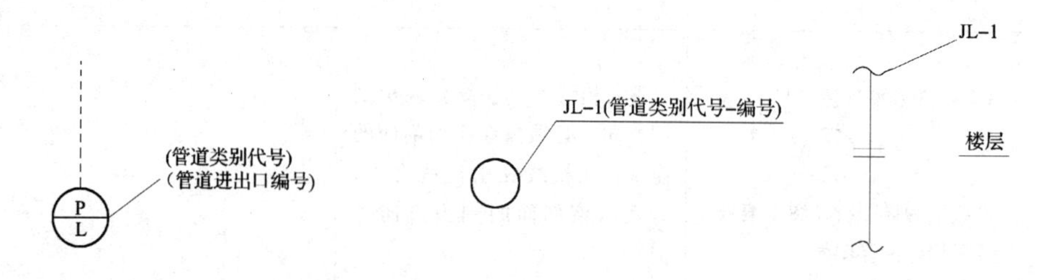

图1-10　给水排水进出口编号　　　　图1-11　立管编号

当给水排水附属构筑物（阀门井、检查井、水表井、化粪池等）多于一个时应编号。宜用构筑物代号后加阿拉伯数字表示，构筑物代号应采用汉语拼音字头。

给水阀门井、排水检查井的编号顺序，应分别从水源到用户和从出水口到上游，先干管后支管的顺序编号。

6. 图例

(1) 管道连接

管道连接的图例见表1-6。

管道连接的图例　　　　表1-6

序号	名称	图例	序号	名称	图例
1	法兰连接	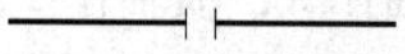	9	喇叭口	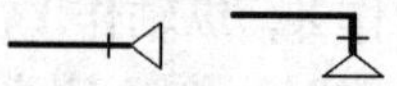
2	承插连接		10	转动接头	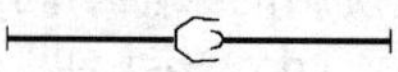
3	螺纹连接		11	管接头	
4	活接头	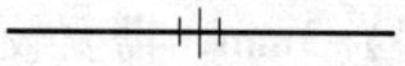	12	弯管	
5	管堵		13	正三通	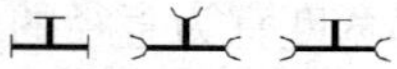
6	法兰堵盖		14	斜三通	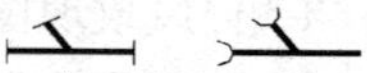
7	偏心异径管	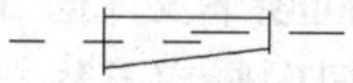	15	正四通	
8	异径管		16	斜四通	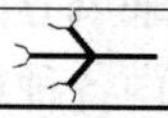

（2）管道及附件

管道及附件的图例见表1-7。

管道及附件的图例 **表1-7**

序号	名称	图 例	说 明	序号	名称	图 例	说 明
1	管道		一张图只有一种管道	12	软管		
2	管道	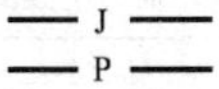 J P	汉语拼音字头表示管道	13	可绕曲橡胶接头	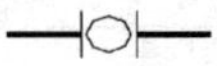	
3	管道	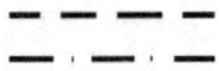	图例表示管道类别	14	管道固定支架		指支架、吊架、支墩
4	交叉管道	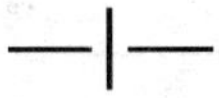	管道交叉不连接	15	管道滑动支架	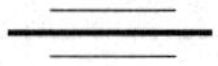	
5	三通管道	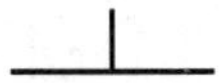		16	保温管		用于防结露管
6	四通管道	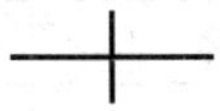		17	多孔管		
7	流向			18	拆除管		
8	坡度			19	地沟管	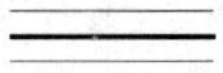	
9	管道伸缩器	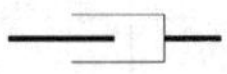		20	防护套管	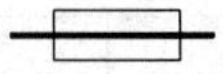	
10	弧形伸缩器		用于加热管道	21	管道立管	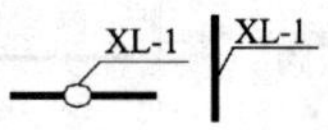 XL-1 XL-1	X管道类别 L立管 1编号
11	防水套管	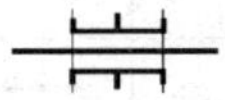		22	排水明沟	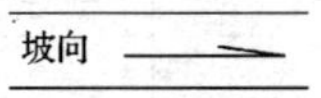 坡向	

续表

序号	名称	图例	说明	序号	名称	图例	说明
23	排水暗沟	坡向		29	通气帽	成品　铅丝球	防水帽
24	弯折管		管道向后弯90度	30	雨水斗	YD-　YD- 平面　系统	
25	弯折管		管道向前弯90度	31	排水漏斗	平面　系统	
26	存水管			32	圆形漏斗		
27	检查口			33	方形漏斗		
28	清扫口	平面　系统		34	自动冲洗水箱		

（3）阀门

阀门的图例见表1-8。

阀门的图例　　**表1-8**

序号	名　称	图　例	序号	名　称	图　例
1	阀门		9	液动阀	
2	角阀		10	气动阀	
3	三通阀		11	减压阀	
4	四通阀		12	延时自闭冲洗阀	
5	闸阀		13	底阀	
6	蝶阀		14	旋塞阀	平面　系统
7	截止阀	$DN\geqslant50$　$DN\leqslant50$	15	脚踏开关	
8	电动阀		16	放水龙头	平面　系统

续表

序号	名　称	图　例	序号	名　称	图　例
17	皮带龙头	平面　系统	27	消声止回阀	
18	化验龙头		28	常闭阀	
19	球阀		29	弹簧安全阀	
20	隔膜阀		30	平衡锤安全阀	
21	气开隔膜阀		31	自动排气阀	平面　系统
22	气闭隔膜阀		32	室外消火栓	
23	温度调节阀		33	水泵接合器	
24	压力调节阀		34	消防喷头	平面　系统
25	电磁阀	M	35	消防报警阀	
26	止回阀		36	浮球阀	平面　系统

(4) 卫生器具及水池

卫生器具及水池的图例见表1-9。

卫生器具及水池的图例　　**表1-9**

序号	名　称	图　例	序号	名　称	图　例
1	水盆水池		7	盥洗槽	
2	洗脸盆		8	污水盆	
3	立式洗脸盆		9	妇女卫生盆	
4	浴盆		10	立式小便器	
5	洗涤盆		11	挂式大便器	
6	带蓖洗涤盆		12	蹲式大便器	

续表

序号	名　称	图　例	序号	名　称	图　例
13	座式大便器		21	降温池	JC
14	小便槽		22	中和池	ZC
15	饮水器		23	雨水口	单口　双口
16	淋浴喷头		24	检查井	
17	矩形化粪池	HC	25	放气井	
18	圆形化粪池	HC	26	水封井	
19	除油池	YC	27	跌水井	
20	沉淀池	CC	28	水表井	

（5）设备及仪表

设备及仪表的图例见表1-10。

设备及仪表的图例　　**表1-10**

序号	名　称	图　例	序号	名　称	图　例
1	泵	平面　系统	9	开水器	
2	离心水泵		10	喷射器	
3	真空泵		11	磁水器	
4	手摇泵		12	过滤器	
5	定量泵		13	水锤消除器	
6	管道泵		14	浮球液位器	
7	热交换器		15	搅拌器	M
8	水－水热交换器		16	温度计	

续表

序号	名　称	图　例	序号	名　称	图　例
17	水流指示器		21	流量计	
18	压力表		22	自动记录流量计	
19	自动记录压力表		23	转子流量计	
20	电接点压力表		24	减压孔板	

7. 图纸的标注

（1）厂区或小区给水排水平面图的画法应符合下列规定：建筑物、构筑物及各种管道的位置应与专业的总平面图、管线综合图一致。图上应注明管道类型、坐标、控制尺寸、节点编号及各建筑物、构筑物的进出口位置，各种管道的管径、标高、流量、管道长度等标注清楚。

（2）高程图应表示给水排水系统内各构筑物之间的联系，并标注其控制标高，一般应注明顶标高、底标高和水面标高。

（3）管道节点图可不按比例绘制，但节点的平面位置与厂区管道平面图应一致。在封闭循环回水管道节点图中，检查井宜用平面图、剖面图表示，当管道连接高差较大时，宜用双线表示。节点图中应标注管道标高、管径、编号和井底标高。

8. 图纸折叠方法

（1）不装订的图纸折叠时，应将图面折向里面，并使右下角的图标露在外面。图纸折叠后的大小，应以4号基本幅面的尺寸（297mm×210mm）为准。

（2）需装订的图纸折叠时，折成的大小尺寸为297mm×185mm。

1.4　设计计算说明书编写格式

1.4.1　毕业设计的基本要求

毕业设计是给水排水专业学生在完成教学计划规定的全部课程后所必须进行的重要实践性教学环节。通过工程设计或专题设计，综合运用所学理论知识，培养独立分析和解决工程实际问题的能力，使学生受到工程师的基本训练。

1. 毕业设计目标

（1）以培养工程师基本素质为中心，通过毕业设计的教学环节，使学生具备一些基本的工程知识。

① 调查研究、收集资料和阅读中外文文献的能力。

② 方案的技术、经济、环境、社会等诸方面的综合分析论证能力。

③ 一定的理论分析与设计运算能力。

④ 良好的计算机操作及应用（绘图、方案论证、技术优化等）能力。

⑤ 熟悉并掌握与工程建设有关的标准和规范。

⑥ 工程制图及编写说明书的能力。

(2) 学生应在教师指导下独立完成所规定的毕业设计内容和工作量。

① 毕业设计选题时应做到每个学生1人1题，毕业设计题目不得重复。

② 毕业设计题目尽量接近实际工程设计题目，有条件的教师可将实际工程设计的一部分交给学生，指导学生独立完成。

2. 选题

(1) 选题在教师指导下进行，选题应尽量从实际的工程、科研和教学的实际问题中选定，其难度和工作量应适合学生的知识和能力。

(2) 毕业设计题目应满足下列要求：

① 符合本专业培养目标和满足教学要求。

② 尽可能结合我国经济建设实际。

③ 以工程设计课题为主，做论文的学生数量一般不超过学生总数的30%。

(3) 毕业设计课题类型应尽量覆盖本专业的主干课程。

(4) 为适应科学技术和国民经济的发展，应注意题目更新，选题不得与往届重复。

3. 设计任务书与指导书

(1) 毕业设计任务书应包括设计题目、设计任务、设计内容、原始资料、编制概算等资料，以及所需要的土建、气象、水文地质等有关资料。

(2) 毕业设计指导书应包括设计目的、设计范围、工艺计算的要求、设计步骤、进度安排及绘图要求、编写设计说明书要求及参考文献，其中设计步骤、进度安排可由教师拟定。

(3) 毕业设计任务书与指导书由指导教师编写、教研室审定，并经指导教师及教研室主任签名后发给学生。

(4) 毕业设计应能使学生掌握本专业工程设计的内容、基本要求、计算方法、设计步骤及计算机绘图方法，为毕业后的专业工作奠定必要的基础。

1.4.2　给水工程毕业设计说明书编写格式

给水工程毕业设计说明书包括题目、中文摘要、外文摘要、目录、正文、致谢、参考文献和附录等几部分。

1. 题目

题目应简明、具有概括性，通过标题，能大致了解文章的内容、专业的特点和学科的范畴。设计说明书题目不超过25字，不得使用标点符号，可分二行书写，题目中尽量不要用英文缩写词，必须采用时，应使用本行业通用缩写词。

2. 中文摘要与关键词

摘要应扼要叙述设计说明书的主要内容、特点，文字要简练，是一篇具有独立性和完整性的短文，应包括设计说明书的主要成果和结论性意见。摘要中不宜使用公式、图表，不标注引用文献编号，避免将摘要写成目录式的内容介绍。

关键词是供检索用的主题词条，应采用能覆盖设计说明书主要内容的通用技术词条（参照相应的技术术语标准），一般列出3~5个，按词条的外延层次从大到小排列，关键词应在摘要中出现。

3. 外文摘要与关键词

外文摘要与中文摘要一致，按毕业生学过的外文语种译成外文，外文关键词全部以小写字母表示，放在外文摘要之后。

4. 目录

目录应独立成页，包括设计说明书中全部章、节的标题及页码。

5. 城市概述

（1）简要介绍设计城市的地理位置、地貌、性质、经济概况及发展前景。

（2）对设计城市的总体规划，分期修建计划以及河流、铁路、重要的工业企业的位置和作用进行一般性的描述。

6. 设计依据

（1）介绍城市各区域的面积、人口密度、用水量标准、工业企业与公共建筑的用水量，以及给水排水设计手册等资料。

（2）简单介绍水源水体的名称、流量、水位、水质状况、利用情况，以及当地的自然情况、水文地质情况。

（3）设计依据和设计任务的简述，如果是实际的工程设计，还应对委托设计书和厂址的选择报告的批准单位、文号、日期、批准内容及委托单位加以说明。

7. 用水量计算

（1）确定用水量标准，计算城市最高日用水量、居民最高日生活用水量、工厂最高日生产用水量、浇洒道路用水量、绿化用水量，再加上未预见用水量，即可得该城市最高日设计用水量。

（2）计算城市最高日最大时用水量。

（3）计算消防时用水量。

8. 取水构筑物设计计算

（1）选定水源位置和净水厂位置。

（2）选定供水系统方案（要求提出两个方案进行对比选定）。

（3）根据设计条件和所确定的设计方案，选定取水构筑物位置和形式，如果采用地下水源时，还应选定井群位置及布置方式。

（4）选定取水构筑物的设计流量。

（5）进行取水构筑物和取水泵站的设计计算，并用计算机绘出草图。

（6）根据设计计算，进行取水构筑物的平面布置（包括取水泵站）。

9. 净水厂设计计算

（1）根据水质、水量、地区条件、施工条件和相关净水厂运转情况，确定处理工艺流程并选定处理方案。

（2）选定处理构筑物的设计流量。

（3）选定各构筑物的型式和数目，根据确定的净水厂位置，初步进行水厂的平面布置和高程布置，在此基础上确定构筑物的形状，有关尺寸和安装位置等。

（4）进行各构筑物的设计计算，确定各构筑物和各主要构件的尺寸，设计时要考虑到构筑物及其构件施工上的可能性，并符合建筑模数的要求。

（5）绘制出各构筑物及有关细部的计算草图。

（6）根据各构筑物的具体尺寸，确定各构筑物在平面布置上的确切位置，并最后完成平面布置，确定各构筑物之间联接管道的位置、管径、长度、材料及附属设施，并最后确定净水厂的高程布置。

10. 二级泵站设计计算

（1）根据水厂平面布置和管网平差结果，确定供水制度，泵站型式，进行选泵。

（2）确定水泵的布置方式。

（3）进行二级泵站设计计算并绘出计算草图。

1.4.3　排水工程毕业设计说明书编写格式

1. 题目

题目应简明、具有概括性。通过标题，能大致了解文章的内容、专业的特点和学科的范畴。设计说明书题目不超过25字，不得使用标点符号，可分两行书写。题目中尽量不要用英文缩写词，必须采用时，应使用本行业通用缩写词。

2. 中文摘要与关键词

摘要应扼要叙述设计说明书的主要内容、特点，文字要简练，是一篇具有独立性和完整性的短文，应包括设计说明书的主要成果和结论性意见。摘要中不宜使用公式、图表，不标注引用文献编号，避免将摘要写成目录式的内容介绍。

关键词是供检索用的主题词条，应采用能覆盖设计说明书主要内容的通用技术词条（参照相应的技术术语标准），一般列 3 ~ 5 个，按词条的外延层次从大到小排列，关键词应在摘要中出现。

3．外文摘要与关键词

外文摘要要与中文摘要一致，按毕业生学过的外文语种译成外文，外文关键词全部以小写字母表示，放在外文摘要之后。

4．目录

目录应独立成页，包括设计说明书中全部章、节的标题及页码。

5．城市概述

（1）简要介绍设计城市的地理位置、地貌、性质、经济概况及发展前景。

（2）对设计城市的总体规划，分期修建计划以及河流、铁路、重要工业企业的位置和作用进行一般性的描述。

6．设计依据

（1）介绍城市各排水区域的排水面积、人口密度、污水量标准、工业企业与公共建筑的排水量和水质，以及给水排水设计手册等资料。

（2）概述城市的地形特点、地质、水文与气象等自然资料。

（3）简单介绍受纳水体的名称、流量、水质、污染状况、水文情况、利用情况，以及当地环保部门对水体排放污水的要求等。

（4）设计依据和设计任务的简述，如果是实际的工程设计，还应对委托设计书和厂址选择报告的批准单位、文号、日期、批准内容及委托单位加以说明。

7．排水量计算

（1）确定排水量标准，计算城市最高日排水量、居民最高日生活排水量、工厂最高日生产排水量、未预见排水量，即可得该城市最高日设计排水量。

（2）计算城市最高日最大时的排水量，设计流量。

（3）计算城市平均日平均时的排水量，平均流量。

8．污水处理程度计算

（1）城市生活污水和工业废水综合后的水质情况。

（2）根据污水排放口处悬浮物的允许增加浓度和污水排放口的出水水质要求计算悬浮物的处理程度。

（3）根据河水中溶解氧的容许最低浓度、河水中 BOD_5 的最高允许浓度和污水排放口处出水水质要求计算 BOD_5 的处理程度。

（4）根据污水排放口出水水质要求计算氮、磷的处理程度。

9．污水厂设计计算

（1）根据地形、气象、水文等原始资料，考虑城市总体规划、污水的再生利用与环境影响等因素，通过技术经济比较选择适宜的厂址和处理方案，并加以说明。

(2) 确定各处理构筑物的设计流量。

(3) 确定各构筑物的型式和数目，根据确定的污水厂位置，初步进行污水厂的平面布置和高程布置，在此基础上确定构筑物的形状，有关尺寸和安装位置等。

(4) 进行各构筑物的设计计算，订出各构筑物和各主要构件的尺寸。设计时要考虑到构筑物及其构件施工上的可能性，并符合建筑模数的要求。

(5) 绘制出各构筑物及有关细部的计算草图。

(6) 根据各构筑物的具体尺寸，确定各构筑物在平面布置上的确切位置，最后完成平面布置。确定各构筑物之间连接管道的位置、管径、长度、材料及附属设施，最后确定污水厂的高程布置

10. 泵站工艺设计计算

泵站位置选择和构造型式、主要尺寸、设备型号与数量、技术性能说明、水泵工作点计算和流量、扬程复核等计算、集水井的面积、平面尺寸、有效深度、进水格栅计算等。要求画出水泵特性曲线与管路特性曲线。

11. 工程概算和成本分析

根据各构筑物土建工程量，采用土建工程概算单价及当地建筑工程预算定额进行编制工程概算，概算还包括机械与电器设备、检测与控制仪器仪表、分析化验设备等费用。成本分析包括处理吨水的运行费用以及含土建和设备的折旧费在内的成本费用的计算与分析。

12. 结论

结论是对说明书主要成果的归纳，要突出设计说明书的创新点，以简练的文字对设计说明书的主要工作进行总结，一般为400~1000字。

13. 致谢

对导师和给予指导或协助完成设计说明书编制的组织和个人表示感谢，内容应简洁明了、实事求是，避免俗套。

14. 参考文献

参考文献是设计说明书不可缺少的组成部分。它反映设计说明书的取材来源、材料的广博程度。设计说明书中引用的文献应以近期发表的与设计说明书工作直接有关的学术期刊类文献为主，参考文献数量，一般应在12~15篇左右，其中外文不少于3篇，学术期刊类文献不少于8篇。在正文中必须有参考文献的编号，参考文献的编号应按在设计说明书中出现的顺序排列。

产品说明书、各类标准、各种报纸上刊登的文章及未公开发表的研究报告等不宜作为参考文献引用。引用网上参考文献时，应注明该文献的准确网页地址，网上参考文献不包含在上述规定的文献数量之内。

对于有能力的毕业生，还应将参考文献中一篇与所撰写的设计说明书内容最直接相关的外文文献译成中文，不少于3000汉字，并将其编入附录。

1.5 毕业设计质量控制

毕业设计是培养学生系统地掌握本专业所必需的基础理论知识；牢固地掌握水力学、水分析化学和水处理微生物学等主要专业基础课的理论知识，并掌握建筑力学和电工与电子学等技术基础课的理论知识，以及给水排水工程结构设计的初步知识；具有系统的给水工程、排水工程等专业知识，以及给水排水技术经济和施工管理的基本知识；有较强的自学能力和一定的分析能力、解决一般工程实际问题的能力；具有进行给水排水工程的系统规划与工艺设计的能力；对本专业的新工艺、新设备、新材料以及科学技术发展的动向有一些了解。

1.5.1 毕业设计成果要求

1. 指导教师

（1）指导教师一般由讲师以上的教师担任，基本做到老、中、青相结合。必要时可聘请设计部门有经验的工程师协助指导。第一次参加指导毕业设计的教师必须与有经验的、具有副教授以上职称的教师一齐共同承担指导工作。指导教师由教研室安排，系主任或院长审定。

（2）毕业设计实行指导教师负责制，指导教师对学生的毕业设计全面负责，因材施教、教书育人，应保证平均每周6~8学时的指导时间。

（3）指导教师应在答辩前根据评分标准提出每个学生成绩的初步意见及导师评语。

（4）每位指导教师指导毕业设计人数，一般不超过4~6人。

2. 毕业设计说明书、计算书、图纸基本要求

（1）毕业设计说明书要求内容完整，简洁明了，层次清楚，文理通顺，书写工整，装订整齐。

（2）毕业设计计算书除满足上述要求外，还应计算正确，并附有计算草图，标注所计算的尺寸；提倡应用计算机技术解决较复杂的计算，毕业设计计算书一般应达到初步设计计算书深度。

（3）毕业设计说明书、计算书字数，本科一般60~90页（约3.5万~5.5万字），专科50~60页（约2.0万~3.5万字）。应包括摘要、目录、概述、正文、结论、致谢及参考文献，其中中英文摘要约300字左右。

（4）毕业设计图纸应能较好地表达设计意图，要求内容完整，布局合理，比例准确，线型分明，正确清晰，符合工程制图标准及有关规定，用工程字注文。计算机绘图控制在图纸总量的40%~50%以内，所有图纸中至少有3张图纸达到施工图图纸深度。本科图纸一般为8~10张（按1号图纸计），专科图纸一般为6~8张。

3. 毕业答辩

（1）在毕业设计进展30% ~50%时，指导教师应对学生的毕业设计工作进行检查，重点检查学生毕业设计的进度和质量，对不符合要求的学生提出批评并限期改正。

（2）学生必须在规定的时间提交毕业设计成果，经指导教师签字认可后方能参加答辩。

（3）答辩委员会一般由正副教授、讲师担任，也可适当邀请有实践经验的工程师担任。答辩委员会设主任1名、委员3~6名、秘书1~2名。答辩委员会由系主任聘请并组成，报学院批准，负责答辩事宜。

（4）答辩方式及成绩评定，由答辩委员会确定。

（5）答辩委员会可下设若干答辩组，成员一般不宜少于5~7人。

4. 成绩评定

（1）学生成绩应根据毕业设计成果（设计说明书、计算书、图纸），独立工作能力、答辩、平时表现等综合评定。

（2）毕业设计成绩按优、良、中、及格、不及格五级分制或百分制评分。

（3）毕业设计成绩评定标准见表1-11。

5. 时间安排

毕业设计时间一般为10~14周，毕业实习时间一般为2~4周。

1.5.2　毕业设计答辩程序

1. 在举行答辩前，指导教师应预先审查毕业设计成果并签字，然后连同导师初步意见一同提交答辩委员会评阅。由答辩小组安排答辩顺序和时间，答辩顺序一般按学号顺序进行，并向学生公布。

2. 答辩小组成员对毕业设计应给予全面的评审，写出简明的书面评语和主要存在问题，连同毕业设计成果交还给学生，便于学生做好答辩准备。

3. 答辩时学生应作毕业设计自述报告，说明设计题目和要解决的主要问题，主要参考资料的来源，设计中所研究的主要内容和解决这些问题的主要途径和方法，设计的优点和存在的问题。自述报告时间每人不得超过20~30分钟。

4. 答辩学生自述报告完毕后，答辩小组成员就审阅毕业设计和听取报告后仍不清楚的地方向答辩学生提出，由答辩学生加以说明，然后答辩小组成员就毕业设计中涉及的专业基础知识和专业知识进行提问，由学生解答。或者让学生从题库中任取一试题，然后由学生现场解答，答辩小组成员的提问和试题内容应在教学计划、教学基本要求和毕业设计有关范围内提出，答辩小组成员应作好答辩的详细记录。每个学生的答辩时间，一般不超过40分钟。

5. 毕业答辩结束后，答辩小组应会同指导教师对进行答辩的学生毕业设计成果给予评定，结合答辩情况进行投票评定成绩，一般去掉一个最高分和一个最低分，将其余分数平均评定成绩，并提出是否授予该学生学位的意见。

6. 每个专业的毕业设计全部答辩完毕后，召开答辩委员会全体会议，进一步审查、平衡各答辩小组评定的成绩。对其中的优、及格、可能不及格都须严格审查，一般“优秀”成绩不超过总人数的20%～25%，“优秀”和“良好”成绩不超过总人数的40%～60%，对可能不及格者，由答辩委员会全体委员再进行一次答辩，最后决定成绩。

7. 毕业设计指导教师根据答辩委员会最后审定的成绩，书面写出每个学生的成绩及评语交给答辩委员会，由答辩委员会主任签署意见后统一上交院系，同时向全体学生宣布毕业设计成绩。

1.5.3　毕业设计成绩评分标准

1. 毕业设计成绩评分标准

(1) 学生毕业设计成绩应根据毕业设计说明书、计算书、图纸、独立工作能力、答辩情况等综合评定，并按优、良、中、及格、不及格五级分制或百分制记分。

(2) 评分标准：

优——设计方案良好，有特点，计算正确，图纸和说明书清晰完整，答辩时自述概念清楚。对提出的主要问题能准确圆满地回答，毕业设计过程中有较强的独立工作能力和组织能力，善于查阅国内外资料，运用计算机能力强，对某一设计专题或某一设计部分进行深入的计算，对本专业有关的基础理论、基本知识和基本技能掌握良好。

良——设计方案合理，计算正确，图纸和说明书清晰完整，答辩时自述概念清楚。对提出的主要问题能较圆满地回答，毕业设计过程中有一定的独立工作能力和组织能力，能查阅和运用技术资料，运用计算机能力较强，对某一设计专题或某一设计部分进行深入的计算，对本专业有关的基础理论、基本知识和基本技能掌握较好。

中——设计方案基本合理，计算基本正确，图纸和说明书完整，表达清楚，答辩时自述基本清楚。对提出的主要问题能够回答，在毕业设计过程中能独立工作，表明已基本掌握了本专业有关的基础理论、基本知识和基本技能。

及格——设计方案无原则性错误，计算基本正确，图纸和说明书基本完整，表达清楚，答辩时对提出的有关问题尚能够回答，在毕业设计过程中尚能独立工作，表明已基本掌握了本专业有关的基础理论、基本知识和基本技能。

不及格——设计方案有原则性错误，计算中错误较多，图纸和说明书质量差、错误多，抄袭别人或有别人代替绘图，答辩时自述概念不清楚，基本概念错误较多，对提出的有关问题不能正确回答，在毕业设计过程中工作能力差，表明尚未掌握本专业有关的基础理论、基本知识和基本技能。

上述评分标准见表1-11。

毕业设计成绩评定标准表　　表1-11

<table>
<tr><th colspan="2" rowspan="2">项目</th><th colspan="2">设计计算说明书</th><th rowspan="2">设计图</th><th rowspan="2">答 辩</th><th rowspan="2">独立工作能力</th></tr>
<tr><th>方案分析论证</th><th>计算</th></tr>
<tr><td colspan="2">比例（%）</td><td>15</td><td>15</td><td>30</td><td>20</td><td>20</td></tr>
<tr><td rowspan="5">评定标准</td><td>优</td><td colspan="2">设计方案良好，有特点；方案分析论证完整、基础资料可靠；设计计算正确；说明书完整、清晰；文字通顺、书写工整</td><td>完整、正确、清晰</td><td>能准确圆满回答主要问题。自述概念清楚</td><td>独立工作能力强，善于查阅和利用技术资料。运用计算机能力强。毕业设计认真，毕业设计日记、报告完整、清晰</td></tr>
<tr><td>良</td><td colspan="2">设计方案合理；方案分析论证较完整、基础资料可靠；设计计算正确；说明书完整、清楚；
文字通顺</td><td>比较完整、正确、清晰</td><td>能较圆满回答主要问题。自述较清楚</td><td>有一定的独立工作能力，能查阅和利用技术资料。能运用计算机。毕业设计较认真，毕业设计日记、报告较完整、清晰</td></tr>
<tr><td>中</td><td colspan="2">设计方案基本合理；方案分析论证较完整、基础资料较可靠；计算正确；说明书完整，基本正确</td><td>较完整</td><td>能回答主要问题。自述基本清楚</td><td>基本能独立工作，能查阅和利用技术资料。能运用计算机。毕业设计一般，毕业设计日记、报告较完整</td></tr>
<tr><td>及格</td><td colspan="2">设计方案无原则性错误；方案分析论证不完整、基础资料较可靠；计算基本正确；说明书基本完整正确</td><td>基本完整</td><td>基本能回答主要问题。自述基本清楚</td><td>尚能够独立工作和查阅使用技术资料。运用计算机能力差。毕业设计日记、报告不完整</td></tr>
<tr><td>不及格</td><td colspan="2">设计方案有原则性错误；方案分析论证不完整、基础资料不可靠；计算错误较多；说明书不完整，错误多</td><td>不完整、图面差，概念不清楚</td><td>能回答主要问题。概念不清楚。自述不清楚</td><td>独立工作和查阅利用技术资料能力差。不能运用计算机。无毕业设计日记和报告</td></tr>
</table>

2. 毕业设计成绩评分方法

毕业设计的成绩由四部分组成，其中开题报告、中期检查和结题验收占10分，其余三部分为导师评分、评阅人（应由讲师以上教师担任）评分、答辩委员会评分，这三部分共占90分。对毕业设计的评分应在综合考虑毕业设计说明书工作量、学生表现和所达到水平的基础上确定，主要采分点包括：

（1）基本能力和工作态度，包括毕业设计反映出的对基础知识的掌握情况，学生的独立工作能力和学生在毕业设计期间思想、纪律等方面的表现。

（2）毕业设计说明书水平，包括设计说明书的学术水平，论述的正确性，设计说明书的难度及工作量和设计说明书的条理性及语言表达能力。

（3）答辩表现，包括答辩材料是否规范，自述情况和回答问题的情况。

对于毕业设计有创新者应酌情加分，对于中期检查发现工作没有完成的学生、期末检查发现毕业设计工作较差的学生应酌情减分。

3. 毕业设计说明书管理

（1）毕业设计说明书及有关图纸由院（系）资料室负责长期保管，其中优秀毕业设计说明书送学校档案馆永久存档。

（2）毕业设计说明书装订要整齐，要统一按照封面、内封、毕业设计评语、毕业设计任务书、中文摘要、外文摘要、目录、正文、致谢、参考文献、附录（含外文复印件及外文译文）等顺序装订。

（3）毕业设计的知识产权属于学校。

第2章　水处理工程设计程序

工程设计是基本建设的重要环节，基本建设是指固定资产的建造、购置和安装的活动以及与此有关的其他工作。一般的说就是国民经济各部门中固定资产的增添或扩大再生产。另外，其他的基本建设工作，如为基本建设服务的科学研究工作，建设单位管理工作，设计勘查工作，生产试车工作等，看来虽不是固定资产，但它是与增添固定资产直接有关的工作，所以也属于基本建设。

2.1　基本建设程序

2.1.1　建设程序概述

基本建设程序就是按照基建、施工、生产的特点及其内在的规律性，从计划、勘察、设计、施工、验收等环节之间的顺序衔接而做出具有法律性的规定。凡是确定的基本建设项目，事先必须进行可行性研究，然后提出设计任务书（计划任务书），报请上级审批。经批准后，才能委托设计单位进行设计，设计单位完成设计文件后，上报审批，经批准后才能进行施工。施工完毕后必须经过竣工验收才能交付建设单位使用，正式投产。

基本建设可分为以下几个阶段：

1. 可行性研究阶段

基本建设项目的确定，都是根据国民经济发展中的长期计划和建设布局，提出拟建项目建设书，在任务下达前，必须进行初步可行性研究以确定该项目的建设在技术上是否可行，经济上是否合理，并由主管部门组织计划、设计等单位，编制计划任务书。

2. 计划任务书阶段

计划任务书是确定基本建设项目、编制设计文件的主要依据，凡新建、改建、扩建的建设项目，都要根据国家发展国民经济的长远规划和建设布局以及初步可行性研究报告的要求，按项目大、中、小类型的要求进行编制，计划任务书按隶属关系经上级批准后即可委托设计单位进行设计工作。

3. 设计阶段

设计单位根据上级有关部门批准的计划任务书文件进行设计工作。设计工作可按项目大、中、小类型分为三阶段设计（初步设计、技术设计、施工图设计）或两阶段设计（初步设计、施工图设计）。

4. 组织施工阶段

建设单位采用施工招标或其他形式落实施工单位，进行施工。在展开全面施工过程中，要严格按照施工规范和操作规程施工，加强经济核算和技术管理，确保工程质量，在保证生产安全的基础上，达到高质量、高速度、高功效、低成本。

5. 竣工验收交付使用阶段

建设项目建成后，竣工验收交付生产使用是建筑安装施工的最后阶段，也是建筑商品交货验收阶段。建设项目竣工验收合格签发验收证书后，才能交付生产使用，未经验收的竣工工程不能投产使用。

以上基本建设程序也可用图 2-1 的形式简明表示出来。

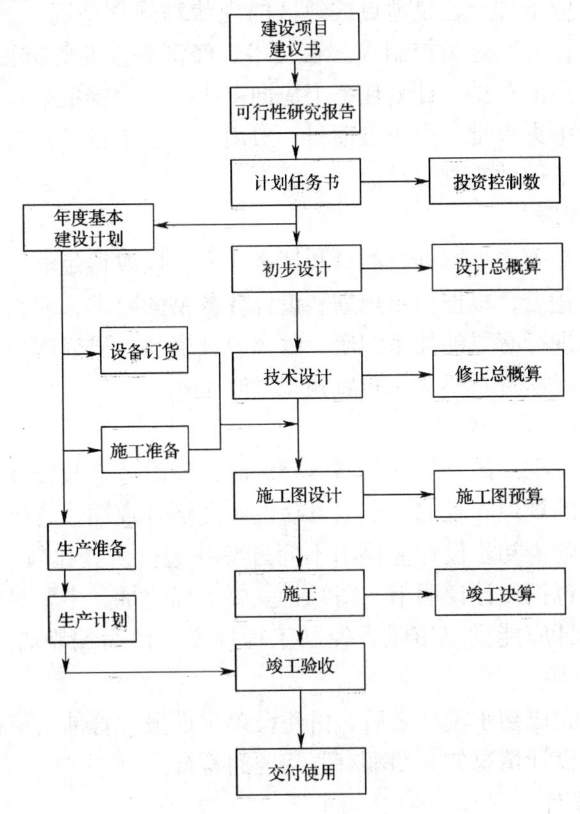

图 2-1　基本建设程序图

2.1.2　水处理工程的基本建设程序

新建水处理工程的基本建设程序如下：

1. 水处理工程规划

这项工作一般是由城市规划或工业区总体规划部门进行，也可以委托给水排水专业设计部门进行。水处理工程规划的主要任务是：根据总体规划的布局和安排，确定用水量定额和估算城市总用水量和总排水量。研究满足各种用户对水量、水质和水压可能的要求，选定水质处理厂位置，合理安排水资源的综合利用，节约用地，少占农田，并要十分注意环境保护的要求，防止水源和水体的污染。

2. 制定计划任务书

计划任务书（即设计任务书）是建设单位确定建设项目和建设方案的重要文件，是编制设计文件的依据。计划任务书的内容主要包括：建设目的和依据；建设规模和工程投资及资金筹措；建设周期、财务效益分析和工程效益分析；涉及范围及主要工程项目；服务对象和使用要求；资源条件和排放水体；供电和运输条件；材料供应条件；建设地点或地区的现状和规划情况，占地数量；水文、地质和气象资料；劳动定员控制等。在技术、经济和效益等方面论证的基础上，提出项目推荐方案的意见。计划任务书应向上级单位申报批准，列入年度基建计划。重大项目由中央审批，中小型项目一般由省、市审批。批准后由建设单位委托设计单位进行工程的勘测设计。

3. 勘察与调研

设计之前，必须先进行勘察测量和调查研究，以取得足够的基础资料。设计单位接受设计委托后，根据初步规划和设计任务书的要求，应组织设计人员深入现场实地查勘和进行必要的技术调研，收集设计资料，研究解决任务书中尚未明确的有关问题，提出资料要求，布置初步勘测工作。

4. 初步设计

根据上级部门批准的计划任务书内容编制初步设计，其任务是要确定某时某地进行某项建设的规模、目的、技术可靠性和经济合理性，解决建设对象最重要的经济和技术问题。初步设计应提出不同方案并进行认真比较，选出最佳方案。初步设计文件应包括设计说明书、图纸、主要工程数量、主要材料设备数量及工程概算。初步设计应能满足审批、控制工程投资、作为编制施工图设计依据的要求。

设计单位在完成初步设计之后，由建设单位送报主管部门审批，设计单位在审批会议上进行设计情况的介绍和有关问题的答辩。

5. 施工图设计

根据上级部门批准的初步设计文件的内容编制施工图设计。施工图深度应能满足施工安装、加工及施工预算编制的要求，设计文件应包括设计说明书、设计图纸、材料设备表、施工图预算。施工图设计的质量由设计单位负责，施工图设计文件须经审查批准，方可使用。

6. 施工阶段

施工图完成后，一般由设计人员向具体施工部门进行施工图的技术交底，说明设计意图、施工要求，并听取施工人员意见，施工单位要按设计图纸施工。如发现问题或提出合理化建议，应经过一定手续，才能变动。

施工时，为了及时解决施工中出现的技术问题，设计人员要有计划地配合施工。对一般设计项目，指派主要设计人员到施工现场，解释设计图纸，搞好技术交底，说明工程目的、设计原则、设计标准和依据，提出施工注意事项和新技术的特殊要求，并会同测量人员，向施工单位交验有关定位基础点、桩位和控制水准点，对重大设计项目，必要时应派现场设计代表，随时解决施工中存在的问题。

7. 竣工验收和投产使用

竣工验收是全面考核建设成果，检查设计和施工质量的重要环节。所有项目竣工以后，一律要验收合格，施工才算最后结束。如果工程质量不合格，必须返工或加固，验收的主要目的是确保工程质量。工程验收完毕，施工单位应编制竣工图纸，最后进行生产试运转，编写工程总结。大型设计项目，设计人员必须参加投产试运转，进行技术测定，总结经验。

2.2　设计阶段

设计工作按建设项目所涉及的对象不同可划分为城市给水处理工程设计和城市污水处理厂工程设计，由于水质、水量及处理工艺方面差别较大，使其设计工作亦有所不同。

设计工作按建设项目大小、重要性和技术复杂程度可分两阶段设计或三阶段设计进行。一般建设项目按两阶段进行设计，即初步设计和施工图设计。对于技术复杂而又缺乏设计经验的项目，经主管部门指定可按三阶段设计，即初步设计、技术设计和施工图设计。为减少设计环节，对于熟悉的简单工程，各方面的意见比较一致或工程进度紧迫时，在征得上级同意后，可以简化设计程序，以设计原则或设计方案代替初步设计，以工程估算代替工程概算，设计方案经有关部门批准后即可进行施工图设计。

编制各阶段设计文件，必须在上阶段设计文件（包括计划任务书）得到上级主管部门批准后，方允许进行下一阶段的设计工作。

2.3　可行性研究设计

可行性研究是设计的前期工作，设计首先以可行性研究报告（大型、重要的项目）或工程方案设计（小型、简单的项目）的文件形式表达，主要是论证水处理工程项目的必要性、工艺技术的先进性与可靠性、工程的经济合理性，为项目的建设提供科学依据。

2.3.1　可行性研究内容

1. 基本任务与要求

可行性研究属于设计前期工作，应根据主管部门提出的项目建议书和委托书进行。其主要任务是论证本工程项目的可行性，根据任务所要求的工程目的和基础资料，运用工程学和经济学的原理，对技术、经济以及效益等诸方面进行综合分析、论证、评价和方案比较，提出本工程的最佳可行性方案。

2. 概述

项目编制依据、自然环境条件（地理、气象、水文地质）、城市社会经济概况；城市的给水排水系统现状、河流状态、项目的建设原则与建设范围、水质处理厂建设规模、水质处理要求目标（设计进水、出水水质）。

3. 工程方案

水质处理厂厂址选择及用地，水质处理工艺方案比较（工艺设计与总体设计比较、工艺构筑物及设备分析、技术经济比较），各构筑物尺寸及设备选择，处理后出水的去向；工程近期、远期结合问题，节能、消防、职业安全与工业卫生、工程招标、环境保护、生产组织及劳动定员。

4. 工程投资估算及资金筹措

工程估算原则与依据，工程投资估算表，资金筹措与使用计划。可行性研究的投资估算与初步设计的概算之差，应控制在上下浮动10%以内。

5. 经济评价

工程范围及处理能力、总投资、资金来源及使用计划，年经营成本估算和财务评价。

2.3.2　可行性研究报告的编写格式

1. 前言

说明工程项目提出的背景、建设的必要性和经济意义，简述可行性研究报告的编制过程。

2. 总论

（1）编制依据

上级部门的有关文件、主管部门批准的项目建议书及有关方针政策方面的文件，委托单位提出的正式委托书和双方签订的合同，环境影响评价报告书和城市总体规划文件。

（2）编制范围

合同（或协议书）中所规定的范围和经双方商定的有关内容和范围。

（3）城市概况

城市历史特点、行政区域及城市规模，自然条件，包括地形、河流湖泊、气象、水文、工程地质、地震等，以及城市给水排水现状与规划概况及水域污染概况。

3. 方案论证

（1）工艺流程选择及论证。

（2）处理方案及处理效果选择及论证。

（3）水质处理厂位置选择及论证。

4. 方案设计

（1）设计原则

（2）工程规模、规划人数及用水量定额、排水量定额的确定。

（3）水质处理程度的确定。

（4）处理构筑物尺寸计算，主要设备选型计算。

（5）建筑结构设计。

（6）供电安全程度，自动化管理水平、电器与仪表设计。

（7）采暖方式、采暖热媒、耗热量以及供热来源等。

5. 管理机构、劳动定员及建设进度设想

（1）水质处理厂的管理机构设置和人员编制。

（2）工程项目的建设进度要求和建设阶段的划分。

6. 环境保护与劳动安全

（1）处理厂内的绿化要求，可能产生的污染物的处置。

（2）劳动安全和卫生保护、防范措施。

7. 投资估算及资金筹措

（1）投资估算

编制依据与说明，工程投资总估算表（按子项列表）和近期工程投资估算表（按子项列表）。

（2）成本分析

根据电耗和药剂费、人工费、维护费计算处理吨水的运行费用，根据运行费用和土建设备折旧费、摊销费、贷款利息等计算总成本费用。

（3）资金筹措

资金来源（申请国家投资、地方自筹、贷款及偿付方式等）和资金的构成（列表）。

8. 财务及工程效益分析

（1）财务预测

资金运用预测（列表说明），根据建设进度表确定项目的分年度投资、固定资产的折旧（列表说明）和水质处理生产成本（列表说明），算出单位水量的费用（元/m^3），以及处理后水费收取标准的建议（元/m^3）。

（2）财务投资分析

计算出投资效益和投资回收期（列表说明）。

（3）工程效益分析

节能效益分析，经济效益分析和环境效益及社会效益分析。

9. 结论和存在的问题

（1）结论

在技术、经济、效益等方面论证的基础上，提出水处理工程项目的总评价和推荐方案意见。

（2）存在的问题

说明有待进一步解决的主要问题。

10. 附图纸和文件

总平面图、方案比较示意图、主要工艺流程图、水厂或泵站平面图、各类批件和附件。

2.4 初步设计阶段

2.4.1 初步设计内容

1. 基本任务与要求

初步设计应根据批准的可行性研究报告（方案设计）进行，其主要任务是明确工程规模、设计原则和标准，深化可行性研究报告提出的推荐方案并进行局部的方案比较，提出拆迁、征地的范围和数量、主要材料和设备数量，编制设计文件及工程概算。

对未进行可行性研究（方案设计）的设计项目，在初步设计阶段应进行方案比较工作，并应符合规定的深度要求。

2. 工程方案确定

初步设计的关键在于确定方案。首先应根据自然条件和工程特点，考虑设计任务的原则及要求，使设计方案在处理近期与远期的关系、挖潜与新建的关系、应用新技术、自动化程度等方面，符合国家方针政策的要求。同时，应在总体布局、枢纽工程、工艺流程和主要单项工程，进行技术经济比较，力求做到使用安全、经济合理、技术先进。

3. 初步设计内容

初步设计包括确定工程规模、建设目的、总体布置、工艺流程、设备选型、主要构筑物、建筑物、三废治理、劳动定员、建设工期、投资效益、主要设备清单和材料用量。设计原则和标准、工程概算、拆迁及征地范围以及施工图设计中可能涉及的问题、建议和注意事项。

初步设计的文件分为设计说明书、工程量表、主要设备与材料表、初步设计图纸、工程总概算表。初步设计文件应能满足审批、投资控制、施工图设计、施工准备、设备定购等方面工作依据的要求。

2.4.2　初步设计的编写格式

1. 概述

（1）设计依据

说明设计任务书（计划任务书），设计委托书，环境影响评价报告及选厂址报告等有关设计文件的批准机关、文号、日期和批准的主要内容，委托设计范围与主要要求，包括工程项目，服务区域与对象，设计规模与标准，设计期限与分期安排，对水量、水质、水压的要求以及设计任务书提出的必须考虑的问题。

（2）主要设计资料

资料名称、来源、编制单位及日期，一般包括水源利用、用电协议、卫生防疫及环保等部门的意见书，河流环境治理研究报告等。

（3）城市概况及自然条件

说明城市现状和规划发展情况，包括城市性质，人口分布，工业布局，建筑层次，道路交通及供电条件，发展计划及分期建设的考虑等。概述当地地形、地貌、水文、水文地质资料以及地震烈度、环境污染情况和主要气象参数（如气候、风向、风速、温度、降雨量、土壤冰冻深度等）。

（4）现有给水排水工程概况

现有水源、水质处理厂、管网等给水排水设施的利用程度、供水能力、实际水量、水质、水压、生活用水量标准、排水量标准和供水普及率，工业用水量、工业排水量、重复使用率以及给水排水设施中存在的主要问题。

2. 水质水量设计

（1）水质水量计算

说明设计年限内的近期、远期用水量和排水量计算，确定生活用水和消防用水定额、生活污水量标准、变化系数以及未预见水量、公共建筑、消防、绿化用水量和排水量。

（2）天然水体

说明当地水源情况，包括地面水、地下水的地理位置、走向及其水文、水文地质条件、水体流量、流速和水质资料、卫生状态、水资源开发利用情况等。对选用的水体进行方案论证和技术经济比较，确定给水排水的水源和受纳水体的位置。

3. 取水构筑物的设计

阐述地面水取水枢纽、进水构筑物或地下水水源地、取水井的设计原则及方案比较，并说明各个构筑物的主要设计数据、结构类型、基本尺寸、设备选型、台数与性能、施工及运行要求、起重设施以及坡岸保护、防洪标准和卫生防护设施等。

4. 净水厂设计

(1) 说明净水厂位置、占地面积、防洪标准、卫生防护距离等。

(2) 根据天然水体的水质和水量，确定2~3种净水方案进行选择、确定工艺流程、总平面布置原则，预计净化后的水质标准。

(3) 按流程顺序说明各构筑物的方案比较，计算主要设计参数、构筑物尺寸、构造及其所需设备类型、台数和技术性能，采用新技术的工艺原理和要求，进行方案技术经济对比，择优推荐方案。

(4) 说明净水药剂的选择及其用量、制备和投加方式、计量设备、加药间的尺寸、布置及其所需设备类型、台数和技术性能，卫生安全措施。

(5) 说明采用的消毒方法，消毒剂用量及投加点、接触时间、投加设备和计量设备，消毒间的尺寸和布置，安全措施。

(6) 选择一级泵站和二级泵站的位置，计算泵站的形式、主要尺寸、埋深、设备选型、台数与性能、运行要求、主要设计数据。

(7) 简要说明厂内主要辅助建筑物（如化验室、药剂仓库、办公室、值班室、辅助车间及福利设施）的建筑面积及其使用功能，厂内给水、排水、道路、绿化等设计。

(8) 根据情况说明排泥水及冲洗水的回收、污泥处置及对环境的影响。

5. 污水厂工艺设计

(1) 说明污水厂位置，选择厂址考虑的因素，如地理位置、地形、地质条件、防洪标准、卫生防护距离、占地面积等。

(2) 根据进污水厂的污水量和污水水质，确定2~3种污水处理和污泥处置采用的方案进行选择，确定工艺流程，总平面布置原则，预计处理后达到的水质标准。

(3) 按流程顺序说明各构筑物的方案比较、计算主要设计参数、构筑物尺寸、构造形式及其所需设备类型、台数与技术性能、采用新技术的工艺原理和要求，进行方案技术经济对比，择优推荐方案。

(4) 说明采用的污水消毒方法或深度处理的工艺及其有关说明。

(5) 选择泵站的位置，紧急排出口设施，确定泵站的形式、计算泵站主要尺寸、埋深、设备选型、台数与性能、运行要求、主要设计数据。

(6) 说明处理后污水、污泥的综合利用，对排放水体的卫生环境影响。

(7) 简要说明厂内主要辅助建筑物（如化验室、药剂仓库、办公室、值班室、辅助车间及福利设施）的建筑面积及其使用功能，厂内给水、排水、道路、绿化等设计。

6. 其他设计

（1）建筑设计

根据工艺要求或使用功能确定建筑平面布置、层数、层高、装饰标准，对室内通风、消防、节能所采取的措施。

（2）结构设计

工程所在地区的风荷、雪荷、工程地质条件、地下水位、冰冻程度、地震基本烈度。对场地的特殊地质条件（如软弱地基、膨胀土、滑坡、溶洞、冻土、采空区、抗震的不利地段等）应分别予以说明。

根据构筑物使用功能，确定使用荷载、土壤允许承载力、设计抗震烈度等，阐述对结构的特殊要求（如抗浮、防水、防爆、防震、防腐蚀等），地基处理、基础形式，伸缩缝、沉降缝和抗震缝的位置，为满足特殊使用要求的结构处理，主要结构材料的选用，新技术、新结构、新材料的采用。

（3）采暖、通风设计

说明室外主要气象参数，各建筑物的计算温度，采暖系统的形式及其组成，管道敷设方式、采暖热媒、采暖耗热量、节能措施，计算总热负荷量，确定锅炉设备选型，供热介质及设计参数，锅炉用水水质软化及消烟除尘措施，简述锅炉房组成，附属设备的布置，通风系统及其设备选型，降低噪音措施。

（4）供电设计

说明设计范围、电源电压，供电来源，备用电源的运行方式，内部电压选择、用电设备种类，并以表格说明设备容量，计算负荷数值和自然功率因数，功率因数补偿方法，补偿设备以及补偿后功率因数。说明采用继电保护方式，控制的工艺过程，各种遥测仪表的传递方法、信号反应、操作电源等的简要动作原理和连锁装置，确定防雷保护措施，接地装置及计量装置。

（5）仪表、自动控制及通信设计

说明仪表、自动控制设计的原则和标准，仪表、自动控制测定的内容、各系统的数据采集和调度系统，通信设计范围及通讯设计内容，有线通讯及无线通讯。

（6）机械设计

选用标准机械设备的规格、性能、安装位置及操作方式，非标准机械的构造形式、原理、特点以及有关设计参数。

（7）环境保护及劳动安全

净水厂和污水厂所在地点对附近居民点的卫生环境影响，锅炉房消烟除尘措施和预期效果，运转设备的降低噪声措施。提出水源和水厂的卫生防护和安全措施、各生产车间和贮存有毒易爆、易燃物质仓库的防毒防火、防爆以及安全供电等保证措施，操作工人的劳动安全保护措施。

7. 人员编制及经营管理

提出需要的管理机构和职工定员编制。提出年总成本费用，并计算每 m^3 水的制水成本。

8. 工程概算书

编制工程概算和单位水量的造价指标并说明编制概算所采用的定额、取费标准、工资标准、材料价格以及确定施工方法和施工费用的依据。

9. 主要材料及设备表

提出全部工程及分期建设需要的三材、管道、及其他主要设备、材料的名称、规格、型号、数量等（以表格方式列出清单）。

10. 设计图纸

(1) 规划布置图

图纸比例一般采用1:5000～1:25000，图上表示出地形、地物、河流、道路、风玫瑰、指北针等。标出坐标网，列出主要工程项目表。

(2) 水处理工程平面图

水源地、净水厂、污水厂、泵站等枢纽工程平面图采用比例1:200～1:1000，图上标出坐标轴线、等高线、风玫瑰、指北针、厂区平面尺寸、现有的和设计的厂区平面布置，包括主要生产构筑物和附属建筑物及管（渠）、围墙、道路等主要尺寸和相关位置。列出生产构筑物和附属建筑物一览表及工程量表。

(3) 工艺流程图

采用比例竖向为1:100～1:200，表示工艺流程中各种构筑物及其水位标高的关系和主要规模指标。

(4) 主要构筑物工艺图

采用比例一般为1:100～1:200，图上表示出工艺布置、设备、仪表及管道等安装尺寸、相关位置、标高。列出主要设备一览表，并注明主要设计技术数据。

(5) 主要构筑物建筑图

一般采用比例为1:100～1:200，图上表示出结构形式，基础做法，建筑材料，室内外主要装饰门窗等建筑轮廓尺寸及标高，并附技术经济指标。

(6) 主要辅助建筑物建筑图

如综合楼、车间、仓库、车库等，可参照上述要求。

(7) 供电系统布置图

表示变电、配电、用电启动保护等设备位置、名称、符号及型号规格，附主要设备材料表。

(8) 自动控制仪表系统布置图

仪表数量多时，绘制系统控制流程图；当采用微机时，绘制微机系统框图。

(9) 通风、锅炉房及供热系统布置图

2.5　施工图设计

2.5.1　施工图设计内容

1. 基本任务与要求

施工图设计应按照批准的初步设计内容、规模、标准及概算进行。其主要任务是提供能满足施工、安装、加工和使用要求的设计图纸、说明书、材料设备表以及要求设计部门编制的施工预算。

2. 设计深度

施工图设计是根据建筑施工、设备安装和组件加工所需要的程度，将初步设计确定的设计原则和方案进一步具体化。施工图的设计深度，应能满足施工、安装、加工及施工预算编制的要求。

3. 施工图设计内容

施工图设计内容应包括设计说明书、施工图纸、材料设备表、施工图预算。

2.5.2　施工图设计文件格式及图纸要求

1. 设计说明书

（1）设计依据

摘要说明初步设计批准的机关、文号、日期及主要审批内容以及初步设计审查中变更部分的内容、原因、依据等。

（2）设计说明

说明采用的初步设计中批准的工艺流程特点，工艺要求以及主要的设计参数。在设计中采用的新技术工作原理，设计要求，调试的注意事项以及设计选用的参数。

（3）施工说明

说明设计中采用的平面位置基准点和标高的基准点，图例和符号的表示意义，施工安装注意事项及质量验收要求，有必要时介绍主要工程的施工方法，验收标准，运转管理注意事项。

2. 施工图预算

施工图完成后按照施工图的工程量进行工程预算的编制。

3. 主要材料及设备表

（1）三材一览表

按照施工图工作量准确的提出全部工程需要的钢筋、木材和水泥，列出一览表表格。

（2）管线一览表

将施工图中所有的管线列于表格，包括管道编号、介质性质、管径、管材、长度、工作压力、管件、法兰以及阀门等。

（3）设备一览表

设计中参考选用的主要设备列于表格，包括设备位置、设备名称、规格、运转功率、额定功率、运行数量、备用数量以及材质、型号。

4. 设计图纸

（1）总体布置图：

采用比例尺1:2000～1:25000，内容基本同初步设计，但要求更为详尽，要求注明平面位置的基准点和高程的基准点。

（2）处理工程总体图纸：

1）工程总平面图。

采用比例尺1:100～1:500，包括风玫瑰图、指北针、等高线、坐标轴线、构筑物、建筑物、围墙、绿地、道路等的平面布置，注明厂界四角坐标及构筑物四角坐标或相对距离和构筑物的主要尺寸，各种管渠及室外地沟尺寸、长度、地质钻孔位置等，并附构筑物一览表、工程量表及有关图例。

2）工艺高程示意图。

采用比例尺1:100～1:500，表示出工艺流程中各构筑物间高程关系及主要规模指标。工程规模较大，构筑物较多者，应绘制建筑总平面图，并附厂区主要技术经济指标。

3）工艺流程系统图。

表示工艺流程图中各构筑物间的所有管道的走向、连接方法。包括构筑物名称、位置，所有管道的名称、管径、位置、阀门和管件数量，以及全部设备的名称、位置。工艺流程系统图也可以和管道仪表流程图（PID图）合画一起。

4）竖向布置图。

地形复杂的净水厂和污水厂应进行竖向设计，内容包括厂区原地形、设计地面、设计路面、构筑物高程及土方平衡表。

5）厂内管线平面布置图。

表示各种管线的平面位置、长度及相互尺寸、管线节点、管件布置、断面、材料、闸阀及附属构筑物（闸阀井、检查井等）、节点的管件、支墩，并附工程量及管件一览表。

6）厂内给水排水管纵断面图。

表示各种给水排水管渠的埋深、管底标高、管径、坡度、管材、基础类型，接口方式、检查井、交叉管道的位置、高程，管径等。

7）管道综合图

绘出各管线的平面布置，注明各管线与构筑物、建筑物的距离尺寸和管线的间距尺寸，管线交叉密集的地点，适当增加断面图，表明各管线的交叉标高，并注明管线及地沟等的设计标高。

8）绿化布置图

比例同总平面图，表示出植物种类、名称、行距和株距尺寸、种栽范围，与构筑物、建筑物、道路的距离尺寸、各类植物数量，建筑小品和美化构筑物的位置、设计标高等。

（3）单体构筑物设计图

1）工艺图

图纸比例一般采用1∶50～1∶100，分别绘制平面图、剖面图及详图，表示工艺布置、细部构造、设备、管道、阀门、管件等的安装方法，详细标注各部尺寸和标高，引用的详图和标准图，并附设备管件一览表以及必要的说明和主要技术数据。

2）建筑图

图纸比例一般采用1∶50～1∶100，分别绘制平面、立面、剖面图及各部构造详图，节点大样，注明轴线间各部尺寸及总尺寸、标高，设备或基座位置、尺寸与标高等，预留位置的尺寸与标高，表明室外装饰材料、室内装饰做法及有特殊要求的做法。应用的详图、标准图并附门窗标记必要的说明。

3）结构图

图纸比例一般采用1∶50～1∶100，绘出结构整体及结构详图，配筋情况，各部分及总尺寸与标高，设备或基座等位置、尺寸与标高，留孔、预埋件等位置、尺寸与标高，地基处理、基础平面布置、结构形式、尺寸、标高、墙柱、梁等位置及尺寸，屋面结构布置及详图。引用的详图、标准图，汇总工程量表，主要材料表、钢筋表及必要的说明。

4）采暖、通风、照明、室内给水排水安装图

表示出各种设备、管道、路线布置与建筑物的相关位置和尺寸，绘制有关安装详图、大样图、管线透视图，并附设备一览表，管件一览表和必要的设备安装表。

5）辅助建筑物图

包括综合楼、维修车间、锅炉房、车库、仓库、宿舍、各种井室等，设计深度参照单体构筑物。

（4）电气控制设计图

1）厂区高、低压变配电系统图和一、二次回路接线原理图

包括变电、配电、用电启动和保护等设备型号、规格、编号，附设备材料表。说明工作原理，主要技术数据和要求。

2）各构筑物平面图、剖面图

包括变电所、配电间、操作控制间电气设备位置，供电控制线路敷设，接地装置，设备材料明细表和施工说明及注意事项。

3）各种保护和控制原理图、接线图

包括系统布置原理图，引出或引入的接线端子板编号、符号和设备一览表以及动作原理说明。

4）电气设备安装图

包括材料明细表，制作或安装说明。

5）厂区室外线路照明平面图

包括各构筑物的布置，架空和电缆线路、控制线路及照明布置。

6）自动控制图

包括带有工艺流程的检测与自控原理图，仪表及自控设备的接线图和安装图，仪表及自控设备的供电、供气系统的管线图，控制柜、仪表屏、操作台及有关自控辅助设备的结构图和安装图，仪表间、控制室的平面布置图，仪表自控部分的主要设备材料表。

(5）非标准机械设备图

表明非标准机械构造部件组装位置、技术要求、设备性能、使用须知及其注意事项，以及加工详细尺寸、精度等级、技术指标和措施。

第2篇
给水处理工程设计

第3章　给水处理工程设计任务书

3.1　设计任务书

为了锻炼学生工程设计、计算、绘图、设计计算说明书编写的能力，教学过程的不同阶段安排学生进行课程设计和毕业设计。给水工程毕业设计包括水源工程、给水管道工程、给水泵站、给水处理工程、工程概算等内容。

3.1.1　设计题目

东北地区A市给水工程设计

3.1.2　城市概况

A城地处东北地区，城市人口33万，是一座中等城市。一条河流贯穿南北，铁路干线从城市中心穿过，把城市分为南北两部分。根据河流和铁路的位置，城市分为四个区。城内有三家用水量较大的工厂。

3.1.3　设计的原始资料

1. 东北地区A市城市平面图，比例：1∶10000。

2. 城市分区及人口密度

Ⅰ区160人/hm^2；Ⅱ区156人/hm^2；Ⅲ区152人/hm^2；Ⅳ区148人/hm^2

3. 该城居住房屋的卫生设备情况

Ⅰ区：有给水排水设备，50%有淋浴设备；

Ⅱ区：有给水排水设备，40%有淋浴设备；

Ⅲ区：有给水排水设备，30%有淋浴设备；

Ⅳ区：有给水排水设备，20%有淋浴设备。

4. 该城房屋的平均层数

Ⅰ区5层；Ⅱ区5层；Ⅲ区6层；Ⅳ区4层。

5. 该城工业企业，其位置见城市平面图：

(1) 发电厂

日生产总用水量24000m^3/d，工人总数1500人，分3班工作。

第一班500人，使用沐浴者300人，其中热车间150人。

第二班500人，使用沐浴者300人，其中热车间150人。

第三班500人，使用沐浴者200人，其中热车间100人。

（2）啤酒厂

日生产总用水量1500m^3/d，工人总数1200人，分3班工作。

第一班400人，使用沐浴者400人，其中热车间100人。

第二班400人，使用沐浴者400人，其中热车间100人。

第三班400人，使用沐浴者150人，其中热车间100人。

（3）机械厂

日生产总用水量400m^3/d，工人总数300人，分3班工作。

第一班100人，使用沐浴者50人，其中热车间20人。

第二班100人，使用沐浴者50人，其中热车间20人。

第三班100人，使用沐浴者50人，其中热车间20人。

（4）火车站用水量：2000m^3/d

6. 自然概况

城市土壤种类为砂质黏土，地下水位深度7.00m，冰冻线深度1.20m，年降水量800mm，最高温度30℃，最低温度－27℃，年平均温度15℃。主导风向：夏季西南，冬季西北。

7. 给水水源

（1）地面水源

1）流量：最大流量894.00m^3/s，最小流量189.00m^3/s。

2）最大流速：2.90m/s。

3）最高水位（1%）：97.00m；常水位：95.00m；最低水位（97%）：92.00m，冰冻期水位93.00m。

4）最低水位时河宽70.00m。

5）冰的最大厚度0.70m，无潜冰，无锚固冰。

6）该河流为通航河流。

（2）地下水源

由该市水文地质钻孔柱状图知，含水层薄，不足5.00m，且为细砂层，不能作为城市给水水源。

8. 水源水质分析结果

水源水质分析结果见表3-1。

水源水质分析结果　　表3-1

编　号	名　称	单　位	分析结果
1	水的臭和味	级	2级
2	浑浊度	NTU	20～800
3	色度	度	20.0

续表

编　号	名　称	单　位	分析结果
4	总硬度	度	8.0
5	碳酸盐硬度	度	5.0
6	非碳酸盐硬度	度	3.0
7	pH值		7.1
8	碱度	度	1.4
9	溶解性固体	mg/L	820
10	水的温度：最高温度	℃	26
	最低温度	℃	0.5
11	细菌总数	个/mL	40000
12	大肠菌群	个/L	290

9. 城市用水量逐时变化

城市用水量逐时变化情况见表3-2。

城市用水量逐时变化　　表3-2

时　间	每小时用水占全天用水量的百分数	时　间	每小时用水占全天用水量的百分数
0~1	1.17	12~13	5.28
1~2	1.18	13~14	4.65
2~3	1.18	14~15	4.46
3~4	1.79	15~16	5.18
4~5	2.82	16~17	4.61
5~6	4.48	17~18	5.58
6~7	6.14	18~19	5.69
7~8	6.38	19~20	5.38
8~9	5.86	20~21	5.54
9~10	5.75	21~22	3.65
10~11	5.44	22~23	2.25
11~12	4.98	23~24	1.56

3.1.4　设计任务

给水工程毕业设计主要包括设计计算和设计图纸两部分。

1. 设计计算

(1) 输水管渠和给水管网设计计算

根据输水管渠和给水管网的定线进行输水管渠和给水管网设计计算。输水管设计流量从水源到水厂按最高日平均时供水量加水厂自用水量计算，自用水量按最高日供水量的5% ~10%计取；从水厂到管网的输水管设计流量根据给水系统中有无调节设施分别计算，无调节设施时，按最高日最高时计算，有调节设施时，按最高时由水厂供应的流量确定。

管网按最高日最高时用水量通过水力计算选定管径，进行管网平差计算，对平差结果进行消防时和事故时校核计算。

(2) 取水构筑物设计计算

根据提供的水源资料，选定水源类别、水源位置。确定取水构筑物型式、构造、施工方法，对取水构筑物进行工艺设计计算。根据设计流量、扬程选择水泵，确定水泵的台数，进行取水泵站布置，计算取水构筑物平、立面尺寸，提出防洪、防凌、防浮措施等。

(3) 净水厂的设计计算

根据原水水质资料，选定净水厂处理工艺和净水处理构筑物型式，进行净水厂设计计算。根据计算的各处理构筑物的尺寸，按建筑模数要求，确定建筑物平、立面尺寸，进行水厂平面、高程布置。

(4) 二级泵站设计计算

根据水厂平面布置和管网平差的结果，确定二泵站供水制度、泵站型式、选择水泵，确定水泵的布置方式，进行二级泵站设计计算。

(5) 方案比较

根据选定的设计方案，进行技术经济比较，选择最优设计方案，对选定的最优方案进行设计计算。

(6) 专题

专题是针对给水工程毕业设计中某一项内容进行的深入研究和深入设计，如低温低浊水处理、含藻水处理、微污染水处理，预氧化处理等。

(7) 设计估算和制水成本

根据工程所在地区，选定投资估算指标（或概算定额）、取费定额等，计算该项给水工程的设计总概算和制水成本。

2. 设计计算说明书和设计图纸

根据计算结果整理的设计计算说明书页数不少于70页，字数不少于3.5万字。

设计图纸按1号图要求完成12张。

3.2　供水方案的选择

3.2.1　供水系统

根据城市地形、水源、城市规模、用水量和用户对水质的要求，城市供水系统分为：

1. 统一供水系统

城市用水以生活用水为主，其他用水量较少，且对水质无特殊要求，通常采用统一供水系统。

2. 分压供水系统

城市地形高差较大，采用统一供水动能浪费较大时，一般采用分压供水系统。

3. 分质供水系统

用户对水质要求不同，且其用水量与生活用水量之比较大，如按统一水质供水不经济时，可采用分质供水系统。

4. 分区供水系统

城市由于地形等原因，如被河流天然的分成两个部分，统一供水在技术、经济上有困难时，可采用分区供水系统。

5. 区域供水系统

由于水源、经济等方面原因，供水系统同时向周边几个城市供水的给水系统。

上述供水系统还可根据水源多少，分为单水源或多水源的供水系统，对于城市规模较大又可能同时具有几种供水系统。

3.2.2　方案的选择

根据所给原始资料，城市地形较平坦，不宜采用分压供水。

A市所在地域地下水匮乏，无开采价值，而河水丰富，水质较好，采用地面水为供水水源。

A市3个工厂用水大户中，发电厂用水较大，占A市供水量的1/4，且对水质要求较低，为冷却用水，故A市拟定以下两个供水方案。

1. 统一供水方案

A城由同一个水厂供水，水质按生活饮用水标准处理。水源取水点设于河流流经城市的上游。

2. 分质供水方案

A城设两个水厂，水厂1供城市居民生活用水、工厂生活和淋浴用水、机械厂和啤酒厂的生产用水、城市浇洒道路和绿地及城市消防用水。水质要求满足生活饮用水标准。取水点同方案1。水厂2供发电厂生产冷却用水，取水点设于靠近电厂的河流中。

3.3 设计水质水量的计算

3.3.1 设计水质

给水处理工程设计水质应满足《生活饮用水水质卫生规范》中检测项目指标要求，生活饮用水水质应符合下列基本要求：水中不应含有病原微生物，水中所含化学物质及放射性物质不应危害人体健康，水的感观性状良好。

3.3.2 设计用水量

1. 设计用水量

$$Q_d = 1.2(Q_1 + Q_2 + Q_3 + Q_4 + Q_5)$$

式中 Q_d——设计用水量（m^3/d）；

Q_1——居民生活用水量（m^3/d）；

Q_2——职工生活用水和淋浴用水（m^3/d）；

Q_3——工业企业生产用水（m^3/d）；

Q_4——公共建筑、浇洒道路和绿地用水（m^3/d）；

Q_5——火车站用水量（m^3/d）；

未预见水量和管网漏失水量，一般按最高日用水量的15%～25%计算，设计取20%。

2. 用水定额

（1）居民生活用水定额

城市居民生活用水定额依据城市规模、用水情况、城市所在分区由室外给水设计规范中选取。

（2）工业企业用水量

工业企业职工生活用水量根据车间性质决定，一般车间可按每人每班25L，高温车间按每人每班35L计算；生产用水根据生产工艺要求确定；淋浴用水量应根据车间卫生特征确定，一般可采用40～60L/人/班，淋浴时间安排在下班后1h内。

（3）消防用水量定额

城市室外消防用水量定额根据城市人口规模由室外给水设计规范中选定。

3.3.3　设计用水量计算

1. 统一供水方案

（1）居民生活用水量

$$Q_1 = qnf$$

式中　Q_1——居民最高日生活用水量（m^3/d）；

q——最高日生活用水量标准[L/(人·d)]，见表3-3；

n——设计年限内计划人口数（人）；

f——自来水普及率（%）；A城供水普及率为100%。

A市各区用水量标准　　**表3-3**

分　区	Ⅰ	Ⅱ	Ⅲ	Ⅳ
用水量标准[L/(人·d)]	172	165	160	156

按各区人口密度计算的各区人口数如表3-4所示。

A市各区人口数　　**表3-4**

分　区	Ⅰ	Ⅱ	Ⅲ	Ⅳ
面积（公顷）	422.3	509.1	496.7	113.0
人口密度（人/公顷）	200	190	180	160
人口（万人）	12.0	10.0	7.0	4.0

$$Q_1 = 0.172 \times 120000 + 0.165 \times 100000 + 0.160 \times 70000 + 0.156 \times 40000$$
$$= 20640 + 16500 + 11200 + 6240$$
$$= 54580 m^3/d$$

（2）工业企业职工生活和淋浴用水量

$$Q_2 = Q'_2 + Q''_2 + Q'''_2$$

式中　Q_2——工业企业职工生活和淋浴用水量（m^3/d）；

Q'_2——发电厂职工生活和淋浴用水量（m^3/d）；

Q''_2——啤酒厂职工生活和淋浴用水量（m^3/d）；

Q'''_2——机械厂职工生活和淋浴用水量（m^3/d）。

$$Q'_2 = Q_1 + Q_2$$

式中　Q_1——发电厂职工生活用水量（m^3/d）；

Q_2——发电厂职工淋浴用水量（m^3/d）。

$$Q_1 = 1500 \times 30\% \times 0.035 + 1500 \times 70\% \times 0.025 = 42 m^3/d$$

$$Q_2 = (150 + 150 + 100) \times 0.06 + (150 + 150 + 100) \times 0.04 = 40 m^3/d$$

$$Q'_2 = 42 + 40 = 82 m^3/d$$

$$Q''_2 = Q_3 + Q_4$$

式中　Q_3——啤酒厂职工生活用水量（m^3/d）；

Q_4——啤酒厂职工淋浴用水量（m^3/d）。

$Q_3 = 1200 \times 35\% \times 0.035 + 1200 \times 65\% \times 0.025 = 34.2m^3/d$

$Q_4 = (100 + 100 + 100) \times 0.06 + (100 + 100 + 100) \times 0.04 = 28m^3/d$

$Q''_2 = 42 + 40 = 82m^3/d$

$Q'''_2 = Q_5 + Q_6$

式中　Q_5——机械厂职工生活用水量（m^3/d）；

Q_6——机械厂职工淋浴用水量（m^3/d）。

$Q_5 = 300 \times 20\% \times 0.035 + 300 \times 80\% \times 0.025 = 8.1m^3/d$

$Q_6 = (20 + 20 + 20) \times 0.06 + (20 + 20 + 20) \times 0.04 = 7.2m^3/d$

$Q'''_2 = 8.1 + 7.2 = 15.3m^3/d$

（3）工业企业生产用水量

$$Q_3 = Q'_3 + Q''_3 + Q'''_3$$

式中　Q_3——工业企业生产用水量（m^3/d）；

Q'_3——发电厂生产用水量（m^3/d）；

Q''_3——啤酒厂生产用水量（m^3/d）；

Q'''_3——机械厂生产用水量（m^3/d）。

$Q'_3 = 24000m^3/d$

$Q''_3 = 1500m^3/d$

$Q'''_3 = 400m^3/d$

$Q_3 = 24000 + 1500 + 400 = 25900m^3/d$

（4）浇洒道路和绿地用水量

A 城浇洒道路的面积为：$159026.6m^2$

A 城浇洒绿地的面积有两块，分别位于Ⅰ区和Ⅱ区，绿地总面积为：$259600m^2$

因此，浇洒道路和绿地的用水量为：

$$Q_4 = 0.0015 \times 159206.6 + 259600 \times 0.0017 = 679.86m^3/d$$

（5）火车站用水量

$$Q_5 = 2000m^3/d$$

（6）未预见水量及管网漏失水量

城镇未预见水量及管网漏失水量可按最高日用水量的 15～25% 计算，设计中取 20%。

（7）A 城统一供水方案最高日设计用水量

$$Q_d = 1.20 \times (Q_1 + Q_2 + Q_3 + Q_4 + Q_5)$$

$$= 1.20 \times (54580 + 159.5 + 25900 + 678.86 + 2000)$$
$$= 1.20 \times 83319.36$$
$$= 99983.23\text{m}^3/\text{d}$$

A城统一供水方案最高日设计用水量取100000m³/d

2. 分质供水方案

(1) 居民生活用水量 Q_1

居民生活用水量与统一供水相同，为：

$$Q_1 = 54580\text{m}^3/\text{d}$$

(2) 工业企业职工生活和淋浴用水量 Q_2

工业企业职工生活和淋浴用水量与统一供水相同，为：

$$Q_2 = 159.5\text{m}^3/\text{d}$$

(3) 工业企业生产用水量 Q_3

由于发电厂生产用水量由分质水厂供给，所以工业企业生产用水量只计机械厂和啤酒厂的生产用水，即：

$$Q_3 = 1500 + 400 = 1900\text{m}^3/\text{d}$$

(4) 浇洒道路、绿地用水量 Q_4

浇洒道路、绿地用水量与统一供水相同，则

$$Q_4 = 679.86\text{m}^3/\text{d}$$

(5) 火车站用水量 Q_5

$$Q_5 = 2000\text{m}^3/\text{d}$$

(6) 未预见水量及管网漏失水量

未预见水量及管网漏失水量按最高日设计水量的20%计。

(7) 分质供水方案最高日设计用水量 Q_d

$$Q_d = 1.20 \times (Q_1 + Q_2 + Q_3 + Q_4 + Q_5)$$
$$= 1.20 \times (54580 + 159.5 + 1900 + 679.86 + 2000)$$
$$= 71183.23\text{m}^3/\text{d}$$

3. 日处理水量计算

统一供水时日处理水量 Q：

$$Q = aQ_d$$

式中 Q——水厂日处理水量（m³/d）；

a——水厂自用水量系数，一般为设计供水量的5%～10%；

Q_d——设计供水量（m³/d），为100000m³/d。

设计中 a 取5%；

$$Q = 1.05 \times 10000 = 105000\text{m}^3/\text{d} = 4375\text{m}^3/\text{h} = 1.22\text{m}^3/\text{s}$$

3.4 给水处理工艺流程的选择

3.4.1 给水处理工艺流程的选择

给水处理工艺流程的选择与原水水质和处理后的水质要求有关。一般来讲，地下水只需要经消毒处理即可，对含有铁、锰、氟的地下水，则需采用除铁、除锰、除氟的处理工艺。地表水为水源时，生活饮用水通常采用混合、絮凝、沉淀、过滤、消毒的处理工艺。如果是微污染原水，则需要进行特殊处理。给水处理工艺流程选择见表3-5。

一般给水处理工艺流程选择 **表3-5**

可供选择的净水工艺流程	适用条件
1. 原水→简单处理（如用筛网隔滤）	水质要求不高，如某些工业冷却用水，只要求去除粗大杂质
2. 原水→混凝、沉淀或澄清	一般进水悬浮物含量应小于2000~3000mg/L，短时间允许到5000~10000mg/L，出水浊度约为10~20NTU，一般用于水质要求不高的工业用水
3. 原水→混凝沉淀或澄清→过滤→清毒	1. 一般地表水厂广泛采用的常规流程，进水悬浮物允许含量同上，出水浊度小于2NTU 2. 山溪河流浊度经常较低，洪水时含砂量大，也可采用此流程，但在低浊度时可不加凝聚剂或跨沉淀直接过滤 3. 含藻、低温低浊水处理时沉淀工艺可采用气浮池或浮沉池
4. 原水→接触过滤→消毒	1. 一般可用于浊度和色度低的湖泊水或水库水处理，如深圳东湖水厂，贵阳中曹水厂等，比常规流程省去沉淀工艺 2. 进水悬浮物含量一般小于100mg/L，水质稳定、变化较小且无藻类繁殖 3. 可根据需要预留建造沉淀池（澄清池）的位置，以适应今后原水水质的变化
5. 原水→调蓄预沉、自然预沉或混凝预沉→混凝沉淀或澄清→过滤→消毒	1. 高浊度水二级沉淀（澄清），适用于含砂量大，砂峰持续时间较长时，预沉后原水含砂量可降低到1000mg/L以下 2. 黄河中上游的中小型水厂和长江上游高浊度水处理时已较多采用两级混凝沉淀工艺

根据设计方案，工业生产用水选择：原水——混凝——沉淀的处理工艺，生活用水选择：原水——混凝——沉淀——过滤——消毒的处理工艺。

3.4.2　给水处理构筑物选择

给水处理构筑物形式多样，在选择时，应根据其适用条件和所在城市应用情况选定。各种给水处理构筑物适用条件见表3-6。

给水处理构筑物适用条件　**表3-6**

净水工艺	构筑物名称	允许进水含砂量 S（kg/m^3）或悬浮物量 X 值（mg/L）	出水悬浮物含量（mg/L）
高浊度水沉淀	天然预沉池	$S=10\sim30$	≈2000
	平流或辐流预沉池，斜管预沉池	10~20	
	水力澄清池 机械搅拌澄清池 悬浮澄清池	<60~80 <20~40 <25	一般<20
一般沉淀和澄清	平流沉淀池 斜管（板）沉淀池 机械搅拌澄清池 水力循环澄清池 脉冲澄清池 悬浮澄清池（单层） 悬浮澄清池（双层）	$X<3000$，短时间允许5000 500~1000，短时间允许3000 <3000，短时间允许5000 <2000，短时间允许5000 <3000，短时间允许5000 <3000 3000~10000	一般<10
气浮	气浮池	$X<100$，原水中含有藻类和密度接近于水的悬浮物	一般<10
过滤	各种形式滤池	一般 X 不大于15	一般<3
接触过滤	各种形式滤池	一般 X 不大于70	
吸附	活性炭池	原水有臭味，有机污染严重时一般 $X<5$	
清毒	漂白粉 液氯 氯胺 次氯酸钠	小型水厂 有液氯供应时 原水含有机物较多时 适用于小型水厂	

第4章 混凝处理

4.1 混凝药剂的选择

生活用水处理用的混凝剂，不得使处理后的水质对人体健康产生有害的影响，用于生产用水处理时，不得含有对生产有害成分。

4.1.1 常用混凝药剂及其性质

混凝药剂种类很多，按其化学成分可分为无机和有机两大类。无机混凝剂主要是铁盐和铝盐及其水解聚合物，如硫酸铝、明矾、聚合氯化铝、聚合硫酸铝、三氯化铁、硫酸亚铁、聚合硫酸铁、聚合氯化铁等。无机混凝剂品种虽少，但在水处理中应用最多。有机混凝剂是高分子物质，品种多，在水处理中用量比无机的少。

4.1.2 混凝剂投量计算

用于生活饮用水厂的混凝药剂首先应满足以下要求：对人体健康无害；混凝效果好；货源充足、运输方便。

原水水质不同，其适用的混凝药剂和最佳用量也不同。

当同一水源已有建成水厂时，混凝药剂和投量可参照已建水厂的资料，对水质相似的已建水厂的资料，亦可参照。但在参照时，应对照混凝条件的差别（如混合、反应、投药点等），进行适当的调整。

混凝剂投量计算：

$$T = \frac{aQ}{1000}$$

式中 T——日混凝剂投量（kg/d）；

a——单位混凝剂最大投量（mg/L）；

Q——日处理水量（m^3/d）。

设计中取 $Q = 105000m^3/d$，采用精制硫酸铝，根据原水水质，参考某地水厂，最大投量取 $a = 61.3mg/L$，平均取 $a = 38.0mg/L$

当 a 取 61.3mg/L 时：

$$T = \frac{61.3}{1000} \times 105000 = 6436.5kg/d$$

当 a 取 38mg/L 时：

$$T = \frac{38}{1000} \times 105000 = 3990\text{kg/d}$$

4.1.3　水的pH值和碱度影响

1. 水的pH值和碱度的影响

硫酸铝除浊的最佳pH值范围在6.5～7.5之间，在此范围内，主要存在形态是高聚合度中性氢氧化铝，其对胶粒具有十分优异的絮凝作用。由于硫酸铝水解过程中不断产生H^+，而导致水的pH值下降。为使pH值保持在最佳范围内，应使水中具有足够的碱性物质与H^+中和。当原水碱度不足或硫酸铝投量多时，会使水的pH值大幅下降并影响硫酸铝继续水解。为此，需向水中投加碱剂，通常投加的碱剂为CaO。

2. 石灰投量计算

由水质资料知，原水中碱度为1.4度。精制硫酸铝投量为61.3mg/L，市售石灰纯度为50%。

投药量折合Al_2O_3为$61.3 \times 16\% = 9.81$mg/L。

Al_2O_3分子量为102，投药量相当于$\frac{9.81}{102} = 0.096$mmol/L。

原水碱度为1.4度相当于14mg/L CaO，相当于$\frac{14}{56} = 0.25$mmol/L。

CaO投量

$$[\text{CaO}] = 3[a] - [x] + [\delta]$$

式中　$[a]$——混凝剂投量（mmol/L）；

$[x]$——原水碱度，按mmol/L CaO计；

$[\delta]$——保证反应顺利进行的剩余碱度，一般采用0.25～0.5mmol/L CaO。

设计中取［δ］＝0.312mmol/L

$$[\text{CaO}] = 3 \times 0.096 - 0.25 + 0.312 = 0.35\text{mmol/L}$$

CaO分子量为56，则市售石灰投量为：$0.35 \times \frac{56}{0.5} = 39.2$mg/L。

4.2　混凝剂的配制和投加

4.2.1　混凝剂的配制和投加

1. 混凝剂投加方法

混凝剂投加方法有湿投和干投，干投应用较少，本设计采用湿投方法。

2. 混凝剂调制方法

混凝剂采用湿投时，其调制方法有水力、机械搅拌方法，水力方法一般用于中、小型水厂，机械方法可用于大、中型水厂，本设计采用机械方法调制混凝剂。

3．溶液池容积

$$W_1 = \frac{aQ}{417bn}$$

式中 W_1——溶液池容积（m^3）；

Q——设计处理水量（m^3/h）；

a——混凝剂最大投加量（mg/L）；

b——混凝剂的浓度，一般采用5%～20%；

n——每日调制次数，一般不超过3次。

设计中取 $b=15\%$，$n=2$ 次，$a=61.3mg/L$，$Q=4375m^3/h$

$$W_1 = \frac{61.3\times4375}{417\times2\times15} = 21.44m^3$$

溶液池采用钢混结构，单池尺寸为 $L\times B\times H=5.5\times3.0\times1.9$（m），高度中包括超高0.30m，沉渣高度0.3m。

溶液池实际有效容积：$W_1'=5.5\times3.0\times1.30=21.45m^3$ 满足要求。

池旁设工作台，宽1.0～1.5m，池底坡度为0.02。底部设置 $DN100mm$ 放空管，采用硬聚氯乙烯塑料管，池内壁用环氧树脂进行防腐处理。沿池面接入药剂稀释用给水管 $DN80mm$ 一条，于两池分设放水阀门，按1h放满考虑。

4．溶解池容积

$$W_2 = (0.2\sim0.3)W_1$$

式中 W_2——溶解池容积（m^3）；一般采用（0.2～0.3）W_1；

W_1——溶液池容积（m^3）。

设计中取 $W_2=0.28W_1$

$$W_2 = 0.28\times21.44 = 6.0m^3$$

溶解池尺寸：$L\times B\times H=2.0m\times2.0m\times2.0m$，高度中含超高0.3m，底部沉渣高0.2m。为操作方便，池顶高出地面0.8m。

溶解池实际有效容积：$W_2'=2.0\times2.0\times1.5=6.0m^3$

溶解池采用钢筋混凝土结构，内壁用环氧树脂进行防腐处理，池底设0.02坡度，设 $DN100mm$ 排渣管，采用硬聚氯乙烯管。给水管管径 $DN80mm$，按10min放满溶解池考虑，管材采用硬聚氯乙烯管。

5．溶解池搅拌设备

溶解池采用机械搅拌，搅拌桨为平桨板，中心固定式，搅拌桨板安装见图4-1。搅拌设备查《给水排水快速设计手册》第一册表7-6，适宜本设计的参数列于表4-1。搅拌设备应进行防腐处理。

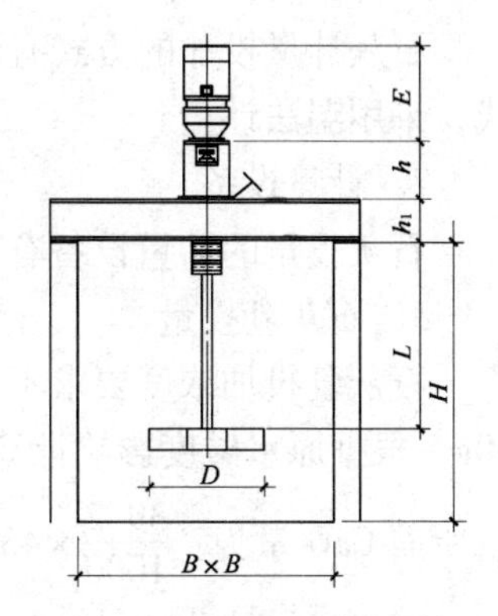

图4-1 溶解池搅拌机示意图

搅拌设备参数表　　**表4-1**

溶解池尺寸 $B \times B$（m）	池深 H（m）	桨叶直径 D（mm）	桨板深度 L（mm）	h_1（mm）	h（mm）	E（mm）	搅拌机重量（kg）
2.0×2.0	1.5	$\phi750$	1200	100	330	—	200
			1200	100	300		200

6．投加方式

混凝剂的湿投方式分为重力投加和压力投加两种类型。重力投加方式有泵前投加和高位溶液池重力投加。压力投加方式有水射器投加和计量泵投加。

7．计量设备

计量设备有孔口计量、浮杯计量、定量投药箱和转子流量计。设计采用耐酸泵与转子流量计配合投加。

计量泵每小时投加药量

$$q = \frac{W_1}{12}$$

式中　q——计量泵每小时投加药量（m^3/h）；

W_1——溶液池容积（m^3）。

设计中取 $W_1 = 21.44m^3$

$$q = \frac{21.44}{12} = 1.79m^3/h$$

耐酸泵型号25F－25选用二台，一台工作，一台备用。

25F－25型耐酸泵参数：流量为1.98～3.96m^3/h、扬程为26.8～24.4m、转数为2960转/分、配套电机功率1.5kW，生产单位石家庄水泵厂。

4.2.2　石灰乳的制备和投加

1．石灰乳的计量方法

石灰计量投加的方式有干法计量和湿法计量二种。根据采用的石灰乳配制方式，采用湿法计量。

2．计量设备

石灰投量的计量设备有计量泵和水射器等。

3．石灰乳投量

石灰乳投加浓度要求不超过4%，设计中取3.87%，则每升石灰乳内含 CaO 30g。根据原水碱度影响计算，市售石灰投量为39.2mg/L，则每小时设计处理水量所需 CaO 量为：$\frac{39.2}{1000} \times 4375 = 171.5kg$，由此得石灰乳量为：$\frac{171.5}{30} = 5.72m^3$

选 JD－6000/6.3型计量泵，电机功率4kW。

4.2.3　活化硅酸的制备和投加

1．活化硅酸的配制

北方地区低温低浊期，常采用活化硅酸作为助凝剂，以提高混凝效果。

活化硅酸称聚硅酸，俗称水玻璃。它是向水玻璃中投加活化剂，中和掉水玻璃溶液中的Na_2O，将$xSiO_2$游离出来，与水分子结合生成原硅酸。

活化硅酸的制备方法：将选定的水玻璃商品2#，其波美度为41（相对密度1.4、SiO_2含量28%）的硅酸钠稀释28～30倍（$Na_2O:SiO_2=1:3.2$），使SiO_2的含量为1.5%，加入硫酸，使碱度为1100～1250mg/L（以$CaCO_3$计）。将溶液静置活化使之成熟，活化时间不超过2h，之后进一步稀释，使SiO_2含量仅为0.5%。制备好的活化硅酸溶液，应在4～12h内用光。

2．活化硅酸的投加

活化硅酸的投量与所采用的混凝剂品种、原水浊度、pH值、水温等有关，应通过混凝试验确定。根据天津和长春两地的经验，天津采用$FeSO_4$为混凝剂，年平均投加比为：

硫酸亚铁：活化硅酸＝4mg/L：2mg/L。

长春采用硫酸铝为混凝剂，平均投加比为：

硫酸铝：活化硅酸＝30～40mg/L：1.5～2.4mg/L

3．活化硅酸的投量

$$T=\frac{a}{1000}\times Q$$

式中　T——每小时活化硅酸需要量（kg/h）；

a——活化硅酸投加量（mg/L）；

Q——水厂处理水量（m^3/h）。

设计中取$Q=4375m^3/h$，参照各地经验投量，取$a=3mg/L$

$$T=\frac{3}{1000}\times 4375=13.125kg/h$$

一日按二次配制，则一次需配制活化硅酸为：

$$13.125\times 12=157.5kg$$

4.2.4　碱式氯化铝的配制和投加

1．用量计算

$$T=\frac{a}{1000}\times Q$$

式中　T——碱式氯化铝用量（kg/d）；

a——碱式氯化铝投加量（mg/L）；

Q——水厂处理水量（m^3/h）。

设计中取 $Q = 105000m^3/d$，最大投加量 $T_{max} = 40mg/L$，平均 $T_{average} = 30.0mg/L$

$$t_{max} = \frac{40}{1000} \times 105000 = 4200kg/d$$

$$t_{average} = \frac{30}{1000} \times 105000 = 3150kg/d$$

2. 溶液池容积

$$W_1 = \frac{aQ}{417bn}$$

式中 W_1——溶液池容积（m^3）；

Q——处理水量（m^3/h）；

a——碱式氯化铝最大投加量（mg/L）；

b——溶液浓度（%），一般采用5%~20%；

n——每日调制次数，一般不超过3次。

设计中取 $Q=4375m^3/h$，$b=10\%$，采用 $n=2$ 次

$$W_1 = \frac{40 \times 4375}{417 \times 2 \times 10} = 21.00m^3$$

3. 溶解池容积

$$W_2 = (0.2 \sim 0.3)W_1$$

式中 W_1——溶液池容积（m^3）；

W_2——溶解池容积（m^3），一般采用（$0.2 \sim 0.3)W_1$。

设计中取 $W_2 = 0.28$

$$W_2 = 0.28 \times 21.0 = 6.0m^3$$

4. 碱式氯化铝投加

当由硫酸铝更换为碱式氯化铝时，仍可采用硫酸铝投加系统。

4.2.5 加药间及药库

1. 加药间

各种管线布置在管沟内：给水管采用镀锌钢管、加药管采用塑料管、排渣管为塑料管。加药间内设二处冲洗地坪用水龙头 $DN25mm$。为便于冲洗水集流，地坪坡度≥0.005，并坡向集水坑。

2. 药库

药剂按最大投加量的30d用量储存。

硫酸铝所占体积

$$T_{30} = \frac{a}{1000} \times Q \times 30$$

式中 T_{30}——30天硫酸铝用量（t）；

a——硫酸铝投加量（mg/L）；

Q——处理水量（m^3/d）。

设计中 $a=61.3mg/L$

$$T_{30}=\frac{61.3}{1000}\times105000\times30=193095kg=193.1t$$

硫酸铝相对密度为1.62，则硫酸铝所占体积为：

$$193.1\div1.62=119.2m^3$$

石灰所占体积计算

$$T'_{30}=\frac{a'}{1000}\times Q\times30$$

式中 T'_{30}——30天石灰用量（t）；

a'——石灰投加量（mg/L）；

Q——处理水量（m^3/d）。

设计中 $a'=39.2mg/L$

$$T'_{30}=\frac{39.2}{1000}\times105000\times30=123480kg=123.5t$$

$$T''_{30}=\frac{a''}{1000}\times Q\times30$$

式中 T''_{30}——30d活化硅酸用量（t）；

a''——活化硅酸投加量（mg/L）；

Q——处理水量（m^3/d）。

设计中取 $a''=3mg/L$

$$T''_{30}=\frac{3}{1000}\times105000\times30=9450kg=9.5t$$

2#商品水玻璃20℃时相对密度为1.4，SiO_2含量为28%，配制稀释后的SiO_2含量仅为0.5%，其商品水玻璃所占体积<9.5m^3。

三种药剂合计所占体积

$$119.2+36.3+9.5=165m^3$$

药品堆放高度按2.0m计（采用吊装设备），则所需面积为82.5m^2。

考虑药剂的运输、搬运和磅秤所占面积，不同药品间留有间隔等，这部分面积按药品占有面积的30%计，则药库所需面积

$82.5\times1.3=107.25m^2$，设计中取110m^2。

药库平面尺寸取：10.0×11.0m。

库内设电动单梁悬挂起重机一台，型号为DX0.5－10－20。

4.3 混合设施

4.3.1 混合方式

混凝药剂投入原水后，应快速、均匀的分散于水中。混合方式有水泵混合、管道混合、静态混合器、机械搅拌混合、扩散混合器、跌水混合器等。

4.3.2 管道混合

由管道混合的设计要求知：投药后管道内的水头损失不小于0.3~0.4m，管道内v=1.2~1.5m/s，查水力计算表：DN1000，Q=4375m^3/h时，ν=1.55m/s，i=0.00256，加药后至絮凝池的管道长度需117.2~156.3m。DN1100，Q=4375m^3/h时，v=1.279m/s，i=0.001546，加药后至絮凝池的管道长度需194.1~258.7m。由以上数据，为满足水头损失要求，DN1100所需T=2.53min，混合时间过长，不满足混合时间不超过2min的要求，采用DN1000的铸铁管道，管道内流速为1.55m/s，加药点设在距絮凝池120m处，混合时间T=1.29min。

4.3.3 静态混合器

静态混合器的水头损失一般小于0.5m，根据水头损失计算公式

$$h = 0.1184\frac{Q^2}{d^{4.4}}n$$

式中　h——水头损失（m）；

Q——处理水量（m^3/d）；

d——管道直径（m）；

n——混合单元（个）。

设计中取d=1.0m，Q=1.22m^3/s，当h为0.4m时，需2.3个混合单元，当h为0.5m时，需2.8个混合单元，选DN1000内装3个混合单元的静态混合器。加药点设于靠近水流方向的第一个混合单元，投药管插入管径的1/3处，且投药管上多处开孔，使药液均匀分布。

4.3.4 隔板混合池

池内设隔板三道，隔板混合池长度

$$L_1 = Tv$$

式中　L_1——隔板混合池长度（m）；

T——混合时间（s）；

ν——池内平均流速（m/s）。

设计中取 $T=20\text{s}$，$v=0.6\text{m/s}$

$$L_1=20\times0.6=12.0\text{m}$$

池宽取1.4m，隔板间距取3.0m，隔板厚0.1m，壁厚0.2m，溢流廊道长取2.0m，则池总长

$$L=3.0\times4+0.2\times2+0.1+2.0=14.5\text{m}$$

池总宽度：$B=1.4+0.2\times2=1.8\text{m}$

池总高度：$H=1.4(\text{水深})+0.6(\text{超高})=2.0\text{m}$

进水管管径为 $DN1000$，溢流管管径为 $DN1200$，出水管管径为 $DN1200$。

隔板孔道面积

$$\omega=\frac{Q}{v_0}$$

式中　ω——隔板孔道面积（m^2）；

v_0——孔道流速（m/s）；

Q——处理水量（m^3/s）。

设计中取 $Q=1.22\text{m}^3/\text{s}$，$v_0=1.1\text{m/s}$

$$\omega=\frac{1.22}{1.1}=1.1\text{m}^2$$

孔道宽设为1.2m，则孔道高为0.925m，满足孔道在下游水面以下100～150mm的要求。

水流流经孔道的水头损失：$h_1=\xi\frac{v_0^2}{2g}$

式中　h_1——水流流经孔道的水头损失（m）；

ξ——局部阻力系数；

v_0——水流流经孔道的流速（m/s）；

g——重力加速度（m/s^2）。

设计中取 $\xi=2.5$，$v_0=1.1\text{m/s}$

$$h_1=2.5\frac{1.1^2}{2\times9.80}=0.154\text{m}$$

水流流经孔道的总损失：$h=3h_1=0.46\text{m}$

$$G=\sqrt{\frac{\rho\cdot h}{60\mu T}}$$

式中　ρ——水的密度（kg/m^3）；

h——总水头损失（m）；

μ——水的动力黏度（Pa·s）；

G——速度梯度（s^{-1}）；

T——混合时间（s）。

设计中 $h=0.46\text{m}$，$\mu=1.005\times10^{-3}$，$T=20\text{s}$

$$G=\sqrt{\frac{1000\times0.46}{1.005\times10^{-3}\times20}}=676.5\text{s}^{-1}$$

满足混合阶段 $G=500\sim1000\text{s}^{-1}$ 的要求。

隔板混合池设计计算尺寸见图4-2。

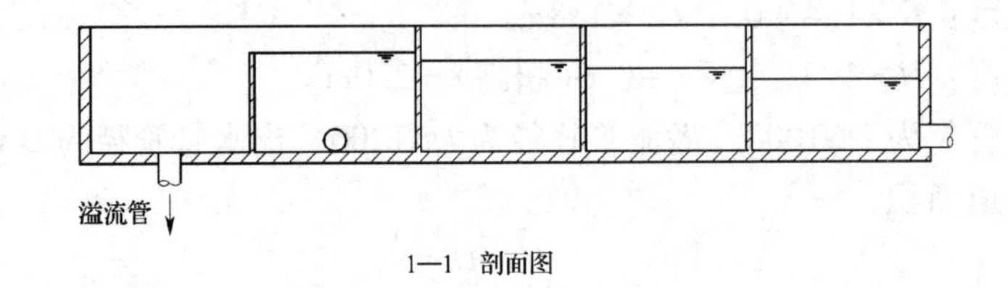

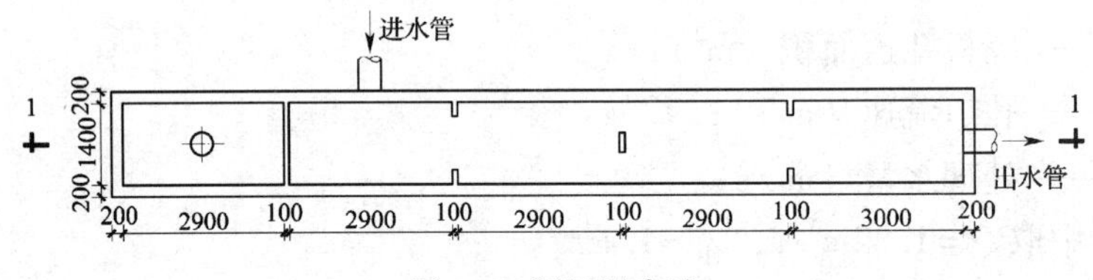

图4-2　隔板混合池

4.3.5　机械混合池

1. 有效容积

$$W=\frac{QT}{60n}$$

式中　W——有效容积（m^3）；

Q——处理水量（m^3/h）；

T——混合时间（min）；

n——池数。

设计中取 $Q=4375\text{m}^3/\text{h}$，$T=0.5\text{min}$，$n=2$ 个

$$W=\frac{4373\times0.5}{60\times2}=18.23\text{m}^3$$

机械混合池尺寸及有关参数选定：

直径：$D=2.8\text{m}$

水深：$H_1=2.95\text{m}$

池总高：$H=H_1+0.45$（超高）$=3.40\text{m}$

搅拌器外缘速度：$v=3.0\text{m/s}$（一般采用 $1.5\sim3.0\text{m/s}$，设计中取 3.0m/s）

搅拌器直径：$D_0=\frac{2}{3}D=1.87\text{m}$，设计中取 1.8m

搅拌器宽度：$B=0.1D=0.28\text{m}$，设计中取 0.3m

搅拌器层数：因 $H:D\leqslant1.2\sim1.3$，设计中取 1 层

搅拌器叶数：$Z=4$

搅拌器距池底高度：$0.5D_0=0.9\text{m}$

2. 搅拌器转速

$$n_0=\frac{60\nu}{\pi D_0}$$

式中　n_0——搅拌器转速（r/min）；

ν——搅拌器外缘速度（m/s）；

D_0——搅拌器直径（m）。

设计中取 $v=3.0\text{m/s}$，$D_0=1.8\text{m}$

$$n_0=\frac{60\times3.0}{3.14\times1.8}=31.8\text{r/min}$$

3. 搅拌器角速度

$$\omega=\frac{2\nu}{D_0}=\frac{2\times3}{1.8}=3.33\text{rad/s}$$

4. 轴功率

$$N_2=c\frac{\rho\omega^3ZBR_0^4}{408\text{g}}$$

式中　N_2——轴功率（kW）；

c——阻力系数，0.2～0.5；

ρ——水的密度（kg/m^3）；

ω——搅拌器角速度（rad/s）；

Z——搅拌器叶数；

B——搅拌器层数；

R_0——搅拌器半径；

g——重力加速度（m/s^2）。

设计中取 $c=0.4$，$Z=4$，$B=1$ 层，$R_0=0.9\text{m}$

$$N_2=0.4\frac{1000\times3.33^3\times4\times1\times0.9^4}{408\times9.81}=9.74\text{kW}$$

5. 所需轴功率

$$N_1=\frac{\mu WG^2}{102}\text{kW}$$

式中　N_1——所需轴功率（kW）；

μ——水的动力黏度（Pa·s）；

W——混合池容积（m^3）；

G——速度梯度（s^{-1}），一般采用 500～1000s^{-1}。

设计中 $G=730s^{-1}$

$$N_1=\frac{1.029\times10^{-4}\times18.23\times730^2}{102}=9.8kW$$

$N_1\approx N_2$，满足要求。

6. 电动机功率

$$N_3=\frac{N_2}{\sum\eta_n}$$

式中　N_3——电动机功率（kW）；

N_2——设计轴功率（kW）；

$\sum\eta_n$——传动机械效率。

设计中取 $\sum\eta_n=0.85$

$$N_3=\frac{9.74}{0.85}=11.46kW$$

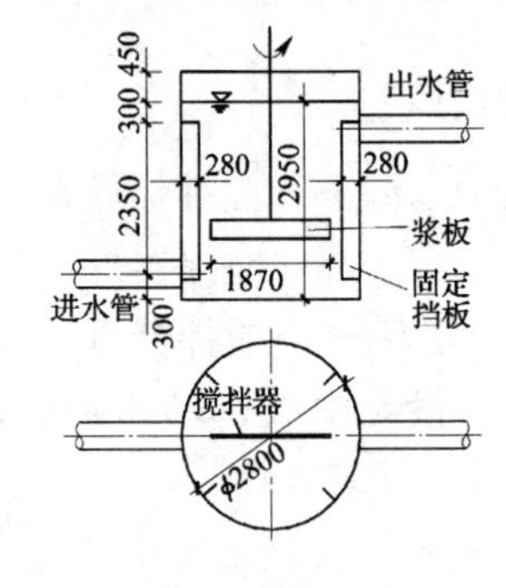

图4-3　机械混合池示意图

机械混合池计算各部分尺寸示意如图4-3所示。

4.4　往复式隔板絮凝池计算

4.4.1　设计水量

$$Q_1=\frac{Q}{24n}$$

式中　Q_1——单池设计水量（m^3/h）；

Q——水厂处理水量（m^3/d）；

n——池数（个）。

设计中取 $Q=105000m^3/d$，$n=2$ 个

$$Q_1=\frac{105000}{2\times24}=2187.5m^3/h=0.608m^3/s$$

4.4.2　设计计算

1. 絮凝池有效容积

$$V=QT$$

式中　V——絮凝池有效容积（m^3）；

Q——设计处理水量（m^3/h）；

T——絮凝时间（min）。

设计中取 $T=20min$

$$V=\frac{2187.5}{60}\times20=729.2m^3\approx730m^3$$

考虑与平流沉淀池合建，絮凝池有效水深取2.5m，池宽取10.0m。

2. 絮凝池长度

$$L' = \frac{V}{H'B}$$

式中　L'——絮凝池有效长度（m）；

H'——有效水深（m）；

B——与沉淀池同宽（m）。

设计中取超高 =0.3m，$H'=2.5$m，$B=10.0$m

$$L' = \frac{730}{2.5 \times 10} = 29.2\text{m}$$

3. 隔板间距

流速分4段：$\nu_1=0.5$m/s，$\nu_2=0.4$m/s，$\nu_3=0.3$m/s，$\nu_4=0.2$m/s。

$$a_1 = \frac{Q_1}{3600n\nu_1 H'}$$

式中　a_1——第一段隔板间距（m）；

Q_1——单池处理水量（m^3/h）；

ν_1——第一段内流速（m/s）；

H'——池内水深（m）。

设计中取 $v_1=0.5$m/s，$H'=2.5$m

$$a_1 = \frac{Q_1}{3600n\nu_1 H'} = 0.486\text{m}$$

设计中：

$a_1=0.5$m，实际流速 $\nu'_1=0.486$m/s；

$a_2=0.6$m，实际流速 $\nu'_2=0.405$m/s；

$a_3=0.8$m，实际流速 $\nu'_3=0.304$m/s；

$a_4=1.2$m，实际流速 $\nu'_4=0.203$m/s。

各段隔板条数分别为：10、9、10和9。则池子长度：

$$\begin{aligned} L' &= 10a_1 + 9a_2 + 10a_3 + 9a_4 \\ &= 10 \times 0.5 + 9 \times 0.6 + 10 \times 0.8 + 9 \times 1.2 \\ &= 29.2\text{m} \end{aligned}$$

隔板厚按0.2m计，则池子总长：

$$L = 29.2 + 0.2(38-1) = 36.6\text{m}$$

4. 水头损失计算

$$h_i = \xi m_i \frac{v_{it}^2}{2g} + \frac{v_i^2}{C_i^2 R_i} l_i$$

式中　v_i——第 i 段廊道内水流速度（m/s）；

v_{it}——第 i 段廊道内转弯处水流速度（m/s）；

m_i——第 i 段廊道内水流转弯次数；

ξ——隔板转弯处局部阻力系数。往复式隔板（180°转弯）$\xi=3$；回转式隔板（90°转弯）$\xi=1$；

l_i——第 i 段廊道总长度（m）；

R_i——第 i 段廊道过水断面水力半径（m）；

C_i——流速系数，随水力半径 R_i 和池底及池壁粗糙系数 n 而定，通常按曼宁公式 $C_i=\frac{1}{n}R_i^{\frac{1}{6}}$ 计算或直接查水力计算表。

$$R_1=\frac{a_1H'}{a_1+2H'}=\frac{0.5\times2.5}{0.5+2\times2.5}=\frac{1.25}{5.5}=0.23$$

$$C_1=\frac{1}{n}R_1^{\frac{1}{6}}=\frac{1}{0.013}\times0.23^{\frac{1}{6}}=60.2, C_1^2=3625.4$$

絮凝池为钢混结构，水泥砂浆抹面，粗糙系数 $n=0.013$，其他段计算结果得：

$R_2=0.27$，$C_2=61.8$，$C_2^2=3819.2$；

$R_3=0.35$，$C_3=64.6$，$C_3^2=4173.2$；

$R_4=0.48$，$C_4=68.1$，$C_4^2=4637.6$。

廊道转弯处的过水断面面积为廊道断面积的1.2～1.5倍，取1.4倍，则各段转弯处流速：

$$v_{it}=\frac{Q}{1.4a_iH'3600}$$

式中 v_{it}——第 i 段转弯处流速（m/s）；

Q_1——单池处理水量（m^3/h）；

a_i——第 i 段转弯处断面间距，一般采用廊道的1.2～1.5倍；

H'——池内水深（m）。

设计中取 $a_i=1.4$

第一段转弯处流速为：

$$v_{it}=\frac{Q}{1.4a_iH'3600}=0.357\text{m/s}$$

其他3段转弯处流速：

$v_{2t}=0.289$m/s

$v_{3t}=0.217$m/s

$v_{4t}=0.147$m/s

各段廊道长度为：

各段转弯处的宽度分别为0.7m；0.84m；1.12m；1.68m。

$$l_1 = 10 \times (10 - 0.7) = 93\text{m}$$

其余各段廊道长度为：

$$l_2 = 82.44\text{m}; l_3 = 88.8\text{m}; l_4 = 66.56\text{m}。$$

5. GT 值计算（$t = 20℃$时）

$$G = \sqrt{\frac{\rho \cdot h}{60\mu T}}$$

式中 ρ——水的密度（1000kg/m^3）；

h——总水头损失（m）；

μ——水的动力黏度（kg/m·s）。

$$G = \sqrt{\frac{1000 \times 0.455}{60 \times 1.029 \times 10^{-4} \times 20.02}} = 61\text{s}^{-1}$$

$$GT = 61 \times 20.02 \times 60 = 73273(\text{在} 10^4 \sim 10^5 \text{范围内})$$

各段水头损失　　**表4-2**

段数	m_i	l_i	R_i	v_{it}	v_i	C_i	C_i^2	h_i
1	10	93	0.23	0.357	0.486	60.2	3625.4	0.221
2	9	82.44	0.27	0.289	0.405	61.8	3819.2	0.128
3	10	88.8	0.35	0.217	0.304	64.6	4173.2	0.078
4	8	66.56	0.48	0.147	0.203	68.1	4637.6	0.028
合计	$h = \sum h_i = 0.455\text{m}$							

4.4.3 往复隔板絮凝池布置

絮凝池与沉淀池设过渡段，宽2.0m，过渡段设 $DN200$ 排泥管，每条隔墙底面设 200×200mm 排泥孔两个。

往复隔板絮凝池布置如图4-4所示。

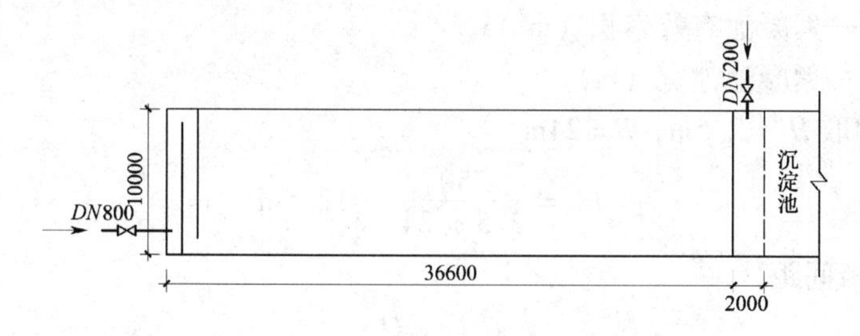

图4-4　往复隔板絮凝池

4.5　回转式隔板絮凝池计算

4.5.1　设计水量

$$Q_1 = \frac{Q}{24n}$$

式中　Q_1——单池设计水量（m^3/h）；

Q——水厂处理水量（m^3/d）；

n——池数（个）。

设计中取 $n=2$ 个

$$Q_1 = \frac{105000}{2 \times 24} = 2187.5m^3/h$$

4.5.2　设计计算

1. 絮凝池有效容积

$$V = Q_1 T$$

式中　V——絮凝池有效容积（m^3）；

Q_1——絮凝池单池处理水量（m^3/h）；

T——絮凝时间，一般采用20～30min。

设计中 $T=20min$

$$V = \frac{2187.5}{60} \times 20 = 730m^3 \text{ 取 } 750m^3$$

2. 絮凝池长度

$$L' = \frac{V}{H'B}$$

式中　L'——絮凝池长度（m）；

H'——絮凝池水深（m）；

V——絮凝池有效容积（m^3）；

B——絮凝池池宽（m）。

设计中取 $H'=2.5m$，$B=24m$

$$L' = \frac{750}{2.5 \times 24} = 12.5m$$

3. 隔板间距

$$a_i = \frac{Q}{3600 n \nu_i H'}$$

式中　a_i——第 i 档廊道内隔板间距（m）；

Q——单池处理水量（m^3/h）；

v_i——第 i 档廊道内流速（m/s）；

H'——絮凝池内水深（m）。

则第一档隔板间距：

$$a_1 = \frac{2187.5}{3600 \times 1 \times 0.5 \times 2.5} = 0.486\text{m}$$

设计中：$a_1 = 0.5\text{m}$，则实际流速 $\nu'_1 = 0.486\text{m/s}$；

$a_2 = 0.6\text{m}$，实际流速 $\nu'_2 = 0.405\text{m/s}$；

$a_3 = 0.8\text{m}$，实际流速 $\nu'_3 = 0.304\text{m/s}$；

$a_4 = 1.2\text{m}$，实际流速 $\nu'_4 = 0.203\text{m/s}$。

4．絮凝池总长度

隔板厚度0.1m，隔板总共19道

$$L = L' + 19 \times 0.1 = 12.5 + 1.9 = 14.4\text{m}$$

5．水头损失计算

$$R_i = \frac{a_i H'}{a_i + 2H'}$$

式中　R_i——第 i 段廊道水力半径；

a_i——第 i 段廊道间距（m）；

H'——水深（m）。

$$C_i = \frac{1}{n} R_i^{\frac{1}{6}}$$

式中　C_i——第 i 段廊道内流速系数；

n——池壁粗糙系数；

R_i——第 i 段廊道水力半径。

$$v_{it} = \frac{v_i a_i H'}{\sqrt{a_i^2 + a_{i+1}^2} \cdot H'}$$

式中　v_{it}——第 i 段廊道内转弯处水流速度（m/s）；

v_i——第 i 段廊道内水流速度（m/s）；

a_i——第 i 段廊道隔板间距（m）；

a_{i+1}——第 $i+1$ 段廊道隔板间距（m）。

絮凝池为钢混结构，水泥砂浆抹面，粗糙系数 $n = 0.013$。第一段 R_1、C_1、C_1^2、v_{1t}计算结果为：

$$R_1 = \frac{0.5 \times 2.5}{0.5 + 2 \times 2.5} = \frac{1.25}{5.5} = 0.23$$

$$C_1 = \frac{1}{0.013} \times 0.23^{\frac{1}{6}} = 60.2$$

$$C_1^2 = 3625.4$$

$$v_{1t} = \frac{0.486 \times 0.5}{0.71} = 0.342\text{m/s}$$

其余三段R_i、C_i、C_i^2、v_{it}分别为：

$R_2 = 0.27, C_2 = 61.8, C_2^2 = 3819.2, v_{2t} = 0.286\text{m/s}$；

$R_3 = 0.35, C_3 = 64.6, C_3^2 = 4173.2, v_{3t} = 0.215\text{m/s}$；

$R_4 = 0.48, C_4 = 68.1, C_4^2 = 4637.6, v_{4t} = 0.143\text{m/s}$。

最后隔板水流分两股回流，考虑水量平衡，流量分配为45%和55%，廊道间距近端一股为0.55m，另一股为0.65m，回转式隔板絮凝池布置见图4-5。各段水头损失计算见表4-3。

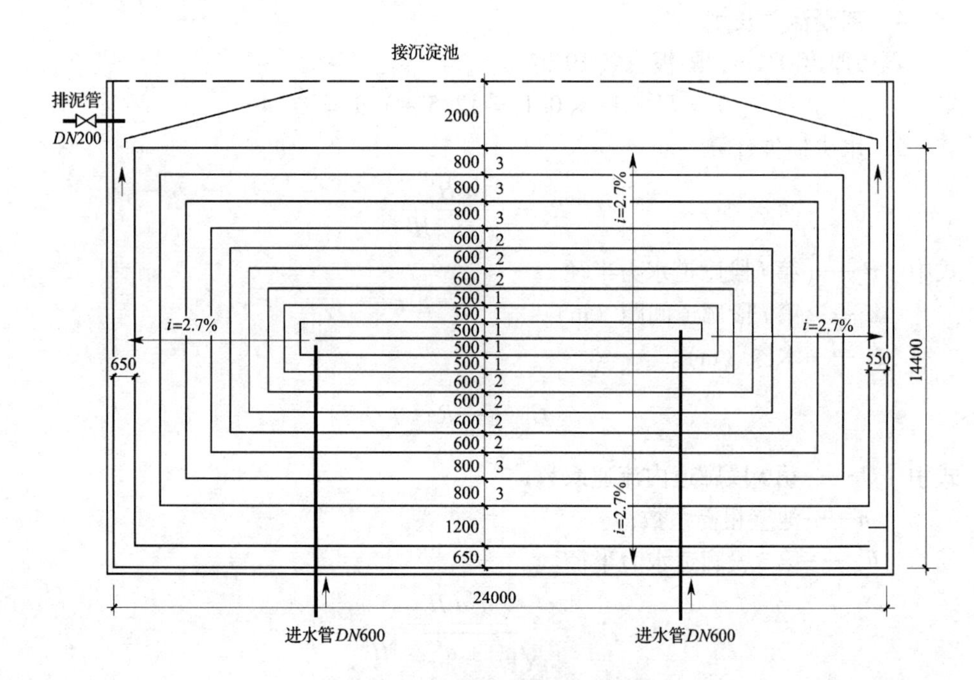

图4-5　回转式隔板絮凝池布置

各段水头损失计算　　　**表4-3**

段数	m_i	l_i	R_i	v_{it}	v_i	C_i	C_i^2	h_i
1	10	62.4	0.23	0.342	0.486	60.2	3625.4	0.077
2	12	134.9	0.27	0.286	0.405	61.8	3819.2	0.072
3	11	141.0	0.35	0.215	0.304	64.6	4173.2	0.035
4	4	62.8	0.48	0.143	0.203	68.1	4637.6	0.005
合计	$h = \sum h_i = 0.189 \approx 0.2\text{m}$							

4.5.3　*GT* 值校核

水温 t 在20℃时 GT 值校核：

$$G = \sqrt{\frac{\rho \cdot h}{60\mu T}}$$

式中　G——速度梯度（s^{-1}）；

ρ——水的密度（$1000kg/m^3$）；

h——总水头损失（m）；

μ——水的动力黏度（Pa·s）；

T——反应时间（min）。

设计中取 $T=20.57s$，$h=0.2m$，$\mu=60\times1.029\times10^{-4}Pa\cdot s$

$$G = \sqrt{\frac{1000\times0.2}{60\times1.029\times10^{-4}\times20.57}} = 40s^{-1}（在30\sim60s^{-1}内）$$

$$GT = 40\times20.57\times60 = 49368（在10^4\sim10^5范围内）$$

在隔板墙底部设排泥孔，外圈每道隔墙设两个，内圈设一个，尺寸为200mm×200mm。在配水廊道设 $DN200$ 排泥管。

4.6　折板絮凝池计算

在絮凝池内，放置一定数量的折板，水流沿折板上、下流动，经过无数次折转，促进颗粒絮凝。这种絮凝池因对水质水量适应性强，停留时间短，絮凝效果好，又能节约絮凝药剂而得到应用。

4.6.1　设计水量

水厂设计水量为 $100000m^3/d$，自用水量取5%。折板絮凝池分为两个系列，每个系列设计水量为：

$$Q = \frac{100000\times1.05}{2\times24} = 2187.5m^3/h = 0.608m^3/s$$

4.6.2　设计计算

折板絮凝池每个系列设计成4组。

1. 单组絮凝池有效容积

$$V = QT$$

式中　V——单组絮凝池有效容积（m^3）；

Q——单组设计处理水量（m^3/h）；

T——絮凝时间，一般采用10~15min。

设计中取 $T=12\text{min}$

$$V=\frac{2187.5}{4\times 60}\times 12=109\text{m}^3$$

2. 絮凝池长度

$$L'=\frac{V}{H'B}$$

式中 L'——絮凝池长度（m）；

H'——有效水深（m）；

B——单组池宽（m）。

设计中取 $H'=3.04\text{m}$，$B=6.0\text{m}$

$$L'=\frac{109}{3.04\times 6}=6.0$$

絮凝池长度方向用隔墙分成三段，首段和中段格宽均为1.0m，末段格宽为2.0m，隔墙厚为0.15m，则絮凝池总长度为：

$$L=6.0+5\times 0.15=6.75\text{m}$$

3. 各段分格数

与斜管（板）沉淀池组合的絮凝池池宽为24.0m，用三道隔墙分成四组，每组池宽为：

$$B'=[24-(3\times 0.15)]\div 4=5.8875\text{m}$$

首段分成10格，则每格长度 L_1：

$$L_1=2[5.8875-(4\times 0.15)]\div 10=1.06\text{m}$$

首段每格面积 f_1：

$$f_1=1.0\times 1.06=1.06\text{m}^2$$

通过首段单格的平均流速 U_1：

$$v_1=\frac{0.152}{1.06}=0.143\text{m/s}$$

中段分为8格，末段分为7格，则中段、末段的各格格长、面积、平均流速分别为：

$$l_2=1.36\text{m},\quad f_2=1.36\text{m}^2,\quad \nu_2=0.112\text{m/s};$$

$$l_3=0.71\text{m},\quad f_3=1.42\text{m}^2,\quad \nu_3=0.107\text{m/s}。$$

4. 停留时间计算

首段停留时间为：

$$T_1=10\times 3.04\div 0.143=212.6\text{s}\approx 3.54\text{min}$$

中段停留时间为：

$$T_2=8\times 3.04\div 0.112=217.14\text{s}\approx 3.62\text{min}$$

末段停留时间为：

$$T_3 = 7 \times 3.04 \div 0.107 = 198.9\text{s} = 3.32\text{min}$$

实际总停留时间为：

$$T = T_1 + T_2 + T_3 = 3.54 + 3.62 + 3.32 = 10.48\text{min}$$

5. 隔墙孔洞面积和布置

水流通过折板上、下转弯和隔墙上过水孔洞流速，首、中、末段分别为0.3m/s、0.2m/s和0.1m/s，则水流通过各段每格格墙上孔洞面积为：

$f'_k = \dfrac{0.152}{0.3} = 0.51\text{m}^2$，取$0.5\text{m}^2$，孔宽为1.0m，则孔高为0.5m，实际通过首段每格格墙上孔洞流速为：

$$\nu'_k = \frac{0.152}{0.5} = 0.304\text{m/s}$$

$f^2_k = \dfrac{0.152}{0.2} = 0.76\text{m}^2$，取$0.75\text{m}^2$，孔宽为1.0m，则孔高为0.75m，实际通过中段每格格墙上孔洞流速为：

$$\nu^2_k = \frac{0.152}{0.75} = 0.203\text{m/s}$$

$f^3_k = \dfrac{0.152}{0.1} = 1.52\text{m}^2$，取$1.5\text{m}^2$，孔洞宽2.0m，孔高为0.75m，实际通过末段每格格墙上孔洞流速为：

$$\nu^3_k = \frac{0.152}{1.5} = 0.101\text{m/s}$$

孔洞在格墙上上、下交错布置。

6. 折板布置

折板布置首段采用峰对峰，中段采用两峰相齐，末段采用平行直板。折板间距采用0.4m。

折板长度和宽度各段分别采用2.0m×0.6m、1.50m×0.6m和1.50m×0.6m。

7. 水头损失计算

（1）相对折板

$$h_1 = 0.5\frac{v_1^2 - v_2^2}{2g}$$

式中　h_1——折板渐放段水头损失（m）；

v_1——峰处流速（m/s）；

v_2——谷处流速（m/s）。

设计中$v_2 = 0.27\text{m/s}$，$v_1 = 0.14\text{m/s}$

$$h_1 = 0.5\frac{0.27^2 - 0.14^2}{2 \times 9.81} = 0.00136\text{m}$$

$$h_2 = \left[1 + 0.1 - \left(\frac{F_1}{F_2}\right)^2\right]\frac{v^2}{2g}$$

式中　h_2——渐缩段的水头损失（m）；

F_1——相对峰的断面积（m^2）；

F_2——相对谷的断面积（m^2）。

设计中取 $F_1 = 0.56m^2$，$F_2 = 1.06m^2$

$$h_2 = \left[1 + 0.1 - \left(\frac{0.56}{1.06}\right)^2\right]\frac{0.14^2}{2 \times 9.81}$$

$$= [1 + 0.1 - 0.279]\frac{0.14^2}{2 \times 9.81} = 0.00082m$$

$$h_i = \xi_3 \frac{v_0^2}{2g}$$

式中　h_i——转弯或孔洞的水头损失（m）；

ξ_3——阻力系数；

v_0——转弯或孔洞流速，为0.304（m/s）。

设计中取上转弯 $\xi_3 = 1.8$，下转弯或孔洞 $\xi_3 = 3.0$，$v_o = 0.304m/s$

$$h_i = 1.8\frac{0.304^2}{2 \times 9.81} = 0.00848m(\text{上转弯时})$$

$$h_i = 3.0\frac{0.304^2}{2 \times 9.81} = 0.014m(\text{下转弯或孔洞时})$$

$$\sum h = n(h_1 + h_2) + \sum h_i$$

式中　$\sum h$——首段相对折板总水头损失（m）；

n——折板水流收缩和放大次数，共40次。

$$\sum h = 40(0.00136 + 0.00082) + 10(0.00848 + 0.014) = 0.312m$$

（2）平行折板

$$h = 0.6\frac{v^2}{2g}$$

式中　h——折板水头损失（m）；

v——板间流速（m/s），一般采用0.15～0.25m/s；

g——重力加速度（m/s^2）。

设计中取 $v = 0.16m/s$

$$h = 0.6\frac{0.16^2}{2 \times 9.81} = 0.00084m$$

$$h_i = \xi_3 \frac{v_i^2}{2g}$$

式中　h_i——上、下转弯或孔洞时水头损失（m）；

v_i——转弯或穿过孔洞时流速（m/s）。

设计中取 $v_i = 0.203m/s$

$$h_i = 1.8\frac{0.203^2}{2 \times 9.81} = 0.00378m(\text{上转弯时})$$

$$h_i = 3.0\frac{0.203^2}{2 \times 9.81} = 0.0042m(\text{下转弯或孔洞时})$$

$$\sum h = nh + \sum h_i$$

式中 $\sum h$——平行折板总水头损失（m）；

n——90°转弯次数，共24次；

h_i——上、下转弯或孔洞时水头损失（m）。

$$\sum h = 24 \times 0.00084 + 8(0.00378 + 0.0042) = 0.084m$$

（3）平行直板

$$h = \xi_3\frac{v^2}{2g}$$

式中 h——转弯水头损失（m）；

v——平均流速（m/s）。

设计中 $v = 0.101m/s$。

$$h = 3\frac{0.101^2}{2 \times 9.81} = 0.00156m$$

$$\sum h = n \cdot h = 7 \times 0.00156 = 0.011m$$

（4）折板絮凝池总水头损失

$$h_Z = \text{相对折板} + \text{平行折板} + \text{平行直板}$$

$$= 0.312 + 0.084 + 0.011 = 0.407m$$

8．G 值和 GT 值

（1）首段 G 值和 GT 值

$$G_1 = \sqrt{\frac{\rho \cdot h_1}{60\mu T}}$$

式中 G_1——首段速度梯度（s^{-1}）；

ρ——水的密度（$1000kg/m^3$）；

h_1——首段水头损失（m）；

μ——水的动力黏度（Pa·s）；

T——反应时间（min）。

设计中取 $h_1 = 0.312m$，$\mu = 60 \times 1.005 \times 10^{-3} Pa \cdot s$，$T = 3.54min$。

$$G_1 = \sqrt{\frac{\rho h_1}{60\mu T}} = \sqrt{\frac{1000 \times 0.312}{60 \times 1.005 \times 10^{-3} \times 3.54}} \approx 38s^{-1}$$

$$G_1T_1 = 38 \times 3.54 \times 60 = 8071.2$$

中段和末段 G 值和 GT 值分别为：

$$G_2 = 19.6\text{s}^{-1} \quad G_2T_2 = 4260.8$$

$$G_3 = 7.4\text{s}^{-1} \quad G_3T_3 = 1476.6$$

（2）折板絮凝池总 G 值和 GT 值

$$G = \sqrt{\frac{1000 \times 0.407}{60 \times 1.005 \times 10^{-3} \times 10.48}} = 25.4\text{s}^{-1}$$

$$GT = 25.4 \times 60 \times 10.48 = 1.6 \times 10^4$$

4.6.3 折板絮凝池布置

在絮凝池各段每格隔墙底部设 200mm×200mm 排泥孔，池底设 2.0% 坡度，坡向沉淀池，在过渡段设排泥管，管径 DN200。折板絮凝池布置如图 4-6。

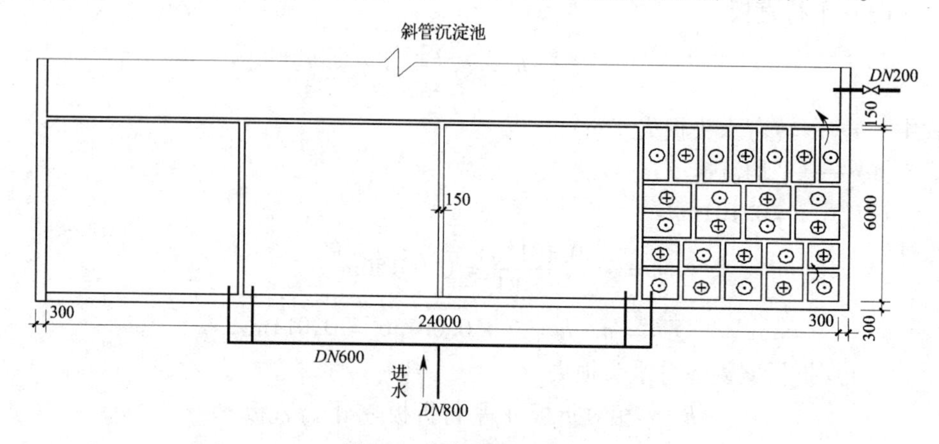

图 4-6　折板絮凝池布置

4.7　机械絮凝池计算

机械絮凝池分垂直轴式和水平轴式两种，水量小时采用垂直轴式，水量大时采用水平轴式。

机械絮凝池因机械设备维修量大，应用受到影响。

4.7.1 设计水量

水厂设计水量为 10 万 m^3/d，水厂自用水量为 5%，机械絮凝池分为两个系列，每个系列设计水量

$$Q = \frac{100000 \times 1.05}{2 \times 24} = 2187.5\text{m}^3/\text{h} = 0.608\text{m}^3/\text{s}$$

4.7.2 垂直轴式絮凝池计算

1. 絮凝池尺寸

$$W=\frac{QT}{60}$$

式中　W——单池絮凝池容积（m^3）；

Q——单池设计处理水量（m^3/h）；

T——絮凝时间（m）。

设计中取 $T=20min$

$$W=\frac{2187.5}{60}\times 20=729m^3$$

絮凝池分为三格，每格尺寸3.8m×3.8m，水深取3.8m，共4组，则絮凝池实际容积为：

$$W'=3.8\times 3.8\times 3.8\times 3\times 4=658.5m^3$$

实际絮凝时间为：

$$T'=658.5\times 60\div 2187.5=18min$$

池超高取0.3m，则池总高度为4.1m。絮凝池分格墙上过水孔道上下交错布置，过孔流速分别为0.4m/s、0.3m/s和0.2m/s，则孔洞面积分别为$0.38m^2$、$0.5m^2$和$0.76m^2$，孔洞尺寸分别取为0.8m×0.5m、1.0m×0.5m和1.5m×0.5m，实际过孔流速分别为0.38m/s、0.304m/s和0.203m/s。每格设一台搅拌设备。

2．搅拌设备

（1）叶轮直径　叶轮直径取格宽的87%，其直径为3.8×0.87=3.31m，设计中取3.3m。叶轮桨板中心点线速度采用：$\nu_1=0.5m/s$、$\nu_2=0.35m/s$、$\nu_3=0.2m/s$。

桨板长度取2.4m（桨板长度与叶轮直径之比$\frac{2.4}{3.2}=0.73<0.75$）

桨板宽度取0.15m，每根轴上桨板数设8块，内、外侧各4块。桨板如图4-7。

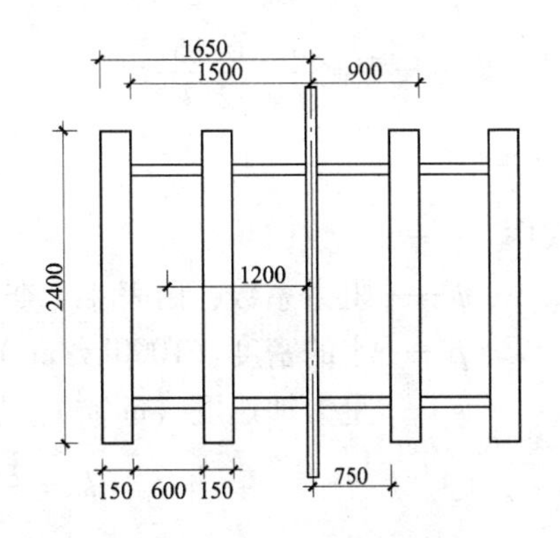

图4-7　桨板安装示意图

旋转桨板面积与絮凝池过水面积之比为：

$$\frac{8\times 0.15\times 2.4}{3.8\times 3.8}=20\%，满足10\%\sim 20\%的要求。$$

每块桨板宽度为桨板长度的0.0625，满足1/10~1/15的要求。

池壁设四块挡板，尺寸为0.2m×0.2m，其面积与过水断面积之比为：

$$\frac{4\times 0.2\times 2.0}{3.8\times 3.8}=11.1\%$$

（2）叶轮桨板中心点旋转直径

$$D_0 = 2\left(\frac{L - L_0}{2} + L_0\right)$$

式中　D_0——叶轮桨板中心点旋转直径（mm）；

L——桨板轴中心至外桨板外缘的距离（mm）；

L_0——桨板轴中心至内桨板内缘的距离（mm）。

设计中取 $L = 1650$mm，$L_0 = 750$mm

$$D_0 = \left(\frac{1650 - 750}{2} + 750\right) \times 2 = 2.4\text{m}$$

$$n_1 = \frac{60\nu_1}{\pi D_0}$$

式中　n_1——第一格叶轮转速（r/min）；

v_1——第一格叶轮桨板中心线速度（m/s）；

D_0——叶轮桨板中心点旋转直径（mm）。

（3）叶轮转速

$$n_1 = \frac{60\nu_1}{\pi D_0} = \frac{60 \times 0.5}{3.14 \times 2.40} = 3.98\text{r/min} \qquad \omega_1 = 0.398\text{rad/s}$$

$$n_2 = \frac{60\nu_2}{\pi D_0} = \frac{60 \times 0.35}{3.14 \times 2.40} = 2.79\text{r/min} \qquad \omega_2 = 0.279\text{rad/s}$$

$$n_3 = \frac{60\nu_3}{\pi D_0} = \frac{60 \times 0.2}{3.14 \times 2.40} = 1.59\text{r/min} \qquad \omega_3 = 0.159\text{rad/s}$$

桨板长宽比 $\frac{b}{l} = \frac{0.15}{2.4} < 1$，

$$k = \frac{\psi\rho}{2g}$$

式中　k——系数；

ψ——阻力系数，由表4-4查出；

ρ——水的密度（1000kg/m^3）；

g——重力加速度（m/s^2）。

$$k = \frac{1.1 \times 1000}{2 \times 9.81} = 56$$

阻力系数 ψ　　　　**表4-4**

$\frac{b}{l}$	小于1	1~2	2.5~4	4.5~10	10.5~18	大于18
ψ	1.10	1.15	1.19	1.29	1.40	2.00

（4）桨板旋转时克服水的阻力所耗功率

第一格外侧桨板：

$$N_1^{y} = \frac{ykl\omega^3}{408}(r_2^4 - r_1^4)$$

式中 N_1^y——第一格外侧桨板所耗功率（kW）；

y——外侧桨板数（块）；

k——系数；

l——桨板长度（m）；

r_2——叶轮半径（m）；

r_1——叶轮直径与桨板宽度之差（m）；

ω_1——叶轮旋转的角速度（rad/s）。

设计中取 $y=4$ 块，$k=56$，$L=2.4\text{m}$，$r_2=1.65\text{m}$，$r_1=1.5\text{m}$，$\omega_1=0.398\text{rad/s}$

$$N_1^y = \frac{4 \times 56 \times 2.4 \times 0.398^3}{408}(1.65^4 - 1.5^4) = 0.195\text{kW}$$

第一格内侧桨板所耗功率：

$$N_1^n = \frac{4 \times 56 \times 2.4 \times 0.279^3}{408}(0.9^4 - 0.75^4) = 0.087\text{kW}$$

第一格所需搅拌轴功率：

$$N_1 = N_1^y + N_1^n = 0.195 + 0.087 = 0.282\text{kW}$$

同样计算第二格和第三格所需轴功率 N_2 和 N_3 分别为0.097kW和0.018kW。

设三台搅拌设备合用一台电动机，则每组絮凝池所耗功率为：

$$N = N_1 + N_2 + N_3 = 0.282 + 0.097 + 0.018 = 0.397\text{kW}$$

每台电动机功率为：

$$N_d = \frac{N}{\eta_1 \eta_2}$$

式中 N_d——电机功率（kW）；

N——一组絮凝池所耗功率（kW）；

η_1——搅拌器机械总效率；

η_2——传动功率，一般采用0.6～0.95。

设计中取 $\eta_2=0.7$，$\eta_1=0.75$

$$N_d = \frac{0.397}{0.7 \times 0.75} = 0.756 \approx 0.76\text{kW}$$

（5）核算平均速度梯度值（按水温20℃计，$\mu=102\times10^{-6}\text{kg/s}\cdot\text{m}$）

$$G_1 = \sqrt{\frac{102 \cdot N_1}{\mu W}}$$

式中 G_1——第一格速度梯度（s^{-1}）；

N_1——第一格所需搅拌轴功率（kW）；

μ——水的动力黏度（kg/s·m）；

W——第一格容积（m^3），为54.872m^3。

第一格：$G_1 = \sqrt{\dfrac{102 \times 0.282}{102 \times 54.872} \times 10^6} = 71.7 \approx 72\text{s}^{-1}$

第二格：$G_2 = \sqrt{\dfrac{102 \times 0.097}{102 \times 31.5} \times 10^6} = 42\text{s}^{-1}$

第三格：$G_3 = \sqrt{\dfrac{102 \times 0.018}{102 \times 31.5} \times 10^6} \approx 18\text{s}^{-1}$

絮凝池平均速度梯度：

$$G = \sqrt{\frac{102 \times 0.397}{102 \times 164.616} \times 10^6} = 49\text{s}^{-1}$$

$$GT = 49 \times 18 \times 60 = 52920 = 5.3 \times 10^4$$

垂直轴式絮凝池布置如图4-8。

4.7.3　水平轴式絮凝池计算

1. 絮凝池有效容积

$$W = \frac{QT}{60}$$

式中　W——单池絮凝池容积（m^3）；

Q——单池设计处理水量（m^3/h）；

T——絮凝时间（m），一般采用15~20min。

设计中取 $T = 20\text{min}$

$$W = \frac{2187.5}{60} \times 20 = 729\text{m}^3$$

絮凝池分成三格，每格尺寸3.8m×3.8m，水深取3.8m，每根水平轴上安装4个搅拌器，絮凝池实际容积

$$W' = 3.8 \times 3.8 \times 3.8 \times 3 \times 4 = 658.5\text{m}^3$$

池超高取0.3m，则池总高为4.1m。絮凝池分格墙上过水孔道上下交错布置，过孔流速分别为0.4m/s、0.3m/s 和0.2m/s，则孔洞面积分别为0.38m^2、0.5m^2和0.76m^2，孔洞尺寸分别取为0.8m×0.5m、1.0m×0.5m 和1.5m×0.5m，实际过孔流速分别为0.38m/s、0.304m/s 和0.203m/s。

絮凝池分格墙厚为0.2m，絮凝池布置见图4-9。

2. 搅拌设备

（1）搅拌器尺寸

搅拌器长度：$L = 3.8 - 0.15 \times 2 = 3.5\text{m}$（满足距池壁距离≤0.2m 要求）

搅拌器外缘直径：$D = 3.8 - 0.15 \times 2 = 3.5\text{m}$

搅拌器外缘距水面和池底距离要求为0.15m。

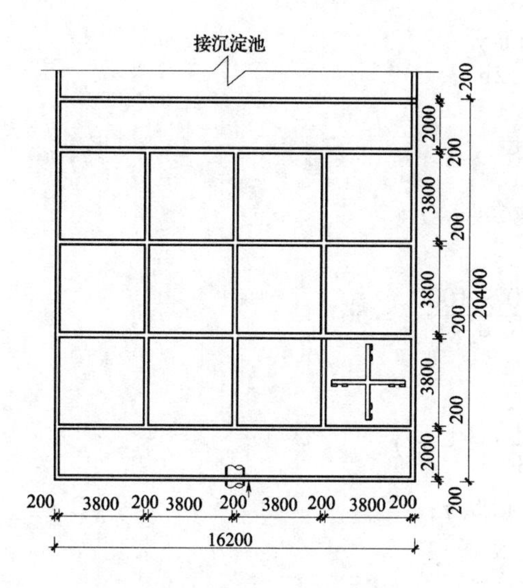

图4-8　垂直轴絮凝池平面布置

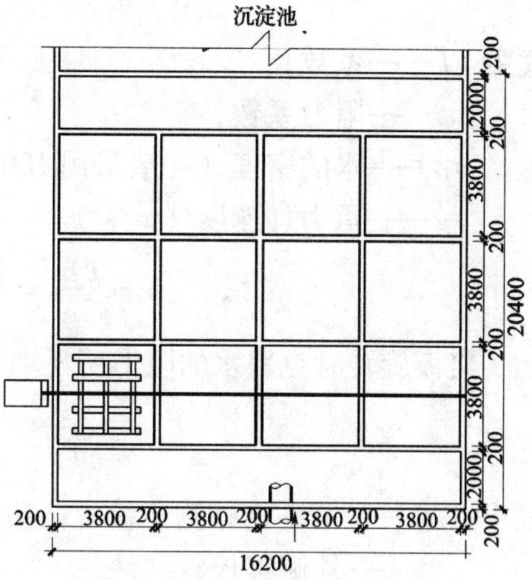

图4-9　水平轴絮凝池平面布置

每个搅拌器上装有8块叶片（如图4-10所示），叶片宽度采用0.1m，每根轴上桨板总面积为$3.5\times0.1\times8\times4=11.2\text{m}^2$，占水流截面积$3.8\times3.8\times4=57.76\text{m}^2$的19.4%。

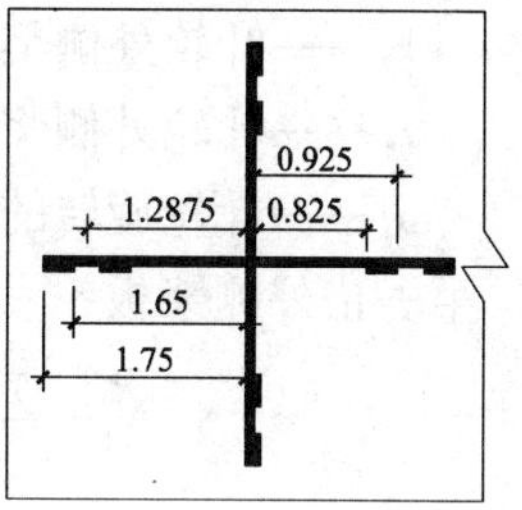

（2）每个搅拌器旋转时克服水的阻力所耗功率

各排叶轮桨板中心点线速度采用：$\nu_1=0.5\text{m/s}$；$\nu_2=0.35\text{m/s}$；$\nu_3=0.2\text{m/s}$。

图4-10　絮凝池一格搅拌器布置计算示例

叶轮桨板中心点旋转直径：

$$D_0=\left(\frac{1.750-0.825}{2}+0.825\right)\times2=2.575\text{m}$$

叶轮转速及角速度分别为：

第一排：

$$n_1=\frac{60\nu_1}{\pi D_0}=\frac{60\times0.5}{3.14\times2.575}=3.71\text{r/min}\qquad \omega_1=0.371\text{rad/s}$$

第二排：

$$n_2=\frac{60\nu_2}{\pi D_0}=\frac{60\times0.35}{3.14\times2.575}=2.6\text{r/min}\qquad \omega_2=0.26\text{rad/s}$$

第三排：

$$n_3=\frac{60\nu_3}{\pi D_0}=\frac{60\times0.2}{3.14\times2.575}=1.48\text{r/min}\qquad \omega_3=0.148\text{rad/s}$$

桨板长宽比$\frac{b}{l}=\frac{0.10}{3.5}=0.03<1$，查表4-4得：$\Psi=1.10$

$$k = \frac{\psi\gamma}{2g}$$

式中　k——系数；

ψ——阻力系数；

ρ——水的密度（一般采用1000kg/m^3）；

g——重力加速度（m/s^2）。

$$k = \frac{\psi\rho}{2g} = \frac{1.10 \times 1000}{2 \times 9.81} = 56$$

桨板旋转时克服水的阻力所耗功率：

$$N_1^y = \frac{ykl\omega_1^3}{408}(r_2^4 - r_1^4)$$

式中　N_1^y——第一格外侧桨板所耗功率（kW）；

y——外侧桨板数（块）；

k——系数；

l——桨板长度（m）；

r_2——叶轮外侧桨板外缘至水平轴半径（m）；

r_1——叶轮外侧桨板内缘至水平轴半径（m）；

ω_1——叶轮旋转的角速度（rad/s）。

第一格外侧桨板：

$$N_1^y = \frac{ykl\omega_1^3}{408}(r_2^4 - r_1^4)$$

$$= \frac{4 \times 56 \times 3.5 \times 0.371^3}{408}(1.75^4 - 1.65^4)$$

$$= 0.193\text{kW}$$

第一排内侧桨板：

$$N_1^n = \frac{ykl\omega_1^3}{408}[(r_2')^4 - (r_1')^4]$$

$$= \frac{4 \times 56 \times 3.5 \times 0.546^3}{408}(0.925^4 - 0.825^4)$$

$$= 0.084\text{kW}$$

第一排搅拌机功率：

$$N_1 = N_1^y + N_1^n = 0.193 + 0.084 = 0.277\text{kW}$$

同样可求得第二排、第三排每个叶轮所耗功率为0.095kW和0.017kW。

每排同一轴上各安装4个叶轮，则每排4个叶轮所需功率：

第一排：$0.277 \times 4 = 1.108$kW

第二排：$0.095 \times 4 = 0.38$kW

第三排：$0.017\times4=0.068\text{kW}$

设三排搅拌器合用一台电动机带动，则絮凝池所耗总功率

$$\sum N_0 = 1.108 + 0.38 + 0.068 = 1.556\text{kW}$$

（3）每台电动机功率

$$N = \frac{\sum N_0}{\eta_1\eta_2}$$

式中　N——每台电动机功率（kW）；

$\sum N_0$——絮凝池所耗总功率（kW）；

η_1——搅拌器机械总效率，

η_2——传动效率，一般采用 0.6～0.95。

设计中取 $\eta_2=0.7$，$\eta_1=0.75$

$$N = \frac{1.556}{0.75\times0.7} = 2.96 \approx 3.0\text{kW}$$

（4）核算平均速度梯度 G 值及 GT 值

水温按 20℃计，$\mu=102\times10^{-6}\text{kg/s}\cdot\text{m}$

第一排：$G_1 = \sqrt{\dfrac{102\times1.108}{102\times\dfrac{658.4}{3}}\times10^6}=71\text{s}^{-1}$

第二排：$G_2 = \sqrt{\dfrac{102\times0.38}{102\times\dfrac{658.4}{3}}\times10^6}=42\text{s}^{-1}$

第三排：$G_3 = \sqrt{\dfrac{102\times0.068}{102\times\dfrac{658.4}{3}}\times10^6}=25\text{s}^{-1}$

絮凝池平均速度梯度：

$$G = \sqrt{\frac{102\cdot\sum N_0}{102\times W'}}$$

式中　G——絮凝池平均速度梯度（s^{-1}）；

$\sum N_0$——絮凝池所耗总功率（kW）；

W'——絮凝池容积（m^3）。

$$G = \sqrt{\frac{102\times1.556}{102\times658.4}\times10^6} = 49\text{s}^{-1}$$

$$GT = 49\times18\times60 = 5.3\times10^4$$

经核算，G 值和 GT 值均较合适。

4.8　网格絮凝池计算

4.8.1　设计水量

水厂设计水量为10万m^3/d，水厂自用水量为5%，网格絮凝池分为两个系列，每个系列分为两组，一组絮凝池设计水量

$$Q_1 = \frac{Q}{2 \times 2 \times T}$$

式中　Q_1——每个絮凝池处理水量（m^3/h）；

Q——水厂处理水量（m^3/d）；

T——运行时间（h）。

设计中取$T = 24h$

$$Q_1 = \frac{105000}{2 \times 2 \times 24} = 1093.75m^3/h = 0.304m^3/s$$

4.8.2　设计计算

1. 絮凝池有效容积

$$V' = Q_1 T$$

式中　Q_1——单个絮凝池处理水量（m^3/h）；

V'——絮凝池有效容积（m^3）；

T——絮凝时间（h），一般采用10～15min。

设计中取$T = 10min$

$$V' = 0.304 \times 10 \times 60 = 182.4m^3$$

2. 絮凝池面积

$$A = \frac{V'}{H}$$

式中　A——絮凝池面积（m^2）；

V'——絮凝池有效容积（m^3）；

H'——水深（m）。

设计中取$H' = 3.0m$

$$A = \frac{182.4}{3.0} = 60.8m^2$$

3. 单格面积

$$f = \frac{Q_1}{v_1}$$

式中 f——单格面积（m^2）；

Q_1——每个絮凝池处理水量（m^3/h）；

v_1——竖井内流速（m/s），前段和中段 0.12～0.14m/s，末段 0.1～0.14m/s。

设计中取 $v_1=0.12m/s$。

$$f=\frac{0.304}{0.12}=2.53m^2$$

设每格为矩形，长边取 1.817m，短边取 1.4m，每格实际面积为 $2.54m^2$，由此得分格数为：

$$n=\frac{60.8}{2.54}=23.94\approx 24 \text{个}$$

每行分6格，每组布置4行。絮凝池布置见图4-11。

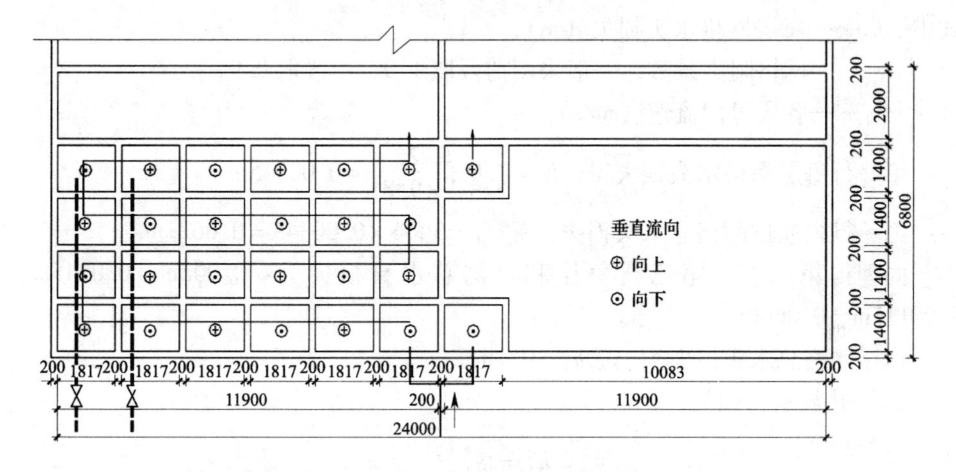

图4-11 网格絮凝池布置

实际絮凝时间为：

$$t=\frac{24a\cdot b\cdot H}{Q}$$

式中 t——实际絮凝时间（min）；

a——每格长边长度（m）；

b——每格短边长度（m）；

H——水深（m）；

Q_1——每个絮凝池处理水量（m^3/s）。

$$t=\frac{1.817\times1.4\times3.0\times24}{0.304}=602.5s=10.04min$$

池的平均有效水深为3.0m，超高0.45m，泥斗深度0.65m，得池的总高度为：

$$H = 3.0 + 0.45 + 0.65 = 4.10\text{m}$$

4. 过水孔洞和网格设置

过水孔洞流速从前向后分4档递减，每行取一个流速，进口为0.3m/s，出口为0.1m/s，则从前至后各行隔墙上孔洞尺寸分别为：0.72m×1.4m、0.92m×1.4m、1.35m×1.4m和2.17m×1.4m。

前三行每格均安装网格，第一行每格安装3层，网格尺寸为50mm×50mm；第二行每格安装2层，网格尺寸为80mm×80mm，第三格每格安装1层，网格尺寸为100mm×100mm。

5. 水头损失计算

（1）网格水头损失

$$h_1 = \xi_1 \frac{v_1^2}{2g}$$

式中　h_1——每层网格水头损失（m）；

ξ_1——网格阻力系数，一般采用前段取1.0，中段取0.9；

v_1——各段过网流速（m/s）。

第一行每层网格水头损失得：$h_1 = 1.0\frac{2.26^2}{2\times 9.81} = 0.00345\text{m}$

第一行内通过网格总水头损失：$\sum h'_1 = 3\times 6\times 0.00345 = 0.0621\text{m}$

同理得第二行、第三行每层和过网总水头损失为：0.002m、0.0245m、0.00115m、0.0069m。

通过网格总水头损失为、$\sum h_1 = 0.1\text{m}$

（2）孔洞水头损失：

$$h_2 = \xi_2 \frac{v_2^2}{2g}$$

式中　h_2——孔洞水头损失（m）；

ξ_2——孔洞阻力系数，一般采用3.0；

v_2——孔洞流速（m/s）。

第一行一格孔洞水头损失：$h_2 = 3.0\frac{0.3^2}{2\times 9.81} = 0.014\text{m}$

第一行各格孔洞总水头损失：$\sum h'_1 = 6\times 0.014 = 0.084\text{m}$

第二、三、四行各格孔洞总水头损失分别为：0.049m、0.004m和0.0002m。

通过絮凝池各孔洞的总水头损失为0.14m。

通过絮凝池的总水头损失

$$h = \sum h_1 + \sum h_2 = 0.1 + 0.14 = 0.24\text{m}$$

4.8.3　*GT* 值校核

$$G=\sqrt{\frac{\rho h}{60\mu T}}=\sqrt{\frac{1000\times 0.24}{60\times 1.029\times 10^{-4}\times 10.04}}\approx 62\mathrm{s}^{-1}$$

$$GT=62\times 60\times 10.04=3.7\times 10^{4}$$

G 值和 *GT* 值均满足要求。

采用穿孔排泥管排泥，*DN*150mm，安装快开排泥阀。

第5章　沉淀和澄清处理

5.1　平流式沉淀池计算

平流沉淀池对水质、水量的变化有较强的适应性，构造简单，处理效果稳定，是一种常用的沉淀池形式，一般用于大、中型水厂，单池处理水量一般在 $2\times10^4 m^3/d$ 以上。在小型水厂因池子较长布置困难，单位造价相对较高而采用较少。平流式沉淀池占地面积相对较大，只有在水厂用地足够大时才可采用。

5.1.1　设计流量

$$Q = \frac{Q_{设}\times(1+k)}{24n}$$

式中　Q——单池设计水量（m^3/d）；

$Q_{设}$——设计日产水量（m^3/d）；

k——水厂用水量占设计日用水量的百分比，一般采用5%～10%；

n——沉淀池个数，一般采用不少于2个。

设计中取 $Q_{设}=10\times10^4 m^3/d$，$k=5\%$，$n=2$

$$Q = \frac{100000\times(1+0.05)}{24\times2} = 2187.5 m^3/h = 0.608 m^3/s$$

5.1.2　平面尺寸计算

1. 沉淀池有效容积

$$V = QT$$

式中　V——沉淀池的有效容积（m^3）；

T——停留时间（h），一般采用1.0～3.0h。

设计中取 $T=2h$

$$V = 2187.5\times2 = 4375 m^3$$

2. 沉淀池长度

$$L = 3600vT$$

式中　L——沉淀池长度（m）；

v——水平流速（m/s），一般采用0.01～0.025m/s。

设计中取 $v=0.02m/s$

$$L = 3600\times0.02\times2 = 144m$$

3. 沉淀池宽度

$$B = \frac{V}{Lh}$$

式中 B——沉淀池宽度（m）；

h——沉淀池有效池深（m），一般采用3.0～3.5m。

设计中取 $h=3.0$m

$$B = \frac{4375}{144 \times 3} = 10.13\text{m，设计中取 }10\text{m}$$

沉淀池长度 L 与宽度 B 之比为：$L/B = 144/10 = 14.4 > 4$，满足要求；长度与深度之比 $L/h = 144/3.0 = 48 > 10$，满足要求。

复核沉淀池中水流的稳定性，计算弗劳德数

$$F_r = \frac{v^2}{Rg}$$

式中 F_r——弗劳德数；

R——水力半径（m），其值为：$R = \frac{\omega}{\rho}$；

ω——水流断面积（m^2）；

ρ——湿周（m）；

g——重力加速度（m/s^2）。

设计中，$\omega = Bh = 10 \times 3 = 30m^2$，$\rho = B + 2h = 10 + 6 = 16m$

$$F_r = \frac{16 \times 0.02^2}{30 \times 9.8} = 0.00002$$

弗劳德数介于0.0001～0.00001之间，满足要求。

5.1.3 进出水系统

1. 沉淀池的进水部分设计

沉淀池的配水，采用穿孔花墙进水方式，则孔口总面积为：

$$A = \frac{Q}{v_1}$$

式中 A——孔口总面积（m^2）；

v_1——孔口流速（m/s）；一般取值不大于0.15～0.20m/s。

设计中取 $v_1 = 0.2$m/s

$$A = \frac{0.608}{0.2} = 3.04\text{m}^2$$

每个孔口的尺寸定为15cm×8cm，则孔口数为254个。进口水头损失为：

$$h_1 = \xi \frac{v_1^2}{2g}$$

式中　h_1——进口水头损失（m）；

ξ——局部阻力系数。

设计中取 $\xi=2$

$$h_1=2\times\frac{0.2^2}{2\times9.8}=0.004\text{m}$$

可以看出，计算得出的进水部分水头损失非常小，为了安全，此处取为0.05m。

2. 沉淀池的出水部分设计

沉淀池的出水采用薄壁溢流堰，渠道断面采用矩形。溢流堰的总堰长

$$l=\frac{Q}{q}$$

式中　l——溢流堰的总堰长（m）；

q——溢流堰的堰上负荷[$m^3/(m\cdot d)$]，一般不大于500$m^3/(m\cdot d)$。

设计中取溢流堰的堰上负荷 $q=250m^3/(m\cdot d)$

$$l=\frac{2187.5\times24}{250}=210\text{m}$$

出水堰采用指形堰，共5条，双侧集水，汇入出水总渠，其布置如图5-1所示。出水堰的堰口标高能通过螺栓上下调节，以适应水位变化。出水渠起端水深

$$h_2=1.73\sqrt[3]{\frac{Q}{gb^2}}$$

式中　h_2——出水渠起端水深（m）；

b——渠道宽度（m）。

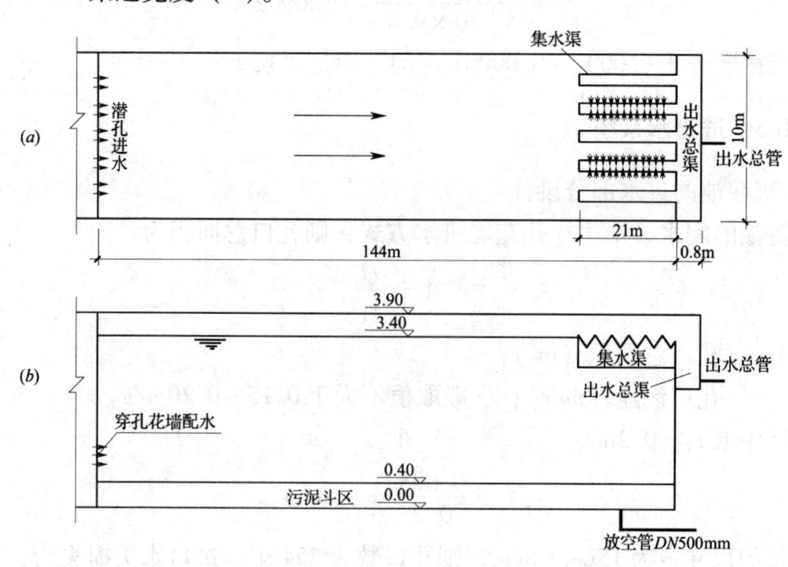

图5-1　平流沉淀池示意图

（a）平面图；（b）剖面图

设计中取 $b=0.8\text{m}$

$$h_2 = 1.73\sqrt[3]{\frac{0.608}{9.8\times0.8^2}} = 0.79\text{m}$$

出水渠道的总深设为 1.0m，跌水高度 0.21m。渠道内的水流速度

$$v_2 = \frac{Q}{bh_2}$$

式中　v_2——渠道内的水流速度（m/s）。

$$v_2 = \frac{0.608}{0.8\times0.79} = 0.96\text{m/s}$$

沉淀池的出水管管径初定为 $DN900\text{mm}$，此时管道内的流速为：

$$v_3 = \frac{4Q}{\pi D^2}$$

式中　v_3——管道内的水流速度（m/s）；

D——出水管的管径（m）。

$$v_3 = \frac{4\times0.608}{3.14\times0.9^2} = 0.96\text{m/s}$$

3. 沉淀池放空管

$$d = \sqrt{\frac{0.7BLh^{0.5}}{t}}$$

式中　d——放空管管径（m）；

t——放空时间（s）。

设计中取 $t=2\text{h}$

$$d = \sqrt{\frac{0.7\times10\times144\times3^{0.5}}{2\times3600}} = 0.49\text{m}$$

设计中取放空管管径为 $DN500\text{mm}$。

4. 排泥设备选择

沉淀池底部设泥斗，每组沉淀池设 8 个污泥斗，污泥斗顶宽 1.25m，底宽 0.45m，污泥斗深 0.4m。采用 HX8-14 型行车式虹吸泥机，驱动功率为 0.37 × 2kW，行车速度为 1.0m/min。

5. 沉淀池总高度

$$H = h_3 + h_4 + h$$

式中　H——沉淀池总高度（m）；

h_3——沉淀池超高（m），一般采用 0.3 ~ 0.5m；

h_4——沉淀池污泥斗高度（m）。

设计中取 $h_3=0.5\text{m}$，$h_4=0.4\text{m}$

$$H = 0.5+0.4+3.0 = 3.9\text{m}$$

6. 平流沉淀池的计算草图

根据计算结果，绘制平流式沉淀池的示意图，如图5-1所示。

5.2 斜板与斜管沉淀池计算

斜管（板）沉淀池是浅池理论在实际中的具体应用，按照斜管（板）中的水流方向，分为异向流、同向流和侧向流三种形式。斜管（板）沉淀池具有停留时间短、沉淀效率高、节省占地等优点，但存在斜管费用较高、而且需要定期更新等问题。

5.2.1 设计流量

$$Q = \frac{Q_{设} \times (1 + k)}{24n}$$

式中 Q——单池设计水量；

$Q_{设}$——设计日产水量（m^3/d）；

k——水厂用水量占设计日用水量的百分比，一般采用5%～10%；

n——沉淀池个数，一般采用不少于2个。

设计中取 $Q_{设} = 10 \times 10^4 m^3/d$，$k = 5\%$，$n = 2$

$$Q = \frac{100000 \times (1 + 0.05)}{24 \times 2} = 2187.5 m^3/h = 0.608 m^3/s$$

5.2.2 平面尺寸计算

1. 沉淀池清水区面积

$$A = \frac{Q}{q}$$

式中 A——斜管沉淀池的表面积（m^2）；

q——表面负荷[$m^3/(m^2 \cdot h)$]，一般采用9.0～11.0$m^3/(m^2 \cdot h)$。

设计中取 $q = 9 m^3/(m^2 \cdot h)$

$$A = \frac{2187.5}{9} = 243 m^2$$

2. 沉淀池长度及宽度

设计中取沉淀池长度 $L = 24m$，则沉淀池宽度

$$B = \frac{A}{L}$$

式中 B——沉淀池宽度（m）。

$$B = \frac{243}{24} = 10.1m，设计中取为10m$$

为了配水均匀，进水区布置在 24m 长度方向一侧。在 10m 的宽度中扣除无效长度约 0.5m，则净出口面积

$$A_1 = \frac{(B - 0.5) \times L}{k_1}$$

式中　A_1——净出口面积（m^2）；

k_1——斜管结构系数。

设计中取 $k_1 = 1.03$

$$A_1 = \frac{(10 - 0.5) \times 24}{1.03} = 221 m^2$$

3．沉淀池总高度

$$H = h_1 + h_2 + h_3 + h_4 + h_5$$

式中　H——沉淀池总高度（m）；

h_1——保护高度（m），一般采用 0.3～0.5m；

h_2——清水区高度（m），一般采用 1.0～1.5m；

h_3——斜管区高度（m），斜管长度为 1.0m，安装倾角 60°，则 $h_3 = \sin 60° = 0.87m$；

h_4——配水区高度（m），一般不小于 1.0～1.5m；

h_5——排泥槽高度（m）。

设计中取 $h_1 = 0.3m$，$h_2 = 1.2m$，$h_4 = 1.5m$，$h_5 = 0.83m$

$$H = 0.3 + 1.2 + 0.87 + 1.5 + 0.83 = 4.7m$$

5.2.3　进出水系统

1．沉淀池进水设计

沉淀池进水采用穿孔花墙，孔口总面积

$$A_2 = \frac{Q}{v}$$

式中　A_2——孔口总面积（m^2）；

v——孔口流速（m/s），一般取值不大于 0.15～0.20m/s。

设计中取 $v = 0.2m/s$

$$A_2 = \frac{0.608}{0.2} = 3.04 m^2$$

每个孔口的尺寸定为 15cm×8cm，则孔口数为 254 个。进水孔位置应在斜管以下、沉泥区以上部位。

2．沉淀池出水设计

沉淀池的出水采用穿孔集水槽，出水孔口流速 $v_1 = 0.6m/s$，则穿孔总面积

$$A_3 = \frac{Q}{v_1}$$

式中　A_3——出水孔口总面积（m^2）。

$$A_3 = \frac{0.608}{0.6} = 1.01m^2$$

设每个孔口的直径为4cm，则孔口的个数

$$N = \frac{A_3}{F}$$

式中　N——孔口个数；

F——每个孔口的面积（m^2），$F = \frac{\pi}{4} \times 0.04^2 = 0.001256m^2$。

$$N = \frac{1.01}{0.001256} = 804 \text{个}$$

设每条集水槽的宽度为0.4m，间距1.5m，共设10条集水槽，每条集水槽一侧开孔数为40个，孔间距为20cm。

10条集水槽汇水至出水总渠，出水总渠宽度0.8m，深度1.0m。

出水的水头损失包括孔口损失和集水槽内损失。孔口损失

$$\sum h_1 = \xi \frac{v_1^2}{2g}$$

式中　$\sum h_1$——孔口水头损失（m）；

ξ——进口阻力系数。

设计中取$\xi = 2$

$$\sum h_1 = 2 \times \frac{0.6^2}{2 \times 9.8} = 0.037m$$

集水槽内水深取为0.4m，槽内水流速度为0.38m/s，槽内水力坡度按0.01计，槽内水头损失

$$\sum h_2 = il$$

式中　$\sum h_2$——集水槽内水头损失（m）；

i——水力坡度；

l——集水槽长度（m）。

设计中取$i = 0.01$，$l = 10m$

$$\sum h_2 = 0.01 \times 10 = 0.1m$$

出水总水头损失

$$\sum h = \sum h_1 + \sum h_2 = 0.037 + 0.1 = 0.137m\text{，设计中取为}0.15m$$

3．沉淀池斜管选择

斜管长度一般为0.8～1.0m，设计中取为1.0m；斜管管径一般为25～35mm，设计中取为30mm；斜管为聚丙烯材料，厚度0.4～0.5mm。

4．沉淀池排泥系统设计

采用穿孔管进行重力排泥，每天排泥一次。穿孔管管径为200mm，管上开

孔孔径为5mm，孔间距15mm。沉淀池底部为排泥槽，共12条。排泥槽顶宽2.0m，底宽0.5m，斜面与水平夹角约为45°，排泥槽斗高为0.83m。

5. 斜管沉淀池计算草图

根据上面计算结果，绘制斜管沉淀池示意图，如图5-2所示。

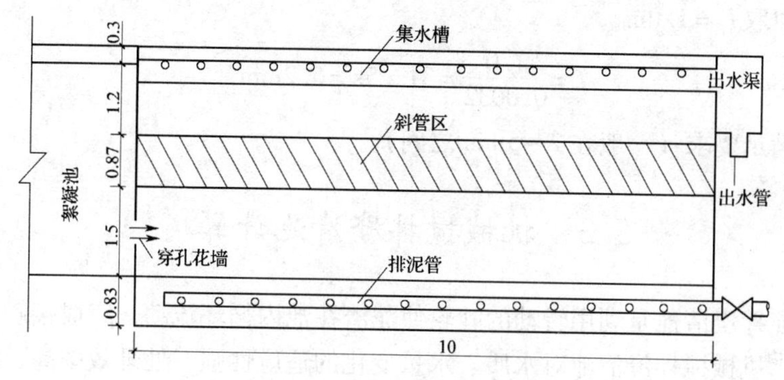

图5-2 斜管沉淀池示意图

6. 核算

（1）雷诺数Re

斜管内的水流速度为：

$$v_2 = \frac{Q}{A_1 \sin\theta}$$

式中 v_2——斜管内的水流速度（m/s）；

θ——斜管安装倾角，一般采用60°~75°。

设计中取 $\theta = 60°$

$$v_2 = \frac{0.608}{221 \times \sin 60} = 0.0032\text{m/s} = 0.32\text{cm/s}$$

雷诺数

$$\text{Re} = \frac{Rv_2}{v}$$

式中 R——水力半径（cm），$R = \frac{d}{4} = \frac{30}{4} = 7.5\text{mm} = 0.75\text{cm}$；

v——水的运动黏度（cm^2/s）。

设计中当水温 $t = 20℃$ 时，水的运动黏度 $v = 0.01\text{cm}^2/\text{s}$

$$\text{Re} = \frac{0.75 \times 0.32}{0.01} = 24 < 500\text{，满足设计要求}$$

（2）弗劳德数 F_r

$$\text{F}_\text{r} = \frac{v_2^2}{Rg} = \frac{0.32^2}{0.75 \times 981} = 1.39 \times 10^{-4}$$

F_r介于0.001~0.0001之间，满足设计要求。

(3) 斜管中的沉淀时间

$$T = \frac{l_1}{v_2}$$

式中　l_1——斜管长度（m）。

设计中取 $l_1 = 1.0\text{m}$

$$T = \frac{1.0}{0.0032} = 312.5\text{s} = 5.2\text{min}$$

基本满足要求（一般在2～5min之间）。

5.3　机械搅拌澄清池计算

机械搅拌澄清池是利用转动的叶轮使泥渣在池内循环流动，完成接触絮凝和澄清过程。机械搅拌澄清池对水质、水量变化的适应性强，处理效率高，应用也最多，一般适用于大、中型水厂。

5.3.1　设计流量

$$Q = \frac{Q_{设} \times (1 + k)}{24n}$$

式中　Q——单池设计水量；

$Q_{设}$——设计日产水量（m^3/d）；

k——水厂用水量占设计日用水量的百分比，一般采用5%～10%；

n——沉淀池个数，一般采用不少于2个。

设计中取 $Q_{设} = 10 \times 10^4 \text{m}^3/\text{d}$，$k = 5\%$，$n = 4$

$$Q = \frac{100000 \times (1 + 0.05)}{24 \times 4} = 1093.75\text{m}^3/\text{h} = 0.304\text{m}^3/\text{s}$$

5.3.2　平面尺寸计算

1. 进水管及配水槽设计

(1) 进水管管径

$$d = \sqrt{\frac{4Q}{\pi v^2}}$$

式中　d——进水管管径（m）；

v——进水管内流速（m/s），一般采用1.0m/s左右。

设计中取 $v = 1.0\text{m/s}$

$$d = \sqrt{\frac{4 \times 0.304}{3.14 \times 1.0^2}} = 0.622\text{m}$$

设计中取进水管管径为 $DN600$mm，管内实际流速 $v=1.08$m/s。

（2）配水槽断面积

$$A = \frac{Q}{2v_1}$$

式中　A——配水槽断面积（m^2）；

v_1——配水槽内流速（m/s），一般采用 $v_1 \geqslant 0.4$m/s。

设计中取 $v_1=0.4$m/s，因为进水管送水入配水槽后是向两侧配水，因此公式中应除以2

$$A = \frac{0.304}{2 \times 0.4} = 0.38m^2$$

配水槽断面为直角三角形，底和高均为0.9m。在配水槽底部开设进水孔，则所需孔口总面积

$$A_1 = \frac{Q}{v_2}$$

式中　A_1——孔口总面积（m^2）；

v_2——孔口流速（m/s）。

设计中取 $v_2=0.4$m/s

$$A_1 = \frac{0.304}{0.4} = 0.76m^2$$

设进水孔口直径为10cm，则孔口总数

$$N = \frac{4A_1}{\pi d_1^2}$$

式中　N——孔口总个数；

d_1——每个孔口直径（m）。

设计中取 $d_1=0.1$m

$$N = \frac{4 \times 0.76}{3.14 \times 0.1^2} = 97$$

孔口由进水端向两侧进行布置时，应由密到疏，以保证布水均匀。

2. 第二絮凝室设计

（1）第二絮凝室断面积

$$\omega_1 = \frac{Q_1}{v_3}$$

式中　ω_1——第二絮凝室断面积（m^2）；

v_3——第二絮凝室及导流室流速（m/s），一般采用0.04～0.06m/s；

Q_1——第二絮凝室计算流量（m^3/s），一般采用设计流量的3～5倍。

设计中取 $v_3=0.05$m/s，$Q_1=5Q$

$$\omega_1 = \frac{5 \times 0.304}{0.05} = 30.4\text{m}^2$$

（2）第二絮凝室直径

$$D_1 = \sqrt{\frac{\omega_1 \times 4}{\pi}}$$

式中 D_1——第二絮凝室直径（m）。

$$D_1 = \sqrt{\frac{30.4 \times 4}{3.14}} = 6.22\text{m}$$

考虑导流板占部分面积，设计中取 D_1 为 6.5m，则实际 ω_1 为 33.2m^2。

（3）第二絮凝室高度

$$H_1 = \frac{Q_1 t_1}{\omega_1}$$

式中 H_1——第二絮凝室高度（m）；

t_1——第二絮凝室内停留时间（s），一般采用 30～60s。

设计中取 $t_1 = 60\text{s}$

$$H_1 = \frac{5 \times 0.304 \times 60}{30.4} = 3\text{m}$$

3. 导流室设计

（1）导流室直径

$$D_2 = \sqrt{\frac{4}{\pi}\left(\frac{\pi D_3^2}{4} + \omega_2\right)}$$

式中 D_2——导流室直径（m）；

D_3——第二絮凝室外径（m）；

ω_2——导流室断面积（m^2）。

设计中近似认为 D_3 与 D_1 相等，$D_3 = 6.5\text{m}$；导流室断面积 $\omega_2 = \omega_1$，$\omega_2 = 33.2\text{m}^2$

$$D_2 = \sqrt{\frac{4}{3.14} \times \left(\frac{3.14 \times 6.5^2}{4} + 33.2\right)} = 9.2\text{m}$$

考虑导流板占部分面积，设计中取 D_2 为 9.5m。

（2）导流室高度

$$H_2 = \frac{D_2 - D_3}{2}$$

式中 H_2——导流室高度（m）。

$$H_2 = \frac{9.5 - 6.5}{2} = 1.5\text{m}$$

4. 分离室设计

（1）分离室断面积

$$\omega_3 = \frac{Q}{v_4}$$

式中　ω_3——分离室断面积（m^2）；

v_4——分离室上升流速（m/s），一般采用0.0008~0.0011m/s。

设计中取 $v_4 = 0.0008$m/s

$$\omega_3 = \frac{0.304}{0.0008} = 380m^2$$

（2）澄清池内径 D

首先求出澄清池总面积：

$$\omega = \omega_3 + \frac{\pi D_4^2}{4}$$

式中　ω——澄清池总面积（m^2）；

D_4——导流室外径（m）。

设计中近似认为 D_4 与 D_2 相等，$D_4 = 9.5$m

$$\omega = 380 + \frac{3.14 \times 9.5^2}{4} = 450.8m^2$$

计算澄清池内径：

$$D = \sqrt{\frac{4\omega}{\pi}}$$

式中　D——澄清池内径（m）。

$$D = \sqrt{\frac{4\omega}{\pi}} = \sqrt{\frac{4 \times 450.8}{3.14}} = 23.96m$$，设计中取为24m。

5. 澄清池总高

$$H = h_1 + h_2 + h_3 + h_4$$

式中　H——澄清池总高度（m）；

h_1——澄清池超高（m），一般采用0.3~0.5m；

h_2——澄清池直壁高度（m）；

h_3——澄清池圆台高度（m）；

h_4——澄清池底圆锥高度（m）。

设计中取 $h_1 = 0.5$m，$h_2 = 2.5$m，$h_3 = 2.0$m，$h_4 = 0.5$m

$$H = 0.5 + 2.5 + 2 + 0.5 = 5.5m$$

6. 澄清池总停留时间

（1）澄清池圆柱部分容积

$$V_1 = \frac{\pi}{4} D^2 h_2$$

式中　V_1——圆柱部分容积（m^3）。

$$V_1=\frac{3.14}{4}\times24^2\times2.5=1130.4\text{m}^3$$

（2）澄清池圆台部分容积：

$$V_2=\frac{\pi h_3}{4}\left[\left(\frac{D}{2}\right)^2+\frac{D}{2}\cdot\frac{D_T}{2}+\left(\frac{D_T}{2}\right)^2\right]$$

式中　V_2——圆台部分容积（m^3）；

D_T——圆台底直径（m），$D_T=D-2h_3\text{ctg}\alpha$，$\alpha$为45°，则$D_T=20$m。

$$V_2=\frac{3.14\times2}{4}\times\left[\left(\frac{24}{2}\right)^2+\frac{24}{2}\quad\frac{20}{2}+\left(\frac{20}{2}\right)^2\right]=571.48\text{m}^3$$

（3）澄清池总容积：

$$V=V_1+V_2$$

式中　V——澄清池总容积（m^3）。

$$V=1130.4+571.48=1701.88\text{m}^3$$

（4）澄清池总停留时间：

$$T=\frac{V}{3600Q}$$

式中　T——澄清池内总停留时间（h）。

$$T=\frac{1701.88}{3600\times0.304}=1.56\text{h}$$

7. 第一絮凝室设计

（1）第一絮凝室直径

$$D_5=D_1+2B_1$$

式中　D_5——第一絮凝室直径（m）；

B_1——进水三角槽直角边长（m）。

设计中取$B_1=0.9$m

$$D_3=6.5+2\times0.9=8.3\text{m}$$

（2）第一絮凝室高度

$$H_3=H-h_1-H_1-h_4$$

式中　H_3——第一絮凝室高度（m）。

$$H_3=5.5-0.5-3-0.5=1.5\text{m}$$

（3）回流缝面积及宽度

第一絮凝室伞形板延长线交点处直径

$$D_6=\frac{D_3+D_T}{2}+H_3$$

式中　D_6——伞形板延长线交点处直径（m）。

$$D_6=\frac{8.3+10}{2}+1.5=10.65\text{m}$$

回流缝总面积

$$\omega_4 = \frac{Q_2}{v_5}$$

式中 ω_4——回流缝总面积（m^2）；

Q_2——泥渣回流量（m^3/s）；

v_5——泥渣回流缝流速（m/s），一般采用0.1～0.2m/s。

设计中取 $Q_2=4Q$，$v_5=0.15m/s$

$$\omega_4 = \frac{4\times 0.304}{0.15} = 8.11m^2$$

回流缝宽度

$$B_2 = \frac{\omega_4}{\pi D_6}$$

式中 B_2——回流缝宽度（m）。

$$B_2 = \frac{8.11}{3.14\times 10.65} = 0.25m$$

5.3.3 排水系统

1. 集水槽设计

(1) 孔口布置

采用8条辐射槽，每条集水槽与澄清池周壁上环形集水槽相连接。每条辐射槽和环形槽内侧均匀开孔。

设孔口中心线上的水头 $h=0.05m$，所需孔口总面积

$$\Sigma f = \frac{\beta Q}{\mu\sqrt{2gh}}$$

式中 Σf——所需孔口总面积（m^2）；

β——超载系数；

μ——流量系数。

设计中取 $\beta=1.2$，本设计为薄壁孔口，流量系数 $\mu=0.62$

$$\Sigma f = \frac{1.2\times 0.304}{0.62\times\sqrt{2\times 9.8\times 0.05}} = 0.594m^2$$

选用孔口直径为25mm，单孔面积

$$f = \frac{3.14\times 0.025^2}{4} = 0.000491m^2$$

孔口总数 n

$$n = \frac{\Sigma f}{f} = \frac{0.594}{0.000491} = 1210\text{个}$$

8条辐射集水槽的开孔部分总长度 l_1 为：

$$l_1 = 2 \times 8 \times \left(\frac{D - D_4}{2} - 0.5\right) = 2 \times 8 \times \left(\frac{24 - 9.5}{2} - 0.5\right) = 108\text{m}$$

上式中假定环形集水槽宽度为0.5m。

靠池壁的环形槽开孔部分长度$l_2 = 3.14 \times (24 - 2 \times 0.5) - 8 \times 0.5 = 68.22$m。

穿孔集水槽（包括辐射槽和环形槽）的开孔部分总长度l为：

$$l = 108 + 68.22 = 176.22\text{m}$$

孔口间距x应为：

$$x = \frac{l}{n} = \frac{176.22}{1210} = 0.146\text{m}$$

（2）集水槽断面尺寸

集水槽沿程的流量逐渐增大，应按槽的下游出口处最大流量计算集水槽的断面尺寸。每条辐射集水槽的开孔数为：$\frac{108}{8 \times 0.146} = 92$个。

孔口流速

$$v_6 = \frac{\beta Q}{\sum f}$$

式中　v_6——集水槽孔口流速（m/s），一般在0.6～0.7m/s之间。

$$v_6 = \frac{1.2 \times 0.304}{0.594} = 0.614\text{m/s}\text{（在0.6～0.7m/s之间）}$$

每槽的计算流量等于

$$q = 0.614 \times 0.000491 \times 92 = 0.0277\text{m}^3/\text{s}$$

辐射式集水槽的宽度

$$B_3 = 0.9q^{0.4}$$

式中　B_3——集水槽的宽度（m）。

$$B_3 = 0.9 \times 0.0277^{0.4} = 0.214\text{m}$$

取集水槽宽$B_3 = 0.22$m，集水槽终点水深

$$h = \frac{q}{v_7 B_3}$$

式中　h——集水槽终点水深（m）；

v_7——集水槽内流速（m/s）。

设计中取$v_7 = 0.5$m/s

$$h = \frac{0.0277}{0.5 \times 0.22} = 0.25\text{m}$$

槽外保护高0.1m，孔上水头0.05m，槽内跌落水头0.10m，则集水槽的总高度为0.5m。

环形集水槽内水流从两个方向流至出口，槽内流量按$\frac{Q}{2} = \frac{0.304}{2} = 0.152\text{m}^3/\text{s}$

计，得环形集水槽宽度：$B_4 = 0.9 \times 0.152^{0.4} = 0.42\text{m}$。

环形槽起端水深 $H_0 = B_4 = 0.42\text{m}$，考虑到辐射槽水流进入环形槽时应自由跌水，跌落高度取 0.08m，同时考虑环形槽顶与辐射槽顶相平，则环形槽总高度 H 为：

$$H = 0.42 + 0.08 + 0.5 = 1.0\text{m}$$

2. 搅拌设备选择

选用 JBJ 型折桨式搅拌机。

3. 排泥系统设计

采用重力式排泥，泥渣先在泥渣浓缩室进行浓缩，之后经排泥管排除。同时在池底部设放空、排泥管，管径为 500mm。

4. 机械搅拌澄清池示意图

根据计算结果，绘制机械搅拌澄清池示意图，如图 5-3 所示。

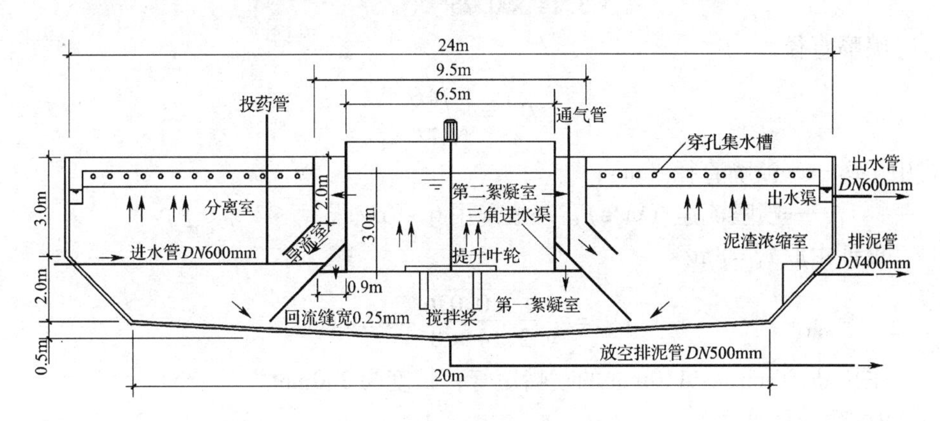

图 5-3　机械搅拌澄清池示意图

5.4　水力循环澄清池计算

水力循环澄清池具有构造简单，节省机械动力的优点，但投药量较大，须较高的进水压力，对原水水质和水量的适应性较差。

5.4.1　设计流量

$$Q = \frac{Q_{设} \times (1 + k)}{24n}$$

式中　Q——单池设计水量；

$Q_{设}$——设计日产水量（m^3/d）；

k——水厂用水量占设计日用水量的百分比，一般采用 5% ~10%；

n——沉淀池个数，一般采用不少于 2 个。

设计中取 $Q_{设} = 10 \times 10^4 m^3/d$，$k = 5\%$，$n = 16$

$$Q = \frac{100000 \times (1 + 0.05)}{24 \times 16} = 273.44 m^3/h = 0.076 m^3/s$$

5.4.2　喉管混合室计算

1. 喷嘴计算

$$v = \frac{4Q}{\pi d^2}$$

式中　v——进水管流速（m/s）；

d——进水管直径（m）。

设计中取 $d = 0.25m$

$$v = \frac{4 \times 0.076}{3.14 \times 0.25^2} = 1.55 m/s$$

喷嘴直径

$$D_1 = \sqrt{\frac{4Q}{\pi v_1}}$$

式中　D_1——喷嘴直径（m）；

v_1——喷嘴流速（m/s），一般采用6~9m/s。

设计中取 $v_1 = 8m/s$

$$D_1 = \sqrt{\frac{4 \times 0.076}{3.14 \times 8}} = 0.11 m$$

采用 $\phi 250mm \times \phi 110mm$ 的喷嘴短管，长度为300mm。

2. 喉管计算

回流量一般为进水量的2~4倍，设计中取为3，则喉管流量 Q_1 为：

$$Q_1 = 4Q = 4 \times 0.076 = 0.304 m^3/s$$

喷嘴直径与喉管直径之比为1∶3~1∶4，则喉管直径 $D_2 = 400mm$，喉管内流速

$$v_2 = \frac{4Q_1}{\pi D_2^2}$$

式中　v_2——喉管内流速（m/s），一般采用2.0~3.0m/s；

D_2——喉管直径（m）。

$$v_2 = \frac{4 \times 0.304}{3.14 \times 0.4^2} = 2.42 m/s$$

喉管长度

$$l = v_2 t$$

式中　l——喉管长度（m）；

t——喉管内混合时间（s），一般采用0.5~0.7s。

设计中取喉管内混合时间 $t=0.7\text{s}$

$l=2.42\times0.7=1.69\text{m}$，设计中取为1.7m。

混合室直径及高度均采用 $2D_2=2\times400=800\text{mm}$。

喉管、混合室及喷嘴草图如图5-4所示。

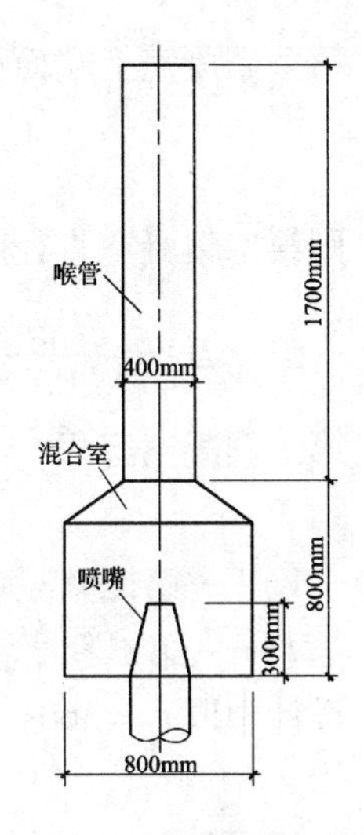

图5-4 喉管混合室及喷嘴

5.4.3 平面尺寸计算

1. 第一絮凝室设计

第一絮凝室出口直径

$$D_3=\sqrt{\frac{4Q_1}{\pi v_3}}$$

式中 D_3——第一絮凝室出口直径（m）；

v_3——第一絮凝室出口流速（m/s），一般采用0.05～0.08m/s。

设计中取 $v_3=0.07\text{m/s}$

$$D_3=\sqrt{\frac{4\times0.304}{3.14\times0.07}}=2.35\text{m}$$

设计中采用 $D_3=2.3\text{m}$，实际出口流速 v_3 为73mm/s。

第一絮凝室容积

$$V_1=Qt_1$$

式中 V_1——第一絮凝室容积（m^3）；

t_1——第一絮凝室水力停留时间（s），按设计水量一般采用1～2min。

设计中取第一絮凝室水力停留时间 $t_1=80\text{s}$

$$V_1=80\times0.076=6.08\text{m}^3$$

设第一絮凝室高度为 H_2，根据截头圆锥体积公式得：

$$V_1=\frac{0.785}{3}H_2(D_2^2+D_3^2+D_2\times D_3)$$

上式中 D_2、D_3 和 V_1 均为已知值，可求得 $H_2=3.5\text{m}$。

2. 第二絮凝室设计

第二絮凝室进口面积

$$F_2=\frac{Q_1}{v_4}$$

式中 F_2——第二絮凝室进口面积（m^2）；

v_4——第二絮凝室进口速度（m/s），一般采用0.04～0.05m/s。

设计中取 $v_4=0.04\text{m/s}$

$$F_2=\frac{0.304}{0.04}=7.6\text{m}^2$$

第一絮凝室上端面积 F_1

$$F_1 = \frac{\pi}{4}D_3^2 = \frac{3.14}{4} \times 2.3^2 = 4.15\text{m}^2$$

则第二絮凝室直径 D_4

$$D_4 = \sqrt{\frac{F_1 + F_2}{0.785}} = \sqrt{\frac{7.6 + 4.15}{0.785}} = 3.87\text{m}，设计中取为3.9\text{m}$$

第二絮凝室容积

$$V_2 = Qt_2$$

式中　V_2——第二絮凝室容积（m^3）；

t_2——第二絮凝室水力停留时间（s），按设计水量一般采用5～7min。

设计中取 $t_2 = 360\text{s}$

$$V_2 = 360 \times 0.076 = 27.36\text{m}^3$$

设第二絮凝室高度为 H_3，有下式：

$$V_2 = \frac{H_3 \pi D_4^2}{4} - \frac{H_3}{3}\left(\frac{\pi D_2^2}{4} + \frac{\pi D_3^2}{4} + \frac{\pi D_2 D_3}{4}\right)$$

上式中 D_2、D_3、D_4 和 V_2 均为已知值，可求得 $H_3 = 2.66\text{m}$。

3. 分离室设计

$$F_3 = \frac{Q}{V_5}$$

式中　F_3——分离室面积（m^2）；

v_5——分离室内上升流速（mm/s），一般采用0.7～1.0mm/s。

设计中取 $v_5 = 1.0\text{mm/s}$

$$F_3 = \frac{0.076}{0.001} = 76\text{m}^2$$

假定第二絮凝室壁厚0.2m，则絮凝室壁所占面积 F_4

$$F_4 = 0.2 \times 3.14 \times (3.9 + 0.1) = 2.51\text{m}^2$$

则澄清池总面积 F 为：

$$F = (F_1 + F_2) + F_3 + F_4 = 11.94 + 2.51 + 76 = 90.45\text{m}^2$$

澄清池直径 D 为：

$$D = \sqrt{\frac{F}{0.785}} = \sqrt{\frac{90.45}{0.785}} = 10.73\text{m}，设计中采用11\text{m}$$

实际 F_3 为80.5m^2，上升流速 v_5 为0.94mm/s。分离室有效深度

$$H_4 = 3600 t_3 v_5$$

式中　H_4——分离室有效深度（m）；

t_3——分离室停留时间（h），一般采用1.0～1.5h。

设计中取 $t_3 = 1.0\text{h}$

$$H_4 = 3600 \times 0.00094 = 3.38\text{m}$$

4. 澄清池总高度

喷嘴下部距离池底高度为 0.6m；

喷嘴、混合室及喉管总高为 2.5m；

第一絮凝室高度为 3.5m；

第一絮凝室上水深为 0.5m；

保护高采用 0.4m；

澄清池总高度 $H = 0.6 + 2.5 + 3.5 + 0.5 + 0.4 = 7.5\text{m}$。

5.4.4 排水系统

1. 环形集水槽设计

澄清池的出水系统，是在分离室设 12 根穿孔集水管，然后将收集的出水送至池子中的环形集水槽内，再由出水总管流出池外。环形集水槽的流量理论上只有设计流量的一半，设计时考虑乘以不均匀系数 1.5，则环形集水槽的设计流量 q_1 为 $0.057\text{m}^3/\text{s}$。

集水槽槽宽

$$B = 0.9 \times q_1^{0.4}$$

式中 B——集水槽宽度（m）；

q_1——环形集水槽内设计流量（m^3/s）。

设计中环形集水槽的设计流量 $q_1 = 0.057\text{m}^3/\text{s}$

$B = 0.9 \times 0.057^{0.4} = 0.29\text{m}$，设计中采用 0.3m。

集水槽起点水深 $= 0.55B = 0.55 \times 0.3 = 0.165\text{m}$。

集水槽终点水深 $= 1.73 \times 0.165 = 0.285\text{m}$。

集水管跌水进入集水槽，跌落高度 0.1m。

集水槽总高采用 0.7m，含保护高 0.315m。

出水总管管径取为 350mm，管内流速为 0.59m/s。

2. 集水管设计

采用 12 根 $DN150$mm 的玻璃钢集水管，管间夹角为 30°，集水管上开孔，孔口直径采用 25mm，则所需孔口总面积

$$A_1 = \frac{Q}{v_6}$$

式中 A_1——所需孔口总面积（m^2）；

v_6——孔口流速（m/s）。

设计中取 $v_6 = 0.4\text{m/s}$

$$A_1 = \frac{0.076}{0.4} = 0.19\text{m}^2$$

所需总的孔口数

$$n=\frac{A_1}{0.785\times d_1^2}$$

式中　n——所需总孔口数（个）；

d_1——孔口直径（m）。

设计中取 $d_1=0.025$m

$$n=\frac{0.19}{0.785\times 0.025^2}=388$$

每根集水管上开孔数为32个，集水管末端流速

$$v_7=\frac{Q}{12\times 0.785\times d_2^2}$$

式中　v_7——每条集水管末端流速（m/s）；

d_2——集水管管径（m）。

设计中取 $d_2=0.15$m

$$v_7=\frac{0.076}{12\times 0.785\times 0.15^2}=0.358\text{m/s}$$

开孔的位置求法如下：

假定第二絮凝室壁厚0.1m，环形槽壁厚0.05m，则得环形槽外壁直径：

$$3.9+2\times 0.1+2\times(0.3+0.05)=4.8\text{m}$$

环形槽与澄清池内壁间的环形面积：

$$\frac{3.14}{4}\times(11^2-4.8^2)=76.9\text{m}^2$$

集水管的有效长度：$\frac{1}{2}\times(11-4.8)=3.1$m。

如果把76.9m²的圆环分成32个窄的圆环，每个窄环的面积相等，把穿孔管的孔布置在环中央，那么每个孔的服务面积都是相等的，所以能做到集水均匀。每一个窄环的面积为：

$$\frac{1}{32}\times 76.9=2.4\text{m}^2$$

如果从澄清池内壁起各个圆的直径依次编号为0～32，由于相邻两个圆所包围的环形面积为2.4m²，所以得到下列关系：

$$\frac{\pi}{4}\times(d_n^2-d_{n+1}^2)=2.4$$

式中 d_n 和 d_{n+1} 分别为第 n 和第 $n+1$ 个圆的直径，d_0 为澄清池直径11m。由上式解得：

$$d_{n+1}=\sqrt{d_n^2-\frac{2.4}{0.785}}=\sqrt{d_n^2-3.06}$$

计算结果见表 5-1。孔布置在$\frac{1}{2}$（d_n+d_{n+1}）直径的圆周上。

穿孔位置计算　　**表 5-1**

n	d_n	d_n^2	$d_n^2-3.06$	$d_{n+1}=\sqrt{d_n^2-3.06}$
0	11	121	117.94	10.86
1	10.86	117.94	114.88	10.72
2	10.72	114.88	111.82	10.57
3	10.57	111.82	108.76	10.43
4	10.43	108.76	105.7	10.28
5	10.28	105.7	102.64	10.13
6	10.13	102.64	99.58	9.98
7	9.98	99.58	96.52	9.82
8	9.82	96.52	93.46	9.67
9	9.67	93.46	90.4	9.51
10	9.51	90.4	87.34	9.34
11	9.34	87.34	84.28	9.18
12	9.18	84.28	81.22	9.01
13	9.01	81.22	78.16	8.84
14	8.84	78.16	75.1	8.67
15	8.67	75.1	72.04	8.49
16	8.49	72.04	68.98	8.3
17	8.3	68.98	65.92	8.12
18	8.12	65.92	62.86	7.93
19	7.93	62.86	59.8	7.73
20	7.73	59.8	56.24	7.53
21	7.53	56.24	53.68	7.33
22	7.33	53.68	50.62	7.11
23	7.11	50.62	47.56	6.9
24	6.9	47.56	44.5	6.67
25	6.67	44.5	41.44	6.44
26	6.44	41.44	38.38	6.2
27	6.2	38.38	35.32	5.94
28	5.94	35.32	32.26	5.68
29	5.68	32.26	29.2	5.4
30	5.4	29.2	26.14	5.11
31	5.11	26.14	23.08	4.80

3. 水力循环澄清池示意图

根据计算结果，绘制机械搅拌澄清池示意图，如图5-5所示。

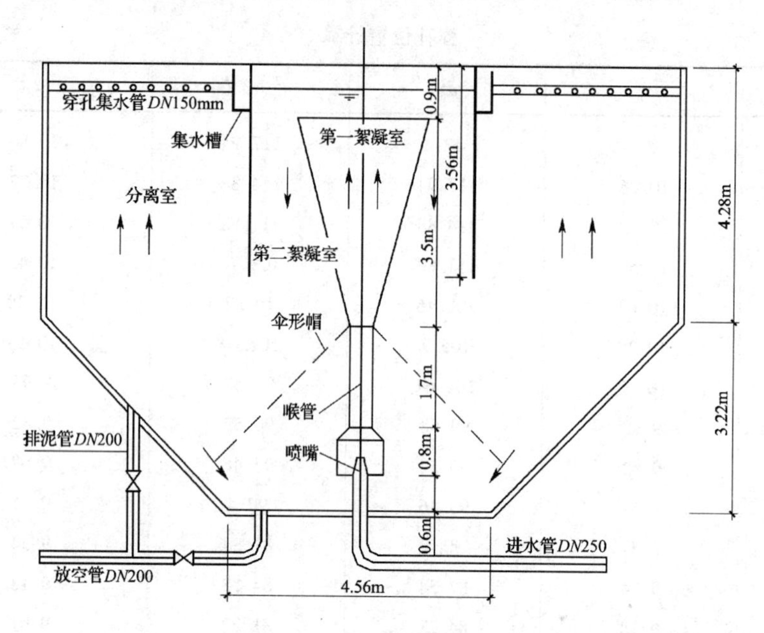

图5-5　水力循环澄清池示意图

5.5　气　浮　池

气浮池就是向水中通入大量微小气泡，使其粘附到悬浮颗粒上，快速上浮，达到固液分离的目的。气浮主要去除水中比重接近于1的颗粒。

5.5.1　设计流量

$$Q = \frac{Q_{设} \times (1 + k)}{24n}$$

式中　Q——单池设计水量（m^3/d）；

$Q_{设}$——设计日产水量（m^3/d）；

k——水厂用水量占设计日用水量的百分比，一般采用5%～10%；

n——沉淀池个数，一般采用不少于2个。

设计中取 $Q_{设} = 10 \times 10^4 m^3/d$，$k = 5\%$，$n = 8$

$$Q = \frac{100000 \times (1 + 0.05)}{24 \times 8} = 546.88 m^3/h = 0.152 m^3/s$$

5.5.2　平面尺寸计算

1. 气浮池表面积

$$A = \frac{Q}{q}$$

式中　A——气浮池表面积（m^2）；

Q——每座气浮池的设计进水量（m^3/h）；

q——气浮池的表面负荷（$m^3/(m^2 \cdot h)$），一般采用 $5.4 \sim 9.0 m^3/(m^2 \cdot h)$。

设计中取 $q = 5.5 m^3/(m^2 \cdot h)$

$$A = \frac{546.88}{5.5} = 99.4 m^2$$

2．气浮池水力停留时间

$$T = \frac{Ah}{Q}$$

式中　T——气浮池水力停留时间（h）；

h——气浮池的有效水深（m），一般采用 2.0 ~ 2.5m。

设计中取 $h = 2.0m$

$$T = \frac{99.4 \times 2.0}{546.88} = 0.363h = 21.8min$$

3．气浮池的长度和宽度

设气浮池的宽度 B 为 8m，则气浮池的长度 L 为：

$$L = \frac{A}{B} = \frac{99.4}{8} = 12.5m$$

气浮池内的水平流速 v 为：

$$v = \frac{Q}{Bh} = \frac{0.152}{8 \times 2.0} = 0.0095m/s = 9.5mm/s$$

满足水平流速在 5 ~ 10mm/s 之间的要求。

4．接触室的设计

接触室的容积

$$V_1 = \frac{Q}{60} \times t$$

式中　V_1——接触室的容积（m^3）；

t——接触室内停留时间（min），一般采用 1 ~ 2min。

设计中取 $t = 2min$

$$V_1 = \frac{546.88}{60} \times 2 = 18.23m^3$$

接触室的宽度 b 为：

$$b = \frac{V_1}{Bh} = \frac{18.23}{8 \times 2.0} = 1.14m$$

设计中取为 1.2m。

5.5.3　进出水系统

1. 气浮池的进水设计

絮凝后的水采用潜孔从接触室下部进入，孔口尺寸为0.5m×0.5m，共设8个，孔中心间距为1.0m，则进水流速v_1为：

$$v_1 = \frac{Q}{8 \times 0.5 \times 0.5} = \frac{0.152}{8 \times 0.5 \times 0.5} = 0.076\text{m/s}$$

满足进口流速小于1.5～2.0m/s的要求。

2. 气浮池的出水设计

气浮池的出水采用穿孔管，设于池子中下部。穿孔集水管共设10条，管径为200mm，管内流速v_2为：

$$v_2 = \frac{Q}{10 \times 0.785 \times 0.2^2} = \frac{0.152}{10 \times 0.785 \times 0.2^2} = 0.484\text{m/s} < 0.5\text{m/s}，满足要求$$

10条穿孔集水管最后汇集到出水总管，总管管径为DN600mm，管内流速v_3为：

$$v_3 = \frac{Q}{0.785 \times 0.6^2} = \frac{0.152}{0.785 \times 0.6^2} = 0.54\text{m/s}$$

3. 气浮池的除渣系统设计

气浮池内的浮渣在刮渣机的作用下，刮至池子末端，在池末端设浮渣槽进行收集浮渣，经排渣管排出。采用GMB型双边驱动刮渣机，电机功率为0.37×2kW，行车速度3.67m/min。浮渣槽宽度为0.5m，槽深0.6m，排渣管管径为200mm。

4. 溶气罐的设计

溶气水量按设计水量的5%计算，则溶气水量Q_1为：

$$Q_1 = 105000 \times 0.05 = 5250\text{m}^3/\text{d} = 218.75\text{m}^3/\text{h}$$

溶气罐共设2个，每个溶气罐的容积

$$V_2 = \frac{Q_1 \times t_1}{60 \times 2}$$

式中　V_2——每个溶气罐的容积（m^3）；

t_1——溶气罐内停留时间（min），一般采用1～2min。

设计中取t_1=2min

$$V_2 = \frac{218.75 \times 2}{60 \times 2} = 3.65\text{m}^3$$

溶气罐的直径

$$D = \sqrt{\frac{4V_2}{\pi H}}$$

式中　D——溶气罐的直径（m）；

H——溶气罐的高度（m），一般采用2.5～3.0m。

设计中取 $H=3.0$m

$$D=\sqrt{\frac{3.65\times4}{3.14\times3.0}}=1.25\text{m}$$

溶气罐内安装填料，填料高度为1.0m（一般为0.8～1.5m）。

5．溶气释放器

选择TJ-5型溶气释放器，该释放器在0.3MPa下的出流量为5.6m^3/h，接管直径为50mm。则每个气浮池内释放器的个数 n 为：

$$n=\frac{218.75}{8\times5.6}=4.88$$，设计中取为5个，释放器总数为40个。

6．气浮池的计算草图

根据上面计算结果，绘制气浮池的示意图，如图5-6所示。

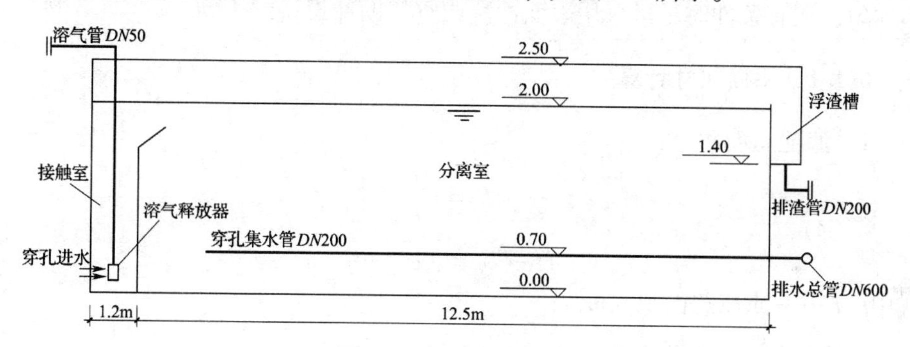

图5-6　气浮池示意图

第6章 过滤处理

6.1 普通快滤池

普通快滤池是目前水处理工程中常用的滤池形式之一。普通快滤池每一池上装有浑水进水阀、清水出水阀、反冲洗进水阀、反冲洗排水阀共4个阀门。普通快滤池运行稳妥，出水水质较好；其缺点是阀门较多，阀门易损坏；必须有全套的冲洗设备。

普通快滤池适用于大、中、小型水厂，单池面积不宜大于100m²，以免冲洗不均匀，在有条件时尽量采用表面冲洗或空气助冲设备。

6.1.1 平面尺寸计算

1. 滤池总面积

$$F = \frac{Q}{vT}$$

$$T = T_0 - nt_0 - nt_1$$

式中 F——滤池总面积（m²）；

Q——设计水量（m³/d）；

v——设计滤速（m/h），石英砂单层滤料一般采用8～10m/h，双层滤料一般采用10～14m/h；

T——滤池每日的实际工作时间（h）；

T_0——滤池每日的工作时间（h）；

t_0——滤池每日冲洗后停用和排放初滤水时间（h）；

t_1——滤池每日冲洗时间（h）；

n——滤池每日的冲洗次数（次）。

设计中取 $n=2$ 次，$t_1=0.1$h，不考虑排放初滤水时间，即取 $t_0=0$

$$T = 24 - 2 \times 0.1 = 23.8\text{h}$$

设计中选用单层滤料石英砂滤池，取 $v=10$m/h

$$F = \frac{105000}{10 \times 23.8} = 441.2\text{m}^2$$

2. 单池面积

$$f = \frac{F}{N}$$

式中　f——单池面积（m^2）；

F——滤池总面积（m^2）；

N——滤池个数（个），一般采用$N \geq 2$个。

设计中取$N=8$，布置成对称双行排列

$$f = \frac{F}{N} = \frac{441.2}{8} = 55.15\text{m}^2$$

设计中取$L=9.0\text{m}$，$B=6.0\text{m}$，滤池的实际面积为$9.0 \times 6.0 = 54\text{m}^2$，实际滤速

$$v = \frac{10500}{8 \times 54 \times 23.8} = 10.2\text{m/h}$$

当一座滤池检修时，其余滤池的强制滤速

$$v' = \frac{Nv}{N-1}$$

式中　v'——当一座滤池检修时其余滤池的强制滤速（m/h）；一般采用10～14m/h。

$$v' = \frac{8 \times 10.2}{8-1} = 11.66\text{m/h}$$

6.1.2　滤池高度

$$H = H_1 + H_2 + H_3 + H_4$$

式中　H——滤池高度（m），一般采用3.20～3.60m；

H_1——承托层高度（m），一般可按表6-1确定；

H_2——滤料层厚度（m），一般可按表6-2确定；

H_3——滤层上水深（m），一般采用1.5～2.0m；

H_4——超高（m），一般采用0.3m。

设计中取$H_1=0.40\text{m}$，$H_2=0.70\text{m}$，$H_3=1.80\text{m}$，$H_4=0.30\text{m}$

$$H = 0.40 + 0.70 + 1.80 + 0.30 = 3.20\text{m}$$

普通快滤池承托层的粒径和厚度　**表6-1**

层次（自上而下）	尺寸（mm）	厚度（mm）
1	2～4	100
2	4～8	100
3	8～16	100
4	16～32	100

6.1.3　配水系统

1．最大粒径滤料的最小流化态流速

$$V_{mf} = 12.26 \times \frac{d^{1.31}}{\phi^{1.31} \times \mu^{0.54}} \times \frac{m_0^{2.31}}{(1-m_0)^{0.54}}$$

式中 v_{mf}——最大粒径滤料的最小流化态流速（cm/s）；

d——滤料粒径（m）；

ϕ——球度系数；

μ——水的动力黏度［（N·s）/m^2］；

m_0——滤料的孔隙率。

普通快滤池的滤料层厚度 **表6-2**

类别	滤料组成		
	粒径（mm）	不均匀系数 k_{80}	厚度（mm）
单层石英砂滤料	$d_{max}=1.2$ $d_{min}=0.5$	<2.0	700
双层滤料	无烟煤 $d_{max}=1.8$ $d_{min}=0.8$	<2.0	300~400
	石英砂 $d_{max}=1.2$ $d_{min}=0.5$	<2.0	400
三层滤料	无烟煤 $d_{max}=1.6$ $d_{min}=0.8$	<1.7	450
	石英砂 $d_{max}=0.8$ $d_{min}=0.5$	<1.5	230
	重质矿石 $d_{max}=0.5$ $d_{min}=0.25$	<1.7	70

设计中取 $d=0.0012$m，$\phi=0.98$，$m_0=0.38$，水温20℃时 $\mu=0.001$（N·s）/m^2

$$V_{mf}=12.26\times\frac{0.0012^{1.31}}{0.98^{1.31}\times0.001^{0.54}}\times\frac{0.38^{2.31}}{(1-0.38)^{0.54}}=1.08\text{cm/s}$$

2. 反冲洗强度

$$q=10kV_{mf}$$

式中 q——反冲洗强度［L/(s·m^2)］，一般采用12~15L/(s·m^2)；

k——安全系数，一般采用1.1~1.3。

设计中取 $k=1.3$

$$q=10\times1.3\times1.08=14\text{L/(s·m}^2)$$

3. 反冲洗水流量

$$q_g = f \cdot q$$

式中　q_g——反冲洗干管流量（L/s）。

$$q_g = 54 \times 14 = 765\text{L/s}$$

4. 干管始端流速

$$v_g = \frac{4 \cdot q_g \times 10^{-3}}{\pi \cdot D^2}$$

式中　v_g——干管始端流速（m/s），一般采用1.0～1.5m/s；

q_g——反冲洗水流量（L/s）；

D——干管管径（m）。

设计中取 $D = 1\text{m}$

$$v_g = \frac{4 \times 0.756}{3.14 \times 1^2} = 0.96\text{m/s}$$

5. 配水支管根数

$$n_j = 2 \times \frac{L}{a}$$

式中　n_j——单池中支管根数（根）；

L——滤池长度（m）；

a——支管中心间距（m），一般采用0.25～0.30m。

设计中取 $a = 0.30\text{m}$

$$n_j = 2 \times \frac{9.0}{0.30} = 60\text{ 根}$$

单格滤池的配水系统如图6-1所示。

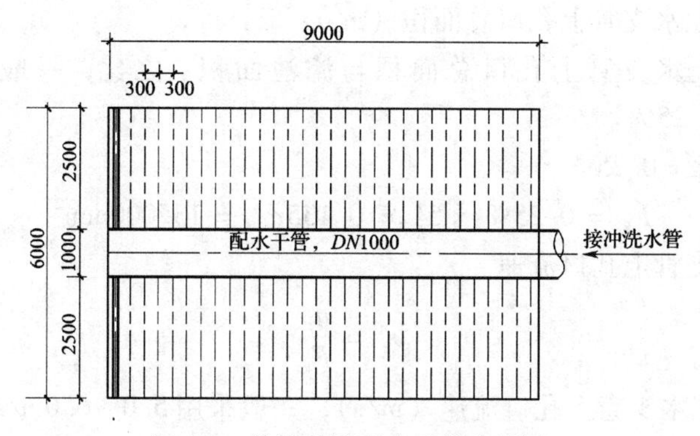

图6-1　单格滤池配水系统布置图

6. 单根支管入口流量

$$q_j = \frac{q_g}{n_j}$$

式中　q_j——单根支管入口流量（L/s）。

$$q_j = \frac{q_g}{n_j} = \frac{756}{60} = 12.6\text{L/s}$$

7. 支管入口流速

$$v_j = \frac{q_j \times 10^{-3}}{\frac{\pi}{4} \cdot D_j^2}$$

式中　v_j——支管入口流速（m/s），一般采用1.5～2.0m/s；

D_j——支管管径（m）。

设计中取 $D_j = 0.1$m

$$v_j = \frac{4 \times 12.6 \times 10^{-3}}{3.14 \times 0.1^2} = 1.61\text{m/s}$$

8. 单根支管长度

$$l_j = \frac{1}{2}(B - D)$$

式中　l_j——单根支管长度（m）；

B——单个滤池宽度（m）；

D——配水干管管径（m）。

设计中取 $B = 6$m，$D = 1.0$m

$$l_j = \frac{1}{2}(6.0 - 1.0) = 2.5\text{m}$$

9. 配水支管上孔口总面积

$$F_k = K \cdot f$$

式中　F_k——配水支管上孔口总面积（m^2）；

K——配水支管上孔口总面积与滤池面积 f 之比，一般采用0.2%～0.25%。

设计中取 $K = 0.25\%$

$$F_k = 0.25\% \times 54 = 0.135\text{m}^2 = 135000\text{mm}^2$$

10. 配水支管上孔口流速

$$v_k = \frac{q_g}{F_k}$$

式中　v_k——配水支管上孔口流速（m/s），一般采用5.0～6.0m/s。

$$v_k = \frac{0.756}{0.135} = 5.6\text{m/s}$$

11. 单个孔口面积

$$f_k = \frac{\pi}{4} d_k^2$$

式中　f_k——配水支管上单个孔口面积（mm^2）；

d_k——配水支管上孔口的直径（mm），一般采用9～12mm。

设计中取 $d_k=9mm$

$$f_k = 0.785 \times 9^2 = 63.5mm^2$$

12. 孔口总数

$$N_k = \frac{F_k}{f_k}$$

式中　N_k——孔口总数（个）。

$$N_k = \frac{135000}{63.5} \approx 2125 个$$

13. 每根支管上的孔口数

$$n_k = \frac{N_k}{n_j}$$

式中　n_k——每根支管上的孔口数（个）。

$$n_k = \frac{2125}{60} \approx 36 个$$

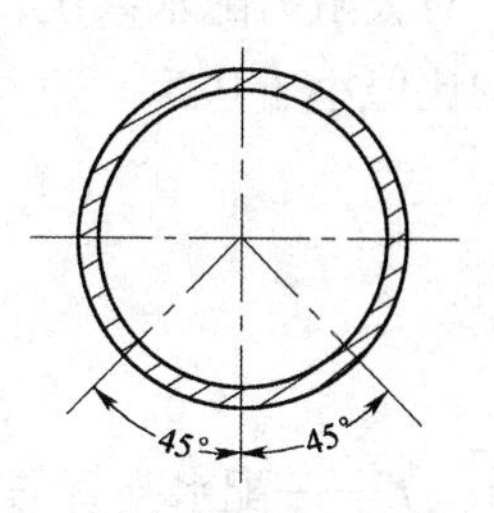

图6-2　支管上配水孔口的位置

支管上孔口布置成二排，与垂线成45°夹角向下交错排列，如图6-2所示。

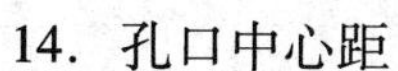

14. 孔口中心距

$$a_k = \frac{l_j}{n_k/2}$$

式中　a_k——孔口中心距（m）。

设计中取 $l_j=2.5m$，$n_k=36$ 个

$$a_k = \frac{2.5}{36/2} = 0.14m$$

15. 孔口平均水头损失

$$h_k = \frac{1}{2g}\left(\frac{q}{10\mu K}\right)^2$$

式中　h_k——孔口平均水头损失（m）；

q——冲洗强度［L/（$s \cdot m^2$）］；

μ——流量系数，与孔口直径和壁厚δ的比值有关，按表6-3确定；

K——支管上孔口总面积与滤池面积之比，一般采用0.2%～0.25%。

设计中取$\delta=5mm$，$K=0.25\%$；则孔口直径与壁厚之比$\frac{d_k}{\delta}=\frac{9}{5}=1.8$，按表6-3，选用流量系数$\mu=0.68$

$$h_k = \frac{1}{2 \times 9.8}\left(\frac{14}{10 \times 0.68 \times 0.025}\right)^2 = 3.5m$$

流量系数 μ 值　　**表6-3**

孔口直径与壁厚之比	1.25	1.5	2.0	3.0
流量系数 μ	0.76	0.71	0.67	0.62

16. 配水系统校核

对大阻力配水系统，要求其支管长度 l_j 与直径 d_j 之比不大于60。

$$\frac{l_j}{d_j} = \frac{2.50}{0.10} = 25 < 60$$

对大阻力配水系统，要求配水支管上孔口总面积 F_k 与所有支管横截面积之和的比值小于0.5

$$\frac{F_k}{n_j f_j} < 0.5$$

$$f_j = \frac{\pi}{4} \cdot D_j^2$$

式中　f_j——配水支管的横截面积（m^2）。

$$\frac{F_k}{n_j f_j} = \frac{0.135}{60 \times \frac{3.14}{4} \times (0.10)^2} = 0.29 < 0.5$$，满足要求。

6.1.4　洗砂排水槽

1. 洗砂排水槽中心距

$$a_0 = \frac{L}{n_1}$$

式中　a_0——洗砂排水槽中心距（m）；

n_1——每侧洗砂排水槽数（条）。

因洗砂排水槽长度不宜大于6m，故在设计中将每座滤池中间设置排水渠，在排水渠两侧对称布置洗砂排水槽，每侧洗砂排水槽数 $n_1 = 4$ 条，池中洗砂排水槽总数 $n_2 = 8$ 条

$$a_0 = \frac{9}{4} = 2.25\text{m}$$

2. 每条洗砂排水槽长度

$$l_0 = \frac{B - b}{2}$$

式中　l_0——每条洗砂排水槽长度（m）；

b——中间排水渠宽度（m）。

设计中取 $b = 0.8$m

$$l_0 = \frac{6 - 0.8}{2} = 2.6\text{m}$$

3. 每条洗砂排水槽的排水量

$$q_0 = \frac{q_g}{n_2}$$

式中 q_0——每条洗砂排水槽的排水量（L/s）；

q_g——单个滤池的反冲洗水流量（L/s）；

n_2——洗砂排水槽总数（条）。

设计中取 $n_2 = 8$

$$q_0 = \frac{756}{8} = 94.5\text{L/s}$$

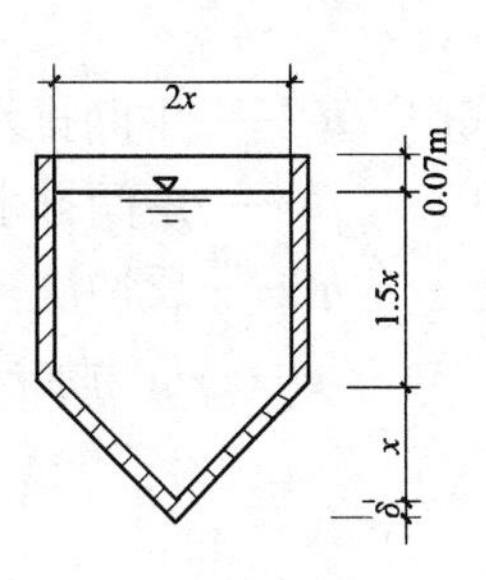

图 6-3 洗砂排水槽断面计算图

4. 洗砂排水槽断面模数

洗砂排水槽采用三角形标准断面，如图 6-3 所示。

洗砂排水槽断面模数

$$x = \frac{1}{2}\sqrt{\frac{q_0}{1000v_0}}$$

式中 x——洗砂排水槽断面模数（m）；

q_0——每条洗砂排水槽的排水量（L/s）；

v_0——槽中流速（m/s），一般采用 0.6m/s。

设计中取 $v_0 = 0.6\text{m/s}$

$$x = \frac{1}{2}\sqrt{\frac{94.5}{1000 \times 0.6}} = 0.20\text{m}$$

5. 洗砂排水槽顶距砂面高度

$$H_e = eH_2 + 2.5x + \delta + c$$

式中 H_e——洗砂排水槽顶距砂面高度（m）；

e——砂层最大膨胀率，石英砂滤料一般采用 30% ~50%；

δ——排水槽底厚度（m）；

H_2——滤料层厚度（m）；

c——洗砂排水槽的超高（m）。

设计中取 $e = 39\%$，$\delta = 0.05\text{m}$，$H_2 = 0.7\text{m}$，$c = 0.08$

$$H_e = 0.39 \times 0.7 + 2.5 \times 0.18 + 0.05 + 0.08 = 0.85\text{m}$$

6. 排水槽总平面面积

$$F_0 = 2xl_0n_2 + b \cdot L$$

式中 F_0——排水槽总平面面积（m^2）。

$$F_0 = 2 \times 0.2 \times 2.6 \times 8 + 0.8 \times 9 = 15.52\text{m}^2$$

校核排水槽总平面面积与滤池面积之比，基本满足要求。

$$\frac{F_0}{f}=\frac{15.52}{54}=28.7\%\approx25\%$$

7. 中间排水渠

中间排水渠选用矩形断面，渠底距洗砂排水槽底部的高度

$$H_c=1.73\times\sqrt[3]{q_g/(g\times b^2)}$$

式中　H_c——中间排水渠渠底距洗砂排水槽底部的高度（m）；

b——中间排水渠宽度（m）；

q_g——反冲洗排水流量（m^3/s）；

g——重力加速度（m/s^2）。

$$H_e=1.73\times\sqrt[3]{\frac{0.756^2}{9.81\times0.8^2}}=0.78m$$

单格滤池的反冲洗排水系统布置如图6-4所示。

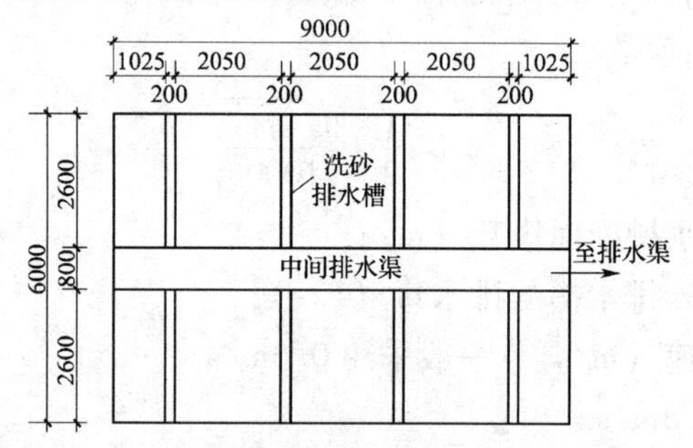

图6-4　单格滤池的反冲洗排水系统布置图

6.1.5　滤池反冲洗

滤池反冲洗水可由高位水箱或专设的冲洗水泵供给。设计中分别按高位水箱供水和水泵供水两种方式进行计算。

1. 单个滤池的反冲洗用水总量

$$W=\frac{q\cdot f\cdot t}{1000}$$

式中　W——单个滤池的反冲洗用水总量（m^3）；

t——单个滤池的反冲洗历时（s），其值可参照表6-4中的经验数据确定。

设计中取 $t=6min=360s$，$q=14L/(s\cdot m^2)$

冲洗强度、膨胀度和冲洗时间　　表6-4

滤层	冲洗强度［$L/(s\cdot m^2)$］	膨胀度（%）	冲洗时间（min）
石英砂滤料	12~15	45	7~5
双层滤料	13~16	50	8~6
三层滤料	16~17	55	7~5

$$W = \frac{14 \times 54 \times 360}{1000} = 272\text{m}^3$$

2. 高位水箱冲洗

(1) 高位冲洗水箱的容积

$$W_1 = 1.5W = 1.5 \times \frac{q \cdot f \cdot t}{1000}$$

式中　W_1——高位冲洗水箱的容积（m^3）。

设计中取 $t = 360\text{s}$

$$W_1 = 1.5 \times \frac{14 \times 54 \times 360}{1000} = 408\text{m}^3$$

(2) 承托层的水头损失

$$h_{w3} = 0.022H_1 \times q$$

式中　h_{w3}——承托层的水头损失（m）；

H_1——承托层的厚度（m）。

设计中取 $H_1 = 0.40\text{m}$

$$h_{w3} = 0.022 \times 0.40 \times 14 = 0.12\text{m}$$

(3) 冲洗时滤层的水头损失

$$h_{w4} = \left(\frac{\rho_{砂}}{\rho_{水}} - 1\right)(1 - m_0)H_2$$

式中　h_{w4}——冲洗时滤层的水头损失（m）；

$\rho_{砂}$——滤料的密度（kg/m^3），石英砂密度一般采用 2650kg/m^3；

$\rho_{水}$——水的密度（kg/m^3）；

m_0——滤料未膨胀前的孔隙率；

H_2——滤料未膨胀前的厚度（m）。

设计中取 $m_0 = 0.41$，$\rho_{水} = 1000\text{kg/m}^3$，$\rho_{砂} = 2650\text{kg/m}^3$，$H_2 = 0.7\text{m}$

$$h_{w4} = \left(\frac{2650}{1000} - 1\right) \times (1 - 0.41) \times 0.7 = 0.68\text{m}$$

(4) 冲洗水箱高度

$$H_t = h_{w1} + h_{w2} + h_{w3} + h_{w4} + h_{w5}$$

式中　H_t——冲洗水箱的箱底距冲洗排水槽顶的高度（m）；

h_{w1}——水箱与滤池间的冲洗管道的沿程和局部水头损失之和（m）；

h_{w2}——配水系统的水头损失（m）；

h_{w5}——备用水头（m），一般采用 1.5～2.0m。

设计中取 $h_{w1} = 1.0$，$h_{w2} = h_k = 3.5\text{m}$，$h_{w5} = 1.5\text{m}$

$$H_t = 1.0 + 3.5 + 0.12 + 0.68 + 1.5 = 6.8\text{m}$$

3. 水泵反冲洗

（1）水泵流量

$$Q' = f \cdot q$$

式中　Q'——水泵流量（L/s）。

$$Q' = 54 \times 14 = 756\text{L/s}$$

（2）水泵扬程

$$H = H_0 + h_1 + h_{w2} + h_{w3} + h_{w4} + h_5$$

式中　H——水泵扬程（m）；

H_0——排水槽顶与清水池最低水位高差（m），一般采用7m左右；

h_1——水泵压水管路和吸水管路的水头损失（m）；

h_5——安全水头（m），一般采用1～2m。

设计中取$H_0 = 7\text{m}$，$h_1 = 2.0\text{m}$，$h_{w2} = h_k = 3.5\text{m}$，$h_{w3} = 0.14\text{m}$，$h_{w4} = 0.68\text{m}$，$h_5 = 1.5\text{m}$

$$H = 7.0 + 2.0 + 3.5 + 0.12 + 0.68 + 1.5 = 14.8\text{m}$$

根据水泵流量和扬程进行选泵，最终确定水泵型号为20sh-28A，泵的扬程为15.2～10.6m，流量为650～950L/s。配套电机选用JS—117—6；共选两台泵，一用一备。

水泵吸水管采用钢管，吸水管直径800mm，管中流速$v = 1.50\text{m/s}$，符合要求。水泵压水管也采用钢管，压水管直径600mm，管中流速$v = 2.67\text{m/s}$，基本符合要求。

6.1.6　进出水系统

1. 进水总渠

滤池的总进水量为$Q = 105000\text{m}^3/\text{d} = 1.215\text{m}^3/\text{s}$，设计中取进水总渠渠宽$B_1 = 1.2\text{m}$，水深为1.0m，渠中流速$v_1 = 1.01\text{m/s}$。

单个滤池进水管流量$Q_2 = 1.215/8 = 0.152\text{m}^3/\text{s}$，采用进水管直径$D_2 = 500\text{mm}$，管中流速$v_2 = 0.77\text{m/s}$。

2. 反冲洗进水管

冲洗水流量$q_g = 756\text{L/s}$，采用管径$D_3 = 500\text{mm}$，管中流速$v_3 = 2.11\text{m/s}$。

3. 清水管

清水总流量$Q = 1.215\text{m}^3/\text{s}$，为了便于布置，清水渠断面采用和进水渠断面相同的尺寸。

单个滤池清水管流量$Q_2 = 0.152\text{m}^3/\text{s}$，采用管径$D_5 = 500\text{mm}$，管中流速$v_5 = 0.77\text{m/s}$。

4. 排水渠

排水流量$q_g = 756\text{L/s}$，排水渠断面宽度$B_2 = 1.0\text{m}$，渠中水深0.6m，渠中流速$v_6 = 1.26\text{m/s}$。

6.2　虹吸滤池

虹吸滤池中因采用了进水虹吸管和排水虹吸管而不需使用大型阀门及相应的启闭控制设备，进水管和排水虹吸管均安装在滤池中，布置紧凑，避免建造占地面积较大的管廊；利用滤池本身的滤后水和水头进行反冲洗，不需要专门的冲洗水箱或水泵；滤出水水位永远高于滤层，可保持正水头过滤，不至于发生负水头现象；易于实现自动化操作；产水量在10000m^3/h以上时，与相同规模的普通快滤池比较，基建总投资可以节省30%。其不足之处为土建结构较复杂，池深较大，目前我国设计的虹吸滤池深度多为4.5～5.0m；单元滤池面积不宜过大；冲洗强度随滤池出水量的降低而降低，反冲洗时会浪费一部分水量；变水头等速过滤，出水水质不如降速过滤。

6.2.1　平面尺寸计算

1. 设计水量

$$Q_1 = \frac{Q}{24n}$$

式中　Q_1——每组虹吸滤池的设计流量（m^3/h）；

Q——设计水量（m^3/d）；

n——虹吸滤池分组数（组）。

设计中取 $n=2$

$$Q_1 = \frac{105000}{24 \times 2} = 2187.5m^3/h = 0.608m^3/s$$

两组滤池采用相同的形式和工艺参数，本设计仅就一组系统进行设计计算。

2. 滤池面积

$$F = \frac{Q_1}{v}$$

式中　F——每组滤池的总面积（m^2）；

v——设计滤速（m/h），石英砂单层滤料一般采用8～12m/h。

设计中取 $v=10m/h$

$$F = \frac{2187.5}{10} = 218.75m^2$$

3. 滤池分格数

$$N \geqslant \frac{3.6q}{v}$$

式中　N——每组滤池的分格数，一般采用6～8格；

q——反冲洗强度［$L/(s \cdot m^2)$］，一般采用10～15$L/(s \cdot m^2)$。

4. 单格面积

$$f = \frac{F}{N}$$

式中　f——单格滤池的面积（m^2）。

设计中取 $N=8$

$$f = \frac{218.75}{8} = 27.3m^2$$

取单格长 L 为 5.5m，宽 B 为 5.0m，布置如图 6-3 所示。

单格实际面积　　$f' = B \times L = 5.0 \times 5.5 = 27.5m^2$

5. 正常过滤时的实际滤速

$$v = \frac{Q_1}{N \times f'}$$

式中　v——正常过滤时的实际滤速（m/h）。

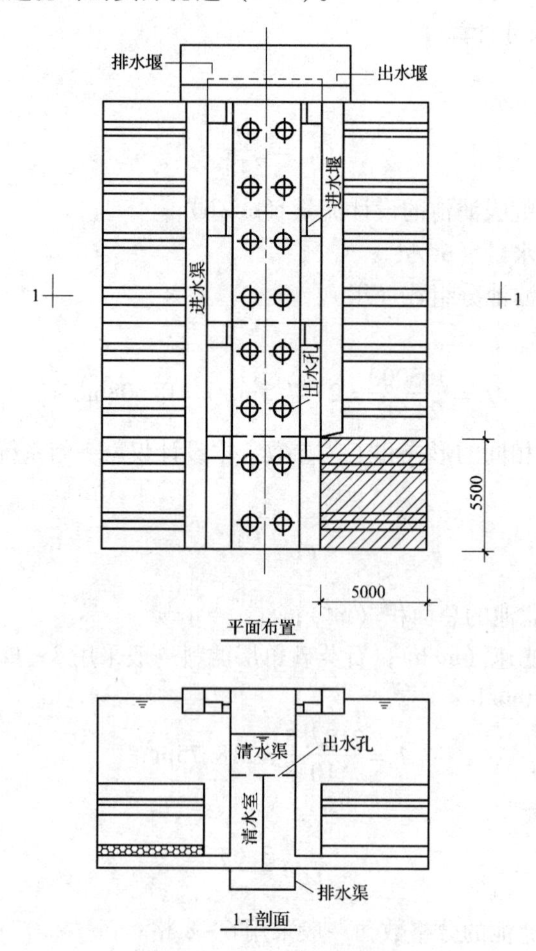

图 6-5　虹吸滤池布置图

$$v=\frac{2187.5}{8\times27.5}=9.94\text{m/h}$$

6. 一格冲洗时其他7格的滤速

$$v_n=\frac{Q_1}{(N-1)f'}$$

式中　v_n——一格滤池冲洗时其他7格的滤速（m/h）；一般采用10~14m/h。

$$v_n=\frac{2187.5}{(8-1)\times27.5}=11.36\text{m/h}$$

一格滤池反冲洗时，其他滤格可以提供的最大冲洗强度

$$q=\frac{Q_1}{f}\cdot\frac{1000}{3600}=\frac{2187.5\times1000}{27.5\times3600}=22.10\text{L/(s}\cdot\text{m}^2)$$

6.2.2　进水系统

1. 进水渠道

进水渠道内流速按扣除进水虹吸管所占过水断面计算，一般在0.8~1.2m/s，在条件许可时应取低值以减少渠道内的水头损失，使各格滤池能均匀进水，为便于施工，渠道宽度应不小于0.7m。

设计中设2条钢筋混凝土矩形进水渠道，每条渠道的设计流量Q_2

$$Q_2=\frac{Q_1}{2}=\frac{0.608}{2}=0.304\text{m}^3/\text{s}$$

2. 进水虹吸管

每格滤池的进水量　$Q_i=\frac{Q_1}{N}=\frac{0.608}{8}=0.076\text{m}^3/\text{s}$

进水虹吸管断面面积

$$S_s=\frac{Q_i}{v_i}$$

式中　S_s——进水虹吸管断面面积（m^2）；

Q_i——每格滤池的进水量（m^3/s）；

v_i——虹吸管内流速（m/s），一般采用0.6~1.0m/s。

设计中取$v_i=0.6\text{m/s}$

$$S_s=\frac{0.076}{0.6}=0.127\text{m}^2$$

进水虹吸管采用钢制矩形管，取其长L_1为0.45m，宽B_1为0.30m；进水虹吸管实际断面面积

$$S_s'=B_1\times L_1=0.30\times0.45=0.135\text{m}^2$$

虹吸管内实际流速

$$v = \frac{Q_i}{S'_s} = \frac{0.076}{0.135} = 0.56\text{m/s}$$

设最不利情况为一格检修，一格反冲洗，则强制冲洗时进水量

$$Q_{强制} = \frac{Q_1}{(N-2)}$$

式中　$Q_{强制}$——最不利情况下强制冲洗时的进水量（m^3/s）。

$$Q_{强制} = \frac{0.608}{(8-2)} = 0.101\text{m}^3/\text{s}$$

强制冲洗时虹吸管内流速

$$v_{强制} = \frac{Q_{强制}}{S'_s}$$

式中　$v_{强制}$——强制冲洗时虹吸管内流速（m/s）。

$$v_{强制} = \frac{0.101}{0.135} = 0.75\text{m/s}$$

3. 正常过滤时进水虹吸管的水头损失

（1）进水虹吸管局部水头损失

$$h_\xi = 1.2(\xi_i + 2\xi_e + \xi_o)\frac{v^2}{2g}$$

式中　h_ξ——进水虹吸管局部水头损失（m）；

ξ_i——进口局部阻力系数；

ξ_e——弯头局部阻力系数；

ξ_o——出口局部阻力系数；

1.2——矩形系数。

设计中取 $\xi_i = 0.25$，$\xi_e = 0.8$，$\xi_o = 1.0$

$$h_\xi = 1.2(0.25 + 2\times0.8 + 1.0)\frac{0.56^2}{2\times9.8} = 0.055\text{m}$$

（2）进水虹吸管的沿程水头损失

$$h_1 = \frac{v^2}{C^2R}\times L$$

$$R = \frac{S_s}{x}$$

$$C = \frac{1}{n}R^{\frac{1}{6}}$$

式中　h_1——进水虹吸管沿程水头损失（m）；

L——进水虹吸管总长度（m）；

R——水力半径（m）；

C——谢才系数；

x——湿周（m）；

n——粗糙系数。

查表可得粗糙系数 $n=0.012$

$$R=\frac{0.135}{2\times(0.45+0.30)}=0.09\text{m}$$

$$C=\frac{1}{0.012}\times 0.09^{\frac{1}{6}}=55.78$$

设计中取 $L=1.2\text{m}$

$$h_1=\frac{0.56^2}{(55.78)^2\times 0.09}\times 1.2=0.001\text{m}$$

进水虹吸管总水头损失为 $H_{16}=h_\xi+h_1=0.055+0.001=0.056\text{m}$，设计中取0.06m。

4. 强制冲洗时进水虹吸管的水头损失

如前所述，强制冲洗时虹吸管内流速为0.75m/s，根据水头损失和流速的平方成正比的关系，即可求出强制冲洗时的水头损失

$$\left(\frac{0.75}{0.56}\right)^2\times 0.06=0.10\text{m}$$

强制冲洗时水位壅高为0.10－0.06＝0.04m。

5. 堰上水头

$$H_{12}=\left(\frac{Q_i}{1.84l_a}\right)^{2/3}$$

式中　H_{12}——堰上水头（m），一般以不超过0.1m为宜；

l_a——堰板长度（m），为减少堰上水头，应尽量采用较大的堰板长度，一般采用1.0～1.2m。

设计中取 $l_a=1.2\text{m}$

$$H_{12}=\left(\frac{0.076}{1.84\times 1.2}\right)^{2/3}=0.11\text{m}$$

同理，强制冲洗时的堰上水头

$$H'_{12}=\left(\frac{0.101}{1.84\times 1.2}\right)^{2/3}=0.13\text{m}$$

强制冲洗时堰上水头增加0.13－0.11＝0.02m。

6. 强制冲洗时总水位壅高

强制冲洗时总水位壅高 H_{17} 为强制冲洗时水位壅高与强制冲洗时堰上水头增加值之和

$$H_{17}=0.04+0.02=0.06\text{m}$$

7. 虹吸管安装高度

$$H_{19}=H_{16}+H_{17}+0.04+0.06$$

式中　H_{19}——虹吸管安装高度（m）；

H_{16}——进水虹吸管总水头损失（m）；

H_{17}——强制冲洗时总水位壅高（m）；

0.04——凹槽底在强制冲洗时水位以上的高度（m）；

0.06——虹吸管顶部转弯半径（m）。

$$H_{19}=0.06+0.06+0.04+0.06=0.22\text{m}$$

8. 虹吸水封高度

$$H_{14}=\frac{H_{19}\times S_s}{S_i}+0.02$$

式中　H_{14}——虹吸水封高度（m）；

S_i——进水斗横截面积（m^2）。

设计中取 $S_i=0.6\times1.2=0.72m^2$

$$H_{14}=\frac{0.22\times0.135}{0.72}+0.02=0.061\text{m}$$

9. 进水渠道水头损失

（1）所需渠道过水断面面积

$$\omega=\frac{Q_2}{v_w}$$

式中　ω——所需渠道过水断面面积（m^2）；

Q_2——每条渠道的设计流量（m^3/s）；

v_w——渠道内水流速度（m/s）。

设计中取 $v_w=0.80m/s$

$$\omega=\frac{0.304}{0.80}=0.38\text{m}^2$$

假定活动堰板高度 $H_{13}=0.05m$，由此可以推出进水渠道的末端水深

$$H_{end}=H_{15}+H_{14}+H_{13}+H_{12}+H_{16}$$

式中　H_{end}——进水渠道的末端水深（m）；

H_{15}——虹吸进水管管底距进水斗底的高度（m）。

设计中取 $H_{15}=0.2m$

$$H_{end}=0.2+0.06+0.05+0.11+0.06=0.48\text{m}$$

进水渠道的宽度

$$W_w=\frac{\omega}{H_{end}}$$

式中　W_w——进水渠道的宽度（m）。

$$W_w=\frac{0.38}{0.48}=0.79\text{m}$$

假设进水虹吸管采用的钢板厚度为0.01m，则整个虹吸管所占的宽度为

$0.30+2\times0.01=0.32\text{m}$，设计中取 $W_w=0.8\text{m}$，则进水渠道整个宽度应为 $0.80+0.32=1.12\text{m}$。

（2）进水渠道的水头损失

$$h_{1c}=\frac{v_w^2}{C^2R}\times l_c$$

式中　h_{1c}——进水渠道的水头损失（m）；

l_c——进水渠道总长度（m）。

设计中根据平面布置，取 $l_c=21\text{m}$

$$R=\frac{\omega}{x}=\frac{0.38}{2\times(0.48+0.80)}=0.15\text{m}$$

$$C=\frac{1}{n}R^{\frac{1}{6}}=\frac{1}{0.012}\times0.15^{\frac{1}{6}}=60.74$$

$$h_{1c}=\frac{0.80^2}{(60.74)^2\times0.15}\times21=0.024\text{m}$$

10. 进水渠道总高

$$H_{10}=H_{15}+H_{14}+H_{13}+H_{12}+H_{16}+H_{17}+h_{1c}+H_{18}$$

式中　H_{10}——进水渠道总高度（m）；

H_{13}——活动堰高（m），一般采用≤0.1m；

H_{18}——进水渠道的超高（m），一般采用0.1～0.3m。

设计中取 $H_{18}=0.135\text{m}$，$H_{13}=0.05\text{m}$

$$H_{10}=0.2+0.061+0.05+0.11+0.06+0.06+0.024+0.135=0.70\text{m}$$

11. 降水管水头损失

（1）降水管中流速

$$v_{11}=\frac{4Q_i}{\pi d^2}$$

式中　v_{11}——降水管中流速（m/s）；

d——降水管直径（m）。

设计中取 $d=0.5\text{m}$

$$v_{11}=\frac{4\times0.076}{3.14\times0.5^2}=0.39\text{m/s}$$

（2）降水管的水头损失

降水管的水头损失包括局部损失和沿程损失，其中沿程损失很小，可以忽略不计，其局部损失即可代表降水管的水头损失。

$$H_{11}=\sum\xi\frac{v_{11}^2}{2g}=(\xi_i+\xi_o)\frac{v_{11}^2}{2g}$$

式中　H_{11}——降水管的水头损失（m）；

ξ_i——进口局部阻力系数；

ξ_o——出口局部阻力系数。

设计中取 $\xi_i=0.5$，$\xi_o=1.0$

$$H_{11}=(0.5+1.0)\times\frac{0.39^2}{2\times9.8}=0.012\text{m}$$

6.2.3　出水系统

出水系统包括清水室、出水孔洞、清水渠和堰板，见图6-6。过滤后的清水首先经过清水室垂直向上，通过出水孔洞进入清水渠，然后再经堰板跌落到池外。冲洗时清水由清水渠向下经出水孔洞进入清水室，然后进入到滤池底部的配水室进行滤池反冲洗；为满足单格检修的要求，每格滤池单独设置清水室和出水（检修）孔洞。设置堰板的目的是为了保证一定的冲洗水头，设置活动堰板的目的是为了适应不同水温时反冲洗强度的变化。

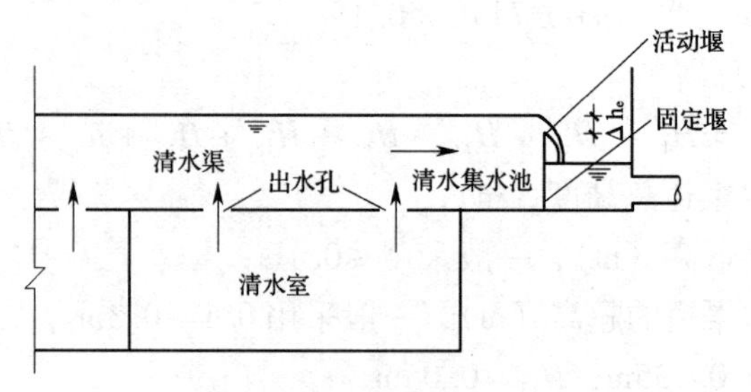

图6-6　出水系统的示意图

1. 清水室和出水渠宽度的确定

清水室按构造配置，宽度取0.8m。清水渠宽度按照两个清水室宽度和它们之间隔墙的厚度确定，设计中隔墙厚度取0.2m，则整个清水渠的宽度为1.8m。

2. 出水堰堰上水头

$$\Delta h_e=\left(\frac{Q_1}{1.84b}\right)^{2/3}$$

式中　Δh_e——堰上水头（m）；

b——出水堰宽度（m）。

为降低堰上水头，设计中取 $b=6$m

$$\Delta h_e=\left(\frac{0.608}{1.84\times6}\right)^{2/3}=0.14\text{m}$$

6.2.4　反冲洗系统

1. 配水系统

虹吸滤池通常采用中、小阻力配水系统。

2. 反冲洗水到滤池的局部损失和沿程损失

这一部分水头损失包括水经过检修孔洞的水头损失和水流经底部配水空间的水头损失，因为沿程水头损失很小，可以忽略不计，因而主要计算局部水头损失。

一格滤池设计两个 $\phi500$ 的检修孔洞，水流经检修孔洞时的局部损失

$$h_h = \xi \frac{v_0^2}{2g}$$

$$v_0 = \frac{q \cdot f}{2 \times \frac{\pi d^2}{4}}$$

式中 h_h——检修孔洞的局部水头损失（m）；

ξ——局部阻力系数；

v_0——反冲洗时检修孔洞的过孔流速（m/s）；

q——反冲洗强度［$m^3/(s \cdot m^2)$］；

f——单格滤池的面积（m^2）；

2——检修孔洞的个数（个）；

d——检修孔洞的直径（m）。

设计中取 $\xi=0.5$，$q=0.015m^3/(s \cdot m^2)$，$f=27.5m^2$，$d=500mm$

$$v_0 = \frac{0.015 \times 27.5}{2 \times \frac{\pi}{4} \times 0.5^2} = 1.05m/s$$

$$h_h = \xi \frac{v_0^2}{2g} = 0.5 \times \frac{1.05^2}{2 \times 9.8} = 0.028m$$

滤池底部配水空间进口部分的局部阻力

$$h_x = \xi \frac{u_1^2}{2g}$$

$$u_1 = \frac{q \cdot f}{H_1 \cdot W}$$

式中 h_x——滤池底部配水空间进口部分的局部阻力（m）；

ξ——局部阻力系数；

u_1——进口流速（m/s）；

H_1——滤池底部配水空间的高度（m）；

W——滤池宽度（m）。

设计中取 $H_1=0.40m$，$\xi=0.5$

$$u_1 = \frac{0.015 \times 27.5}{0.4 \times 5.0} = 0.21m/s$$

$$h_x = 0.5 \times \frac{0.21^2}{2 \times 9.8} = 0.001m$$

3. 水流经小阻力配水系统的水头损失

以双层孔板为例，假设滤板的开孔比上层为1%，下层为1.7%；则上层的开孔面积为$\omega_{上}=27.5\times1\%=0.275m^2$，下层的开孔面积为$\omega_{下}=27.5\times1.7\%=0.468m^2$；冲洗时孔口内流速$v_{上}=\frac{q\cdot f}{\omega_{上}}=\frac{0.015\times27.5}{0.275}=1.5m/s$，$v_{下}=\frac{q\cdot f}{\omega_{下}}=\frac{0.015\times27.5}{0.468}=0.88m/s$。

滤板内水头损失

$$h'_p=h_{上}+h_{下}$$

$$h_{上}=\frac{v_{上}^2}{2g\mu_{上}^2}$$

$$h_{下}=\frac{v_{下}^2}{2g\mu_{下}^2}$$

式中 h'_p——滤板内水头损失（m）；

$h_{上}$——双层滤板中上层滤板的水头损失（m）；

$h_{下}$——双层滤板中下层滤板的水头损失（m）；

μ——孔口流量系数，一般采用0.65~0.79。

设计中取上层滤板的孔口流量系数$\mu_{上}=0.76$，下层滤板的孔口流量系数$\mu_{下}=0.69$

$$h_{上}=\frac{1.5^2}{2\times9.81\times0.76^2}=0.198m$$

$$h_{下}=\frac{0.88^2}{2\times9.81\times0.69^2}=0.083m$$

$$h'_p=0.198+0.083=0.281m$$

考虑滤板制作及安装使用中的堵塞等因素，取$h'_p=0.3m$。

4. 反冲洗水流经承托层的水头损失

$$h'_g=200H_3\frac{\mu'u(1-m)^2}{\rho g\phi^2D^2m^3}$$

式中 h'_g——反冲洗水流经承托层的水头损失（m）；

μ'——水的黏度系数［kg/(s·m)］；

H_3——承托层厚度（m）；

u——反冲洗流速（m/s），数值上等同于反冲洗强度；

D——承托层平均粒径（m）；

m——孔隙率；

ϕ——形状系数。

水温20℃时，$\mu'=1.0\times10^{-3}kg/(s\cdot m)$；设计中取$H_3=0.2m$，$D=$

0.0032m，$m=0.38$，$\phi=0.81$

$$h'_g=200\times0.2\times\frac{1.0\times10^{-3}\times0.015\times(1-0.38)^2}{1000\times9.8\times0.81^2\times0.0032^2\times0.38^3}=0.065\text{m}$$

5. 水流经滤料时的水头损失

$$h'_f=\frac{\rho_f-\rho}{\rho}(1-m_0)H_8$$

式中 h'_f——水流经滤料时的水头损失（m）；

ρ_f——滤料的密度（kg/m^3），对于石英砂滤料，通常取$\rho_f=2650\text{kg/m}^3$；

ρ——水的密度（kg/m^3）；

H_8——滤料层厚度（m）；

m_0——滤料膨胀前的孔隙率。

设计中取$\rho_f=2650\text{kg/m}^3$，$\rho=1000\text{kg/m}^3$；$H_8=0.7\text{m}$，$m_0=0.41$

$$h'_f=\frac{2650-1000}{1000}(1-0.41)\times0.7=0.68\text{m}$$

6. 总水头损失

$$h'=h_h+h_x+h'_p+h'_g+h'_f$$

式中 h'——滤池反冲洗时的总水头损失（m）。

$$h'=0.028+0.001+0.3+0.065+0.68=1.074\text{m}$$

考虑到反冲洗时仍有部分的滤过水须经堰板流出池体，所以固定堰顶设在比排水槽顶高1.0m处，这样可以保证最低水位时反冲洗强度的要求。同时，考虑到在给定膨胀率的条件下，水温每增加1℃，所需的冲洗强度会相应增加1%的变化规律，在固定堰上增设一个活动堰板，其高度设为250mm，这样就能保证最高水温时的反冲洗强度的要求。活动堰板采用木叠梁结构。反冲洗时为防止冲洗水挟带空气，清水渠道内的最小水深设为1.0m。

6.2.5 排水系统

1. 排水槽

为了便于加工和维护，排水槽采用等断面的三角形混凝土槽。每格滤池中设置两条排水槽，排水槽断面的模数

$$x'=0.475q_c^{0.4}$$

$$q_c=\frac{1}{2}q\cdot f$$

式中 x'——排水槽断面的模数；

q_c——一条排水槽的流量（m^3/s）。

$$q_c=\frac{1}{2}\times0.015\times27.5=0.206\text{m}^3/\text{s}$$

$$x' = 0.475 \times 0.206^{0.4} = 0.25\text{m}$$

根据经验，当排水槽终点断面上的流速为0.6m/s时，排水槽能很好地将冲洗废水排走，因此设计中假设终点流速$v=0.6$m/s，按下式对排水槽断面的模数进行核算。

$$x' = \frac{1}{2}\sqrt{\frac{q_c}{v}} = \frac{1}{2}\sqrt{\frac{0.206}{0.6}} = 0.288\text{m}$$

为安全计，采用$x'=0.30$m，槽宽为$2\times0.3=0.6$m。直壁高度取0.6m，槽厚度采用60mm，设计断面如图6-7所示，则排水槽总高度H_5为：

$$H_5 = 0.60 + 0.30 + 0.06\cos45° = 0.94\text{m}$$

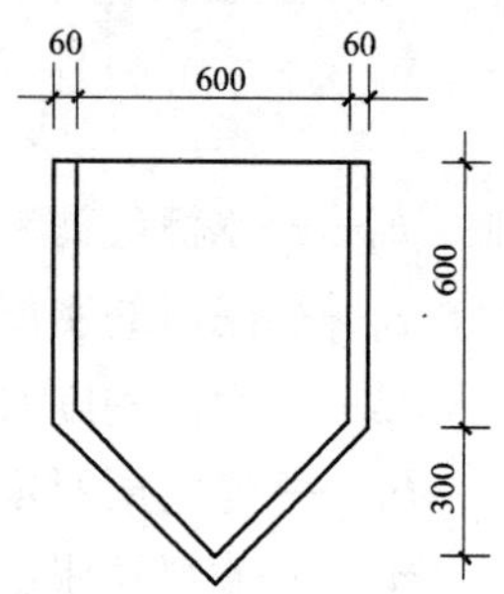

图6-7 排水槽断面

2. 排水槽底距滤料上表面的间距

$$H_4 = H_s \cdot e_{max} + 0.075$$

$$e_{max} = \frac{0.6 - m_0}{0.4}$$

式中 H_4——排水槽底距滤料上表面的间距（m）；

H_s——滤料厚度（m），一般采用0.7~0.8m；

e_{max}——最大反冲洗强度时滤层的膨胀率；

m_0——滤料膨胀前的空隙率，砂滤料一般采用$m_0=0.41$。

设计中取$H_s=0.7$m，$m_0=0.41$

$$e_{max} = \frac{0.6-0.41}{0.4} = 0.475$$

$$H_4 = 0.7 \times 0.475 + 0.075 = 0.407\text{m}$$

3. 集水渠

矩形断面集水渠内的始端水深（即集水渠底离排水槽底的距离）

$$H'_c = 1.73H_c = 1.73 \times \sqrt[3]{\frac{(q\cdot f)^2}{gW_c^2}}$$

式中 H'_c——矩形断面集水渠内的始端水深（m）；

H_c——排水虹吸管处的水深（m）；

W_c——集水渠的宽度（m）。

设计中取$W_c=0.7$m

$$H'_c = 1.73 \times \sqrt[3]{\frac{(0.015\times27.5)^2}{9.8\times0.7^2}} = 0.56\text{m}$$

集水渠内的水头损失h'_c

$$h'_c = H'_c - H_c = 1.73H_c - H_c = 0.73H_c = 0.24\text{m}$$

设计中取集水渠的保护高度为0.2m，则可以确定排水虹吸管吸水口水位在排水槽底以下$0.2+0.24=0.44$m。

4. 排水虹吸管的水头损失

排水虹吸管的局部水头损失为两个90°弯头、进口和出口的损失。

$$h_{\xi} = \sum\xi \frac{v_{排}^2}{2g} = (\xi_i + 2\xi_e + \xi_o)\frac{v_{排}^2}{2g}$$

式中 h_{ξ}——局部水头损失（m）；

$v_{排}$——排水虹吸管内的水流速度（m/s），一般采用1.4～1.6m/s；

ξ_i——进口局部阻力系数；

ξ_e——90°弯头的局部阻力系数；

ξ_o——出口局部阻力系数。

设计中取排水虹吸管管径为600mm，已知反冲洗水流量为$0.41m^3/s$，此时$v_{排}=1.45m/s$。取$\xi_i=0.5$，$\xi_e=0.8$，$\xi_o=1.0$

$$h_{\xi} = (0.5 + 2\times0.8 + 1.0)\times\frac{1.45^2}{2\times9.81} = 0.33m$$

排水虹吸管的沿程水头损失

$$h_1 = L\cdot i$$

式中 h_1——沿程水头损失（m）；

L——排水虹吸管长度（m）；

i——水力坡度。

查水力计算表得$i=6.25‰$，设计中取$L=10m$

$$h_1 = 10\times6.25‰ = 0.063m$$

取$h_1=0.06m$，则总水头损失

$$h_f = h_{\xi} + h_1 = 0.33 + 0.06 = 0.39m$$

5. 排水堰

堰上水头

$$\Delta h_u = \left(\frac{q\times f}{1.84W_u}\right)^{2/3}$$

式中 Δh_u——堰上水头（m）；

W_u——堰宽（m）。

设计中取堰宽$W_u=4m$

$$\Delta h_u = \left(\frac{0.41}{1.84\times4}\right)^{2/3} = 0.15m$$

集水渠内水位和排水固定堰堰顶的高程差

$$\Delta H_u = h_f + \Delta h_u$$

式中 ΔH_u——集水渠内水位和排水固定堰堰顶的高程差（m）。

$$\Delta H_u = 0.39 + 0.15 = 0.54m$$

6. 高程布置

根据前面各部分的计算，得出虹吸滤池的高程布置如图6-9所示。

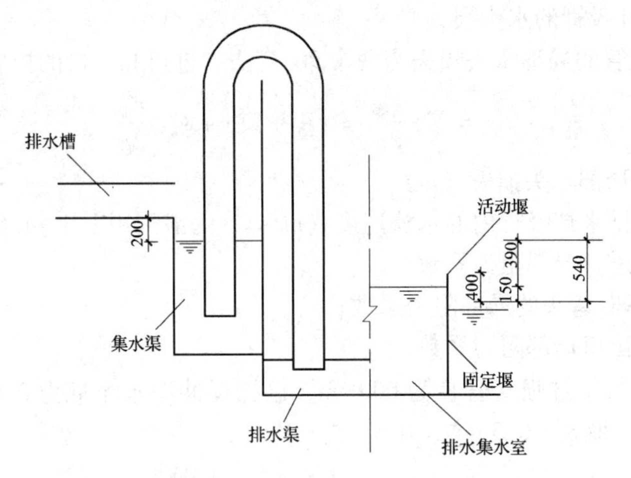

图 6-8　排水堰计算示意图

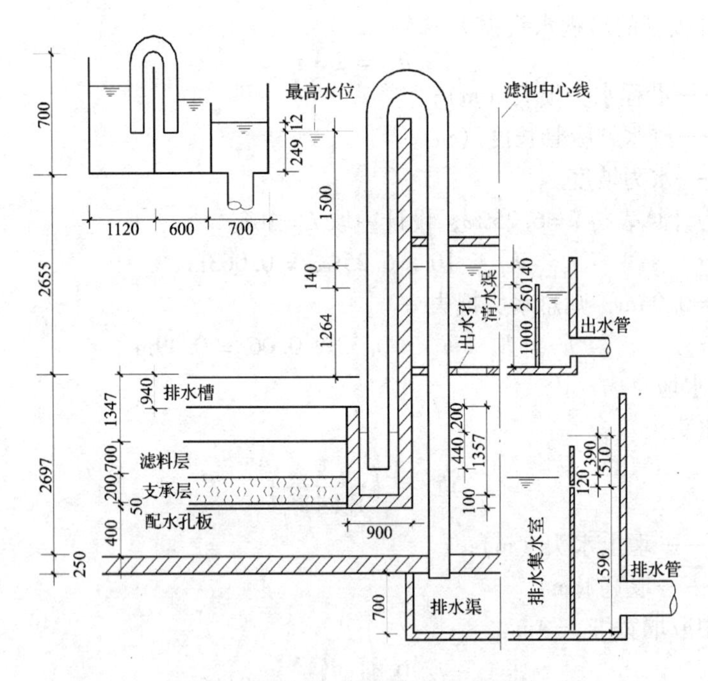

图 6-9　虹吸滤池的高程布置示意图

6.3　V 型 滤 池

V 型滤池的反冲洗采用水冲洗、气冲洗和表面扫洗相结合的方式，冲洗水仅为常规冲洗水量的 1/4，大大节约了清洁水的使用量，表面冲洗所用的水为未经过滤的滤前水，所以扫洗时不加重滤池负担，是一种滤速较高、生产能力强、节水经济的滤池。V 型滤池可以设置液位变送器、出水自动控制阀等先进设备，过滤和反冲洗运行的全过程均由计算机控制，易于实现自动化操作。

其缺点是滤池对施工的精度和操作管理水平要求甚严，否则会造成反冲洗不均匀、短流、跑砂；配水、配气系统复杂，要设置自控阀门，造价较高。

V 型滤池单池面积一般为 70～90m²，大的可达 100m² 以上，适用于大、中型水厂。

6.3.1　平面尺寸计算

$$F = \frac{Q}{n \cdot v}$$

式中　F——每组滤池所需面积（m^2）；

Q——滤池设计流量（m^3/h）；

n——滤池分组数（组）；

v——设计滤速（m/h），一般采用 8～15m/h。

设计中取 $v=10$m/h，$n=2$

$$F = \frac{4375}{2 \times 10} = 218.75m^2$$

单格滤池面积

$$f = \frac{F}{N}$$

式中　f——单格滤池面积（m^2）；

N——每组滤池分格数（格）。

设计中取 $N=4$

$$f = \frac{218.75}{4} = 54.68m^2$$

一般规定 V 型滤池的长宽比为 2:1～4:1，滤池长度一般不宜小于 11m；滤池中央气、水分配槽将滤池宽度分成两半，每一半的宽度不宜超过 4m。

单格滤池的实际面积

$$f' = B \times L$$

式中　f'——单格滤池的实际面积（m^2）；

B——单格池宽（m）；

L——单格池长（m），一般采用≥11m。

设计中取其长宽比为 2.2:1，即取 $L=11.0$m，$B=5.0$m

$$f' = 5.0 \times 11.0 = 55.0m^2$$

正常过滤时实际滤速

$$v' = \frac{Q_1}{N \times f'}$$

$$Q_1 = \frac{Q}{n}$$

式中　v'——正常过滤时实际滤速（m/h）；

Q_1——一组滤池的设计流量（m^3/h）。

$$Q_1 = \frac{4375}{2} = 2187.5m^3/h = 0.608m^3/s$$

$$v' = \frac{2187.5}{4 \times 55.0} = 9.94m/h$$

一格冲洗时其他滤格的滤速

$$v_n = \frac{Q_1}{(N-1)f}$$

式中　v'——一格冲洗时其他滤格的滤速（m/h），一般采用10～14m/h。

$$v_n = \frac{2187.5}{(4-1) \times 55.0} = 13.25m/h$$

6.3.2　进水系统

1. 进水总渠

$$H_1 \cdot B_1 = Q_1/v_1$$

式中　H_1——进水总渠内水深（m）；

B_1——进水总渠净宽（m）；

v_1——进水总渠内流速（m/s），一般采用0.6～1.0m/s。

设计中取 $H_1 = 1.0m$，$v_1 = 0.8m/s$

$$B_1 = \frac{0.608}{0.8 \times 1.0} = 0.76m$$

2. 气动隔膜阀的阀口面积

$$A = \frac{Q_2}{v_2}$$

式中　A——气动隔膜阀口面积（m）；

Q_2——每格滤池的进水量（m^3/s），$Q_2 = \frac{Q_1}{N}$；

v_2——通过阀门的流速（m/s）；一般采用0.6～1.0m/s。

设计中取 $v_2 = 0.8m/s$

$$Q_2 = \frac{0.608}{4} = 0.152m^3/s$$

$$A = \frac{0.152}{0.8} = 0.19m^2$$

气动隔膜阀阀口处的水头损失

$$h_1 = \xi \frac{v_2^2}{2g}$$

式中　ξ——气动隔膜阀阀口处的局部阻力系数。

设计中取 $\xi = 1.0$

$$h_1 = 1.0 \times \frac{0.8^2}{2 \times 9.81} = 0.033\text{m}$$

3. 进水堰堰上水头

$$h_2 = \left(\frac{Q_2}{mb\sqrt{2g}}\right)^{2/3}$$

式中　h_2——堰上水头（m）；

m——薄壁堰流量系数，一般采用 0.42 ~ 0.50；

b——堰宽（m）。

设计中取 $m = 0.50$，$b = 3\text{m}$

$$h_2 = \left(\frac{0.152}{0.5 \times 3 \times \sqrt{2 \times 9.8}}\right)^{2/3} = 0.08\text{m}$$

4. V 型进水槽

$$h_3 = \sqrt{\frac{2Q_3}{v_3 \cdot \text{tg}\alpha}}$$

式中　h_3——V 型进水槽内水深（m）；

Q_3——进入 V 型进水槽的流量（m^3/s）；

v_3——V 型进水槽内的流速（m/s）；一般采用 0.6 ~ 1.0m/s；

α——V 型槽夹角，$\alpha = 50° \sim 55°$。

设计中每格滤池设两个 V 型进水槽，则 $Q_3 = \frac{Q_2}{2} = 0.076\text{m}^3/\text{s}$，取 $v_3 = 0.8\text{m/s}$，$\alpha = 50°$

$$h_3 = \sqrt{\frac{2 \times 0.076}{0.8 \times \text{tg}50°}} = 0.40\text{m}$$

5. V 型槽扫洗小孔

$$Q_4 = \frac{q_2 \cdot f}{1000}$$

$$A_1 = \frac{Q_4}{\mu\sqrt{2gh_3}}$$

$$d = \sqrt{\frac{4A_1}{\pi n_2}} \times 1000$$

式中　Q_4——表面扫洗流量（m^3/s）；

q_2——表面扫洗水强度 [L/(s·m²)]，一般采用1.4～2.3L/(s·m²)；

A_1——小孔总面积（m²）；

μ——孔口流量系数；

d——小孔直径（mm）；

n_2——小孔数目（个）。

设计中取 $q_2=1.8$L/(s·m²)，$\mu=0.62$，取每个V型槽上扫洗小孔数目28个，则 $n_2=56$ 个

$$Q_4=\frac{1.8\times55}{1000}=0.099\text{m}^3/\text{s}$$

$$A_1=\frac{0.099}{0.62\times\sqrt{2\times9.8\times0.4}}=0.057\text{m}^2$$

$$d=\sqrt{\frac{4\times0.057}{3.14\times56}}\times1000=36\text{mm}$$

验算小孔流速 v_4

$$v_4=\frac{Q_4}{A_1}=\frac{0.099}{0.057}=1.73\text{m/s}>1.0\text{m/s}$$

6.3.3　反冲洗系统

1. 气、水分配渠（按反冲洗水流量计算）

$$Q_5=\frac{f'\cdot q_1}{1000}$$

$$H_2\times B_2=\frac{Q_5}{v_5}$$

式中　Q_5——反冲洗水流量（m³/s）；

q_1——反冲洗强度 [L/(s·m²)]，一般采用4～6L/(s·m²)；

v_5——气、水分配渠中水的流速（m/s），一般采用1.0～1.5m/s；

H_2——气、水分配渠内水深（m）；

B_2——气、水分配渠宽度（m）。

设计中取 $q_1=5$L/(s·m²)，$v_5=1.0$m/s，$B_2=0.4$m

$$Q_5=\frac{55\times5}{1000}=0.275\text{m}^3/\text{s}$$

$$H_2=\frac{0.275}{1.0\times0.4}=0.68\text{m}$$

2. 配水方孔面积和间距

$$F_1=\frac{Q_5}{v_6}$$

$$n_3 = \frac{F_1}{f_1}$$

式中 F_1——配水方孔总面积（m^2）；

v_6——配水方孔流速（m/s），一般采用 $v_6=0.5m/s$；

f_1——单个方孔的面积（m^2）；

n_3——方孔个数（个）。

设计中取 $v_6=0.5m/s$，$f_1=0.10\times0.10m^2$

$$F_1 = \frac{0.275}{0.5} = 0.55m^2$$

$$n_3 = \frac{0.55}{0.01} \approx 56\text{个}$$

在气水分配渠两侧分别布置28个配水方孔，孔口间距0.4m。

3. 布气圆孔的间距和面积

布气圆孔的数目及间距和配水方孔相同，采用直径为60mm的圆孔，其单孔面积为$\frac{3.14}{4}\times0.06^2=0.0028m^2$，所有圆孔的面积之和为$56\times0.0028=0.157m^2$。

4. 空气反冲洗时所需空气流量

$$Q_{气} = \frac{q_{气} \cdot f'}{1000}$$

式中 $Q_{气}$——空气反冲洗时所需空气流量（m^3/s）；

$q_{气}$——空气冲洗强度［$L/(s\cdot m^2)$］，一般采用$13\sim17L/(s\cdot m^2)$。

设计中取 $q_{气}=15L/(s\cdot m^2)$

$$Q_{气} = \frac{15\times55}{1000} = 0.825m^3/s$$

空气通过圆孔的流速为$\frac{0.825}{0.157}=5.25m/s$

5. 底部配水系统

底部配水系统采用QS型长柄滤头，材质为ABS工程塑料，数量为55只/m^2，滤头安装在混凝土滤板上，滤板搁置在梁上。滤头长28.5cm；滤帽上有缝隙36条；滤柄上部有ϕ2mm气孔，下部有长65mm、宽1mm条缝。

滤板、滤梁均为钢筋混凝土预制件。滤板制成矩形或正方形，但边长最好不要超过1.2m。滤梁的宽度为10cm，高度和长度根据实际情况决定。

为了确保反冲洗时滤板下面任何一点的压力均等，并使滤板下压入的空气可以尽快形成一个气垫层，滤板与池底之间应有一个高度适当的空间。一般来讲，滤板下面清水区的高度为0.85~0.95m，该高度足以使空气通过滤头的孔和缝得到充分的混合并均匀分布在整个滤池面积之上，从而保证了滤池的正常过滤和反冲洗效果。设计中取滤板下清水区的高度 H_5 为0.88m。

6.3.4 过滤系统

滤料选用石英砂，粒径0.95～1.35mm，不均匀系数$K_{80}=1.0\sim1.3$，滤层厚度一般采用1.2～1.5m，设计中取滤层厚度H_6为1.2m。

滤层上水深一般采用1.2～1.3m，设计中取滤层上水深H_7为1.2m。

6.3.5 排水系统

1. 排水渠终点水深

$$H_3=\frac{Q_4+Q_5}{B_2\cdot v_7}$$

式中 H_3——排水渠终点水深（m）；

v_7——排水渠流速（m/s），一般采用$v_7\geqslant1.5$m/s。

设计中取排水渠和气水分配渠等宽，即$B_2=0.4$m，取$v_7=1.5$m/s

$$H_3=\frac{0.099+0.275}{0.4\times1.5}=0.62\text{m}$$

2. 排水渠起端水深

$$H_4=\sqrt{\frac{2h_k^3}{H_2}+H_2-\frac{i\cdot l}{3}}-\frac{2i\cdot l}{3}$$

$$h_k=\sqrt[3]{\frac{(Q_4+Q_5)^2}{g\cdot B_2^2}}$$

式中 H_4——排水渠起端水深（m）；

h_k——排水渠临界水深（m）；

i——排水渠底坡；

l——排水渠长度（m）。

设计中取排水渠长度等于滤池长度，即$l=11$m，排水渠底坡$i=8.2\%$

$$h_k=\sqrt[3]{\frac{(0.099+0.275)^2}{9.8\times0.4^2}}=0.45\text{m}$$

$$H_4=\sqrt{\frac{2\times0.45^3}{0.62}+0.62-\frac{0.082\times11}{3}}-\frac{2\times0.082\times11}{3}$$

$$=0.18\text{m}$$

按照要求，排水槽堰顶应高出石英砂滤料0.5m，则中间渠总高为滤板下清水区的高度+滤板厚+滤料层厚+0.5，即0.85+0.10+1.2+0.5=2.65m。

6.3.6 滤池总高度

$$H=H_5+H_6+H_7+H_8+H_9$$

式中　H——滤池总高度（m）；

H_5——滤板下清水区的高度（m）；

H_6——滤层厚度（m）；

H_7——滤层上水深（m）；

H_8——滤板厚度（m）；

H_9——超高（m）。

设计中取 $H_8=0.12\text{m}$，$H_9=0.3\text{m}$

$$H=0.88+1.2+1.2+0.12+0.3=3.70\text{m}$$

V型滤池的平面和高程布置如图6-10所示。

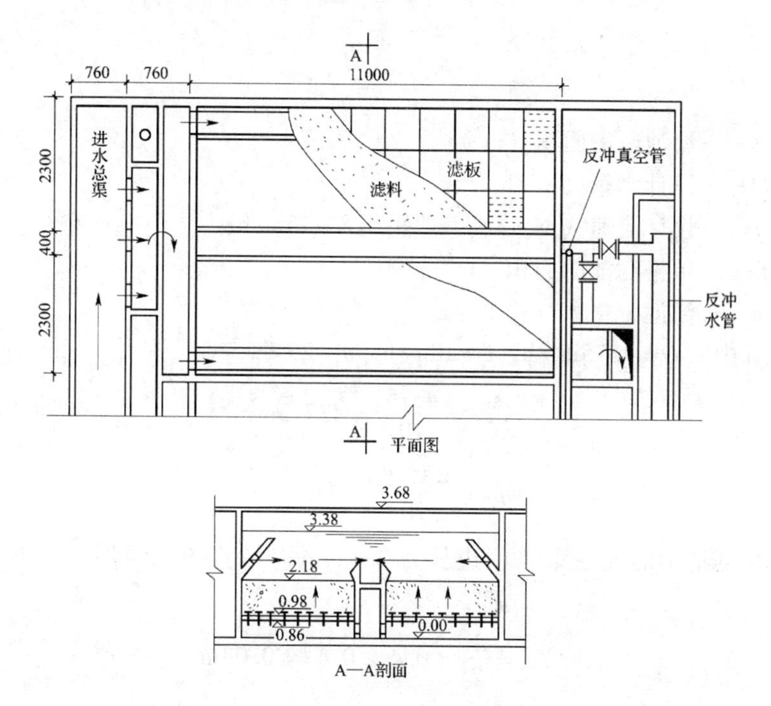

图6-10　V型滤池的平面和高程布置图

6.4　重力式无阀滤池

重力式无阀滤池是一种能够完全自动运行的滤池系统，其优点是不需要阀门，运行全部实现自动化，操作方便，工作运行可靠；运行时，滤池中不会出现负水头；其结构简单，节省材料，造价较相同规模的普通快滤池低，同时可以成套定型制作，便于工程上马。

但由于重力式无阀滤池的冲洗水箱位于滤池上部，滤池的总高度较大，相应提高了滤池前面的处理构筑物的标高，从而给整个水厂的高程布置带来困难。在进行反冲洗时，进水管正常进水，这部分水与反冲洗废水一起被排走，导致一部分澄清水浪费；滤池结构复杂，由于滤料密封装于顶盖以下，运行中看不到滤料的情况，而且装卸和清理不便。重力式无阀滤池采用变水头等速过滤，水质不如降速过滤好。

重力式无阀滤池的单池面积较小，一般不大于25m^2，因而重力式无阀滤池适用于处理水量在1万m^3/d以下的小型水厂。

6.4.1　滤池面积和尺寸

$$F = \frac{Q}{v}$$

$$f_1 = \frac{F}{n}$$

式中　F——滤池所需面积（m^2）；

Q——设计水量（m^3/h）；

v——设计流速（m/h），一般采用8～15m/h；

f_1——单格滤池的面积（m^2）；

n——滤池分格数（格）。

设计中取$Q=4375m^3/h$，$v=10m/h$，$n=20$格

$$F = \frac{4375}{10} = 437.5m^2$$

$$f_1 = \frac{437.5}{20} = 21.88m^2$$

单格滤池中的连通渠采用边长为0.4m的等腰直角三角形，其单个连通渠面积

$$f_2 = \frac{1}{2} \times 0.4 \times 0.4 = 0.08m^2$$

考虑连通渠斜边部分混凝土厚度为0.10m，则直角边边长

$$0.4 + \sqrt{2} \times 0.10 = 0.54m$$

每格滤池的池内，4个角处设置4个连通渠，则连通渠总面积

$$f'_2 = 4 \times \frac{1}{2} \times 0.54 \times 0.54 = 0.588m^2$$

故要求每格滤池的面积

$$f'_1 = f_1 + f'_2 = 21.88 + 0.588 = 22.47m^2$$

设计中确定该无阀滤池为正方形，则每边的边长

$$L = \sqrt{f'_1} = \sqrt{22.47} = 4.74m$$

设计中选边长为$L=4.7m$，每格滤池的实际面积$f'_1=22.09m^2$

每格滤池实际过滤面积

$$f_1 = 22.09 - 0.588 = 21.5\text{m}^2$$

实际过滤滤速

$$v = \frac{Q}{nf_1} = \frac{4375}{20 \times 21.5} = 10.17\text{m/h}$$

6.4.2 滤池高度

$$H = h_1 + h_2 + h_3 + h_4 + h_5 + h_6 + h_7 + h_8 + h_9$$

$$h_7 = \frac{60f_1 \cdot q \cdot t}{f'_1 \times 2 \times 1000}$$

式中 h_1——底部集水区高度（m）；

h_2——滤板高度（m）；

h_3——承托层高度（m）；

h_4——滤料层高度（m）；

h_5——净空高度（m）；

h_6——池顶板厚度（m）；

h_7——冲洗水箱高度（m）；

h_8——超高（m）；

h_9——池顶板厚度（m）；

q——反冲洗强度［$\text{L/(m}^2 \cdot \text{s)}$］；

t——反冲洗历时（min），一般采用5min；

f_1——每格滤池实际过滤面积（m^2）；

f'_1——每格滤池的实际面积（m^2）。

设计中取 $h_1 = 0.4\text{m}$，$h_2 = 0.1\text{m}$，$h_3 = 0.1\text{m}$，$h_4 = 0.8\text{m}$，$h_5 = 0.51\text{m}$，$h_6 = 0.40\text{m}$，$h_8 = 0.20\text{m}$，$h_9 = 0.10\text{m}$；$q = 15\text{L/(m}^2 \cdot \text{s)}$，$t = 5\text{min}$

$$h_7 = \frac{60 \times 21.5 \times 15 \times 5}{22.09 \times 2 \times 1000} = 2.19\text{m};$$

$H = 0.4 + 0.1 + 0.1 + 0.8 + 0.51 + 0.4 + 2.19 + 0.2 + 0.1 = 4.80\text{m}$。

6.4.3 进水系统

1．进水分配箱

$$A_\text{f} = \frac{\frac{1}{20}Q}{v_\text{f}}$$

式中 A_f——进水分配箱过流面积（m^2）；

v_f——进水分配箱内流速（m/s）；

Q——设计流量（m^3/s）。

设计中取 $v_f = 0.05m/s$

$$A_f = \frac{\frac{1}{20} \times 1.22}{0.05} = 1.22m^2$$

设计中选进水分配箱尺寸按 $B \times L = 1200mm \times 1400mm$。

2. 进水管

每格滤池的进水量为 $218.75m^3/h$，选择 $DN400$ 的进水管，管内流速 $v_1 = 0.48m/s$，水力坡降为 0.95‰。

进水管水头损失

$$h = il + (\xi_1 + 3\xi_2 + \xi_3 + \xi_4)\frac{v^2}{2g}$$

式中　h——进水管水头损失（m）；

i——水力坡降；

ξ_1——进口局部阻力系数；

ξ_2——90°弯头局部阻力系数；

ξ_3——三通局部阻力系数；

ξ_4——出口局部阻力系数。

设计中取 $l = 15m$，$\xi_1 = 0.5$，$\xi_2 = 0.87$，$\xi_3 = 1.5$，$\xi_4 = 1.0$

$$h = 0.00095 \times 15 + (0.5 + 3 \times 0.87 + 1.5 + 1.0)\frac{0.48^2}{2 \times 9.8} = 0.08m$$

滤池的出水管选用与进水管相同的管径。

6.4.4　控制标高

假设地面标高为 0.00，排水井堰口标高采用 -0.7m，滤池底板入土埋深采用 0.5m。

1. 滤池出水口高程

$$H_1 = H - h_{10} - h_8$$

式中　H_1——冲洗水箱水位（即滤池出水口高程）（m）；

h_{10}——滤池底板入土埋深（m）。

设计中取 $h_{10} = 0.5m$，$h_8 = 0.2m$，已经求得滤池的总高度为 4.80m，

$$H_1 = 4.80 - 0.5 - 0.2 = 4.10m$$

2. 虹吸辅助管管口高程

$$H_2 = H_1 + h_{11}$$

式中　H_2——虹吸辅助管管口高程（m）；

h_{11}——期终允许水头损失（m）。

设计中取 $h_{11} = 1.7m$

$$H_2 = 4.10 + 1.7 = 5.80\text{m}$$

3. 进水分配箱堰顶高程

$$H_3 = H_2 + h + h_{12}$$

式中 H_3——进水分配箱堰顶高程（m）；

h_{12}——安全系数（m）。

设计中取 $h_{12}=0.20\text{m}$

$$H_3 = 5.80 + 0.08 + 0.2 = 6.08\text{m}。$$

6.4.5 水头损失

1. 虹吸管的流量与管径

$$Q_k = Q_c + Q_j$$

$$Q_c = q \times f_1$$

式中 Q_k——反冲洗时通过虹吸管的流量（m^3/s）；

Q_c——反冲洗水量（m^3/s）；

Q_j——单格滤池的进水量（m^3/s）；

q——反冲洗强度[$L/(m^2 \cdot s)$]，一般采用$15L/(m^2 \cdot s)$。

设计中取 $q=15L/(m^2 \cdot s)$

$$Q_c = 15 \times 21.5 = 322.5\text{L/s} = 1161\text{m}^3/\text{h}$$

又因重力式无阀滤池在反冲洗时不停止进水，故有 $Q_j=218.75\text{m}^3/\text{h}$

$$Q_k = 1161 + 218.75 = 1379.75\text{m}^3/\text{h}$$

设计中取虹吸上升管管径为500mm，管内流速 $v_s=1.95\text{m/s}$，水力坡降为10‰，流量为反冲洗水量 Q_c时，管内流速 $v_3=1.64\text{m/s}$。

虹吸下降管管径为450mm，管内流速为 $v_j=2.41\text{m/s}$，水力坡降为17.5‰。

滤池四角的四个三角形连通管管内流速 $v_2=\dfrac{0.3225}{4\times0.08}=1.01\text{m/s}$，三角形连通管的水头损失按照渠道的水头损失计算，水力坡降约为7.19‰。

2. 反冲洗时的沿程水头损失

沿程水头损失包括水流经三角形连通管、虹吸上升管和虹吸下降管时的水头损失。

$$h_l = i_1 l_1 + i_s l_s + i_j l_j$$

式中 h_l——反冲洗时的沿程水头损失（m）；

i_1——三角形连通管的水力坡降；

l_1——三角形连通管的深度（m），$l_1=h_2+h_3+h_4+h_5+h_6$；

i_s——虹吸上升管的水力坡降；

l_s——虹吸上升管的长度（m）；

i_j——虹吸下降管的水力坡降；

l_j——虹吸下降管的长度（m）。

设计中取 $l_1=1.91m$，$l_s=6m$，$l_j=7m$

$$h_1 = 0.00719 \times 1.91 + 0.01 \times 6 + 0.0175 \times 7 = 0.19m$$

3．反冲洗时的局部水头损失

$$h_\xi = (\xi_5 + \xi_6)\frac{v_2^2}{2g} + \xi_7\frac{v_3^2}{2g} + (\xi_8 + \xi_9 + \xi_{10})\frac{v_s^2}{2g} + (\xi_{11} + \xi_{12})\frac{v_j^2}{2g} + 0.05$$

式中　h_ξ——反冲洗时的局部水头损失（m）；

ξ_5——三角形连通管入口局部阻力系数；

ξ_6——三角形连通管出口局部阻力系数；

ξ_7——上升管入口局部阻力系数；

ξ_8——上升管三通局部阻力系数；

ξ_9——60°弯头局部阻力系数；

ξ_{10}——120°弯头局部阻力系数；

ξ_{11}——下降管渐缩局部阻力系数；

ξ_{12}——下降管出口局部阻力系数；

v_2——三角形连通管管内流速（m/s）；

v_3——上升管中仅有反冲洗水量 Q_c 部分管段管内流速（m/s）；

v_s——虹吸上升管管内流速（m/s）；

v_j——虹吸下降管管内流速（m/s）；

0.05——挡水板的水头损失（m）。

设计中取 $\xi_5=0.5$，$\xi_6=1.0$，$\xi_7=0.5$，$\xi_8=1.0$，$\xi_9=0.83$；$\xi_{10}=1.13$；$\xi_{11}=0.17$；$\xi_{12}=1.0$

$$h_\xi = (0.5 + 1.0)\frac{1.01^2}{2g} + 0.05 + 0.5 \times \frac{1.64^2}{2g} + (1.0 + 0.83 + 1.13)\frac{1.95^2}{2g} + (0.17 + 1.0)\frac{2.41^2}{2g}$$

$$= 0.078 + 0.05 + 0.069 + 0.57 + 0.35 = 1.12m$$

4．其他水头损失

其他水头损失包括中阻力配水系统、承托层及滤层的水头损失之和。

$$h_{其他} = h_{配水} + h_{滤料} + h_{承托}$$

$$h_{滤料} = \left(\frac{\rho_1}{\rho_2} - 1\right)(1 - m_0)h_4$$

$$h_{承托} = 0.022h_3 \cdot q$$

式中　$h_{其他}$——其他各项水头损失总和（m）；

$h_{配水}$——配水系统水头损失（m）；

$h_{滤料}$——滤料层水头损失（m）；

$h_{承托}$——承托层水头损失（m）；

ρ_1——滤料的密度（kg/m^3）；

ρ_2——水的密度（kg/m^3）；

m_0——滤料层膨胀前的孔隙率；

h_4——滤料膨胀前的厚度（m）。

设计中取$\rho_1=2650kg/m^3$，$\rho_2=1000kg/m^3$，$m_0=0.41$，$h_4=0.8m$，$h_3=0.1m$

$$h_{滤料}=\left(\frac{2.65\times10^3}{10^3}-1\right)(1-0.41)\times0.8=0.78m$$

$$h_{承托}=0.022\times0.1\times15=0.033m$$

配水系统采用短柄滤头，其水头损失取0.3m

$$h_{其他}=0.3+0.78+0.033=1.11m$$

5. 总水头损失

$$h_{总}=h_1+h_{\xi}+h_{其他}$$

式中　$h_{总}$——总水头损失（m）。

如前计算，反冲洗时的沿程水头损失$h_1=0.19m$，局部水头损失$h_{\xi}=1.12m$，其他水头损失$h_{其他}=1.11m$

$$h_{总}=0.19+1.12+1.11=2.42m$$

6.4.6 核算

1. 冲洗水箱平均水位的高程

$$H_4=H_1-\frac{h_7}{2}$$

式中　H_4——冲洗水箱平均水位高程（m）；

H_1——冲洗水箱水位（即滤池出水口高程）（m）；

h_7——冲洗水箱高度（m）。

$$H_4=4.11-\frac{1}{2}\times2.19=3.02m$$

2. 虹吸水位差

$$H_5=H_4-H_6$$

式中　H_5——虹吸水位差（m）；

H_6——排水井堰口标高（m）。

设计中取排水井堰口标高在地面以下0.7m

$$H_5=3.02-(-0.7)=3.72m>2.42m$$

通过核算可知，虹吸水位差H_5大于滤池进行反冲洗时的总水头损失$h_{总}$，故反冲洗可以得到保证，且反冲洗强度会略大于设计的强度，此时可通过冲洗强度调节器加以调整。

重力式无阀滤池的高程布置如图6-11所示。

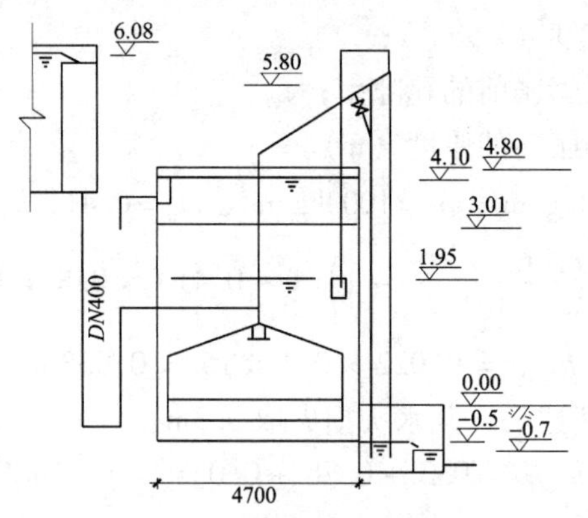

图6-11　无阀滤池高程示意图

6.5　移动罩滤池

移动罩滤池池深较浅，结构简单，占地面积少，不需要冲洗水箱或反冲洗水泵，造价较低，与相同规模的普通快滤池相比可节省投资20%～35%；不需要大型阀门，管配件少；能够实现自动连续运行；采用等水头降速过滤，出水水质较好；同时，由于分格较多，因而可以避免一格滤池冲洗时出水量明显减少的现象。移动罩滤池一般适用于大、中型水厂，以使冲洗罩的作用得以充分的发挥。

6.5.1　滤池面积和尺寸

$$F = \frac{Q}{n \cdot v}$$

式中　F——滤池面积（m^2）；

Q——滤池设计流量（m^3/h）；

n——滤池分组数（组）；

v——设计滤速（m/h）。

设计中取 $n=2$，$v=10m/h$

$$F = \frac{4375}{2 \times 10} = 218.8m^2$$

设计中取每一个滤格的平面尺寸为 $f_1 = 3.0 \times 3.0m^2$，并取每组滤池为24格，分两排布置，每组滤池的实际过滤面积

$$F = 9.0 \times 24 = 216m^2$$

实际滤速 v'

$$v' = \frac{Q}{2 \times F} = \frac{4375}{216} = 10.1\text{m/h}$$

6.5.2　进水系统

$$d_1 = \sqrt{\frac{4Q_1}{\pi v_1}}$$

$$Q_1 = \frac{Q}{n}$$

式中　d_1——进水管直径（m）；

Q_1——一组滤池的设计流量（m^3/s）；

v_1——进水管流速（m/s），一般采用1.0～1.5m/s。

设计中取 $v_1 = 1.4\text{m/s}$

$$Q_1 = \frac{4375}{2} = 2187.5\text{m}^3/\text{h} = 0.608\text{m}^3/\text{s}$$

$$d_1 = \sqrt{\frac{4 \times 0.608}{3.14 \times 1.4}} = 0.743\text{m}$$

设计中选用 *DN*700 的钢管作为进水管。

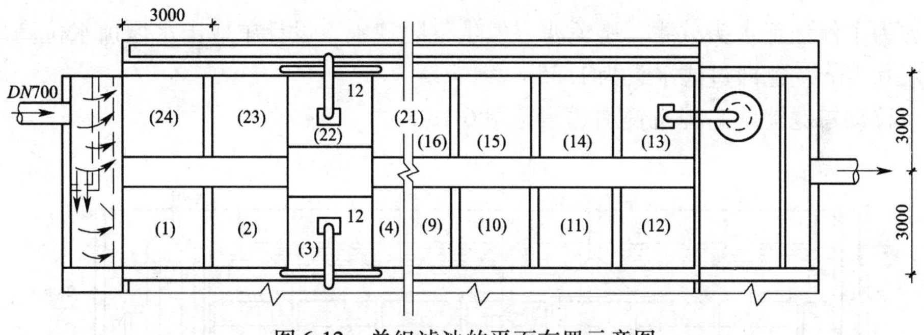

图6-12　单组滤池的平面布置示意图

6.5.3　出水虹吸管与水位恒定器

1．出水虹吸管

$$f_2 = \frac{Q_1}{v_2}$$

式中　f_2——出水虹吸管横断面积（m^2）；

v_2——出水虹吸管流速（m/s），一般采用0.9～1.3m/s。

设计中出水虹吸管采用倒U型管的形式，取 $v_2 = 1.3\text{m/s}$

$$f_2 = \frac{0.608}{1.3} = 0.468\text{m}^2$$

设虹吸管断面为矩形，取其长度为1.2m，宽度为0.4m，则虹吸管实际面积

$$1.2 \times 0.4 = 0.48\text{m}^2$$

2. 水位恒定器

为了保持滤池水位恒定，需在出水虹吸管的管顶（上口）装设水位恒定器，水位恒定器有杠杆式、浮子式和插入式三种类型，均可用于该滤池。

6.5.4 滤池高度

$$H = H_1 + H_2 + H_3 + H_4 + H_5 + H_6$$

式中　H——滤池高度（m）；

H_1——承托层高度（m）；

H_2——滤料层厚度（m），一般采用0.7m；

H_3——滤层上水深（m），一般采用1.0～1.5m；

H_4——超高（m），一般采用0.4～0.5m；

H_5——集水区高度（m），一般采用0.3m～0.7m；

H_6——滤板厚度（m），一般采用0.1～0.15m。

设计中取 $H_1 = 0.30\text{m}$，$H_2 = 0.70\text{m}$，$H_3 = 1.50\text{m}$，$H_4 = 0.5\text{m}$，$H_5 = 0.70\text{m}$，$H_6 = 0.15\text{m}$

$$H = 0.30 + 0.70 + 1.50 + 0.5 + 0.7 + 0.15 = 3.85\text{m}$$

为了保证正水头过滤，避免滤层发生气阻现象，设计中取出水堰顶水位高出滤层0.15m，也即过滤水头为1.35m。

移动罩滤池的高程布置示意图见图6-13。

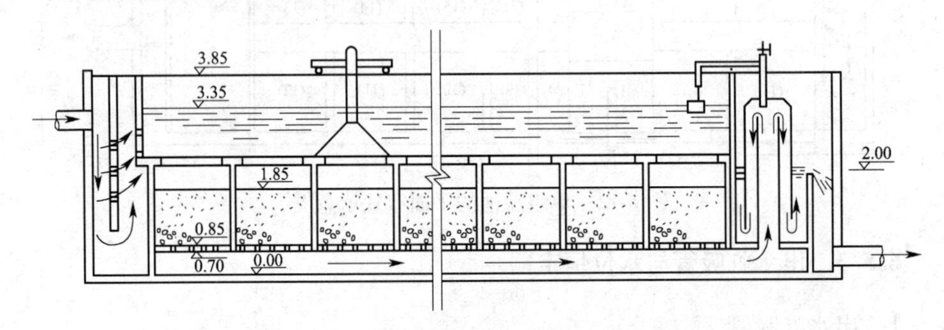

图6-13　移动罩滤池的高程布置示意图

6.5.5 反冲洗系统

1. 缝隙滤板水头损失

$$h_1 = \xi \frac{v_3^2}{2g}$$

式中　h_1——反冲洗时缝隙式滤板的局部水头损失（m）；

ξ——滤板局部阻力系数；

v_3——缝隙式滤板中水的流速（m/s）。

设计中取 $\xi = 1.5$，缝隙式滤板的开孔比按 3% 计算，$q = 15\text{L/(m}^2 \cdot \text{s)}$，$v_3 = 0.5\text{m/s}$

$$h_1 = 1.5 \times \frac{0.50^2}{2 \times 9.81} = 0.019\text{m}$$

2. 承托层水头损失

$$h_2 = 0.022 H_1 q$$

式中　h_2——承托层水头损失（m）；

H_1——承托层厚度（m）。

设计中取 $H_1 = 0.3\text{m}$

$$h_2 = 0.022 \times 0.3 \times 15 = 0.099\text{m}$$

3. 滤料层水头损失

$$h_3 = \left(\frac{\rho_2}{\rho_1} - 1\right) \times (1 - \text{m}) H_2$$

式中　h_3——滤料层水头损失（m）；

ρ_2——滤料的密度（kg/m^3）；

ρ_1——水的密度（kg/m^3）；

m——滤料层的孔隙率；

H_2——滤料层厚度（m）。

设计中取 $\rho_2 = 2650\text{kg/m}^3$，$\rho_1 = 1000\text{kg/m}^3$，$m = 0.44$，$H_2 = 0.70\text{m}$

$$h_3 = \left(\frac{2650}{1000} - 1\right) \times (1 - 0.44) \times 0.7 = 0.647\text{m}$$

4. 反冲洗虹吸管水头损失

反冲洗水量为

$$Q_1 = q \times f_1$$

式中　Q_1——一个滤池反冲洗的水量（L/s）。

$$Q_1 = 15 \times 9 = 135\text{L/s}$$

选用管径 400mm 的钢管，可得流速 $v = 1.04\text{m/s}$，水力坡度 $i = 3.85‰$。

反冲洗虹吸管水头损失

$$h_4 = (\xi_1 + \xi_2 + \xi_3 + \xi_4) \frac{v^2}{2g} + l \cdot i$$

式中　h_4——反冲洗虹吸管水头损失（m）；

ξ_1——进口局部阻力系数；

ξ_2——出口局部阻力系数；

ξ_3——60°弯头局部阻力系数；

ξ_4——120°弯头局部阻力系数；

l——排水虹吸管长度（m）；

i——水力坡度。

设计中取 $\xi_1=0.5$，$\xi_2=1.0$，$\xi_3=0.5$，$\xi_4=1.2$，$l=6.0\text{m}$

$$h_4 = 3\times\frac{1.04^2}{2\times9.81}+6\times0.00385=0.189\text{m}$$

反冲洗时总的水头损失

$$\sum h = h_1+h_2+h_3+h_4=0.019+0.099+0.647+0.189=0.95\text{m}$$

设计中取虹吸管反冲洗水头差为1.2m。

6.5.6　冲洗罩

设计中选用虹吸式冲洗罩。短流活门孔口面积

$$a=f_1v_{max}/(3600v_0)$$

式中　a——短流活门孔口面积（m^2）；

f_1——每一个滤格的面积（m^2）；

v_{max}——冲洗后的最大初始滤速（m/h），为滤池设计滤速的2~3倍。当采用普通石英砂滤料时，一般不超过30m/h；

v_0——短流活门孔口流速（m/s），一般采用0.3~0.5m/s。

设计中取 $v_{max}=25\text{m/h}$，$v_0=0.5\text{m/s}$

$$a=9\times25/(3600\times0.5)=0.125\text{m}^2$$

设置两个孔，每孔尺寸为0.25m×0.25m，活门的启闭采用牵引浮筒。

第7章 消毒处理

7.1 氯消毒及其投加设备

氯是目前国内外应用最广的消毒剂，除消毒外还起氧化作用。加氯消毒操作简单，价格便宜，且在管网中有持续消毒杀菌作用。

7.1.1 加氯量计算

$$q = Qb$$

式中 q——每天的投氯量（g/d）；

Q——设计水量（m^3/d）；

b——加氯量（g/m^3），一般采用$0.5 \sim 1.0g/m^3$。

设计中取$Q = 105000m^3/d$，$b = 1.0g/m^3$

$$q = 1.0 \times 105000 = 105000g/d = 105kg/d$$

7.1.2 加氯设备的选择

加氯设备包括自动加氯机、氯瓶和自动检测与控制装置等。

1. 自动加氯机选择

选用ZJ-II型转子真空加氯机2台，1用1备，每台加氯机加氯量为0.5～9kg/h。加氯机的外形尺寸为：宽×高=330mm×370mm。加氯机安装在墙上，安装高度在地面以上1.5m，两台加氯机之间的净距为0.8m。

2. 氯瓶

采用容量为500kg的氯瓶，氯瓶外形尺寸为：外径600mm，瓶高1800mm。氯瓶自重146kg，公称压力2MPa。氯瓶采用两组，每组8个，1组使用，1组备用，每组使用周期约为36d。

3. 加氯控制

根据余氯值，采用计算机进行自动控制投氯量。控制方式如图7-1所示。

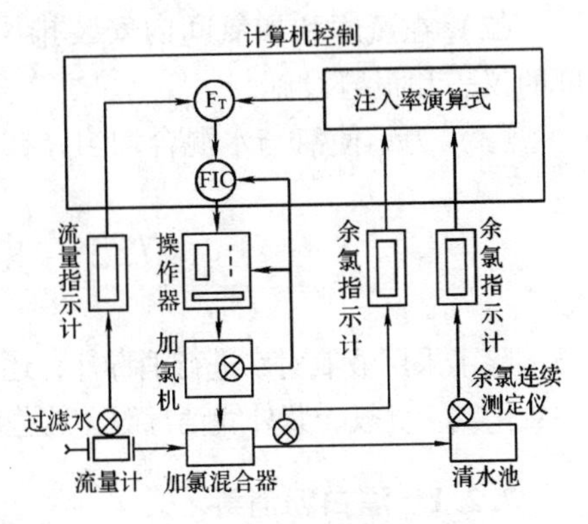

图7-1 计算机控制原理图

7.1.3 加氯间和氯库

加氯间是安置加氯设备的操作间，氯库是贮备氯瓶的仓库。采用加氯间与氯库合建的方式，中间用墙分隔开，但应留有供人通行的小门。加氯间平面尺寸为：长3.0m，宽9.0m；氯库平面尺寸为：长12.0m，宽9.0m。加氯间与氯库的平面布置如图7-2所示。

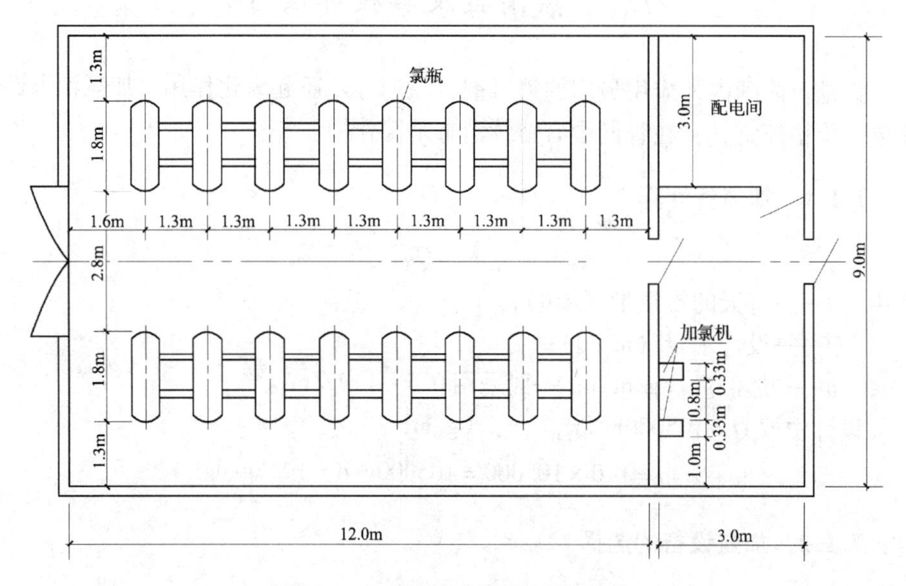

图7-2 加氯间与氯库平面布置图

加氯间在设计时应注意：

(1) 氯瓶中的氯气气化时，会吸收热量，一般采用自来水喷淋在氯瓶上，以供给热量。设计中在氯库内设置*DN*25mm的自来水管，位于氯瓶上方，帮助液氯气化。

(2) 在氯库和加氯间内安装排风扇，设在墙的下方。同时安装测定氯气浓度的仪表和报警设施。

(3) 为了使氯与水混合均匀，在加氯点后安装静态管道混合器。

7.2 其他消毒处理

除了采用液氯对水进行消毒外，还有许多其他的消毒剂，如漂白粉、次氯酸钠、二氧化氯、臭氧、紫外线消毒等，这些消毒剂各有特点，下面将分别进行介绍。

7.2.1 漂白粉消毒

漂白粉主要成分为$Ca(OCl)_2$，含有效氯20%~25%，适用于小水量的消毒。

1. 漂白粉用量

$$W = \frac{Q \cdot a}{C}$$

式中　W——漂白粉用量（kg/d）；

Q——设计水量（m^3/d）；

a——最大加氯量（kg/m^3），根据水质不同，一般采用0.0015～0.005kg/m^3；

C——有效氯含量，一般采用20%～25%。

设计中取 $a = 0.0015kg/m^3$，$C = 20\%$

$$W = \frac{105000 \times 0.0015}{0.2} = 787.5kg/d$$

2. 溶解池设计

溶解池的容积

$$V_1 = \frac{W}{bn}$$

式中　V_1——溶解池的容积（m^3）；

b——溶解后漂白粉溶液浓度；

n——每日药剂配制次数，一般要小于3。

设计中取 $b = 10\%$，$n = 2$

$$V_1 = \frac{787.5}{0.1 \times 2} = 3938L = 3.94m^3，设计中取为4.0m^3$$

溶解池共设2座，每座溶解池的平面尺寸为：长×宽＝2.0m×2.0m，有效水深1.0m，考虑超高0.5m，则溶解池总深度为1.5m。溶解池内设搅拌桨。

溶解池与溶液池通过闸板相连，在溶解池内调制好漂白粉溶液，只要打开闸板，即可自流进入溶液池。

3. 溶液池设计

溶解池内调制好的漂白粉溶液进入溶液池，进一步加水稀释，配制成浓度为1%的溶液。则可计算出溶液池的容积 V_2 为：

$$V_2 = 10V_1 = 10 \times 4 = 40m^3$$

溶液池的有效水深设为2.5m，超高为0.5m，溶液池总深度为3.0m，溶液池的平面尺寸为：长×宽＝4.0m×4.0m。

溶液池共设2座，轮流使用。溶液池内设搅拌桨，先将溶液混合均匀，然后静沉，待澄清后由计量设备投加到水中。

4. 投加设备的选择

配制好的漂白粉澄清液，通过投药泵定量地送入管道中，与滤后水进行混合。投药泵设2台，1用1备，每台投药泵设两根吸水管，可以从两个溶液池中进行吸取漂白粉澄清液，吸水管上设阀门，便于操作管理。

每台投药泵的流量

$$Q_1 = \frac{W}{c_1 \times 1000 \times 24}$$

式中　Q_1——每台投药泵的流量（m^3/h）；

c_1——溶液池中漂白粉浓度。

设计中取 $c_1 = 1\%$

$$Q_1 = \frac{787.5}{0.01 \times 1000 \times 24} = 3.28m^3/h$$

投药泵的扬程取为10m，选择投药泵的型号为：IH50-32-160。

5. 投药间与药库的平面布置

漂白粉仓库与漂白粉溶液投加间合建，用墙隔开。其平面布置如图7-3所示。

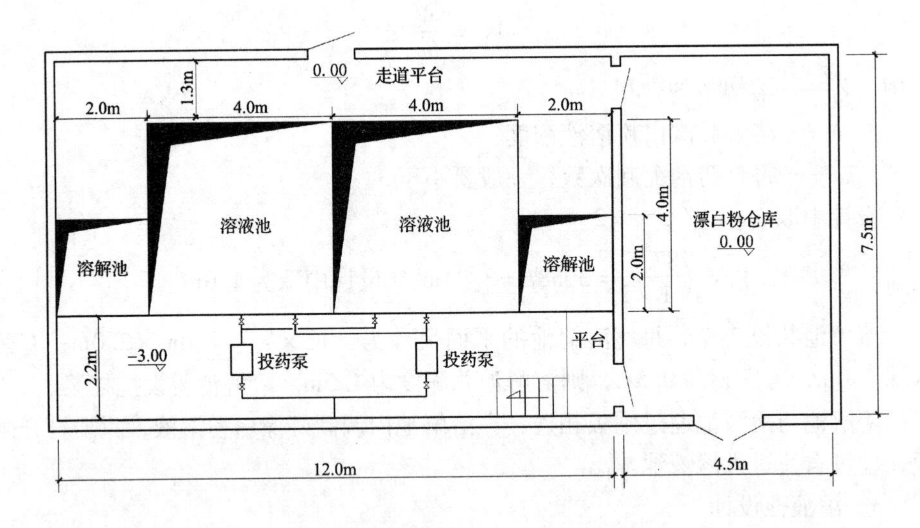

图7-3　漂白粉加药间与仓库平面布置图

7.2.2　次氯酸钠消毒

次氯酸钠易受阳光、温度的作用而分解，一般用次氯酸钠发生器就地制备和投加，适于小型水厂或村镇、工厂临时给水的消毒处理。

按有效氯计算，投氯量 q 为105kg/d，共选择8台YDJ-1000型次氯酸钠发生器，5台使用，3台备用。每台发生器的有效氯产量为1kg/h。

每生产1kg有效氯，需食盐3.0～4.5kg，按最大需要量4.5kg计算，每天需食盐量 W_1 为：

$$W_1 = 4.5q = 4.5 \times 105 = 472.5kg$$

盐水配制浓度一般为3%～35%，设计中取为25%，则所需盐水溶液池的有效容积

$$V=\frac{W_1}{c}$$

式中　V——盐水溶液池的有效容积（m^3）；

c——盐水浓度。

设计中取 $c=25\%$

$$V=\frac{0.4725}{0.25}=1.89m^3$$，设计中取为 $2m^3$。

溶液池的尺寸为：长×宽×高=1.5m×1.5m×1.5m。溶液池共设2座，轮流使用，溶液池中设置搅拌桨，有利于食盐的溶解。配制好的盐水溶液用投药泵送至次氯酸钠发生器。产生的次氯酸钠用水射器送入管道中，与水混合。贮存食盐的仓库按1个月的用盐量考虑，则总贮盐量约为15吨。

次氯酸钠投加间与食盐仓库合建，其平面布置如图7-4所示。

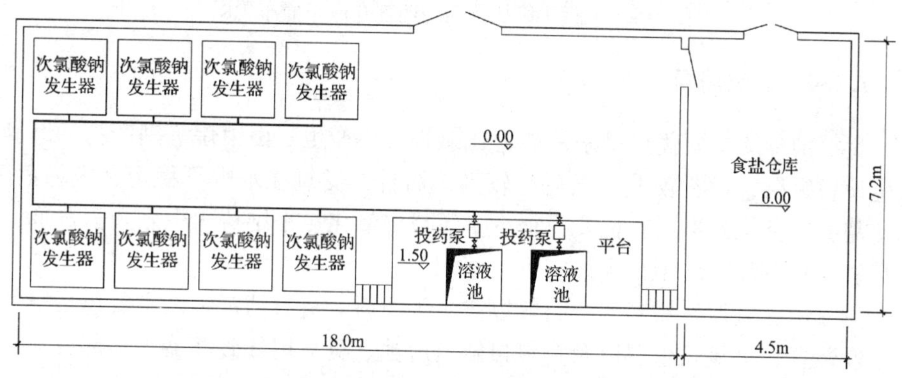

图7-4　次氯酸钠投药间与食盐仓库平面布置图

7.2.3　二氧化氯消毒

二氧化氯具有消毒能力强、不会产生三卤甲烷等优点，受到了人们的普遍重视，是替代液氯消毒的一种趋势。但制取二氧化氯的造价高，且容易发生爆炸而限制了二氧化氯的广泛应用。

按有效氯计算，投氯量q为105kg/d，共选择4台H908-2000型二氧化氯发生器，3台使用，1台备用。每台发生器的有效氯产量为2kg/h，设备尺寸为：长×宽×高=1.5m×0.75m×1.4m。

H908-2000型二氧化氯发生器由供料系统、反应系统、温控系统、吸收系统、发生系统及残液自动处理系统组成，氯酸钠水溶液与盐酸溶液定量地输送到反应系统中，产出的二氧化氯和氯气混合气体在负压作用下，带入处理水中，从而起到杀菌消毒的作用。

氯酸钠溶液池和盐酸溶液池各设2座，每座溶液池的尺寸为：长×宽×高＝1.0m×1.0m×1.5m，每个溶液池内设搅拌机，加速药剂溶解并使混合均匀。二氧化氯加药间与药剂仓库合建，其平面布置如图7-5所示。

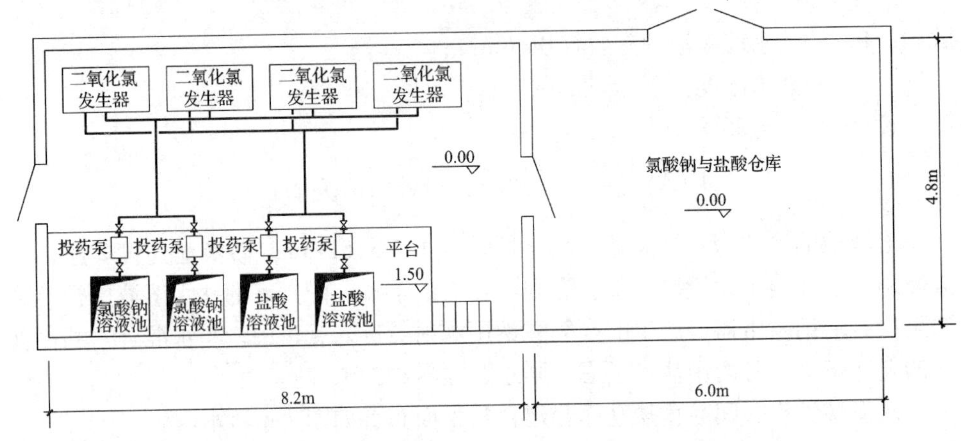

图7-5　二氧化氯加药间与药剂仓库平面布置图

7.2.4　臭氧消毒

臭氧消毒的主要优点是杀菌能力比氯强，不产生三卤甲烷等副产物。但臭氧发生设备复杂，投资较大，电耗也较高，而且，臭氧在水中不稳定，极易消失，因此需要在臭氧消毒后，仍要投加少量氯或二氧化氯来维持水中剩余消毒剂，所以臭氧消毒在我国应用很少。

臭氧由臭氧发生器制取，一般以空气为原料。臭氧消毒工艺主要包括空气净化干燥装置、臭氧发生器以及臭氧接触反应池、臭氧尾气破坏器等几部分。

臭氧接触反应池由两格组成，第一格的臭氧投量取为0.6g/m^3（一般为0.4～0.6g/m^3），接触反应时间为6min（一般为4～6min）；第二格的臭氧投量为0.4g/m^3（一般不小于0.4g/m^3），接触反应时间为4min（一般在4min左右）。则臭氧总的发生量W_1为：

$$W_1 = Q(0.6 + 0.4) = 105000 \times 1.0 = 105000\text{g/d} = 105\text{kg/d} = 4.375\text{kg/h}。$$

共选择8台CF-1000型臭氧发生器8台，5台工作，3台备用。每台臭氧发生器的臭氧产量为1kg/h，所需空气流量为80m^3/h，臭氧发生器的尺寸为：长×宽×高＝2.55m×1.15m×2.35m。

接触反应池内总的接触时间为10min，则接触反应池的有效容积：

$$V = \frac{Qt}{24 \times 60}$$

式中　V——接触反应池的有效容积（m^3）；

　　　t——接触时间（min）；一般采用5～15min。

设计中取 $t=10\text{min}$

$$V=\frac{105000\times10}{24\times60}=729.2\text{m}^3$$

设臭氧接触反应池的有效水深为4.0m，则其有效面积

$$A=\frac{V}{H}$$

式中　H——接触反应池的有效水深（m）。

设计中取 $H=4.0\text{m}$

$$A=\frac{729.2}{4}=182.3\text{m}^2$$

设池宽为8m，则池总长为22.8m，第一格池长为13.6m，第二格池长为9.2m。

在臭氧接触反应池中，臭氧与水接触后，空气中仍含有剩余臭氧，这部分臭氧不允许直接排入大气中，需采用臭氧尾气破坏器加以处理。

臭氧发生车间平面布置如图7-6所示，双格臭氧接触反应池如图7-7所示。

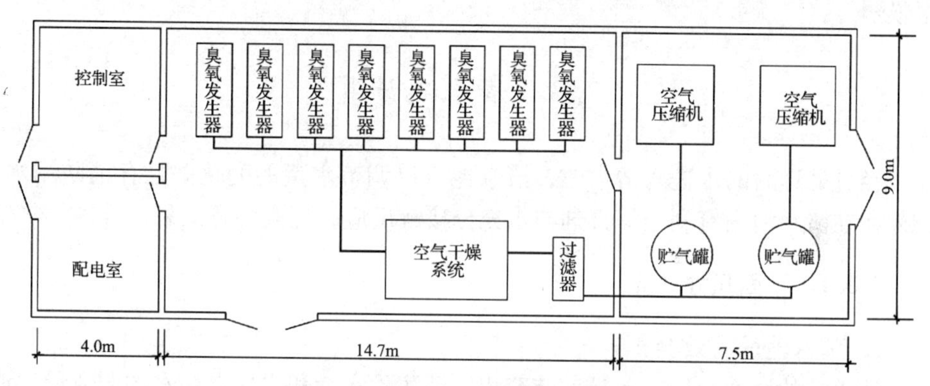

图7-6　臭氧发生车间平面布置图

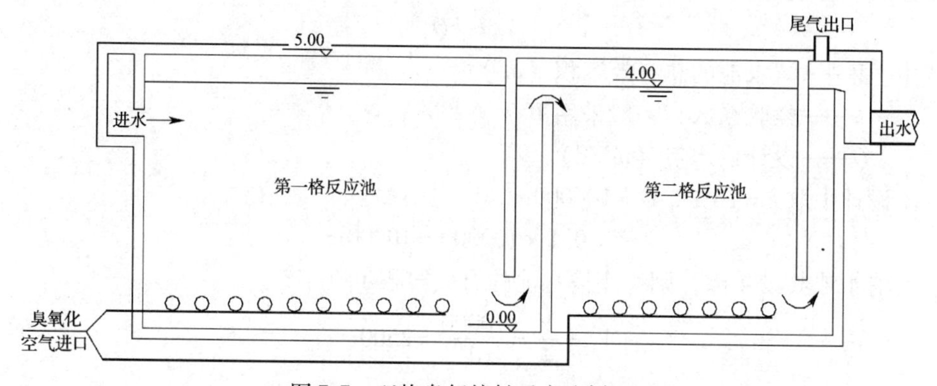

图7-7　双格臭氧接触反应池剖面图

7.2.5　紫外线消毒

紫外线消毒具有杀菌效率高、接触时间短、不改变水的物理化学性质等优点，但是由于其不具有持续杀菌消毒作用，为了防止在管网中产生二次污染，常常在其消毒处理后投加少量氯，以保持水中余氯浓度。

水与紫外线照接触时间一般为10～100s，即可起到杀菌作用，不需设置反应池。水在紫外消毒器中的流速最好不小于0.3m/s，以减小套管内的结垢。

在处理大水量时，可将紫外消毒器串联或并联安装，但由于紫外灯管的寿命通常较短，需要经常的更换，因此在设计时应考虑维修时操作方便，并且不能影响正常供水。紫外灯管的寿命一般为500h～1000h，连续使用可延长紫外灯管寿命，经常开关将减少灯管寿命。

目前，市场上生产紫外消毒器的厂家较多，在选用时应根据产品说明书进行合理选择，并考虑备用量，同时应备用一些紫外灯管，以便于及时的更换。

7.3　清水池计算

经过处理后的水进入清水池，清水池可以调节水量的变化并贮存消防用水。此外，在清水池内有利于消毒剂与水充分接触反应，提高消毒效果。

7.3.1　平面尺寸计算

1. 清水池的有效容积

清水池的有效容积，包括调节容积、消防贮水量和水厂自用水的调节量。清水池的总有效容积

$$V = kQ$$

式中　V——清水池的总有效容积（m^3）；

k——经验系数，一般采用10%～20%；

Q——设计供水量（m^3/d）。

设计中取$k=10\%$，$Q=100000m^3/d$

$$V=0.1\times100000=10000m^3$$

清水池共设4座，则每座清水池的有效容积V_1为：

$$V_1=\frac{V}{4}=\frac{10000}{4}=2500m^3$$

2. 清水池的平面尺寸

每座清水池的面积

$$A = \frac{V_1}{h}$$

式中　A——每座清水池的面积（m^2）；

h——清水池的有效水深（m）。

设计中取 $h = 4.0m$

$$A = \frac{2500}{4.0} = 625m^2$$

取清水池的宽度 B 为15m，则清水池长度 L 为：

$$L = \frac{A}{B} = \frac{625}{15} = 41.7m，设计中取为42m$$

则清水池实际有效容积为 $42 \times 15 \times 4 = 2520m^3$。

清水池超高 h_1 取为0.5m，清水池总高 H：

$$H = h_1 + h = 4.0 + 0.5 = 4.5m$$

7.3.2　管道系统

1. 清水池的进水管

$$D_1 = \sqrt{\frac{Q}{4 \times 0.785 \times v}}$$

式中　D_1——清水池进水管管径（m）；

v——进水管管内流速（m/s），一般采用0.7～1.0m/s。

设计中取 $v = 0.7m/s$

$$D_1 = \sqrt{\frac{1.215}{4 \times 0.785 \times 0.7}} = 0.74m$$

设计中取进水管管径为 DN800mm，进水管内实际流速为0.6m/s。

2. 清水池的出水管

由于用户的用水量时时变化，清水池的出水管应按出水最大流量计：

$$Q_1 = \frac{KQ}{24}$$

式中　Q_1——最大流量（m^3/h）；

K——时变化系数，一般采用1.3～2.5；

Q——设计水量（m^3/d）。

设计中取时变化系数 $K = 1.5$

$$Q_1 = \frac{1.5 \times 105000}{24} = 6562.5m^3/h = 1.823m^3/s$$

出水管管径

$$D_2 = \sqrt{\frac{Q_1}{4 \times 0.785 \times v_1}}$$

式中　D_2——出水管管径（m）；

v_1——出水管管内流速（m/s），一般采用0.7～1.0m/s。

设计中取 $v_1=0.7$m/s

$$D_2=\sqrt{\frac{1.823}{4\times0.785\times0.7}}=0.91\text{m}$$

设计中取出水管管径为DN900mm，则流量最大时出水管内的流速为0.72m/s。

3. 清水池的溢流管

溢流管的直径与进水管管径相同，取为DN800mm。在溢流管管端设喇叭口，管上不设阀门。出口设置网罩，防止虫类进入池内。

4. 清水池的排水管

清水池内的水在检修时需要放空，因此应设排水管。排水管的管径按2h内将池水放空计算。排水管内流速按1.2m/s估计，则排水管的管径 D_3

$$D_3=\sqrt{\frac{V}{t\times3600\times0.785\times v_2}}$$

式中　D_3——排水管的管径（m）；

t——放空时间（h）；

v_2——排水管内水流速度（m/s）。

设计中取 $t=2$h

$$D_3=\sqrt{\frac{2520}{2\times3600\times0.785\times1.2}}=0.609\text{m}$$

设计中取排水管管径为DN600mm。

清水池的放空也常采用潜水泵排水，在清水池低水位时进行。

7.3.3　清水池布置

1. 导流墙

在清水池内设置导流墙，以防止池内出现死角，保证氯与水的接触时间不小于30min。每座清水池内导流墙设置2条，间距为5.0m，将清水池分成3格。在导流墙底部每隔1.0m设0.1×0.1m的过水方孔，使清水池清洗时排水方便。

2. 检修孔

在清水池顶部设圆形检修孔2个，直径为1200mm。

3. 通气管

为了使清水池内空气流通，保证水质新鲜，在清水池顶部设通气孔，通气孔共设12个，每格设4个，通气管的管径为200mm，通气管伸出地面的高度高低错落，便于空气流通。

4. 覆土厚度

清水池顶部应有0.5～1.0m的覆土厚度，并加以绿化，美化环境。此处取覆土厚度为1.0m。

清水池的平面及剖面如图7-8所示。

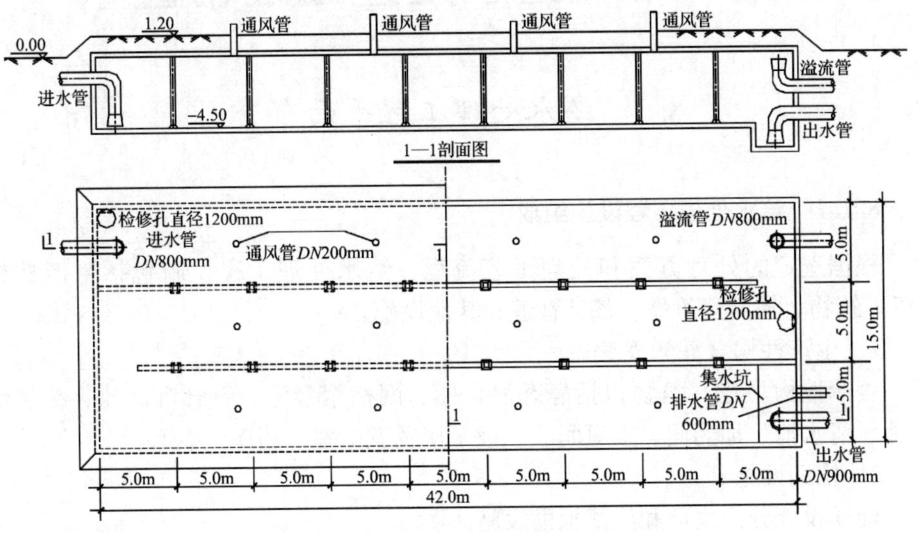

图7-8　清水池平面布置及剖面图

第 8 章　给水处理工程布置

8.1　给水处理工程平面布置

8.1.1　给水处理工程设施组成

根据选定的处理方案和处理工艺流程，给水处理工程设施包括生产性构（建）筑物、辅助建筑物、各类管道和其他设施。

1. 生产性构（建）筑物

生产性构（建）筑物包括静态混合器、网格絮凝池、斜管沉淀池、普通快滤池、清水池、加药间、加氯间、二级泵房及变电室、药库、氯库。

2. 辅助设施

辅助设施分为生产和生活辅助设施。

生产辅助设施包括综合办公楼（含化验室、中心控制室）、仓库、车库、检修间、堆砂场、管配件场。

生活辅助设施包括食堂、浴室、锅炉房、值班宿舍、门卫室。

生产管理用房面积，可参见表 8-1。

生产管理用房面积　　**表 8-1**

水厂规模（万 m^3/d）	地面水厂（m^2）	地下水厂（m^2）
0.5～2	100～150	80～120
2～5	150～210	120～150
5～10	210～300	150～180
10～20	300～350	180～250
20～30	350～400	250～300

注：生产管理用房包括行政办公用房、计划室、技术室、技术资料室、财务室、会议室、活动室、调度室、医务室、电话总机室等。

上述辅助设施，一般化验间与办公楼合建，机修间、水表修理间、电修间、泥木工间合建，食堂与宿舍合建，锅炉房与浴室合建，仓库与车库合建，其他为自行车、摩托车棚等。

3. 各类管道

厂区管道包括生产管道、厂区给水管道、排水管道、加药管、排雨水沟、电缆沟、供热管道、消防管道。

4. 其他设施

其他设施有道路、绿化、照明、围墙、大门。

8.1.2　平面布置

1. 工艺流程布置

工艺流程布置根据设计任务书提供的厂区面积和地形，采用直线型。这种布置，生产联络管线短，管理方便，且有利于日后扩建。

2. 平面布置

按照功能，将水厂布置分成以下三区：

（1）生产区　生产区有各项水处理设施组成，一般呈直线型布置。

（2）生活区　生活区是将办公楼、宿舍、食堂、锅炉房、浴室等建筑物组合在一个区内。为不使这些建筑过于分散，将办公楼与化验室，食堂与宿舍，浴室与锅炉房合建，使这些建筑相对集中。这些建筑布置在水厂进门附近，便于外来人员联系。

（3）维修区　将机修间、水表修理间、电修间、泥木工间合建，仓库与车库合建，和管配件场、砂场组合在一个区内，靠近生产区，以便于设备的检修，为不使维修区与生产区混为一体，用道路将两区隔开。考虑扩建后生产工艺系统的使用，维修区位置兼顾了今后的发展。

（4）加药区　加药间，加氯间设于絮凝沉淀池附近。

8.1.3　厂区道路布置

1. 主厂道布置

由厂外道路与厂内办公楼连接的道路采用主厂道，道宽 6.0m，设双侧 1.5m 人行道，并植树绿化。

2. 车行道布置

厂区内各主要构（建）筑物间布置车行道，道宽为 4.0m，呈环状布置，以便车辆回程。

3. 步行道布置

加药间、加氯间、药库与絮凝沉淀池间，设步行道联系，泥木工间、浴室、宿舍等无物品器材运输的建筑物，亦设步行道与主厂道或车行道联系。

主厂道和车行道为沥青路面。步行道为铺砌预制混凝土板块、地砖等。

8.1.4　厂区绿化布置

1. 绿地

在厂门附近、办公楼、宿舍食堂、滤池、泵房的门前空地预留扩建场地，修建草坪。

2. 花坛

在正对厂门内布置花坛。

3. 绿带

利用道路与构筑物间的带状空地进行绿化，绿带以草皮为主，靠路一侧植绿篱，临靠构筑物一侧栽种花木或灌木，草地中栽种一些花卉。

4. 行道树和绿篱

道路两侧栽种主干挺直、高大的树木如白杨，净水构筑物附近栽种乔木或灌木、丁香树。步行道两侧，草坪周围栽种绿篱，高度为0.6～0.8m，围墙采用1.8m高绿篱。

厂区平面布置见图8-1。

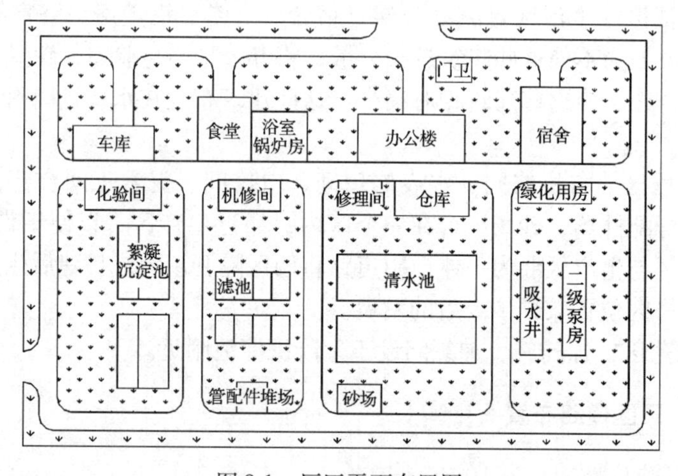

图8-1　厂区平面布置图

8.1.5　水厂管线布置

1. 原水管道

原水由两条输水管道进入水厂，阀门井后用联络管连接分别接入两个系列的静态混合器，为事故检修不影响水厂运行，分别超越沉淀池、滤池设置超越管。

2. 加药管和加氯管

为了防止管道腐蚀，加药管和加氯管采用塑料管，管道安装在管沟内，上设活动盖板，以便管道堵塞时管道清通，加药管线以最短距离至投加点布置。

3. 水厂自用水管道

水厂自用水包括生产用水、冲洗和溶药用水、生活用水、消防用水等，由二级泵房压水管路接出，送至各构（建）筑物用水点。*DN*70以上埋地管采用球墨铸铁管，*DN*70以内采用复合管或塑料管。

4. 消火栓设置

厂区内每隔120.0m间距设置1个室外消火栓。

5. 排水系统布置

厂区排水包括生活排水、生产排水（沉淀池排泥、滤池反冲洗排水）、排雨水三部分。生产排水经预沉后回流至静态混合器前接入生产管道系统，污泥经浓缩脱水后造田。生活污水系统单独设置，经处理后排放。

6. 供电线路

厂区供电线路集中敷设于电缆沟内，上铺盖板，以便于检修。

水厂主要管线布置见图 8-2。

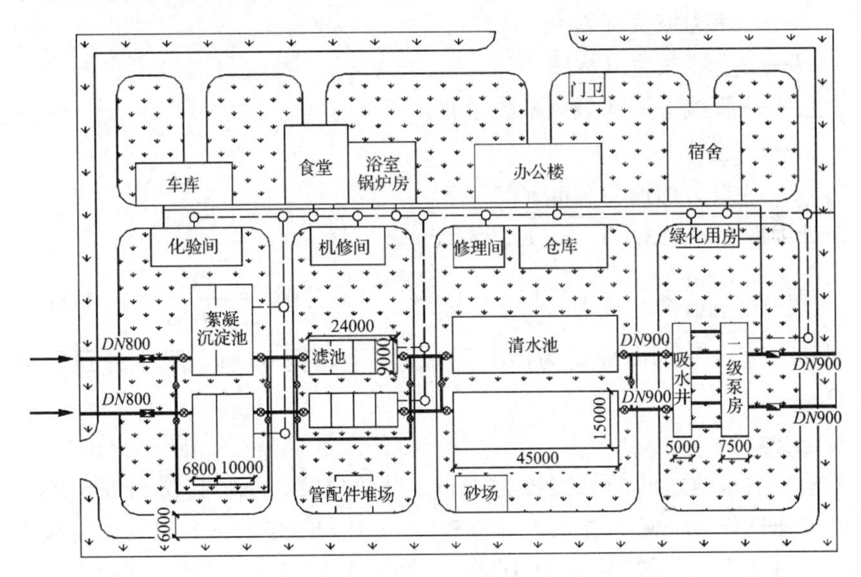

图 8-2　水厂主要管线布置图

8.2　给水处理工程高程布置

在处理工艺流程中，各处理构筑物之间水流为重力流，包括构筑物本身、连接管道、计量设备等水头损失在内。

当各项水头损失确定之后，便可进行构筑物高程布置。构筑物高程布置与厂区地形、地质条件及所采用的构筑物形式有关，而水厂应避免反应沉淀池在地面上架空太高，考虑到土方的填、挖平衡，本设计采用清水池的最高水位与清水池所在地面标高相同。

8.2.1　管渠水力计算

1. 清水池

清水池最高水位标高 101.50m，池面超高 0.5m，则池顶面标高为 102.20m（包括顶盖厚 200mm），有效水深 4.0m，则水池底部标高为 97.50m。

2. 吸水井

清水池到吸水井的管线长15m，管径$DN900$，最大时流量$Q=717L/s$，水力坡度$i=1.59‰$，$v=1.13m/s$，沿线设有两个闸阀，进口和出口，局部阻力系数分别为0.06，1.0，1.0，则管线中的水头损失为：

$$\Delta h = il + \sum\xi \frac{v^2}{2g}$$

式中　Δh——吸水井到清水池管线的水头损失（m）；

i——水力坡度（‰）；

L——管线长度（m）；

$\sum\xi$——管线上局部阻力系数之和；

v——流速（m/s）；

g——重力加速度（m/s^2）。

设计中取$v=1.13m/s$，$i=1.59‰$。

$$\Delta h = \frac{1.59}{1000} \times 15 + (0.06 + 0.06 + 1.0 + 1.0)\frac{1.13^2}{2 \times 9.81} \approx 0.17m$$

因此，吸水井水面标高为101.33m，加上超高0.3m，吸水井顶面标高为101.63m。

3. 滤池

滤池到清水池之间的管线长为15m，设两根管，每根流量为608L/s，管径按允许流速选择$DN800$，查水力计算表，$v=1.21m/s$，$i=2.11‰$，沿线有两个闸阀，进口和出口局部阻力系数分别是0.06，1.0，1.0，则水头损失

$$h = il + \sum\xi \frac{v^2}{2g}$$

式中　h——滤池至清水池间管线的水头损失（m）；

i——管线水力坡度（‰）；

L——管线长度（m）；

$\sum\xi$——管线上局部阻力系数之和；

v——流速（m/s）；

g——重力加速度（m/s^2）。

设计中取$i=2.11‰$，$v=1.21m/s$

$$h = \frac{2.11}{1000} \times 15 + (0.06 + 0.06 + 1.0 + 1.0)\frac{1.21^2}{2 \times 9.81} \approx 0.20m$$

滤池的最大作用水头为2.0～2.5m，设计中取2.3m。

4. 反应沉淀池

沉淀池到滤池管长为$L=15m$，$v=1.21m/s$，$DN800$，$i=2.11‰$，局部阻力有两个闸阀，进口、出口阻力系数分别为0.06，1.0，1.0。

$$h = il + \sum\xi \frac{v^2}{2g}$$

式中　h——沉淀池至滤池间管线的水头损失（m）；

i——管线水力坡度（‰）；

L——管线长度（m）；

$\sum\xi$——管线上局部阻力系数之和；

v——流速（m/s）；

g——重力加速度，9.81 m/s^2。

设计中取 $i = 2.11‰$，取 $v = 1.21m/s$

$$h = \frac{2.11}{1000} \times 15 + (0.06 + 1.0 + 0.06 + 1.0)\ \frac{1.21^2}{2 \times 9.81} = 0.19m$$

设计中取 $h = 0.20m$。

8.2.2　给水处理构筑物高程计算

（1）清水池最高水位 = 清水池所在地面标高 = 101.50m

（2）滤池水面标高 = 清水池最高水位 + 清水池到滤池出水连接管渠的水头损失 + 滤池的最大作用水头 = 101.50 + 0.2 + 2.30 = 104.00m

（3）沉淀池水面标高 = 滤池水面标高 + 滤池进水管到沉淀池出水管之间的水头损失 + 沉淀池出水渠的水头损失 = 104.00 + 0.20 + 0.15 = 104.35m

（4）反应池与沉淀池连接渠水面标高 = 沉淀池水面标高 + 沉淀池配水穿孔墙的水头损失 = 104.35 + 0.05 = 104.40m

（5）反应池水面标高 = 沉淀池与反应池连接渠水面标高 + 反应池的水头损失 = 104.40 + 0.24 = 104.64m

8.2.3　给水处理构筑物高程布置

处理工艺流程为静态混合器、网格絮凝池、斜管沉淀池、快滤池的水厂高程布置示意见图 8-3。

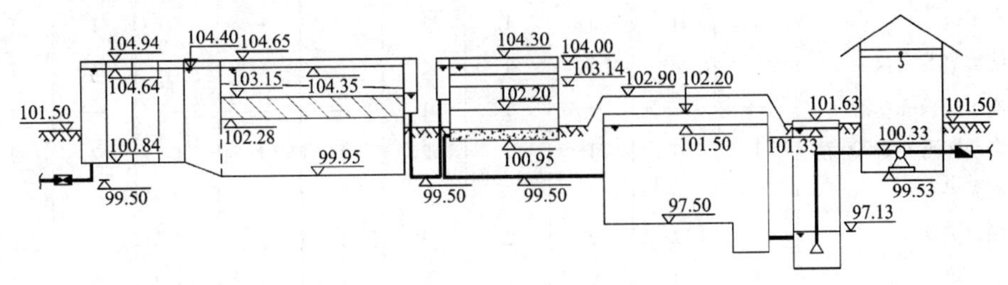

图 8-3　水厂高程布置示意图

8.3 给水处理工程附属设施

给水处理工程附属设施根据城镇给水厂附属建筑和附属设备设计标准（CJJ 41—91），新建、扩建和改建的水厂附属设备包括化验设备、机修间常用主要设备、水表修理常用设备、中心化验室化验设备。附属设备种类和数量依水源类别、水厂规模而定。

8.3.1 化验设备

水厂所需化验设备见表8-2。城市自来水公司设有中心化验室时，其化验设备依公司最高日供水量不同（分为四类），配备化验设备及数量。

化 验 设 备 **表8-2**

水源类别 / 水厂规模 / 设备名称	地表水水厂					地下水水厂				
	0.5～2（万吨）	2～5（万吨）	5～10（万吨）	10～20（万吨）	20～50（万吨）	0.5～2（万吨）	2～5（万吨）	5～10（万吨）	10～20（万吨）	20～50（万吨）
高温电炉	1	1	2	2	2	1	1	1	2	2
电热恒温干燥箱	1	1	1	2	2	1	1	1	2	2
电热恒温培养箱	1	1	1	2	2	1	1	1	2	2
电热蒸馏水器	1	1	1	1	1	1	1	1	1	1
电热恒温水浴锅	1	1	1	2	2	1	1	1	2	2
分光光度计	—	1	1	2	2	—	—	—	1	1
光电比色计	—	1	1	2	2	—	—	—	1	1
浊度计	2	3	3	3	3	1	2	2	2	2
余氯比色器	1	1	2	2	2	1	1	2	2	2
电导仪	1	1	1	2	2	—	1	1	1	1
酸度计	1	1	1	2	2	1	1	1	1	1
离子仪	1	1	1	1	1	—	—	1	1	1
溶解氧测定仪	—	—	1	1	1	—	—	1	1	1
离子交换纯水器	—	—	—	1	1	—	—	—	—	1
自动加码1/10000精密天平	1	1	1	2	2	1	1	1	2	2
托盘天平	2	2	2	2	2	1	2	2	2	2
电冰箱	1	1	2	2	2	1	1	1	2	2
高倍显微镜	1	1	1	1	1	1	1	1	1	1
生物显微镜	—	—	1	1	1	—	—	—	—	1

续表

设备名称 \ 水厂规模 \ 水源类别	地表水水厂					地下水水厂				
	0.5~2（万吨）	2~5（万吨）	5~10（万吨）	10~20（万吨）	20~50（万吨）	0.5~2（万吨）	2~5（万吨）	5~10（万吨）	10~20（万吨）	20~50（万吨）
电动六联搅拌机	1	1	1	1	1	—	—	—	—	—
电动离心机	—	—	1	1	1	—	—	—	1	1
高压蒸汽消毒器	1	1	1	1	1	1	1	1	1	1

注：1. 未设公司级化验室的水厂，其化验设备可适当增加。
2. 设备表中未列入玻璃器皿等材料。

8.3.2　水厂监测项目

水厂监测是通过配置于水厂工艺流程不同部位的计测仪表进行的，水厂监测项目与参数见表 8-3。

水厂监测参数　　**表 8-3**

监测项目	监 测 参 数
水质	1. 原水浊度、pH、水温、碱度、氨氮、溶解氧、电导率、氯化物等 2. 絮凝池出口处 pH、氨氮 3. 沉淀池进、出水浊度和余氯 4. 滤池出水、出厂水浊度、pH 和余氯，滤池反冲洗废水浊度
液位	1. 地表水厂取水口水位、水泵吸水井水位 2. 溶液池液位，沉淀池水位，滤池水位，滤池冲洗水箱水位，清水池水位
流量	1. 每台水泵流量，出厂管流量 2. 凝聚剂溶液流量，滤池反冲洗水量
压力	1. 水泵进口真空度和出口压力 2. 滤池及冲洗水泵压力，滤池水头损失 3. 出厂干管压力，管网压力 4. 鼓风机输出风压，真空泵状态
温度	1. 水温 2. 水泵和电动机轴承温度，电动机定子温度
电气系统	1. 泵房总电量，泵机分电量 2. 变电站的交流电压、电流、功率、电量、功率因素，频率，直流控制系统母线电压，直流合闸母线电压，整流器输出电流等

续表

监测项目	监 测 参 数
状态和警报	1. 泵机开停状态，水泵启动后空转报警，水泵压力上、下限报警，轴承与电机绕组温升上限停机保护报警，泵机电源缺相过流、欠压，过压停机保护报警和事故追忆，真空引水超时报警 2. 清水池水位上、下限超限报警 3. 溶液池液位超限、投药设备的工作状态和故障报警，沉淀池排泥信号，沉淀水浊度、余氯超限报警，加氯机工作状态、故障报警，滤后水余氯值超限报警，余氯仪故障报警，漏氯报警和漏氯吸收装置工作状态 4. 变电站断路器开闭状态信号，事故跳闸信号
数据处理和记录	1. 原水流量瞬时和累计值，单机电量，泵站总电耗，每小时泵房电量，泵机运行台时累计，水泵进口真空度和出口压力，水泵开停时间记录，水泵故障显示和故障日报记录 2. 原水浊度、pH、氨氮、温度、溶解氧等水质记录 3. 出厂水浊度、余氯、pH、流量、压力的时变化曲线 4. 水源和吸水井水位，清水池水位曲线 5. 凝聚剂单位耗量（kg/1000m^{3}水）、设备运行时间、故障日报记录，絮凝池出水流动电流 6. 沉淀池出水浊度、余氯、pH、氨氮，每天排泥次数累计，沉淀池排泥时间 7. 滤后水连续检测浊度、余氯、pH和打印记录，每日反冲洗次数累计，反冲洗时间累计，反冲洗时间显示，反冲洗水量 8. 原水预加氯量，滤后水加氯量，滤后水余氯值，设备运行机时，故障日报 9. 变电站时打印功率、电量。功率因数，日打印全厂用电量，生产用电量，非生产用电量，日负荷曲线，电压、电流异常警报记录，合闸次数累计，分闸次数累计，事故跳闸次数累计，月打印全厂用电量

8.3.3　水厂控制仪表

水厂过程检测和控制仪表见表8-4。

水厂过程检测和控制仪表　　**表8-4**

类别	型　号	测量范围	说　明
温度计	WTQ压力式温度计	0～200℃，1.6或6.4MPa	1.5或2.5级
	WTZ压力式温度计	-20～120℃，1.6或6.4MPa	
	WSSX、WSS-D型电接点双金属温度计	-40～400℃，4或6.4MPa	1.5或2.5级电源36，220，380V
	WZG、WZC型铜热电阻	-50～100℃，工作压力为正常	与DBW型温度变送器配套使用，输出0～10或4～20mA直流信号
	WZB、WZP型铂热电阻	-100～150℃或-200～500℃，2.0或5.0MPa	

续表

类别	型　　号	测量范围	说　　明
压力表	Y型弹簧管压力表 Z型弹簧管压力表	0~25MPa -0.1~0MPa	1.5或2.5级
	YP型膜片压力表	0~2.5MPa	2.5级，测量腐蚀性介质的压力或负压
	YTZ型电阻远传压力表 YTT型差动变压器远传压力表	0~60MPa 0.1~2.4MPa	1.5级，电源<6V 1.5级，电源<220V
	DBY型电动压力传送器	0~0.01……0.1kPa ~0~2.5……10kPa	0.5或1级，电源220V输出信号0~10（4~20）mA
	BBYC型、CECY型电容式压力变送器	0~40，0~250，0~1000，0~2500，0~10000kPa	0.25或0.35级 输出信号4~20mA
液位计	UG-1玻璃管液位计 UFC型球式磁翻转液位计 UQZ-51型浮球液位计	≤1.6MPa ≤2.45MPa 0~10m	直接指示压力容器内的液位 用于连续测量清水池和水塔的水位，可输出0~10mA信号，精度分1.0和2.5级
	UYB-13B型电容液位变送器	0~1……100m	连续测定，输出信号0~10mA或4~20mA，1.5级
	DLM型超声波液位计	0.46~15.0m	非接触性的连续测量，输出信号4~20mA
	NT870型投入式液位计	0~5……100m	由变送器和中继箱组成。将水位高度变换成0~10mA直流信号
水质分析仪器	pHG-21B工业酸度计	单量程pH2~10， 双量程pH7~0，7~14	与pHGF型酸度发送器配套使用
	DDD-32B型工业电导仪	0~0.1……1000μS	由电导发送器和转换器组成，精度±3%
	SJG型溶氧分析仪	0~3……30mg/L	精度±5%
	YGZ-B型落流式浊度测定仪	0~5……1000度	可连续测定。数字显示并输出0~10mA或4~20mA直流信号
	DBZ型水质浊度变送器	0~5……1000度	连续测定，直接指示并输出0~10mA直流信号
	CL82-I型余氯测定仪	流离氯0~2mg/L 化合氯0~5mg/L	连续监测水中游离氯和化合氯，直接指示并输出信号

续表

类别	型　　号	测量范围	说　　明
水质分析仪器	RC-1型余氯仪	0～10mg/L	可与热电偶或其他输出直流信号的发送器配套使用，对测量参数进行指示、警报和调节
显示仪器	XC型动圈指示仪、调节仪 XM型数字式显示仪	0～400mV，250～300℃ 0～1600℃，0～1.6MPa	与热电偶、热电阻或其他输出mV、mA和电阻的发送器配套使用
	DX型指示报警仪 XWA、XQA自动平衡指示仪、调节仪	输入信号0～10mA，4～20mA，1～5V，0～400℃，0～100mV	精度1.5，1.0级
	XWJ、XQJ型小条形自动显示记录仪 DXD、DXJ型电动指示记录仪	0～400℃，0～100mV	
	XWD、XQD小型长图自动平衡记录仪 XWG、XQG型中型圆图自动平衡记录仪 XWG、XQC型大型长图自动平衡记录仪		可与热电偶或其他产生直流电势的变速器配套使用，用以指示记录各种工艺参数、带附加装置可实现报警或自动调节

8.4　给水处理工程总估算表

城市给水处理工程（10万m^3/d）总估算表见表8-5。

总估算表（万元）　　**表8-5**

序号	工程或费用名称	估算价值					技术经济指标
		建筑工程费	安装工程费	设备购置费	其他费用	合计	
1	净水间土建	825.94	103.44			929.38	
2	絮凝沉淀池	306.95	234.27	86.62		627.84	
3	滤池	136.54	397.18	105.43		639.15	
4	送水泵房	107.52	68.16	110.51		286.19	
5	吸水井	33.78	10.52			44.30	
6	清水池	812.05	7.95			820.00	

续表

序号	工程或费用名称	估算价值					技术经济指标
		建筑工程费	安装工程费	设备购置费	其他费用	合计	
7	加药间、配水间	233.19	8.06			241.25	
8	加药间工艺		17.24	58.91		76.15	
9	配水井工艺		30.29	0.91		31.20	
10	加氯间、鼓风机房	49.50				49.50	
11	加氯间工艺		6.43	49.30		55.73	
12	鼓风机房工艺		4.42	13.98		18.40	
13	废水回收池	27.06	5.15	0.98		33.19	
14	锅炉房	57.37	14.66	71.08		143.11	
15	水厂电气		53.31	304.62		357.93	
16	水厂自控及仪表		29.52	246.01		275.53	
17	生产业务楼	198.98	18.74			217.72	
18	车库、机修、仓库	75.81	6.24			82.05	
19	收发室	3.84				3.84	
20	电力外线		20.00			20.00	
21	化验设备			50.00		50.00	
22	机修设备			30.00		30.00	
23	运输设备			36.00		36.00	
24	厂区平面	283.89	365.35			649.24	
	第一部分费用小计					5717.70	
1	建设单位管理费					68.61	
2	办公及生活家具购置费					16.49	
3	职工培训费					9.95	
4	征地费					482.50	
5	联合试运转费					13.53	
6	施工监理费					51.46	
7	招标工作费用					28.59	
8	勘测费					25.73	
9	设计费					211.53	
10	预算费					21.15	
11	前期工作费用					20.00	

续表

序号	工程或费用名称	估算价值					技术经济指标
		建筑工程费	安装工程费	设备购置费	其他费用	合计	
	第二部分费用小计					949.54	
1	预备费					333.36	
2	建设期贷款利息					307.30	
3	铺底流动资金					120.69	
	合计					7428.59	

第3篇
污水处理工程设计

第9章　污水处理工程设计任务书

9.1　设计任务书

污水处理工程设计应在给定的基础资料前提下完成，设计基础资料可由城市专业职能部门或建设单位提供，也可以由指导教师提供，设计基础资料应符合设计要求。基础资料包括设计任务、基本要求、城市总体规划情况、水文地质及气象资料、排水系统和受纳水体现状、供水供电及地震等级、概算资料等。

9.1.1　设计题目

河北省某城镇的污水处理工程设计。

9.1.2　设计任务

1. 污水处理程度计算

根据原始资料与城市规划情况，并考虑环境效益与社会效益，合理地选择污水处理厂厂址。然后根据水体自净能力、要求的处理水质以及当地的具体条件、气候与地形条件等来计算污水处理程度与确定污水处理工艺流程。

2. 污水处理构筑物计算

确定污水处理工艺流程后选择适宜的各处理单体构筑物的类型。对所有单体构筑物进行设计计算,包括确定各有关设计参数、负荷、尺寸及所需要的材料、规格等。

3. 污泥处理构筑物计算

根据原始资料、当地具体情况以及污水性质与成分，选择合适的污泥处理工艺流程，进行各单体构筑物的设计计算。

4. 平面布置及高程计算

对污水与污泥处理流程要作出较准确的平面布置，进行水力计算与高程计算。对需要绘制工艺施工图的构筑物还要进行详细的施工图所必须的设计计算，包括各部位构件的形式、构成与具体尺寸等。

5. 排水泵站工艺计算

对污水处理工程的总排水泵站进行工艺设计，确定水泵的类型，扬程和流量，计算水泵管道系统和集水井容积，进行泵站的平面尺寸计算和附属设施的计算。

6. 投资估算

根据当地市场主要建材价格、劳动力工资标准和其他管理费用的规定进行污水处理工程的投资估算，确定土建及市政工程估算定额标准，计算污水处理工程的投资估算和单位污水的处理成本。

7．专题设计

有条件的学生可以在教师的指导下选择一个专题进行深入研究或深入设计，培养学生的自学能力。

9.1.3　基本要求

1．通过阅读中外文文献，调查研究与收集有关的设计资料，确定合理的污水处理工艺流程，进行各个构筑物的水力计算，经过技术与经济分析，选择合理的设计方案。

2．设计说明书应包括污水处理工程设计的主要原始资料，污水管道计算、污水处理程度计算、污水处理厂计算，排水总泵站计算，附有必要的计算简图，并进行工程概算和成本分析。设计说明书要求内容完整，计算正确，文理通顺、书写工整。说明书一般应在 3.5 ~5.5 万字左右，应有 300 字左右的中英文说明书摘要。

3．毕业设计图纸应准确地表达设计意图，图面力求布置合理、正确、清晰，符合工程制图要求，图纸不少于 8 ~10 张（按 1 号图纸计），有 3 ~5 张图纸采用计算机绘制，至少有 3 张图纸应基本达到施工图图纸深度。

4．设计中建议对有能力的学生进行某一专题或某一设计部分进行深入的计算，培养学生的独立工作、善于思考的能力。

9.1.4　城市总体规划情况

1．城市污水处理厂附近地形平面图一张，比例尺为 1∶10000，标有间距 1m 的等高线及城市附近的河流位置（图 9-1）。

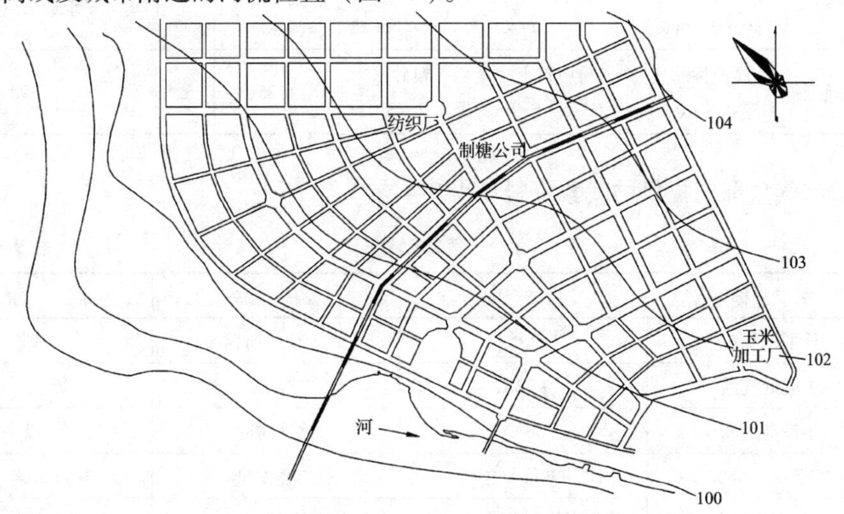

图 9-1　城市污水处理厂附近地形平面图

2. 城市居住人口总数为48万，以铁路线分界，分为Ⅰ区和Ⅱ区，各区的居住人口密度及水质见表9-1。

各区人口密度及水质　　表9-1

分区	各区人口数（人）	污水量标准（L/人·d）	SS（g/人·d）	BOD_5（g/人·d）	COD（g/人·d）	氨氮（g/人·d）	磷酸盐（g/人·d）	pH	水温（℃）
Ⅰ区	26.7万	105	45	30	42	3.3	0.5	7.1	20
Ⅱ区	21.3万	130	45	30	42	3.3	0.5	7.4	20

3. 市区内大型工厂有糖业公司，纺织厂和玉米加工厂，各工厂的排水量及水质见表9-2。

各工厂的排水量及水质　　表9-2

厂名	日排水量（m^3/d）	最大时排水量（m^3/h）	SS（mg/L）	BOD_5（mg/L）	COD（mg/L）	氨氮（mg/L）	磷酸盐（mg/L）	pH	水温（℃）
糖业公司	3100	180	520	510	600	34	7	6.5	37
纺织厂	1800	105	600	430	550	37	4	9.0	42
玉米加工厂	1310	73	710	720	890	42	15	7.0	20

9.1.5　水文地质及气象资料

1. 经过地质勘测部门勘测，污水处理工程地点的水文地质情况见表9-3。

水文地质情况　　表9-3

名称	土壤性质 0~0.7m处	土壤性质 0.7~6.7m处	土壤性质 6.7~9.5m处	冰冻深度（m）	地下水位（m）	承载力（kpa）
水处理工程	腐植性耕土 厚0.5~0.7m	粉质黏土 厚5.6~5.9m	粗砂 厚6.7~3.1m	1.85	6.5~7.2	98

2. 气象部门提供的气象资料见表9-4。

气象资料　　表9-4

名　称	指　标	名　称	指　标
月平均气温	9℃	最冷月平均气温	-8℃
年最低气温	-22℃	冰冻期	36天
年最高气温	36℃	冰冻时间	12月末~2月初
年降雨量	720mm/年	年蒸发量	310mm/年
常年主导风向	西北风	年平均风速	2.9m/s

9.1.6 排水系统和受纳水体现状

1．排水系统

城市的排水系统采用分流制排水系统，城市污水主干管由西北方向流入污水处理厂厂区，主干管进入污水处理厂处的管径为1200mm，管道水面标高为98.0m。

2．城市的受纳水体现状见表9-5。

受纳水体现状 表9-5

名称	流量 (m^3/s)	流速 (m/s)	水位 (m)	水温 (℃)	溶解氧 (mg/L)	SS (mg/L)	允许增加SS值 (mg/L)	BOD_5 (mg/L)	COD (mg/L)
最小月平均流量时	9.5	0.9	95.1	20	6.0	27	1.2	3.0	4.5
最高水位时	12.1	1.0	96.2	22	6.0	27	1.2	3.0	4.5
最低水位时	8.4	0.8	93.9	20	5.8	22	1.2	3.2	4.8
常水位时	9.6	0.9	95.2	20	6.0	27	1.2	3.2	4.5
95%保证率枯水位时	9.5	0.8	94.2	22	5.5	20	1.2	3.2	4.8

9.1.7 其他设计资料

1．污水处理厂排水口下游35km处有集中取水处，要求此处BOD_5值不超过4mg/L。

2．城市污水管道进入污水处理厂的管道水面标高为98.0m。

3．施工时的电力和给水可以保证供应，各种建筑材料该市可供应。

4．当地地震烈度小于6级。

5．投资估算采用城市基础设施工程投资指标计算，材料价格、设备价格和安装费用采用北京市的费用定额规定。

9.2 设计水质水量的计算

城市污水处理厂的设计规模与进入处理厂的污水水质和水量有关，污水的水质和水量可通过设计任务书的原始资料计算，也可通过实地调查测定取得。

9.2.1 厂址选择

在污水处理厂设计中，选定厂址是一个重要环节，处理厂的位置对周围环境卫生、基建投资及运行管理等都有很大影响。因此，在厂址的选择上应进行深入的调查研究和详尽的技术比较。

厂址选择的一般原则如下：

1. 为了保证环境卫生的要求，厂址应与规划居住区或公共建筑群保持一定的卫生防护距离。

2. 厂址应设在受纳水体流经城市水源的下游。

3. 在选择厂址时尽可能少占农田或不占农田，而处理厂的位置又应便于农田灌溉和消纳污泥。

4. 厂址应尽可能在城市和工厂夏季主导风向的下风向。

5. 要充分利用地形，把厂址设在地形有适当坡度的城市下游地区，以满足污水处理构筑物之间水头损失，使污水和污泥有自流的可能以节约动力消耗。

6. 厂址如果靠近水体，应考虑汛期不受洪水的威胁。

7. 厂址应设在地质条件较好、地下水位较低的地区，以利施工，并降低造价。

8. 厂址的选择应考虑交通运输及水电供应等条件。

9. 厂址的选择应结合城市总体规划，考虑远景发展，留有充分的扩建余地。

9.2.2　处理流程选择

污水处理厂的工艺流程是指在达到所要求的处理程度的前题下，污水处理各单元的有机组合，以满足污水处理的要求，而构筑物的选型则是指处理构筑物型式的选择，以达到各构筑物的最佳处理效果。

污水受纳水体有一定的自净能力，可以根据水体自净能力来确定污水处理程度。设计中既要充分地利用水体的自净能力，又要防止水体遭到污染，破坏水体的正常使用价值。不考虑水体所具有的自净能力而任意采用较高的处理程度是不经济的，也是不妥当的；但也不宜将水体的自净能力完全加以利用而不留余地，因为水资源是有限的，而污染物质常随城市人口的日益集中，生活污水量和工业废水量的逐年增加而增长。同时，在考虑水体可利用的自净能力时，还应考虑上游、下游邻近城市的污水排入水体后产生的影响。

采用何种处理流程还要根据污水的水质、水量，回收其中有用物质的可能性和经济性，排放水体的具体规定，并通过调查研究和经济比较后决定，必要时还应当进行科学论证。城市生活污水一般以BOD物质为其主要去除对象，因此，处理流程的核心为二级生物处理工艺，一般常采用的城市污水处理典型流程，见图9-2。

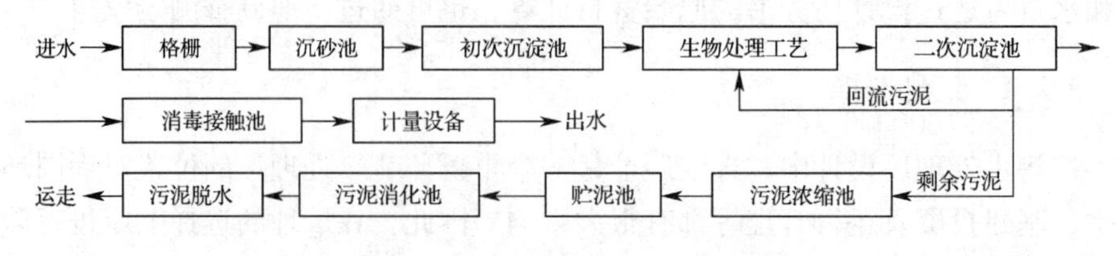

图9-2　城市污水处理典型流程图

9.2.3 设计污水水量

1. 城市每天的平均污水量

$$\overline{Q} = \sum \bar{q}_1 \cdot N_1 + \sum \overline{Q}_{工}$$

式中 $\overline{Q}$——城市每天的平均污水量（m^3/d）；

$\bar{q}_1$——各区的平均生活污水量定额〔$m^3/(人 \cdot d)$〕；

N_1——各区人口数（人）；

$\overline{Q}_{工}$——工厂平均工业废水量（m^3/d）。

$$\overline{Q} = (267000 \times 0.105 + 213000 \times 0.130) + (3100 + 1800 + 1310)$$
$$= 55725 + 6210 = 61935 m^3/d = 716.84 L/s$$

2. 设计秒流量

$$Q = K_Z \cdot \overline{Q}_1 + \sum Q_{工}$$

式中 Q——设计秒流量（L/s）；

$Q_{工}$——工业废水设计秒流量（L/s）；

$\overline{Q}_1$——各区的平均生活污水量（m^3/s）；

K_Z——总变化系数。

$$Q = \frac{1.39 \times 55725 \times 1000}{86400} + \frac{(180 + 105 + 73) \times 1000}{3600} = 896.5 + 99.5 = 996 L/s$$

9.2.4 设计污水水质

1. 生活污水和工业废水混合后污水的SS浓度

$$C_{SS} = \frac{\sum \overline{Q}_1 \cdot C_{1SS} + \sum \overline{Q}_{工} \cdot C_{工SS}}{\overline{Q}} = \frac{\sum N_1 \cdot C'_{1SS} + \sum \overline{Q}_{工} \cdot C_{工SS}}{\overline{Q}}$$

式中 C_{SS}——污水的SS浓度（mg/L）；

$\overline{Q}_1$——各区的平均生活污水量（m^3/d）；

$\overline{Q}_{工}$——平均工业废水量（m^3/d）；

C_{1SS}——不同分区生活污水的SS浓度（mg/L）；

$C_{工SS}$——不同工厂工业废水的SS浓度（mg/L）；

N_1——各区人口数（人）；

C'_{1SS}——每人每天排放的SS克数〔g/(人·d)〕，一般采用45g/(人·d)。

$$C_{SS} = \frac{267000 \times 45 + 213000 \times 45 + 3100 \times 520 + 1800 \times 600 + 1310 \times 710}{61935}$$
$$= \frac{21600000 + 3622100}{61935}$$
$$= 407.24 mg/L$$

2. 生活污水和工业废水混合后污水的BOD_5浓度

$$C_{BOD_5}=\frac{\sum\overline{Q}_1\cdot C_{1BOD_5}+\sum\overline{Q}_{工}\cdot C_{工BOD_5}}{\overline{Q}}=\frac{\sum N_1C'_{1BOD_5}+\sum\overline{Q}_{工}\cdot C_{工BOD_5}}{\overline{Q}}$$

式中　C_{BOD_5}——污水的BOD_5浓度（mg/L）；

C_{1BOD_5}——不同分区生活污水的BOD_5浓度（mg/L）；

$C_{工BOD_5}$——不同工厂工业废水的BOD_5浓度（mg/L）；

$C'_{工BOD_5}$——每人每天排放的BOD_5克数〔g/(人·d)〕，一般采用30g/(人·d)。

$$C_{BOD_5}=\frac{267000\times30+213000\times30+3100\times510+1800\times430+1310\times720}{61935}$$

$$=\frac{14400000+3298000}{61935}=285.75\text{mg/L}$$

3. 生活污水和工业废水混合后污水的总氮浓度：

$$C_N=\frac{\sum\overline{Q}_1\cdot C_{1N}+\sum\overline{Q}_{工}\cdot C_{工N}}{\overline{Q}}$$

$$=\frac{\sum N_1\cdot C'_{1N}+\sum\overline{Q}_{工}\cdot C_{工N}}{\overline{Q}}$$

式中　C_N——污水的总氮浓度（mg/L）；

C_{1N}——不同分区生活污水的总氮浓度（mg/L）；

$C_{工N}$——不同工厂工业废水的总氮浓度（mg/L）；

C'_{1N}——每人每天排放的总氮克数〔g/(人·d)〕，一般采用3.5g/(人·d)。

$$C_N=\frac{267000\times3.5+213000\times3.5+3100\times34+1800\times37+1310\times42}{61935}$$

$$=\frac{1680000+227020}{61935}$$

$$=30.79\text{mg/L}$$

4. 生活污水和工业废水混合后污水的总磷浓度

$$C_P=\frac{\sum\overline{Q}_1\cdot C_{1P}+\sum\overline{Q}_{工}\cdot C_{工P}}{\overline{Q}}=\frac{\sum N_1\cdot C'_{1P}+\sum\overline{Q}_{工}\cdot C_{工P}}{\overline{Q}}$$

式中　C_P——污水的总磷浓度（mg/L）；

C_{1P}——不同分区生活污水的总磷浓度（mg/L）；

$C_{工P}$——不同工厂工业废水的总磷浓度（mg/L）；

C'_{1P}——每人每天排放的总磷克数〔g/(人·d)〕，一般采用0.5g/(人·d)。

$$C_P=\frac{267000\times0.5+213000\times0.5+3100\times7+1800\times4\times1310\times15}{61935}$$

$$=\frac{240000+48550}{61935}$$

$$=4.66\text{mg/L}$$

9.3　污水处理程度计算

城市污水排入受纳水体后，经过物理的、化学的和生物的作用，使污水中的污染物浓度降低，受污染的受纳水体部分地或全部地恢复原状，这种现象称为水体自净或水体净化，水体所具备的这种能力称为水体自净能力。

在选择污水处理程度时，既要充分利用水体的自净能力，又要防止水体受到污染，避免污水排入水体后污染下游取水口和影响水体中的水生动植物。

9.3.1　污水的 SS 处理程度计算

1. 按水体中 SS 允许增加量计算排放的 SS 浓度

污水排入受纳水体后，假设污水与全部河水完全混合并稀释，如图 9-3。

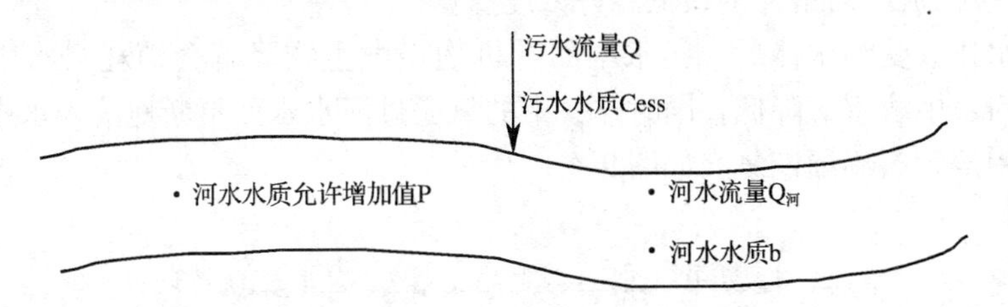

图 9-3　污水排入受纳水体情况

（1）计算处理后污水总出水口的 SS 浓度

$$C_{ess} = P\left(\frac{Q_{河}}{\overline{Q}} + 1\right) + b$$

式中　C_{ess}——处理后污水的 SS 浓度（mg/L）；

P——污水排入河流后混合水体中允许增加的 SS 值（mg/L）；

$Q_{河}$——污水排入河流 95% 保证率枯水位时流量（m^3/s）；

b——河流中原有的 SS 浓度（mg/L）；

$\overline{Q}$——污水平均流量（m^3/s）。

$$C_{ess} = 1.2\left(\frac{8.5}{0.71684} + 1\right) + 22 = 37.4\text{mg/L}$$

（2）计算处理程度

$$E_1 = \frac{C - C_{ess}}{C}$$

式中　E_1——SS 的处理程度（%）；

C——进水的 SS 浓度（mg/L）。

$$E_1 = \frac{407.24 - 37.4}{407.24} = 90.8\%$$

2. 按二级生物处理后的水质排放标准计算SS处理程度

根据国家《城镇污水处理厂污染物排放标准（GB 18918—2002）》中规定城市二级污水处理厂一级标准，总出水口处污水的SS浓度为20mg/L

$$E_2 = \frac{C - C_{ess}}{C}$$

$$E_2 = \frac{407.24 - 20}{407.24} = 95\%$$

3. 计算SS处理程度

从以上两种计算方法比较得出，方法(2)得出的处理程度高于方法(1)，所以本污水处理厂SS的处理程度为95%。

9.3.2　污水的BOD_5处理程度计算

1. 按河流中溶解氧的最低容许浓度计算

污水排入受纳水体后，污水中的有机物经微生物降解会消耗河水中的溶解氧，使河水中溶解氧降低，同时空气中的氧通过河水水面不断地溶入水中，又会使污水中溶解氧逐渐恢复。如图9-4。

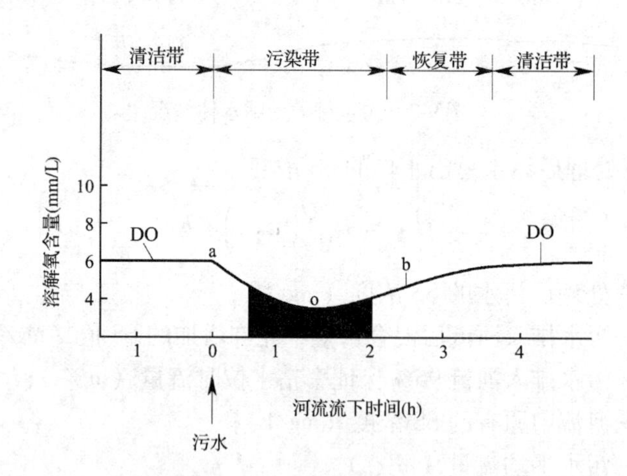

图9-4　河水中溶解氧变化曲线

（1）求出水口处DO的混合浓度

$$DO_m = \frac{Q_{河} DO_{河} + \overline{Q} \cdot DO}{Q_{河} + \overline{Q}}$$

式中　DO_m——混合后出水口处水体中的溶解氧浓度（mg/L）；

$Q_{河}$——污水排入河流95%保证率枯水位时流量（m^3/s）；

$\overline{Q}$——污水平均流量（m^3/s）；

$DO_{河}$——河流原有的溶解氧浓度（mg/L）；

DO——出水口处污水的溶解氧浓度（mg/L），一般采用 1.5～2.5mg/L。设计中取 DO = 1.5mg/L

$$DO_m = \frac{8.5 \times 5.5 + 0.717 \times 1.5}{8.5 + 0.717} = 5.19\text{mg/L}$$

（2）求出水口处水温的混合温度

$$t_m = \frac{Q_{河} \cdot t_{河} + \overline{Q} \cdot t}{Q_{河} + \overline{Q}}$$

式中　t_m——混合后出水口处水体中的水温（℃）；

$t_{河}$——河流原有的水温（℃）；

t——出水口处污水的水温（℃）。

$$t_m = \frac{8.5 \times 22 + 0.717 \times 20}{8.5 + 0.717} = 21.8℃$$

（3）求水温为 21.8℃时的耗氧速率常数 k_1 值

$$k_{1(21.8)} = k_{2(20)} \theta^{(t_m - 20)}$$

式中　$k_{1(21.8)}$——21.8℃时的耗氧速率常数（d^{-1}）；

$k_{1(20)}$——20℃时的耗氧速率常数（d^{-1}），一般采用 $k_{1(20)} = 0.1/d$；

θ——温度系数，一般采用 $\theta = 1.047$。

$$k_{1(21.8)} = 0.1 \times 1.047^{(21.8-20)} = 0.109d^{-1}$$

（4）求水温为 21.8℃时的复氧速率常数 k_2 值

$$k_{2(21.8)} = k_{2(20)} \cdot 1.024^{(t_m - 20)}$$

式中　$k_{2(21.8)}$——21.8℃时的复氧速率常数（d^{-1}）；

$k_{2(20)}$——20℃时的复氧速率常数（d^{-1}），一般采用 $k_{2(20)} = 0.2 \sim 0.5/d$。

设计中取 $k_{2(20)} = 0.29/d$

$$k_2(21.8) = 0.29 \times 1.024^{(21.8-20)} = 0.306d^{-1}$$

（5）求起始点的亏氧量 DO_0 和临界点的亏氧量 DO_c

$$DO_0 = DO_s - DO_m$$

$$DO_c = DO_s - 4.0$$

式中　DO_0——河流在污水排入的起始点处亏氧量浓度（mg/L）；

DO_s——21.8℃时的饱和溶解氧浓度（mg/L）；

DO_c——河流在溶解氧为 4.0mg/L 的临界点亏氧量浓度（mg/L）。

设计中查表 9-6 得 $DO_s = 8.85$mg/L

$$DO_0 = 8.85 - 5.19 = 3.66\text{mg/L}$$

$$DO_c = 8.85 - 4.0 = 4.85\text{mg/L}$$

不同温度下的溶解氧量 表9-6

在760mmHg（1mmHg = 133.322Pa）大气压下，纯水中的饱和溶解氧量

温度(℃)	溶解氧(mg/L)	温度(℃)	溶解氧(mg/L)	温度(℃)	溶解氧(mg/L)	温度(℃)	溶解氧(mg/L)
0	14.6	10	11.3	20	9.2	30	7.7
1	14.2	11	11.1	21	9.0	31	7.5
2	13.9	12	10.8	22	8.8	32	7.4
3	13.5	13	10.6	23	8.7	33	7.3
4	13.2	14	10.4	24	8.5	34	7.2
5	12.8	15	10.2	25	8.4	35	7.1
6	12.5	16	9.9	26	8.2	36	7.0
7	12.2	17	9.7	27	8.1	37	6.8
8	11.0	18	9.5	28	7.9	38	6.7
9	11.6	19	9.3	29	7.8	39	6.6

（6）求起始点的有机物浓度L_0和临界时间t_c

$$\begin{cases} DO_C = \dfrac{k_1}{k_2} \cdot L_0 10^{-k_1 t_c} \\ t_c = \dfrac{1}{k_2 - k_1} tg\left\{\dfrac{k_2}{k_1}\left[1 - \dfrac{DO_0(k_2 - k_1)}{k_1 L_0}\right]\right\} \end{cases}$$

式中 L_0——河流在污水排入的起始点处BOD_5浓度（mg/L）；

t_c——河流从起始点流到临界点的临界时间（d）。

$$\begin{cases} 4.85 = \dfrac{0.109}{0.306} \times L_0 \times 10^{-0.109 \times t_c} \\ t_c = \dfrac{1}{0.306 - 0.109} tg\left\{\dfrac{0.306}{0.109}\left[1 - \dfrac{3.66(0.306 - 0.109)}{0.109 \cdot L_0}\right]\right\} \end{cases}$$

采用试算法或代入计算机进行计算得

$$t_c = 1.331\text{d}$$

$$L_0 = 19.02\text{mg/L}$$

（7）求起始点允许的20℃时BOD_5的浓度

$$L_{BOD_5} = L_0 \ (1 - 10^{-k_{1(20)} \cdot t})$$

式中 L_{BOD_5}——河流在污水排入的起始点处BOD_5浓度（mg/L）。

t——BOD_5的时间（d），一般采用$t = 5$d。

$$L_{BOD_5} = 19.02(1 - 10^{-0.1 \times 5}) = 13.0\text{mg/L}$$

（8）计算污水处理厂允许排放的BOD_5浓度

$$L_{BOD_5} = L_{BOD_5}\left(\frac{Q_{河}}{Q} + 1\right) - \frac{Q_{河}}{Q} L_{河}$$

式中　L_{BOD_5}——处理后污水允许排放的BOD_5浓度（mg/L）；

$L_{河}$——河流中原有的BOD_5浓度（mg/L）。

$$L_{eBOD_5} = 13.0\left(\frac{8.5}{0.717}+1\right)-\frac{8.5}{0.717}\times 3.2 = 129.21\text{mg/L}$$

（9）计算处理程度

$$E_1 = \frac{L - L_{eBOD_5}}{L}$$

式中　E_1——BOD_5处理程度（%）；

L——进水的BOD_5浓度（mg/L）。

$$E_1 = \frac{285.75 - 129.21}{285.75} = 54.8\%$$

2. 按河流中BOD_5的最高允许浓度计算

污水排入受纳水体后，假设河水与全部污水完全混合，污水中的有机物使河水中有机物急剧上升。随着河水的流动，河水中有机物被微生物氧化分解又会使河水中有机物逐渐恢复。如图9-5。

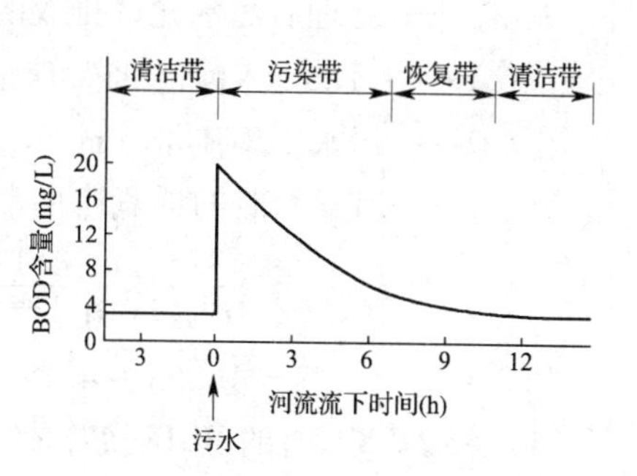

图9-5　河水中有机物变化情况

（1）计算由污水排放口流到下游取水口处的时间

$$t = \frac{x}{v}$$

式中　t——污水排放口流到下游取水口处的时间（d）；

x——污水排放口距下游取水口处的距离（m）；

v——河流中水流的流速（m/s）。

$$t = \frac{35\times 1000}{86400\times 0.8} = 0.506\text{d}$$

（2）将20℃标准下河流的BOD_5值$L_{5河}$和河流任一时段最高允许的BOD_5值L_{5ST}的数值换算成21.8℃时的数值。

$$L_{5ST} = L_0(1 - 10^{-k_{1(20)}\cdot t})$$

式中　L_{5ST}——20℃时河流任一时段最高允许的BOD_5值，一般采用$L_{5ST}=4$mg/L；

L_0——20℃时河流任一时段最高的BOD_5值；

$k_{1(20)}$——20℃时的耗氧速率常数，一般采用$k_{1(20)}=0.1/\text{d}$；

t——BOD_5降解时间（d），一般采用$t=5$d。

$$4 = L_0(1 - 10^{-0.1\times 5})$$

$$L_0 = 5.85\text{mg/L}$$

换算成21.8℃时的L_{5ST}，即

$$L_{5ST} = 5.85(1 - 10^{-0.109\times5}) = 4.18\text{mg/L}$$

同理，20℃时的河流BOD_5为$L_{5河}=3.2$mg/L，则

$$3.2 = L_0(1 - 10^{-0.1\times5})$$

$$L_0 = 4.68\text{mg/L}$$

换算21.8℃时的$L_{5河}$

$$L_{5河} = 4.68(1 - 10^{-0.109\times5}) = 3.35\text{mg/L}$$

（3）求21.8℃时的L_{5eBOD5}的值

$$L_{eBOD5} = \frac{Q_{河}}{\overline{Q}}\left(\frac{L_{5ST}}{10^{-k_1 t}} - L_{5河}\right) + \frac{L_{5ST}}{10^{-k_1 t}}$$

式中　L_{eBOD_5}——处理后污水允许排放的BOD_5浓度（mg/L）；

$Q_{河}$——污水排入河流95%保证率枯水位时流量（m^3/s）；

$\overline{Q}$——污水平均流量（m^3/s）；

k_1——21.8℃时的耗氧速率常数，$k_1=0.109d^{-1}$。

$$L_{eBOD_5} = \frac{8.5}{0.717}\left(\frac{4.18}{10^{-0.109\times0.506}} - 3.35\right) + \frac{4.18}{10^{-0.109\times0.506}}$$

$$= 16.53 + 4.74 = 21.27\text{mg/L}$$

（4）将21.8℃时的BOD_5换算成20℃时的BOD_5值

$$21.27 = L_0(1 - 10^{-0.109\times5})$$

$$L_0 = 29.75\text{mg/L}$$

$$L_{eBOD_5} = 29.75(1 - 10^{-0.1\times5}) = 20.34\text{mg/L}$$

（5）计算处理程度

$$E_2 = \frac{L - L_{eBOD_5}}{L}$$

式中　E_2——BOD_5处理程度（%）；

L——进水的BOD_5浓度（mg/L）。

$$E_2 = \frac{285.75 - 20.34}{285.75} = 92.9\%$$

3. 按二级生物处理后的水质排放标准计算

根据国家《城镇污水处理厂污染物排放标准》（GB 18918—2002）中规定城市二级污水处理厂一级标准，总出水口处污水的BOD_5浓度为20mg/L，则

$$E_3 = \frac{L - L_{eBOD_5}}{L}$$

$$E_3 = \frac{285.75 - 20}{285.75} = 93\%$$

4. 计算BOD_5的处理程度

从以上3种计算方法中比较得出，方法(3)得出的处理程度较高，所以本污水处理厂BOD_5的处理程度为93%。

9.3.3 污水的氨氮处理程度计算

根据国家《城镇污水处理厂污染物排放标准》（GB 18918—2002）中规定城市二级污水处理厂一级标准，总出水口处污水的氨氮浓度为8mg/L

$$E = \frac{C - C_e}{C}$$

式中 E——氨氮处理程度（%）；

C——进水的氨氮浓度（mg/L）；

C_e——处理后污水允许排放的氨氮浓度（mg/L）。

$$E = \frac{30.79 - 8}{30.79} = 74.1\%$$

9.3.4 污水的磷酸盐处理程度计算

根据国家《城镇污水处理厂污染物排放标准》（GB 18918—2002）中规定城市二级污水处理厂一级标准，总出水口处污水的磷酸盐浓度为1.5mg/L

$$E = \frac{C - C_e}{C}$$

式中 E——磷酸盐处理程度（%）；

C——进水的磷酸盐浓度（mg/L）；

C_e——处理后污水允许排放的磷酸盐浓度（mg/L）。

$$E = \frac{4.66 - 1.5}{4.66} = 67.8\%$$

第10章　污水的一级处理

10.1　格栅计算

格栅是由一组平行的金属栅条制成，斜置在污水流经的渠道上或水泵前集水井处，用以截留污水中的大块悬浮杂质，以免后续处理单元的水泵或构筑物造成损害。

格栅按照栅条形式分为直棒式格栅、弧形格栅、辐射式格栅、转筒式格栅、活动格栅等；按照格栅栅条间距分为粗格栅，栅条间距大于40mm；中格栅，栅条间距为15～35mm；细格栅，栅条间距为1～10mm。按照格栅除渣方式分为人工除渣格栅和机械除渣格栅。按照安装方式分为单独设置的格栅和格栅与沉砂池合建一处的格栅。

10.1.1　单独设置的格栅

设计中选择二组格栅，$N=2$ 组，每组格栅单独设置，每组格栅的设计流量为0.498m^3/s。

1. 格栅的间隙数

$$n = \frac{Q\sqrt{\sin\alpha}}{Nbhv}$$

式中　n——格栅栅条间隙数（个）；
　　Q——设计流量（m^3/s）；
　　α——格栅倾角（°）；
　　N——设计的格栅组数（组）；
　　b——格栅栅条间隙（m）；
　　h——格栅栅前水深（m）；
　　v——格栅过栅流速（m/s）。

设计中取 $h=0.8m$，$v=0.9m/s$，$b=0.02m$，$\alpha=60°$

$$n = \frac{0.498\sqrt{\sin60°}}{0.02\times0.8\times0.9} = 30 \text{ 个}$$

2. 格栅槽宽度

$$B = S(n-1) + bn$$

式中　B——格栅槽宽度（m）；
　　S——每根格栅条的宽度（m）。

设计中取 $S=0.015\text{m}$

$$B=0.015(30-1)+0.02\times30=1.04\text{m}$$

3. 进水渠道渐宽部分的长度

$$l_1=\frac{B-B_1}{2\text{tg}a_1}$$

式中 l_1——进水渠道渐宽部分的长度（m）；

B_1——进水明渠宽度（m）；

a_1——渐宽处角度（°），一般采用10°~30°；

设计中取 $B_1=0.9\text{m}$，$a_1=20°$。

$$l_1=\frac{1.04-0.9}{2\text{tg}20°}=0.20\text{m}$$

4. 出水渠道渐窄部分的长度

$$l_2=\frac{B-B_1}{2\text{tg}a_2}$$

式中 l_2——出水渠道渐窄部分的长度（m）；

a_2——渐窄处角度（°），$a_2=a_1$。

$$l_2=\frac{1.04-0.9}{2\text{tg}20°}=0.20\text{m}$$

5. 通过格栅的水头损失

$$h_1=k\beta\left(\frac{S}{b}\right)^{4/3}\frac{v^2}{2g}\sin\alpha$$

式中 h_1——水头损失（m）；

β——格栅条的阻力系数，查表 $\beta=2.42$；

k——格栅受污物堵塞时的水头损失增大系数，一般采用 $k=3$。

$$h_1=3\times2.42\left(\frac{0.015}{0.02}\right)^{4/3}\times\frac{0.9^2}{2\times g}\sin60°=0.18\text{m}$$

6. 栅后明渠的总高度

$$H=h+h_1+h_2$$

式中 H——栅后明渠的总高度（m）；

h_2——明渠超高（m），一般采用0.3~0.5m。

设计中取 $h_2=0.3\text{m}$

$$H=0.8+0.18+0.3=1.28\text{m}$$

7. 格栅槽总长度

$$L=l_1+l_2+0.5+1.0+\frac{H_1}{\text{tg}\alpha}$$

式中 L——格栅槽总长度（m）；

H_1——格栅明渠的深度（m）。

$$L = 0.20 + 0.20 + 0.5 + 1.0 + \frac{0.8 + 0.3}{\mathrm{tg}60°} = 2.54\mathrm{m}$$

8. 每日栅渣量

$$W = \frac{86400\overline{Q}W_1}{1000}$$

式中　W——每日栅渣量（m^3/d）；

W_1——每日每10^3m^3污水的栅渣量（$m^3/10^3m^3$污水），一般采用0.04～0.06$m^3/10^3m^3$污水。

设计中取$W_1 = 0.05m^3/10^3m^3$污水

$$W = \frac{86400 \times 0.717 \times 0.05}{1000} = 3.1\mathrm{m^3/d} > 0.2\mathrm{m^3/d}$$

应采用机械除渣及皮带输送机或无轴输送机输送栅渣，采用机械栅渣打包机将栅渣打包，汽车运走。

9. 进水与出水渠道

城市污水通过DN1200mm的管道送入进水渠道，设计中取进水渠道宽度$B_1 = 0.9m$，进水水深$h_1 = h = 0.8m$，出水渠道$B_2 = B_1 = 0.9m$，出水水深$h_2 = h_1 = 0.8m$。

单独设置的格栅平面布置如图10-1所示。

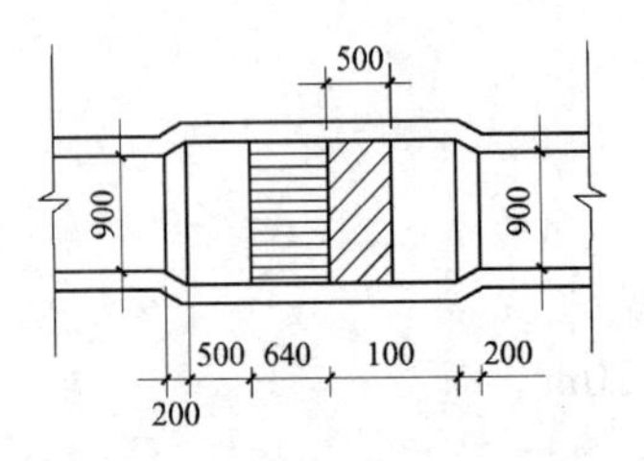

图10-1　单独设置格栅平面图

10.1.2　格栅与沉砂池合建的格栅

设计中选择二组格栅，$N = 2$组，每组格栅与沉砂池合建，每组格栅的设计流量为$0.498m^3/s$。

1. 格栅的间隙数

$$n = \frac{Q\sqrt{\sin\alpha}}{Nbhv}$$

式中　n——格栅栅条间隙数（个）；

Q——设计流量（m^3/s）；

α——格栅倾角（°）；

N——设计的格栅组数（组）；

b——格栅栅条间隙（m）；

h——格栅栅前水深（m）；

v——格栅过栅流速（m/s）。

设计中取$h = 0.8m$，$v = 0.9m/s$，$b = 0.02m$，$\alpha = 60°$

$$n = \frac{0.498\sqrt{\sin60°}}{0.02 \times 0.8 \times 0.9} = 30\text{个}$$

2．格栅槽宽度

$$B = S(n-1) + bn$$

式中　B——格栅槽宽度（m）；

S——每根格栅条的宽度（m）。

设计中取 $S = 0.015\text{m}$

$$B = 0.015(30-1) + 0.02 \times 30 = 1.04\text{m}$$

3．通过格栅的水头损失

$$h_1 = k\beta\left(\frac{S}{b}\right)^{4/3}\frac{v^2}{2g}\sin\alpha$$

式中　h_1——水头损失（m）；

β——格栅条的阻力系数，查表 $\beta = 2.42$；

k——格栅受污物堵塞时的水头损失增大系数，一般采用 $k = 3$。

$$h_1 = 3 \times 2.42\left(\frac{0.015}{0.02}\right)^{4/3} \times \frac{0.9^2}{2 \times g}\sin60° = 0.18\text{m}$$

4．格栅部分总长度

$$L = 0.5 + 1.0 + \frac{H_1}{\text{tg}\alpha}$$

式中　L——格栅部分总长度（m）；

H_1——格栅明渠的深度（m）。

$$L = 0.5 + 1.0 + \frac{0.8 + 0.3}{\text{tg}60°} = 2.14\text{m}$$

5．进水与出水渠道

城市污水通过 DN1200mm 的管道送入进水渠道，格栅的进水渠道与格栅槽相连，格栅与沉砂池合建一起，格栅出水直接进入沉砂池，进水渠道宽度 $B_1 = B = 1.00\text{m}$，渠道水深 $h_1 = h = 0.8\text{m}$。

格栅与沉砂池合建的格栅平面布置如图 10-2 所示。

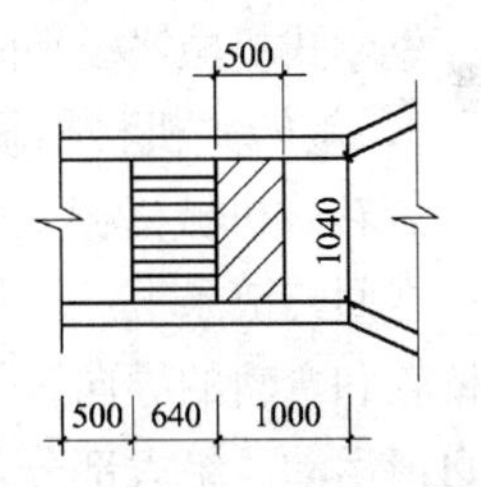

图 10-2　格栅与沉砂池合建的格栅平面图

10.1.3　机械格栅

1．高链式机械格栅

高链式机械格栅适用于污水泵站及污水处理厂的进水格栅，去除污水中粗大漂浮物和悬浮物，对后续工序起保护作用和减轻负荷作用，适于深的格栅井。

高链式机械格栅平面布置如图 10-3 所示。

2．钢索式机械格栅

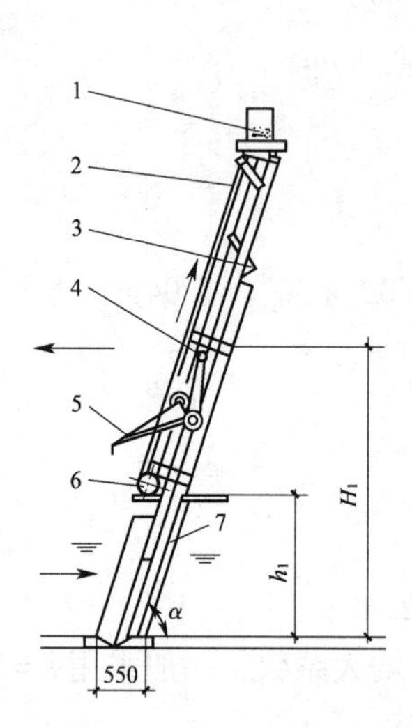

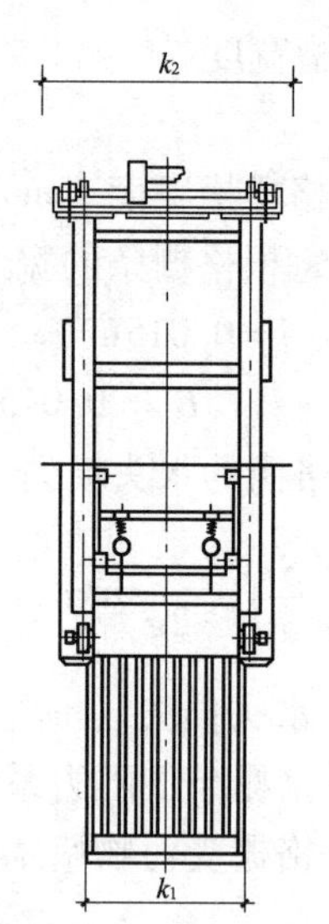

图 10-3　高链式机械格栅示意图

1—减速机；2—主体链；3—刮渣板；4—主滚轮；5—齿耙；6—从动链轮；7—格栅

钢索式机械格栅是采用一组钢索牵引耙齿清除杂物的格栅，适用于污水泵站及污水处理厂的进水格栅，去除污水中粗大漂浮物和悬浮物，最适于较深的格栅井。

钢索式机械格栅平面布置如图 10-4 所示。

3. 旋转式机械格栅

旋转式机械格栅是由一种独特的耙齿装配在一组回转链条上。当耙齿运转到上部时，由于槽轮和弯轨的导向，使每横耙齿之间产生相对自清运动。绝大部分杂物依靠重力落下，另一部分依靠橡胶刮板的反方向运动，把粘在耙齿上的杂物刷除刮除落下。

旋转式机械格栅平面布置如图 10-5 所示。

4. 回转式机械格栅

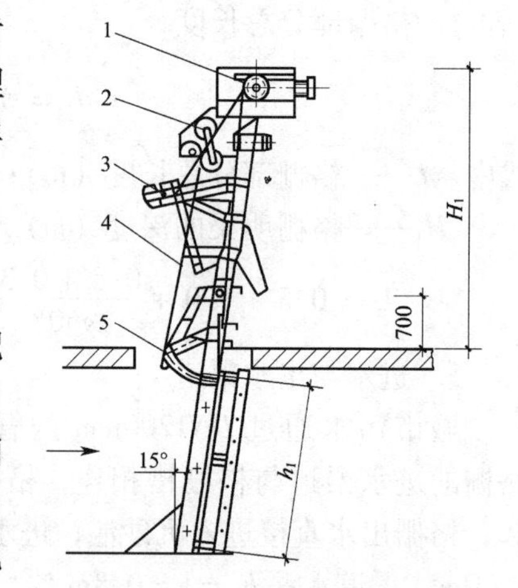

图 10-4　钢索式机械格栅示意图

1—传动装置；2—抬格装置；3—刮渣装置；4—调齿耙；5—清污耙

回转式机械格栅是通过传动链轮带动链条耙齿转动，并随链条一起回转，耙齿插在栅条缝隙内，将拦截的污物耙送到机架上部极限位置，耙齿随链条翻转，污物自动落入垃圾小车或皮带输送机上。

回转式机械格栅平面布置如图 10-6 所示。

5. 阶梯式机械格栅

阶梯式机械格栅是利用偏心旋转机构在减速机的驱动下，使动栅片相对于静栅片作自动交替运动，从而使被拦截的漂浮物交替由动栅片，静栅片承接，犹如上楼梯一般，逐步至卸料口处被清除。

阶梯式机械格栅平面布置如图 10-7 所示。

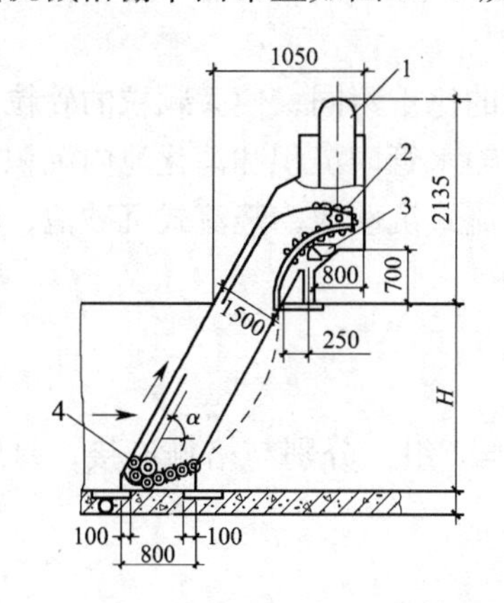

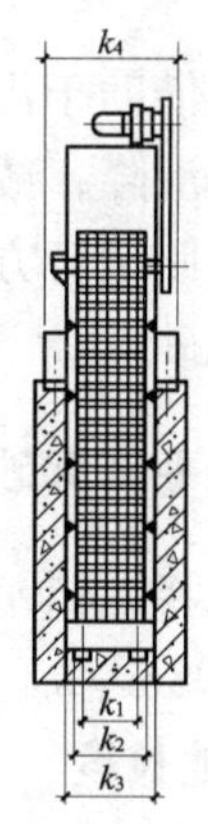

图 10-5　旋转式机械格栅示意图

1—传动装置；2—主动轮；3—刮渣装置；4—耙齿

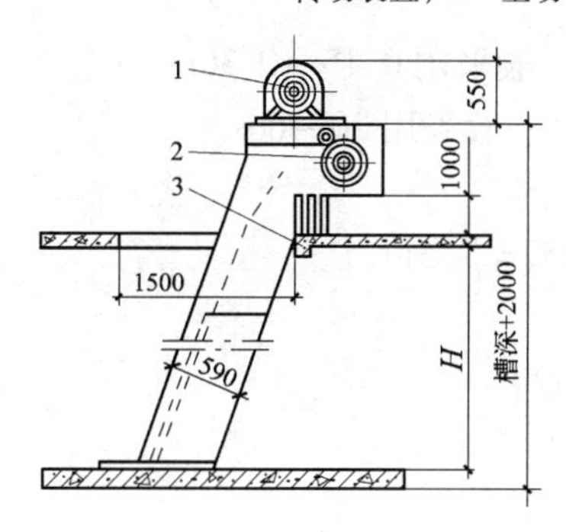

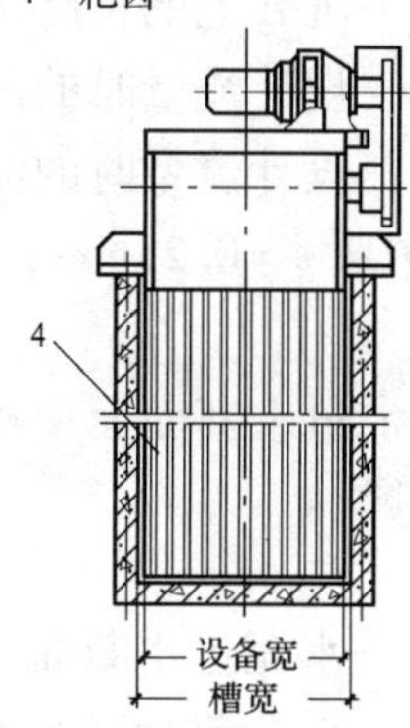

图 10-6　回转式机械格栅示意

1—减速机；2—链条；3—机架；4—栅条

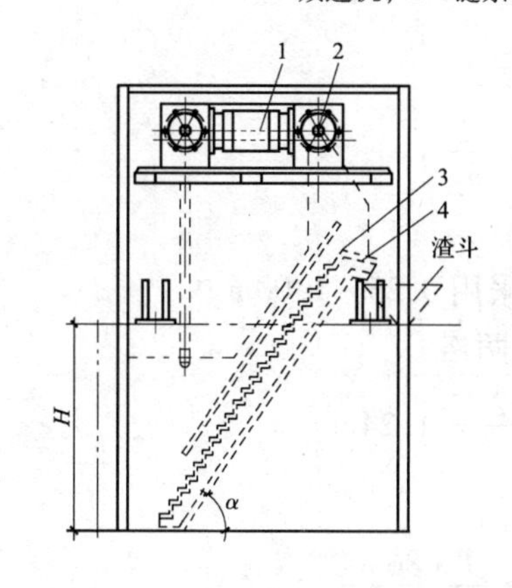

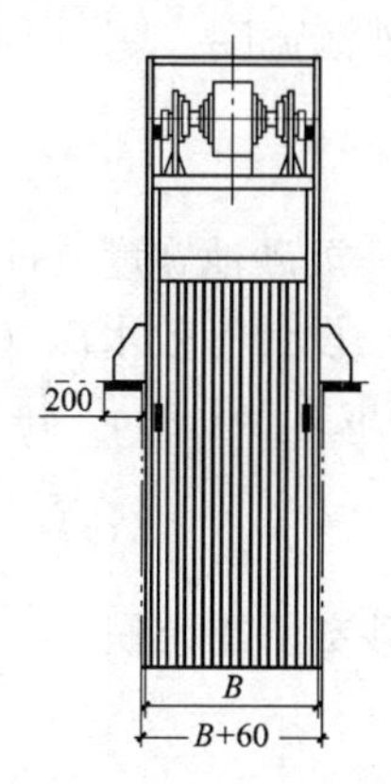

图 10-7　阶梯式机械格栅

1—驱动机构；2—机架；3—静栅组；4—动栅组

10.2　沉砂池计算

沉砂池是借助于污水中的颗粒与水的比重不同，使大颗粒的砂粒、石子、煤渣等无机颗粒沉降，减少大颗粒物质在输水管内沉积和消化池内沉积。

沉砂池按照运行方式不同可分为平流式沉砂池，竖流式沉砂池，曝气式沉砂池，涡流式沉砂池。

10.2.1　平流沉砂池

设计中选择二组平流式沉砂池，$N=2$ 组，分别与格栅连接，每组沉砂池设计流量为 $0.498m^3/s$。

1. 沉砂池长度

$$L = v \cdot t$$

式中　L——沉砂池的长度（m）；

v——设计流量时的流速（m/s），一般采用0.15～0.30m/s；

t——设计流量时的流行时间（s），一般采用30～60s。

设计中取 $v=0.25m/s$，$t=30s$

$$L = 30 \times 0.25 = 7.5m$$

2. 水流过水断面面积

$$A = \frac{Q}{v}$$

式中　A——水流过水断面面积（m^2）；

Q——设计流量（m^3/s）；

$$A = \frac{0.498}{0.25} = 1.99m^2$$

3. 沉砂池宽度

$$B = \frac{A}{h_2}$$

式中　B——沉砂池宽度（cm）；

h_2——设计有效水深（m），一般采用0.25～1.00m。

设计中取 $h_2=0.8m$，每组沉砂池设两格

$$B = \frac{1.99/2}{0.8} = 1.24m$$

4. 沉砂室所需容积

$$V = \frac{\overline{Q} \cdot X \cdot T \cdot 86400}{10^6}$$

式中　$\overline{Q}$——平均流量（m^3/s）；

X——城市污水沉砂量（$m^3/10^6m^3$污水），一般采用$30m^3/10^6m^3$污水；

T——清除沉砂的间隔时间（d），一般采用1～2d。

设计中取清除沉砂的间隔时间$T=2d$，城市污水沉砂量$X=30m^3/10^6m^3$污水

$$V=\frac{0.717\times30\times2\times86400}{10^6}=3.72m^3$$

5. 每个沉砂斗容积

$$V_0=\frac{V}{n}$$

式中　V_0——每个沉砂斗容积（m^3）

n——沉砂斗格数（个）。

设计中取每一个分格有2个沉砂斗，共有$n=2\times2\times2=8$个沉砂斗

$$V_0=\frac{3.72}{8}=0.465m^3$$

6. 沉砂斗高度

沉砂斗高度应能满足沉砂斗储存沉砂的要求，沉砂斗的倾角$\alpha>60°$。

$$h_3'=\frac{3V_0}{f_1+\sqrt{f_1f_2}+f_2}$$

式中　h_3'——沉砂斗的高度（m）；

f_1——沉砂斗上口面积（m^2）；

f_2——沉砂斗下口面积（m^2），一般采用$0.4m\times0.4m$～$0.6m\times0.6m$。

设计中取沉砂斗上口面积为$1.24m\times1.24m$，下口面积为$0.5m\times0.5m$

$$h_3'=\frac{3\times0.465}{1.24\times1.24+\sqrt{1.24^2\times0.5^2}+0.5\times0.5}=0.58m$$

设计中取沉砂斗高度$h_3'=0.65m$，校核沉砂斗角度$tg\alpha=2h_3/(1.24-0.5)=1.77$，$\alpha=60.4°>60°$。

7. 沉砂室高度

$$h_3=h_3'+il_2$$

式中　h_3——沉砂室高度（m）；

i——沉砂池底坡度，一般采用0.01～0.02；

l_2——沉砂池底长度（m）。

设计中取沉砂池底坡度$i=0.02$

$$h_3=0.58+0.02\times\frac{1}{2}(7.5-2\times1.24)=0.63m$$

8. 沉砂池总高度

$$H=h_1+h_2+h_3$$

式中　H——沉砂池总高度（m）；

h_1——沉砂池超高（m），一般采用0.3~0.5m。

设计中取 $h_1=0.3\text{m}$

$$H=0.3+0.8+0.63=1.73\text{m}$$

9. 验算最小流速

$$v_{min}=\frac{Q_{min}}{n_1A_{min}}$$

式中 v_{min}——最小流速（m/s），一般采用 $v\geqslant 0.15\text{m/s}$；

Q_{min}——最小流量（m^3/s），一般采用 $0.75\overline{Q}$；

n_1——沉砂池格数（个），最小流量时取1；

A_{min}——最小流量时的过水断面面积（m^2）。

$$v_{min}=\frac{0.75\times 0.717}{1\times\frac{1}{2}\times 1.99}=0.54\text{m/s}>0.15\text{m/s}$$

10. 进水渠道

格栅的出水通过 DN1200mm 的管道送入沉砂池的进水渠道，然后向两侧配水进入进水渠道，污水在渠道内的流速为：

$$v_1=\frac{Q}{B_1\cdot H_1}$$

式中 v_1——进水渠道水流流速（m/s）；

B_1——进水渠道宽度（m）；

H_1——进水渠道水深（m）。

设计中取 $B_1=1.0\text{m}$， $H_1=0.8\text{m}$

$$v_1=\frac{0.498}{1.0\times 0.8}=0.62\text{m/s}$$

11. 出水管道

出水采用薄壁出水堰跌落出水，出水堰可保证沉砂池内水位标高恒定，堰上水头为：

$$H_1=\left(\frac{Q_1}{mb_2\sqrt{2g}}\right)^{\frac{2}{3}}$$

式中 H_1——堰上水头（m）；

Q_1——沉砂池内设计流量（m^3/s）；

m——流量系数，一般采用0.4~0.5；

b_2——堰宽（m），等于沉砂池宽度。

设计中取 $m=0.4$，$b_2=1.24\text{m}$

$$H_1=\left(\frac{0.498}{2\times 0.4\times 1.24\times\sqrt{2\times 9.8}}\right)^{\frac{2}{3}}=0.23\text{m}$$

出水堰自由跌落0.1～0.15m后进入出水槽，出水槽宽1.0m，有效水深0.8m，水流流速0.62m，出水流入出水管道。出水管道采用钢管，管径$DN=800mm$，管内流速$v_2=0.99m/s$，水力坡度$i=1.46‰$。

12. 排砂管道

采用沉砂池底部管道排砂，排砂管道管径$DN=200mm$。

平流式沉砂池平面布置如图10-8所示。

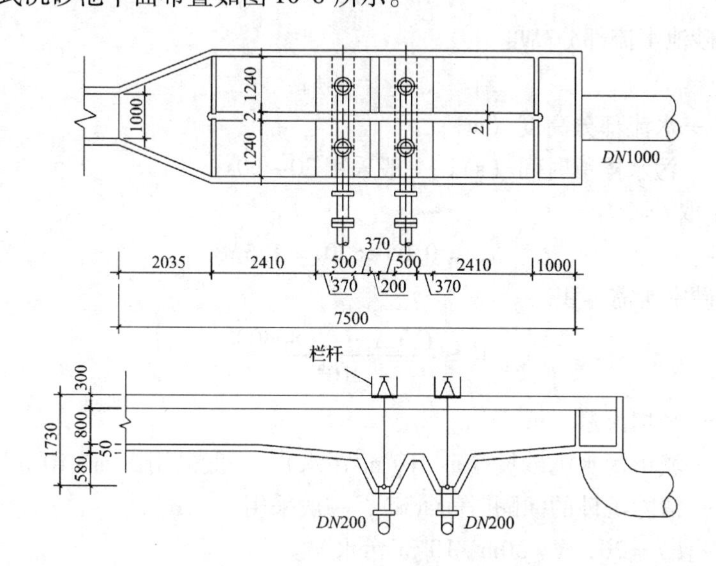

图10-8　平流式沉砂池平面图

10.2.2　竖流沉砂池

设计中选择两组竖流式沉砂池，$N=2$组，分别与格栅连接，每组沉砂池设计流量为$0.498m^3/s$。竖流式沉砂池可采用圆形或方形，直径或边长一般小于6～10m。

1. 沉砂池直径

$$D=\sqrt{\frac{4Q(v_1+v_2)}{\pi v_1 v_2}}$$

式中　D——沉砂池直径（m）；

Q——设计流量（m^3/s）；

v_1——污水在中心管内流速（m/s），一般采用$v_1\leqslant0.3m/s$；

v_2——污水在池内上升流速（m/s），一般采用0.02～0.1m/s。

设计中取$v_1=0.3m/s$，$v_2=0.05m/s$

$$D=\sqrt{\frac{4\times0.498(0.3+0.05)}{\pi\times0.3\times0.05}}=3.85m$$

2．沉砂池中心管直径

$$d = \sqrt{\frac{4Q}{\pi v_1}}$$

式中　d——沉砂池中心管直径（m）。

$$d = \sqrt{\frac{4 \times 0.498}{\pi \times 0.3}} = 1.45\text{m}$$

3．沉砂池水流部分高度

$$h_2 = v_2 t$$

式中　h_2——水流部分高度（m）；

t——污水停留时间（s），一般采用30～60s。

设计中取 $t = 30$s

$$h_2 = 0.05 \times 30 = 1.5\text{m}$$

4．沉砂室所需容积

$$V = \frac{\overline{Q} \cdot X \cdot T \cdot 86400}{10^6}$$

式中　$\overline{Q}$——平均流量（m^3/s）；

X——城市污水沉砂量（$m^3/10^6m^3$污水），一般采用$30m^3/10^6m^3$污水；

T——清除沉砂的间隔时间（d），一般采用1～2d。

设计中取 $T = 2$d，$X = 30m^3/10^6m^3$污水

$$V = \frac{0.717 \times 30 \times 2 \times 86400}{10^6} = 3.72\text{m}^3$$

5．每个沉砂斗容积

$$V_0 = \frac{V}{n}$$

式中　V_0——每个沉砂斗容积；

n——沉砂斗格数（个）。

$$V_0 = \frac{3.72}{2} = 1.86\text{m}^3$$

6．沉砂斗高度

$$h_4 = \frac{1}{2}(D - r)\text{tg}\alpha$$

式中　h_4——沉砂斗高度（m）；

r——沉砂斗底直径（m），一般采用0.4m×0.4m～0.8m×0.8m；

α——沉砂斗角度（°），一般采用圆形沉砂池 $\alpha = 55°$，矩形沉砂池 $\alpha = 60°$。

设计中取 $r = 0.5$m，$\alpha = 55°$

$$h_4 = \frac{1}{2}(3.85 - 0.5)\mathrm{tg}55° = 2.39\mathrm{m}$$

7．沉砂斗实际容积

$$V = \frac{1}{3}\pi h_4\left[\left(\frac{D}{2}\right)^2 + \frac{D}{2} \times \frac{r}{2} + \left(\frac{r}{2}\right)^2\right]$$

$$= \frac{1}{3}\pi \times 2.39\left[\left(\frac{3.85}{2}\right)^2 + \frac{3.85}{2} \times \frac{0.5}{2} + \left(\frac{0.5}{2}\right)^2\right]$$

$$= 10.63\mathrm{m}^3 > 1.86\mathrm{m}^3$$

8．沉砂池总高度

$$H = h_1 + h_2 + h_3 + h_4$$

式中　H——沉砂池总高度（m）；

h_1——沉砂池超高（m），一般采用0.3～0.5m；

h_3——沉砂池缓冲高度（m），一般采用0.2～0.3m。

设计中取 $h_1 = 0.3$m，$h_3 = 0.25$m

$$H = 0.3 + 1.5 + 0.25 + 2.39 = 4.44\mathrm{m}$$

9．进水管道

格栅的出水通过 DN1200mm 的管道送入沉砂池的进水管道，然后向两侧配水进入竖流式沉砂池的中心管管道，进水管道采用钢管，管径 $DN_1 = 800$mm，管内流速 $v_1 = 0.99$m/s，水力坡度 $i = 1.46‰$。

10．出水装置

出水采用薄壁出水堰周边出水，出水堰可保证沉砂池内水位标高恒定，堰上水头为：

$$H_1 = \left(\frac{Q_1}{mb_2\sqrt{2g}}\right)^{\frac{2}{3}}$$

式中　H_1——堰上水头（m）；

Q_1——沉砂池内设计流量（m^3/s）；

m——流量系数，一般采用0.4～0.5；

b_2——堰宽（m），等于沉砂池的出水槽周长。

设计中取 $m = 0.4$，$b_2 = 3.85 \times 3.14 = 12.09$m。

$$H_1 = \left(\frac{0.498}{0.4 \times 12.09 \times \sqrt{2 \times 9.8}}\right)^{\frac{2}{3}} = 0.08\mathrm{m}$$

出水堰后自由跌落0.15m，出水流入出水槽。出水槽宽度 $B_2 = 0.8$m，出水槽水深 $h_2 = 0.35$m，水流流速 $v_2 = 0.89$m/s。采用出水管道与出水槽连接，出水管道采用钢管管径，$DN_2 = 800$mm，管内流速 $v_2 = 0.99$m/s，水力坡度 $i = 1.46‰$。

11. 排砂管道

采用沉砂池底部管道排砂，排砂管道管径 $DN=200\text{mm}$。

竖流式沉砂池平面布置如图10-9所示。

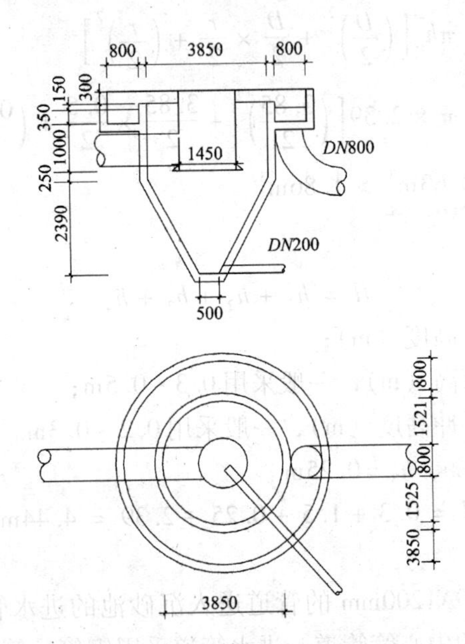

图10-9　竖流式沉砂池平面图

10.2.3　曝气沉砂池

设计中选择二组曝气式沉砂池，$N=2$ 组，分别与格栅连接，每组沉砂池设计流量为 $0.498\text{m}^3/\text{s}$。

1. 沉砂池有效容积

$$V = 60Qt$$

式中　V——沉砂池有效容积（m^3）；

Q——设计流量（m^3/s）；

t——停留时间（min），一般采用1~3min。

设计中取 $t=2\text{min}$

$$V = 60\times2\times0.498 = 59.76\text{m}^3$$

2. 水流过水断面面积

$$A = \frac{Q}{v_1}$$

式中　A——水流过水断面面积（m^2）；

v_1——水平流速（m/s），一般采用0.06~0.12min。

设计中取 $v_1=0.1\text{m/s}$

$$A = \frac{0.498}{0.1} = 4.98\text{m}^2$$

3. 沉砂池宽度

$$B = \frac{A}{h_2}$$

式中　B——沉砂池宽度（m）；

h_2——沉砂池有效水深（m），一般采用2~3m。

设计中取 $h_2 = 2\text{m}$

$$B = \frac{4.98}{2} = 2.49\text{m} \qquad B : h_2 = 1.25 < 2$$

4. 沉砂池长度

$$L = \frac{V}{A}$$

式中　L——沉砂池长度（m）；

$$L = \frac{59.76}{4.98} = 12\text{m}$$

5. 每小时所需空气量

$$q = 3600Qd$$

式中　q——每小时所需的空气量（m^3/h）；

d——1m^3污水所需空气量（m^3/m^3污水），一般采用0.1~0.2m^3/m^3污水。

设计中取 $d = 0.2\text{m}^3/\text{m}^3$污水

$$q = 3600 \times 0.498 \times 0.2 = 358.56\text{m}^3/\text{h}$$

6. 沉砂室所需容积

$$V = \frac{\overline{Q} \cdot X \cdot T \cdot 86400}{10^6}$$

式中　$\overline{Q}$——平均流量（m^3/s）；

X——城市污水沉砂量（$\text{m}^3/10^6\text{m}^3$污水），一般采用$30\text{m}^3/10^6\text{m}^3$污水；

T——清除沉砂的间隔时间（d），一般取1~2d。

设计中取 $T = 2\text{d}$，$X = 30\text{m}^3/10^6\text{m}^3$污水

$$V = \frac{0.717 \times 30 \times 2 \times 86400}{10^6} = 3.72\text{m}^3$$

7. 每个沉砂斗容积

$$V_0 = \frac{V}{n}$$

式中　V_0——每个沉砂斗容积（m^3）；

n——沉砂斗数量（个）。

$$V_0 = \frac{3.72}{2} = 1.86\text{m}^3$$

8. 沉砂斗上口宽度

$$a = \frac{2h_3'}{\text{tg}\alpha} + a_1$$

式中　a——沉砂斗上口宽度（m）；

h_3'——沉砂斗高度（m）；

α——沉砂斗壁与水平面的倾向（°），一般采用圆形沉砂池 $\alpha = 55°$，矩形沉砂池 $\alpha = 60°$；

a_1——沉砂斗底宽度（m），一般采用0.4～0.5m。

设计中取 $h_3' = 1.4\text{m}$，$\alpha = 60°$，$a_1 = 0.5\text{m}$

$$\alpha = \frac{2 \times 1.4}{\text{tg}60°} + 0.5 = 2.12\text{m}$$

9. 沉砂斗有效容积

$$V_0' = \frac{h_3'}{3}(a^2 + aa_1 + a_1^2)$$

式中　V_0'——沉砂斗有效容积（m^3）。

$$V_0' = \frac{1.4}{3}(2.12^2 + 2.12 \times 0.5 + 0.5^2)$$

$$= 2.71\text{m}^3 > 1.86\text{m}^3$$

10. 进水渠道

格栅的出水通过 DN1200mm 的管道送入沉砂池的进水渠道，然后向两侧配水进入沉砂池，进水渠道的水流流速

$$v_1 = \frac{Q}{B_1 H_1}$$

式中　v_1——进水渠道水流流速（m/s）；

B_1——进水渠道宽度（m）；

H_1——进水渠道水深（m）。

设计中取 $B_1 = 1.8\text{m}$，　$H_1 = 0.5\text{m}$

$$v_1 = \frac{0.498}{1.8 \times 0.5} = 0.55\text{m/s}$$

11. 出水装置

出水采用沉砂池末端薄壁出水堰跌落出水，出水堰可保证沉砂池内水位标高恒定，堰上水头

$$H_1 = \left(\frac{Q_1}{mb_2\sqrt{2g}}\right)^{\frac{2}{3}}$$

式中　H_1——堰上水头（m）；

Q_1——沉砂池内设计流量（m^3/s）；

m——流量系数，一般采用0.4～0.5；

b_2——堰宽（m），等于沉砂池的宽度。

设计中取 $m=0.4$，$b_2=2.49m$。

$$H_1 = \left(\frac{0.498}{0.4 \times 2.49 \times \sqrt{2 \times 9.8}}\right)^{\frac{2}{3}} = 0.23m$$

出水堰后自由跌落0.15m，出水流入出水槽，出水槽宽度 $B_2=0.8m$，出水槽水深 $h_2=0.35m$，水流流速 $v_2=0.89m/s$。采用出水管道在出水槽中部与出水槽连接，出水管道采用钢管，管径 $DN_2=800mm$，管内流速 $v_2=0.99m/s$，水力坡度 $i=1.46‰$。

12．排砂装置

采用吸砂泵排砂，吸砂泵设置在沉砂斗内，借助空气提升将沉砂排出沉砂池，吸砂泵管径 $DN=200mm$。

曝气式沉砂池剖面图如图10-10所示。

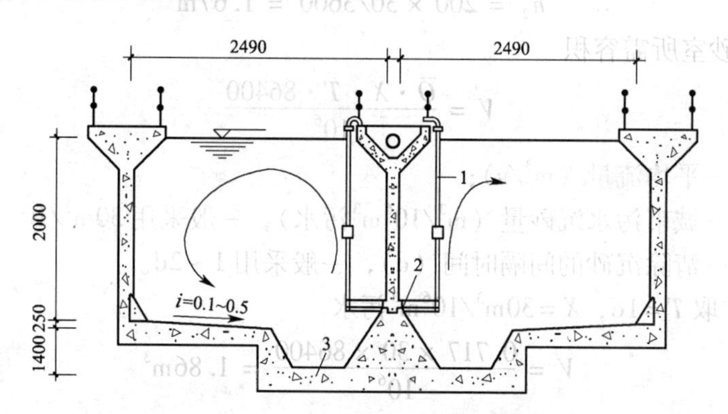

图10-10　曝气式沉砂池剖面图

1—压缩空气管；2—空气扩散板；3—集砂槽

10.2.4　涡流沉砂池

设计中选择两组涡流式沉砂池，$N=2$ 组，分别与格栅连接，每组沉砂池设计流量为 $0.498m^3/s$。

1．沉砂池表面积

$$A = \frac{Q}{q'}$$

式中　A——沉砂池表面积（m^2）；

Q——设计流量（m^3/s）；

q'——表面负荷 $[m^3/(m^2 \cdot h)]$，一般采用 $200m^3/(m^2 \cdot h)$。

设计中取 $q'=200m^3/m^2 \cdot h$

$$A = \frac{0.498 \times 3600}{200} = 8.96m^2$$

2. 沉砂池直径

$$D = \sqrt{\frac{4A}{\pi}}$$

式中　D——沉砂池直径（m）。

$$D = \sqrt{\frac{4 \times 8.96}{\pi}} = 3.38m$$

3. 沉砂池有效水深

$$h_2 = q' \cdot t$$

式中　h_2——沉砂池有效水深（m）；

t——停留时间（s），一般采用20～30s。

设计中取 $t=30s$

$$h_2 = 200 \times 30/3600 = 1.67m$$

4. 沉砂室所需容积

$$V = \frac{\overline{Q} \cdot X \cdot T \cdot 86400}{10^6}$$

式中　$\overline{Q}$——平均流量（m^3/s）；

X——城市污水沉砂量（$m^3/10^6m^3$污水），一般采用 $30m^3/10^6m^3$污水；

T——清除沉砂的间隔时间（d），一般采用1～2d。

设计中取 $T=1d$，$X=30m^3/10^6m^3$污水

$$V = \frac{0.717 \times 30 \times 86400}{10^6} = 1.86m^3$$

5. 每个沉砂斗容积

$$V = \frac{1}{4}d^2\pi h_4 + \frac{1}{12}\pi h_5(d^2 + dr + r^2)$$

式中　V——沉砂斗容积；

d——沉砂斗上口直径（m）；

h_4——沉砂斗圆柱体的高度（m）；

h_5——沉砂斗圆锥体的高度（m）；

r——沉砂斗下底直径（m），一般采用0.4～0.6m。

设计中取 $d=1.4m$，$h_4=1.4m$，$r=0.4m$，$h_5=0.8m$

$$V = \frac{1}{4} \times 1.4^2 \times \pi \times 1.4 + \frac{1}{12} \times \pi \times 0.8(1.4^2 + 1.4 \times 0.4 + 0.4^2)$$

$$= 2.15 + 0.56 = 2.71m^3$$

6．沉砂池总高度

$$H = h_1 + h_2 + h_3 + h_4 + h_5$$

式中　H——沉砂池总度高（m）；

h_1——沉砂池超高（m），一般采用0.3～0.5m；

h_3——沉砂池缓冲层高度（m），$h_3 = \frac{1}{2}(D-d)\text{tg}45°$。

设计中取 $h_1 = 0.3\text{m}$，$h_3 = \frac{1}{2}(3.38 - 1.4\text{tg}45°) = 0.99\text{m}$

$$H = 0.3 + 1.67 + 0.99 + 1.4 + 0.8 = 5.16\text{m}$$

7．进水渠道

格栅的出水通过 DN1200mm 的管道送入沉砂池的进水渠道，然后向两侧配水进入沉砂池，进水渠道采用与涡流式沉砂池呈切线方式进水，进水可以在沉砂池内产生涡流。

$$B_1 = \frac{Q}{v_1 \cdot h_1}$$

式中　B_1——进水渠道宽度（m）；

h_1——进水渠道水深（m）；

v_1——进水流速（m/s），一般采用0.6～1.2m/s。

设计中取 $h_1 = 0.8\text{m}$，$v_1 = 1.0\text{m/s}$

$$B_1 = \frac{0.498}{1 \times 0.8} = 0.62\text{m}$$

8．出水渠道

出水渠道与进水渠道建在一起，并且满足夹角大于270°，以延长污水在涡流式沉砂池内流动距离。

$$B_2 = \frac{Q}{v_2 \cdot h_2}$$

式中　B_2——出水渠道宽度（m）；

h_2——出水渠道水深（m）；

v_2——出水流速（m/s），一般采用（0.4～0.6）v_1。

设计中取 $v_2 = \frac{1}{2}v_1 = 0.5\text{m/s}$，$h_2 = 0.8\text{m}$

$$B_2 = \frac{0.498}{0.5 \times 0.8} = 1.24\text{m}$$

9．排砂装置

采用空气提升泵从涡流式沉砂池底部空气提升排砂，排砂时间每日一次，每次1～2小时，所需空气量为排砂量的15～20倍。

涡流式沉砂池平面布置如图10-11所示。

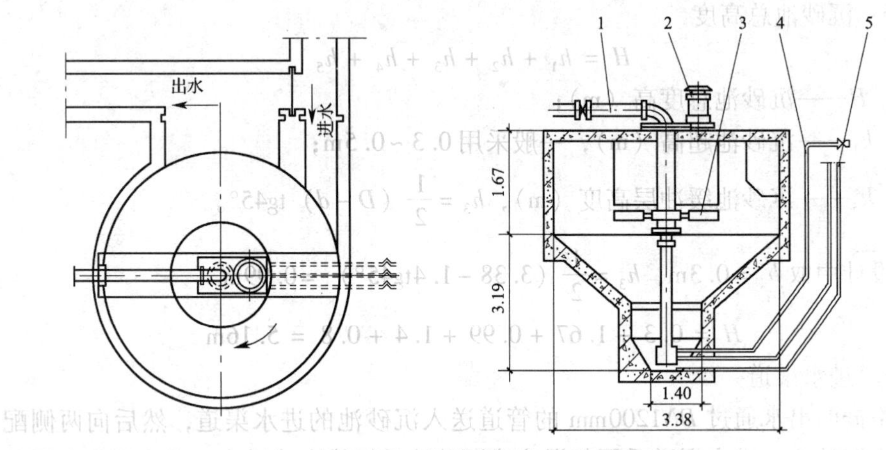

图10-11　涡流式沉砂池平面图

1—排渣管；2—驱动装置；3—叶轮；4—空气管；5—冲洗气管

10.3　初次沉淀池计算

初次沉淀池是借助于污水中的悬浮物质在重力的作用下可以下沉，从而与污水分离，初次沉淀池去除悬浮物40%～60%，去除BOD20%～30%。

初次沉淀池按照运行方式不同可分为平流沉淀池、竖流沉淀池、辐流沉淀池、斜板沉淀池。

10.3.1　平流沉淀池

平流沉淀池是利用污水从沉淀池一端流入，按水平方向沿沉淀池长度从另一端流出，污水在沉淀池内水平流动时，污水中的悬浮物在重力作用下沉淀，与污水分离。平流沉淀池由进水装置、出水装置、沉淀区、缓冲层、污泥区及排泥装置组成（见图10-12）。

设计中选择两组平流沉淀池，$N=2$ 组，每组平流沉淀池设计流量为 $0.498\mathrm{m^3/s}$，从沉砂池流来的污水进入配水井，经过配水井分配流量后流入平流沉淀池。

1. 沉淀池表面积

$$A=\frac{Q\times 3600}{q'}$$

式中　A——沉淀池表面积（$\mathrm{m^2}$）；

Q——设计流量（$\mathrm{m^3/s}$）；

q'——表面负荷〔$\mathrm{m^3/(m^2\cdot h)}$〕，一般采用 $1.5\sim3.0\mathrm{m^3/(m^2\cdot h)}$。

设计中取 $q'=2\mathrm{m^3/(m^2\cdot h)}$

$$A = \frac{0.498 \times 3600}{2} = 896.4\text{m}^2$$

2．沉淀部分有效水深

$$h_2 = q' \cdot t$$

式中　h_2——沉淀部分有效水深（m）；

t——沉淀时间（h），一般采用1.0～2.0h。

设计中取 $t=1.5\text{h}$

$$h_2 = 2 \times 1.5 = 3\text{m}$$

3．沉淀部分有效容积

$$V' = Q \cdot t \times 3600$$

$$V' = 0.498 \times 1.5 \times 3600 = 2678.4\text{m}^3$$

4．沉淀池长度

$$L = v \cdot t \times 3.6$$

式中　L——沉淀池长度（m）；

v——设计流量时的水平流速（mm/s），一般采用 $v \leqslant 5\text{mm/s}$。

设计中取 $v=5\text{mm/s}$

$$L = 5 \times 1.5 \times 3.6 = 27\text{m}$$

5．沉淀池宽度

$$B = \frac{A}{L}$$

式中　B——沉淀池宽度（m）。

$$B = 896.4/27 = 33.2\text{m}$$

6．沉淀池格数

$$n_1 = B/b$$

式中　n_1——沉淀池格数（个）；

b——沉淀池分格的每格宽度（m）。

设计中取 $b=4.8\text{m}$

$$n_1 = 33.2/4.8 = 6.9\text{个(取}n = 7)$$

7．校核长宽比及长深比

长宽比 $L/b=27:4.8=5.6>4$（符合长宽比大于4的要求，避免池内水流产生短流现象）。

长深比 $L/h_2=27:3=9>8$（符合长深比8～12之间的要求）。

8．污泥部分所需容积

（1）按设计人口计算

$$V = \frac{SNT}{1000 \cdot n}$$

式中　V——污泥部分所需容积（m^3）；

S——每人每日污泥量［L/(人·d)］，一般采用0.3~0.8L/(人·d)；

T——两次清除污泥间隔时间（d），一般采用重力排泥时，$T=1\sim2d$，采用机械刮泥排泥时，$T=0.05\sim0.2d$；

N——设计人口数（人）；

n——沉淀池组数。

设计中取$S=0.6L/人\cdot d$，采用重力排泥时，清除污泥间隔时间$T=1d$。

$$V=\frac{0.6\times480000\times1}{1000\times2}=144m^3$$

（2）按去除水中悬浮物计算

$$V=\frac{Q(C_1-C_2)86400T100}{K_2\gamma(100-p_0)n\times10^6}$$

式中　Q——平均污水流量（m^3/s）；

C_1——进水悬浮物浓度（mg/L）；

C_2——出水悬浮物浓度（mg/L），一般采用沉淀效率$\eta=40\%\sim60\%$；

K_2——生活污水量总变化系数；

γ——污泥容重（t/m^3），约为1；

p_0——污泥含水率（%）。

设计中取$T=1d$，$P_0=97\%$，$\eta=50\%$，$C_2=[100\%-50\%]\times C_1=0.5\times C_1$

$$V=\frac{0.717(407-0.5\times407)86400\times1\times100}{(100-97)\times2\times10^6}=210m^3$$

9. 每格沉淀池污泥部分所需容积

$$V'=V/n_1$$

式中　V'——每格沉淀池污泥部分所需的容积（m^3）。

$$V'=210/7=30m^3$$

10. 污泥斗容积

污泥斗设在沉淀池的进水端，采用重力排泥，排泥管伸入污泥斗底部，为防止污泥斗底部积泥，污泥斗底部尺寸一般小于0.5m，污泥斗倾角大于60°。

$$V_1=\frac{1}{3}h_4(a^2+a_1^2+aa_1)$$

式中　V_1——污泥斗容积（m^3）；

a——沉淀池污泥斗上口边长（m）；

a_1——沉淀池污泥斗下口边长（m），一般采用0.4~0.5m；

h_4——污泥斗高度（m）。

设计中取$a=4.8m$，$h_4=3.72m$，$a_1=0.5m$

$$V_1=\frac{1}{3}\times3.72(4.8\times4.8+0.5\times0.5+4.8\times0.5)=31.86m^3>30m^3$$

11. 沉淀池总高度

$$H = h_1 + h_2 + h_3 + h_4$$

式中　H——沉淀池总高度（m）；

h_1——沉淀池超高（m），一般采用0.3~0.5；

h_3——缓冲层高度（m），一般采用0.3m；

h_4——污泥部分高度（m），一般采用污泥斗高度与池底坡底 $i = 1\%$ 的高度之和。

设计中取 $h_4 = 3.72 + 0.01\ (27 - 4.8) = 3.94\text{m}$，$h_1 = 0.3\text{m}$，$h_3 = 0.3\text{m}$

$$H = 0.3 + 3 + 0.3 + 3.94 = 7.54\text{m}$$

12. 进水配水井

沉淀池分为2组，每组分为7格，每组沉淀池进水端设进水配水井，污水在配水井内平均分配，然后流进每组沉淀池。

配水井内中心管直径

$$D' = \sqrt{\frac{4Q}{\pi v_2}}$$

式中　D'——配水井内中心管直径（m）；

v_2——配水井内中心管上升流速（m/s），一般采用 $v_2 \geqslant 0.6\text{m/s}$。

设计中取 $v_2 = 0.7\text{m/s}$

$$D' = \sqrt{\frac{4 \times 0.996}{\pi \times 0.7}} = 1.35\text{m}$$

配水井直径

$$D_3 = \sqrt{\frac{4Q}{\pi v_3} + D'^2}$$

式中　D_3——配水井直径（m）；

v_3——配水井内污水流速（m/s），一般取 $v = 0.2 \sim 0.4\text{m/s}$。

设计中取 $v_3 = 0.3\text{m/s}$

$$D_3 = \sqrt{\frac{4 \times 0.996}{\pi \times 0.3} + 1.35^2} = 2.44\text{m}$$

13. 进水渠道

沉淀池分为两组，每组沉淀池进水端设进水渠道，配水井接出的 DN1000 进水管从进水渠道中部汇入，污水沿进水渠道向两侧流动，通过潜孔进入配水渠道，然后由穿孔花墙流入沉淀池。

$$v_1 = Q/B_1 H_1$$

式中　v_1——进水渠道水流流速（m/s），一般采用 $v_1 \geqslant 0.4\text{m/s}$；

B_1——进水渠道宽度（m）；

H_1——进水渠道水深（m），$B_1 : H_1$ 一般采用0.5~2.0。

设计中取 $B_1 = 1.0\text{m}$，$H_1 = 0.8\text{m}$

$$v_1 = 0.498/1.0 \times 0.8 = 0.62\text{m/s} > 0.4\text{m/s}$$

14. 进水穿孔花墙

进水采用配水渠道通过穿孔花墙进水，配水渠道宽0.5m，有效水深0.8m，穿孔花墙的开孔总面积为过水断面面积的6%～20%，则过孔流速为

$$V_2 = \frac{Q}{B_2 h_2 n_1}$$

式中　v_2——穿孔花墙过孔流速（m/s），一般采用0.05～0.15m/s；

B_2——孔洞的宽度（m）；

h_2——孔洞的高度（m）；

n_1——孔洞数量（个）。

设计中取 $B_2 = 0.2\text{m}$，$h_2 = 0.4\text{m}$，$n_1 = 10$ 个

$$v_2 = 0.498/10 \times 0.2 \times 0.4 \times 7 = 0.09\text{m/s}$$

15. 出水堰

沉淀池出水经过出水堰跌落进入出水渠道，然后汇入出水管道排走。出水堰采用矩形薄壁堰，堰后自由跌落水头0.1～0.15m，堰上水深 H 为

$$Q = m_0 bH\sqrt{2gH}$$

式中　m_0——流量系数，一般采用0.45；

b——出水堰宽度（m）；

H——出水堰顶水深（m）。

$$0.498/7 = 0.45 \times 4.8 \times H\sqrt{2gH}$$

$$H = 0.038\text{m}$$

出水堰后自由跌落采用0.15m，则出水堰水头损失为0.188m。

16. 出水渠道

沉淀池出水端设出水渠道，出水管与出水渠道连接，将污水送至集水井。

$$v_3 = Q/B_3H_3$$

式中　v_3——出水渠道水流流速（m/s），一般采用 $v_3 \geqslant 0.4\text{m/s}$；

B_3——出水渠道宽度（m）；

H_3——出水渠道水深（m），$B_3 : H_3$ 一般采用0.5～2.0。

设计中取 $B_3 = 1.0\text{m}$，$H_3 = 0.8\text{m}$

$$v_3 = 0.498/1.0 \times 0.8 = 0.62\text{m/s} > 0.4\text{m/s}$$

出水管道采用钢管，管径 $DN = 1000\text{mm}$，管内流速 $v = 0.64\text{m/s}$，水力坡降 $i = 0.479‰$。

17. 进水挡板、出水挡板

沉淀池设进水挡板和出水档板，进水挡板距进水穿孔花墙0.5m，挡板高出水面0.3m，伸入水下0.8m。出水挡板距出水堰0.5m，挡板高出水面0.3m，伸

入水下0.5m。在出水挡板处设一个浮渣收集装置，用来收集拦截的浮渣。

18. 排泥管

沉淀池采用重力排泥，排泥管直径 DN300mm，排泥时间 $t_4=20$min，排泥管流速 $v_4=0.82$m/s，排泥管伸入污泥斗底部。排泥管上端高出水面0.3m，便于清通和排气。排泥静水压头采用1.2m。

19. 刮泥装置

沉淀池采用行车式刮泥机，刮泥机设于池顶，刮板伸入池底，刮泥机行走时将污泥推入污泥斗内。

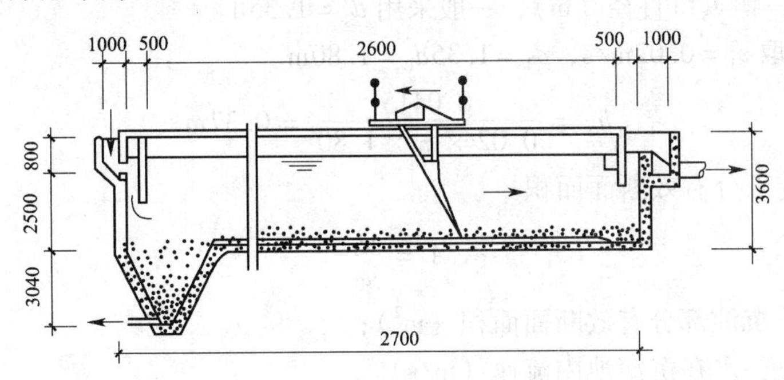

图10-12　平流沉淀池剖面图

10.3.2　竖流沉淀池

竖流沉淀池是利用污水从沉淀池中心管流入，沿着中心管向下流动，经中心管下部的反射板折向上方流动，污水以流速 v 自下向上流动，污水中的颗粒以沉速 u 向下沉降，当 $u>v$ 时颗粒开始下沉，$u=v$ 时颗粒悬浮污水中，$u<v$ 时，颗粒随污水流出。上升至沉淀池顶部的污水用设在沉淀池四周的锯齿型三角堰溢流入集水槽排出。竖流沉淀池由进水装置、中心管、出水装置、沉淀区、污泥斗及排泥装置组成，见图10-13。

设计中选择4组竖流沉淀池，$N=4$ 组，每组分为6格，每格的设计流量为0.0415m³/s。从沉砂池流来的污水进入集配水井，经过集配水井分配流量后流入竖流沉淀池。

1. 中心进水管面积

$$A_0=\frac{Q}{v_0}$$

式中　A_0——沉淀池中心进水管面积（m²）；

Q——设计流量（m³/s）；

v_0——中心进水管流速（m/s），一般采用 $v\leq0.03$m/s。

设计中取 $v=0.03$m/s。

$$A_0 = \frac{0.0415}{0.03} = 1.38\text{m}^2$$

2. 中心进水管嗽叭口与反射板之间的缝隙高度

$$h_3 = \frac{Q}{v_1 \pi d_1}$$

式中　h_3——中心进水管喇叭口与反射板之间的板缝高度（m）；

v_1——污水从中心管喇叭口与反射板之间缝隙流出速度（m/s），一般采用0.02～0.03m/s；

d_1——喇叭口直径（m），一般采用 $d_1 = 1.35\text{d}$。

设计中取 $v_1 = 0.02\text{m/s}$，$d_1 = 1.35d_0 = 1.80\text{m}$。

$$h_3 = \frac{0.0415}{0.02 \times \pi \times 1.80} = 0.37\text{m}$$

3. 沉淀部分有效断面面积

$$A = \frac{Q}{v}$$

式中　A——沉淀部分有效断面面积（m^2）；

v——污水在沉淀池内流速（m/s）。

设计中取 $q' = 2.5\text{m}^3/\text{m}^2 \cdot \text{h}$，$v = q' = 0.0007\text{m/s}$。

$$A = \frac{0.0415}{0.0007} = 59.28\text{m}^2$$

4. 沉淀池边长

$$B = \sqrt{A + A_0}$$

式中　B——沉淀池边长（m），一般采用 $B \leqslant 8 \sim 10\text{m}$。

$$B = \sqrt{59.28 + 1.38} = 7.79 < 8\text{m}$$

5. 沉淀池有效水深

$$h_2 = vt \times 3600$$

式中　h_2——沉淀池有效水深（m）；

t——沉淀时间，一般采用1～2h。

设计中取 $t = 1.5\text{h}$

$$h_2 = 0.0007 \times 1.5 \times 3600 = 3.78\text{m}$$

校核沉淀池边长与水深之比，$B/h_2 = 7.79/3.78 = 2.06 < 3$

6. 污泥部分所需容积

（1）按设计人口计算

$$V = \frac{SNT}{1000 \cdot n}$$

式中　V——污泥部分所需容积（m^3）；

S——每人每日污泥量［L/(人·d)］，一般采用0.3～0.8L/(人·d)；

T——两次清除污泥间隔时间（d），一般采用重力排泥时，$T=1\sim2$d，采用机械刮泥排泥时，$T=0.05\sim0.2$d；

N——设计人口数（人）；

n——沉淀池组数。

设计中取$S=0.6$L/(人·d)，采用重力排泥时，清除污泥间隔时间$T=1$d。

$$V=\frac{0.6\times480000\times1}{1000\times4}=72\text{m}^3$$

（2）按去除水中悬浮物计算

$$V=\frac{Q(C_1-C_2)86400T100}{K_2\gamma(100-p_0)n\times10^6}$$

式中 Q——设计流量（m^3/s）；

C_1——进水悬浮物浓度（mg/L）；

C_2——出水悬浮物浓度（mg/L），一般采用沉淀效率$\eta=40\%\sim60\%$；

K_2——生活污水量总变化系数；

γ——污泥容重（t/m^3），约为1；

p_0——污泥含水率（%）。

设计中取$T=1$d，$P_0=97\%$，$\eta=50\%$，$C_2=[100\%-50\%]\times C_1=0.5\times C_1$

$$V=\frac{0.717(0.407-0.5\times0.407)\times86400\times1\times100}{(100-97)\times4\times10^6}=105\text{m}^3$$

7. 每格沉淀池污泥部分所需容积

$$V'=V/n_1$$

式中 V'——每格沉淀池污泥部分所需的容积（m^3）。

$$V'=105/6=17.5\text{m}^3$$

8. 污泥斗容积

污泥斗设在沉淀池的底部，采用重力排泥，排泥管伸入污泥斗底部，为防止污泥斗底部积泥，污泥斗底部边长尺寸一般小于0.5m，污泥斗倾角大于60°。

$$v_1=\frac{1}{3}h_4(a^2+a_1^2+aa_1)$$

式中 v_1——污泥斗容积（m^3）；

a——沉淀池污泥斗上口边长（m）；

a_1——沉淀池污泥斗下口边长（m），一般采用0.5m；

h_4——污泥斗高度（m）。

设计中取$a=7.79$m，$h_4=6.3$m，$a_1=0.5$m

$$V_1=\frac{1}{3}\times6.3(7.79\times7.79+0.5\times0.5+7.79\times0.5)$$

$$=148\text{m}^3>17.5\text{m}^3$$

9. 沉淀池总高度

$$H = h_1 + h_2 + h_3 + h_4 + h_5$$

式中　H——沉淀池总高度（m）；

h_1——沉淀池超高（m），一般采用0.3～0.5m；

h_4——沉淀池缓冲层高度（m），一般采用0.3m；

h_5——污泥部分高度（m）。

设计中取 $h_1 = 0.3$m，因为污泥面较低，取缓冲层高度 $h_4 = 0$

$$H = 0.3 + 3.78 + 0.37 + 0 + 6.3 = 10.75\text{m}$$

10. 进水集配水井

沉淀池分为4组，每组分为6格，沉淀池进水端设集配水井，污水在集配水井内部的配水井内平均分配，然后流进每组沉淀池。

配水井内中心管直径

$$D' = \sqrt{\frac{4Q}{\pi v_2}}$$

式中　D'——配水井内中心管直径（m）；

v_2——配水井内中心管上升流速（m/s），一般采用 $v_2 \geqslant 0.6$m/s；

设计中取 $v_2 = 0.7$m/s

$$D' = \sqrt{\frac{4 \times 0.996}{\pi \times 0.7}} = 1.35\text{m}$$

配水井直径

$$D_3 = \sqrt{\frac{4Q}{\pi v_3} + D^2}$$

式中　D_3——配水井直径（m）；

v_3——配水井流速（m/s），一般采用 $v_3 = 0.2 \sim 0.4$m/s。

设计中取 $v_3 = 0.3$m/s

$$D_3 = \sqrt{\frac{4 \times 0.996}{\pi \times 0.3} + 1.35^2} = 2.44\text{m}$$

11. 进水渠道

沉淀池分为4组，每组流量为0.249m^3/s，每组设一个进水渠道，污水进入进水渠道后由沉淀池中心管流入沉淀池。

进水渠道宽度0.7m，进水渠道水深0.6m，渠道内水流流速0.59m/s。

12. 出水堰

沉淀池出水经过出水堰跌落进入出水渠道，然后汇入出水管道排入集配水井外部的集水井内。出水堰采用单侧90°三角形出水堰，三角堰顶宽0.16m，深0.08m，间距0.1m，每格沉淀池有112个三角堰，每组沉淀池有672个三角堰。三角堰有效水深0.04m，堰后自由跌落0.1～0.15m，三角堰流量为

$$Q_1 = 1.43H_1^{5/2}$$

式中　Q_1——三角堰流量（m^3/s）；

H_1——三角堰水深（m）；

$$Q_1 = 1.43 \times 0.04^{5/2} = 0.0004576m^3/s$$

每组沉淀池的三角堰流量为 $0.0004576 \times 672 = 0.308m^3/s > 0.249 m^3/s$，三角堰后自由跌落 0.15m，则出水堰水头损失为 0.19m。

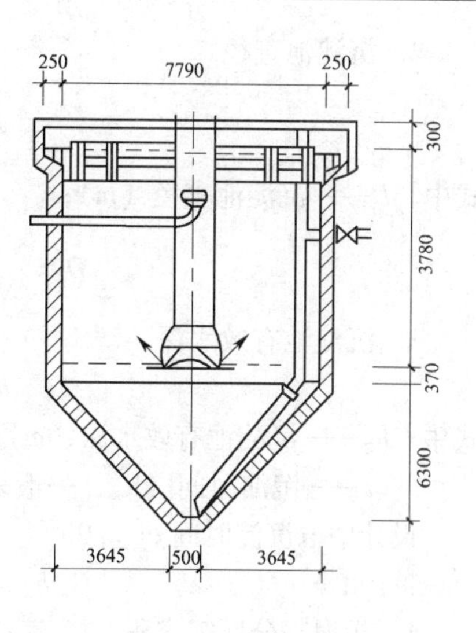

图 10-13　竖流沉淀池剖面图

13. 出水渠道

出水渠道设在沉淀池四周，收集三角堰出水，出水渠道宽 0.25m，深 0.40m，有效水深 0.20m，水平流速 0.42m/s。出水渠道将三角堰出水汇集送入出水管，出水管道采用钢管，管径 DN300mm，管内流速 0.59m/s。

14. 排泥管

沉淀池采用重力排泥，排泥管直径 DN300mm，排泥静水压头采用 1.2m，连续将污泥排出池外贮泥池内。

10.3.3　辐流沉淀池

辐流沉淀池是利用污水从沉淀池中心管进入，沿中心管四周花墙流出。污水由池中心向池四周辐射流动，流速由大变小，水中的悬浮物在重力作用下下沉至沉淀池底部，然后用刮泥机将污泥推至污泥斗排走，或用吸泥机将污泥吸出排走。辐流沉淀池由进水装置、中心管、穿孔花墙、沉淀区、出水装置、污泥斗及排泥装置组成，见图 10-14。

设计中选择二组辐流沉淀池，$N = 2$ 组，每组设计流量为 $0.498m^3/s$，从沉砂池流来的污水进入集配水井，经过集配水井分配流量后流入辐流沉淀池。

1. 沉淀部分有效面积

$$F = \frac{Q \times 3600}{q'}$$

式中　F——沉淀部分有效面积（m^2）；

Q——设计流量（m^3/s）；

q'——表面负荷［$m^3/(m^2 \cdot h)$］，一般采用 $1.5 \sim 3.0m^3/(m^2 \cdot h)$。

设计中取沉淀池的表面负荷 $q' = 2m^3/m^2 \cdot h$

$$F = \frac{0.498 \times 3600}{2} = 897m^2$$

2. 沉淀池直径

$$D = \sqrt{\frac{4F}{\pi}}$$

式中 D——沉淀池直径（m）；

$$D = \sqrt{\frac{4 \times 897}{\pi}} = 34\text{m}$$

3. 沉淀池有效水深

$$h_2 = q' \times t$$

式中 h_2——沉淀池有效水深（m）；

t——沉淀时间（h），一般采用1~3h。

设计中取沉淀时间 $t=2.0\text{h}$

$$h_2 = 2 \times 2 = 4\text{m}$$

4. 污泥部分所需容积

（1）按设计人口计算

$$V = \frac{SNT}{1000 \cdot n}$$

式中 V——污泥部分所需容积（m^3）；

S——每人每日污泥量［L/(人·d)］，一般采用0.3~0.8L/(人·d)；

T——两次清除污泥间隔时间（d），一般采用重力排泥时，$T=1\sim2\text{d}$，采用机械刮泥排泥时，$T=0.05\sim0.2\text{d}$；

N——设计人口数（人）；

n——沉淀池组数。

设计中 $S=0.6$L/人·d，采用机械刮泥排泥时，清除污泥间隔时间 $T=0.1\text{d}$。

$$V = \frac{0.6 \times 480000 \times 0.1}{1000 \times 2} = 14.4\text{m}^3$$

（2）按去除水中悬浮物计算

$$V = \frac{Q(C_1 - C_2)86400T100}{K_2\gamma(100 - p_0)n \times 10^6}$$

式中 Q——设计流量（m^3/s）；

C_1——进水悬浮物浓度（mg/L）；

C_2——出水悬浮物浓度（mg/L），一般采用沉淀效率 $\eta=40\%\sim60\%$；

K_2——生活污水量总变化系数；

γ——污泥容重（t/m^3），约为1；

p_0——污泥含水率（%）。

设计中取 $T=0.1\text{d}$，$P_0=97\%$，$\eta=50\%$，$C_2=[100\%-50\%]\times C_1=0.5\times C_1$

$$V=\frac{0.717(407-0.5\times407)\times86400\times0.1\times100}{(100-97)\times2\times10^{6}}=21\text{m}^{3}$$

辐流沉淀池采用周边传动刮泥机，周边传动刮泥机的周边线速度为2～3m/min，将污泥推入污泥斗，然后用静水压力将污泥排出池外。

5. 污泥斗容积

辐流沉淀池采用周边传动刮泥机，池底需做成2%的坡度，刮泥机连续转动将污泥推入污泥斗，设计中选择矩形污泥斗，污泥斗上口尺寸2m×2m，底部尺寸0.5m×0.5m，倾角为60°，有效高度1.35m。

污泥斗的容积

$$V_1=\frac{1}{3}h_5(a^2+aa_1+a_1^2)$$

式中　V_1——污泥斗容积（m^3）；

h_5——污泥斗高度（m）；

a——污泥斗上口边长（m）；

a_1——污泥斗底部边长（m），一般采用0.5m。

$$V_1=\frac{1}{3}\times1.35\times(2^2+2\times0.5+0.5^2)=2.36\text{m}^3$$

沉淀池底部圆锥体体积

$$V_2=\frac{1}{3}\pi h_4(R^2+Rr+r^2)$$

式中　V_2——沉淀池底部圆锥体体积（m^3）；

h_4——沉淀池底部圆锥体高度（m）；

R——沉淀池半径（m）；

r——沉淀池底部中心圆半径（m）。

设计中取 $h_4=0.32\text{m}$，$r=1\text{m}$。

$$V_2=\frac{1}{3}\pi\times0.32\times(17^2+17\times1+1^2)=102.82\text{m}^3$$

沉淀斗总容积

$$V_3=V_1+V_2$$

式中　V_3——污泥斗总容积（m^3）。

$$V_3=2.36+102.82=105.18>21\text{m}^3$$

6. 沉淀池总高度

$$L_1=h_1+h_2+h_3+h_4+h_5$$

式中　H——沉淀池总高度（m）；

h_1——沉淀池超高（m），一般采用0.3～0.5m；

h_3——沉淀池缓冲层高度（m），一般采用0.3m。

设计中取 $h_1=0.3\text{m}$，$h_3=0.3\text{m}$

$$H=0.3+4+0.3+\frac{1}{2}\times 34\times 0.05+1.3=6.75\text{m}$$

7. 进水集配水井

辐流沉淀池分为二组，在沉淀池进水端设集配水井，污水在集配水井中部的配水井平均分配，然后流进每组沉淀池。

配水井的中心管直径

$$D_2=\sqrt{\frac{4Q}{\pi v_2}}$$

式中 D_2——配水井内中心管直径（m）；

v_2——配水井内中心管上升流速（m/s），一般采用 $v_2\geqslant 0.6\text{m/s}$。

设计中取配水井中心管内污水流速 $v_2=0.7\text{m/s}$

$$D_2=\sqrt{\frac{4\times 0.996}{\pi\times 0.7}}=1.35\text{m}$$

配水井直径

$$D_3=\sqrt{\frac{4Q}{\pi v_3}+D_2^2}$$

式中 D_3——配水井直径（m）；

v_3——配水井内污水流速（m/s），一般取 $v=0.2\sim 0.4\text{m/s}$。

设计中取 $v_3=0.3\text{m/s}$

$$D_3=\sqrt{\frac{4\times 0.996}{\pi\times 0.3}+1.35^2}=2.44\text{m}$$

8. 进水管及配水花墙

沉淀池分为二组，每组沉淀池采用池中心进水，通过配水花墙和稳流罩向池四周流动。进水管道采用钢管，管径 $DN=1000\text{mm}$，管内流速 0.63m/s，水力坡度 $i=0.479‰$，进水管道顶部设穿孔花墙处的管径为 1400mm。

沉淀池中心管配水采用穿孔花墙配水，穿孔花墙位于沉淀池中心管上部，布置6个穿孔花墙，过孔流速

$$v_3=\frac{Q}{B_3h_3n_3}$$

式中 v_3——穿孔花墙过孔流速（m/s），一般采用 0.2~0.4m/s；

B_3——孔洞的宽度（m）；

h_3——孔洞的高度（m）；

n_3——孔洞数量（个）。

设计中取 $B_3=0.3\text{m}$，$h_3=0.8\text{m}$，$n=8$ 个。

$$v_3=0.498/8\times 0.3\times 0.8=0.26\text{m/s}$$

穿孔花墙向四周辐射平均布置，穿孔花墙四周设稳流罩，稳流罩直径3.0m，高2.0m，在稳流罩上平均分布ϕ100mm的孔洞306个，孔洞的总面积为稳流罩过水断面的15%。

9. 出水堰

沉淀池出水经过双侧出水堰跌落进入集水槽，然后汇入出水管道排入集水井。出水堰采用双侧90°三角形出水堰，三角堰顶宽0.16m，深0.08m，间距0.05m，外侧三角堰距沉淀池内壁0.4m，三角堰直径为33.2m，共有496个三角堰。内侧三角堰距挡渣板0.4m，三角堰直径为32.0m，共有478个三角堰。两侧三角堰宽度0.6m，三角堰堰后自由铁跌落0.1～0.15m，三角堰有效水深为

$$H_1 = 0.7Q_1^{2/5}$$

式中　Q_1——三角堰流量（m^3/s）；

H_1——三角堰水深（m），一般采用三角堰高度的$\frac{1}{2}\sim\frac{2}{3}$。

$$H_1 = \left(0.7 \times \frac{0.498}{496+478}\right)^{2/5} = 0.042m$$

三角堰堰后自由跌落0.15m，则堰水头损失0.192m。

10. 堰上负荷

$$q_1 = \frac{Q}{2 \times \pi D_1}$$

式中　q_1——堰上负荷［L/(s·m)］，一般小于2.9L/(s·m)；

D_1——三角堰出水渠道平均直径（m）。

$$q_1 = 0.498 \times 1000/2 \times \pi \times (34 - 1.4) = 2.43L/(s \cdot m) < 2.9L(s \cdot m)$$

11. 出水挡渣板

三角堰前设有出水浮渣挡渣板，利用刮泥机桁架上的浮渣刮板收集。挡渣板高出水面0.15m，伸入水下0.5m，在挡渣板旁设一个浮渣收集装置，采用管径DN300mm的排渣管排出池外。

12. 出水渠道

出水槽设在沉淀池四周，双侧收集三角堰出水，距离沉淀池内壁0.4m，出水槽宽0.6m，深0.7m，有效水深0.50m，水平流速0.83m/s。出水槽将三角堰出水汇集送入出水管道，出水管道采用钢管，管径DN1000mm，管内流速v_0 = 0.63m/s，水力坡度i=0.479‰。

13. 刮泥装置

沉淀池采用周边传动刮泥机，周边传动刮泥机的线速度为2～3m/min，刮泥机底部设有刮泥板，将污泥推入污泥斗，刮泥机上部设有刮渣板，将浮渣刮进排渣装置。

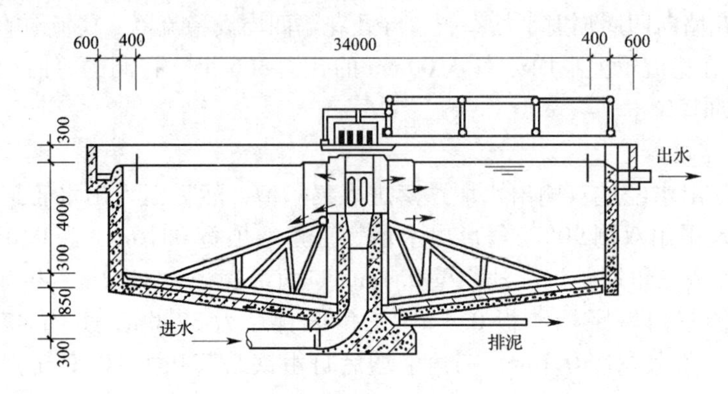

图10-14 辐流沉淀池剖面图

14. 排泥管

沉淀池采用重力排泥，排泥管管径 DN300mm，排泥管伸入污泥斗底部，排泥静压头采用1.2m，连续将污泥排出池外贮泥池内。

10.3.4 斜板沉淀池

斜板沉淀池是根据“浅层沉淀”理论，在沉淀池内加设斜板或斜管，以提高沉淀效率的一种沉淀池。斜板沉淀池具有沉淀效率高，停留时间短，占地少等优点。

斜板沉淀池是利用污水从沉淀池下部进入，沿沉淀池自下而上地通过池内设置的斜板，在斜板中污水向上流动至水面集水槽排出，污泥向下沉淀在斜板底部下滑至沉淀池底的污泥斗中。斜板沉淀池由进水装置，沉淀区，缓冲区，出水装置、污泥区及排泥装置组成，见图10-15。

设计中选择二组斜板沉淀池，$N=2$ 组，每组分为4格，每格设计流量 $0.1245\text{m}^3/\text{s}$，从沉砂池流来的污水进入集配水井，经过集配水井分配流量后流入斜板沉淀池。

1. 沉淀部分有效面积

$$F=\frac{Q\times 3600}{q'\times 0.91}$$

式中 F——沉淀部分有效面积（m^2）；

Q——设计流量（m^3/s）；

q'——表面负荷［$\text{m}^3/(\text{m}^2\cdot\text{h})$］，一般采用3~6$\text{m}^3/(\text{m}^2\cdot\text{h})$。

设计中取 $q'=4\text{m}^3/(\text{m}^2\cdot\text{h})$

$$F=0.1245\times 3600/4\times 0.91=123\text{m}^2$$

2. 沉淀池边长

$$a=\sqrt{F}$$

式中　a——沉淀池边长（m）；

$$a = \sqrt{123} = 11.1\text{m}$$

3．沉淀池内停留时间

$$t = \frac{(h_2 + h_3) \times 60}{q'}$$

式中　t——沉淀池内停留时间（min）；

h_2——斜板区上部水深（m），一般采用 0.5 ~ 1.0m；

h_3——斜板区高度（m），一般采用 0.866m。

设计中取 $h_2 = 1.0$m

$$t = \frac{(1 + 0.866) \times 60}{4} = 28\text{min}$$

4．污泥部分所需容积

（1）按设计人口计算

$$V = \frac{SNT}{1000 \cdot n}$$

式中　V——污泥部分所需容积（m^3）；

S——每人每日污泥量［L/（人·d）］，一般采用 0.3 ~ 0.8L/（人·d）；

T——两次清除污泥间隔时间（d），一般采用重力排泥时，$T = 2$d，采用机械刮泥排泥时，$T = 0.05 \sim 0.2$d；

N——设计人数（人）；

n——沉淀池组数。

设计中取 $S = 0.6$L/（人·d），采用重力排泥时，清除污泥间隔时间 $T = 1$d。

$$V = \frac{0.6 \times 480000 \times 1}{1000 \times 2}$$

$$= 144\text{m}^3$$

（2）按去除水中悬浮物计算

$$V = \frac{Q(C_1 - C_2)86400T100}{K_2\gamma(100 - p_0)n \times 10^6}$$

式中　Q——设计流量（m^3/s）；

C_1——进水悬浮物浓度（mg/L）；

C_2——出水悬浮物浓度（mg/L），一般采用沉淀效率 $\eta = 40\% \sim 60\%$；

K_2——生活污水量总变化系数；

γ——污泥容重（t/m^3），约为 1；

p_0——污泥含水率（%）。

设计中取 $T = 1$d，$P_0 = 97\%$，$\eta = 50\%$，$C_2 = [100\% - 50\%] \times C_1 = 0.5 \times C_1$

$$V = \frac{0.717(407 - 0.5 \times 407)86400 \times 1 \times 100}{(100 - 97) \times 2 \times 10^6} = 210\text{m}^3$$

5. 每格沉淀池污泥部分所需容积

$$V' = V/n_1$$

式中　V'——每格沉淀池部分所需的容积（m^3）；

$$V' = 210/6 = 35m^3$$

6. 污泥斗容积

污泥斗设在沉淀池的底部，采用重力排泥，排泥管伸入污泥斗底部，为防止污泥斗底部积泥，污泥斗底部尺寸一般小于0.5m，污泥斗倾角大于60%，污泥斗设在沉淀池的底部。

$$v_1 = \frac{1}{3}h_4(a^2 + a_1^2 + aa_1)$$

式中　v_1——污泥斗容积（m^3）；

a——沉淀池污泥斗上口边长（m）；

a_1——沉淀池污泥斗底部边长（m），一般采用0.5m；

h_4——污泥斗高度（m）。

设计中取4个污泥斗，每个污泥斗上口边长5.5m，污泥斗高在4.33m，污泥斗底边长0.5m，则

$$V_1 = \frac{1}{3} \times 4 \times 4.33(5.5 \times 5.5 + 0.5 \times 0.5 + 5.5 \times 0.5) = 191.96m^3 > 35m^3$$

7. 沉淀池总高度

$$H = h_1 + h_2 + h_3 + h_4 + h_5$$

式中　H——沉淀池总高度（m）；

h_1——沉淀池超高（m），一般采用0.3～0.5m；

h_4——斜板区底部缓冲层高度（m），一般采用0.5～1.0m。

设计中取h_1=0.3m，h_4=0.7m。

$$H = 0.3 + 1.0 + 0.866 + 0.7 + 4.33 = 7.196m$$

8. 进水集配水井

沉淀池分为2组，每组分为4格，沉淀池进水端设集配水井，污水在集配水井中部的配水井平均分配，然后流进每组沉淀池。

配水井内中心管直径

$$D_2 = \sqrt{\frac{4Q}{\pi v_2}}$$

式中　D_2——配水井内中心管直径（m）；

v_2——配水井内中心管上升流速（m/s），一般采用$v_2 \geq 0.6$m/s。

设计中取v_2=0.7m/s

$$D_2 = \sqrt{\frac{4 \times 0.996}{\pi \times 0.7}} = 1.35m$$

配水井直径

$$D_3 = \sqrt{\frac{4Q}{\pi v_3} + D^2}$$

式中　D_3——配水井直径（m）；

v_3——配水井流速（m/s），一般采用 $v_3 = 0.2 \sim 0.4$m/s。

设计中取 $v_3 = 0.3$m/s

$$D_3 = \sqrt{\frac{4 \times 0.996}{\pi \times 0.3} + 1.35^2} = 2.44\text{m}$$

9. 进水渠道

斜板沉淀池分为两组，每组沉淀池进水端设进水渠道，配水井来的进水管从进水渠道一端进入，污水沿进水渠道流动，通过潜孔进入配水渠道，然后由穿孔花墙流入斜板沉淀池。

$$v_1 = Q/B_1H_1$$

式中　v_1——进水渠道水流流速（m/s），一般采用 $v_1 \geqslant 0.4$m/s；

B_1——进水渠道宽度（m）；

H_1——进水渠道水深（m），$B_1 : H_1$ 一般采用 0.5 ~ 2.0。

设计中取 $B_1 = 1.0$m，$H_1 = 0.8$m

$$v_1 = 0.498/1.0 \times 0.8 = 0.62\text{m/s} > 0.4\text{m/s}$$

10. 进水穿孔花墙

进水采用穿墙进水，穿孔花墙的开孔总面积为过水断面的 6% ~ 20%，则过孔流速为

$$V_2 = \frac{Q}{B_2 h_2 n_1}$$

式中　v_2——穿孔花墙过孔流速（m/s），一般采用 0.05 ~ 0.15m/s；

B_2——孔洞的宽度（m）；

h_2——孔洞的高度（m）；

n_1——孔洞数量（个）。

设计中取 $B_2 = 0.2$m，$h_2 = 0.3$m，$n_1 = 26$ 个

$$v_2 = 0.498/26 \times 0.2 \times 0.3 \times 4 = 0.08\text{m/s}$$

11. 出水堰

沉淀池出水经过双侧出水堰跌落进入集水槽，然后流入出水管道排入集配水井外部的集水井内。出水堰采用双侧 90°三角形出水堰，三角堰顶宽 0.16m，深 0.08m，间隔 0.1m，共有 80 个三角堰。三角堰安装在集水槽的两侧，集水槽长 11.1m，宽 0.25m，深 0.45m，有效水深 0.25m，水流流速 0.50m/s，每格沉淀池有 4 组集水槽，间距 2.0m。三角堰后自由跌落 0.1 ~ 0.15m，三角堰有效水深为

$$H_1 = 0.7\theta^{2/5}$$

式中　Q_1——三角堰流量（m^3/s）；

H_1——三角堰水深（m），一般采用三角堰高度的$\frac{1}{2}\sim\frac{2}{3}$。

$$H_1 = \left(0.7 \times \frac{0.1245}{320}\right)^{2/5} = 0.038\text{m}$$

三角堰后自由跌落0.15m，则出水堰水头损失0.188m。

12. 出水渠道

斜板沉淀池出水需要均匀收集，避免短流，设计中采用双侧90°三角形出水堰，三角堰安装在4组集水槽两侧，集水槽将三角堰出水汇集送入出水渠道，出水渠道宽1.0m，有效水深0.8m，水流流速0.62m/s。

13. 排泥管

沉淀池采用重力排泥，排泥管直径DN300mm，排泥时间$t_4=20$分钟，排泥管流速$v_4=0.82$m/s，排泥管伸入污泥斗底部。排泥管上端高出水面0.3m，便于清通和排气。排泥静水压头采用1.2m。

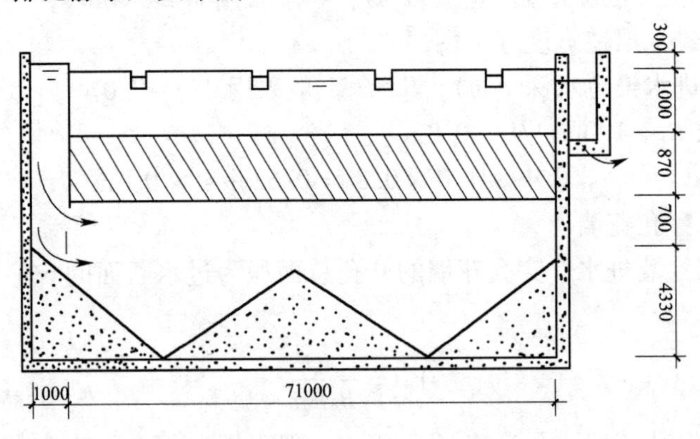

图10-15　斜板沉淀池剖面图

第11章　污水的生物处理

污水生物处理的设计条件为：

进入曝气池的平均流量 $Q_P=61935m^3/d$，最大设计流量 $Q_S=996L/s$。

污水中的 BOD_5 浓度为 285.75mg/L，假定一级处理对 BOD_5 的去除率为 25%，则进入曝气池中污水的 BOD_5浓度

$$S_a = S_Y \times (1-25\%)$$

式中　S_a——进入曝气池中污水 BOD_5浓度（mg/L）；

S_Y——原污水中 BOD_5浓度（mg/L）。

设计中 $S_Y=285.75mg/L$

$$S_a = 285.75 \times (1-25\%)$$

污水中的 SS 浓度为 407.24mg/L，假定一级处理对 SS 的去除率为 50%，则进入曝气池中污水的 SS 浓度

$$L_a = L_Y \times (1-50\%)$$

式中　L_a——进入曝气池中污水 SS 浓度（mg/L）；

L_Y——原污水中 SS 浓度（mg/L）。

设计中 $L_Y=407.24mg/L$

$$L_a = 407.24 \times (1-50\%) = 203.62mg/L$$

污水中的 TN 浓度为 30.79mg/L，TP 浓度为 4.66mg/L，水温 $T=20℃$。

11.1　传统活性污泥法工艺计算

传统活性污泥法，又称普通活性污泥法，污水从池子首端进入池内，二沉池回流的污泥也同步进入，废水在池内呈推流形式流至池子末端，流出池外进入二次沉淀池，进行泥水分离。污水在推流过程中，有机物在微生物的作用下得到降解，浓度逐渐降低。传统活性污泥法对污水处理效率高，BOD 去除率可达 90% 以上，是较早开始使用并沿用至今的一种运行方式。

11.1.1　污水处理程度计算

按照污水处理程度计算，污水经二级处理后，出水中 BOD_5 浓度小于 20mg/L，SS 浓度小于 20mg/L。由此，确定污水处理程度为：

$$\eta_{BOD_5} = \frac{214.31-20}{214.31} \times 100\% = 90.7\%$$

$$\eta_{SS}=\frac{203.62-20}{203.62}\times 100\% = 90.2\%$$

11.1.2　设计参数

1. BOD_5—污泥负荷率

$$N_S=\frac{K_2 S_e f}{\eta}$$

式中　N_S——BOD_5—污泥负荷率［$kgBOD_5/(kgMLSS \cdot d)$］；

K_2——有机物最大比降解速度与饱和常数的比值，一般采用0.0168～0.0281之间；

S_e——处理后出水中BOD_5浓度（mg/L），按要求应小于20mg/L；

f——MLVSS/MLSS值，一般采用0.7～0.8；

η——BOD_5的去除率。

设计中取$K_2=0.02$，$S_e=20$mg/L，$f=0.75$，$\eta=90.7\%$

$$N_S=\frac{0.02\times 20\times 0.75}{0.907}=0.33kgBOD_5/(kgMLSS \cdot d)$$

2. 曝气池内混合液污泥浓度

$$X=\frac{R\cdot r\cdot 10^6}{(1+R)\cdot SVI}$$

式中　X——混合液污泥浓度（mg/L）；

R——污泥回流比，一般采用25%～75%；

r——系数；

SVI——污泥容积指数，根据N_S，查图得SVI=120。

设计中取$R=50\%$，$r=1.2$

$$X=\frac{0.5\times 1.2\times 10^6}{(1+0.5)\times 120}=3333.3mg/L$$

11.1.3　平面尺寸计算

1. 曝气池的有效容积

$$V=\frac{QS_a}{N_S X}$$

式中　V——曝气池有效容积（m^3）；

Q——曝气池的进水量（m^3/d），按平均流量计算；

S_a——曝气池进水中BOD_5浓度值（mg/L）。

设计中$Q=61935m^3/d$，$S_a=214.31$mg/L

$$V=\frac{61935\times 214.31}{0.33\times 3333.3}=12066.7m^3$$

按规定，曝气池个数 N 不应少于 2，本设计中取 $N=2$，则每组曝气池有效容积

$$V_1 = \frac{V}{N}$$

式中　V_1——单座曝气池有效容积（m^3）。

$$V_1 = \frac{12066.7}{2} = 6033.4m^3$$

2. 单座曝气池面积

$$F = \frac{V_1}{H}$$

式中　F——单座曝气池表面积（m^2）；

H——曝气池的有效水深（m）。

设计中取 $H=4.2m$

$$F = \frac{6033.4}{4.2} = 1436.5m^2$$

3. 曝气池长度

$$L = \frac{F}{B}$$

式中　L——曝气池长度（m）；

B——曝气池宽度（m）。

设计中取 $B=5.0m$，$\frac{B}{H}=\frac{5.0}{4.2}=1.19$，介于 1~2 之间，符合规定

$$L = \frac{1436.5}{5.0} = 287.3m$$

$\frac{L}{B}=\frac{287.3}{5.0}=57.5>10$，符合规定。

曝气池共设 7 廊道，则每条廊道长 L_1 为

$L_1=\frac{L}{7}=\frac{287.3}{7}=41.04m$，设计中取 42m。

4. 曝气池总高度

$$H_{总} = H + h$$

式中　$H_{总}$——曝气池总高度（m）；

h——曝气池超高（m），一般采用 0.3~0.5m。

设计中取 $h=0.5m$

$$H_{总} = 4.2 + 0.5 = 4.7m$$

曝气池的平面布置如图 11-1 所示。

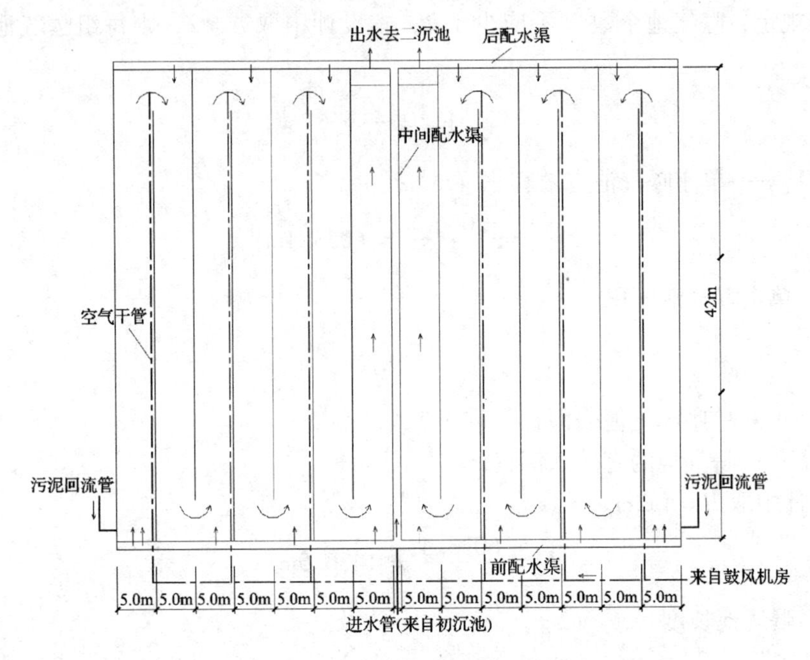

图 11-1　曝气池平面布置图

11.1.4　进出水系统

1. 曝气池进水设计

初沉池的出水通过 DN1200mm 的管道送入曝气池进水渠道，然后向两侧配水，污水在管道内的流速

$$v_1 = \frac{4Q_s}{\pi d^2}$$

式中　v_1——污水在管道内的流速（m/s）；

Q_s——污水的最大流量（m^3/s）；

d——进水管管径（m）。

设计中取 $d=1.2$m，$Q_s=0.996m^3/s$

$$v_1 = \frac{4\times0.996}{3.14\times1.2^2} = 0.88\text{m/s}$$

最大流量时，污水在渠道内的流速

$$v_2 = \frac{Q_s}{Nbh_1}$$

式中　v_2——污水在渠道内的流速（m/s）；

b——渠道的宽度（m）；

h_1——渠道内的有效水深（m）。

设计中取 $b=1.0\text{m}$，$h_1=1.0\text{m}$

$$v_2 = \frac{0.996}{2 \times 1.0 \times 1.0} = 0.498\text{m/s}$$

曝气池采用潜孔进水，所需孔口总面积

$$A = \frac{Q_s}{Nv_3}$$

式中　A——所需孔口总面积（m^2）；

v_3——孔口流速（m/s），一般采用 0.2 ~ 1.5m/s。

设计中取 $v_3=0.4\text{m/s}$

$$A = \frac{0.996}{2 \times 0.4} = 1.25\text{m}^2$$

设每个孔口尺寸为 0.5m × 0.5m，则孔口数

$$n = \frac{A}{a}$$

式中　n——孔口数（个）；

a——每个孔口的面积（m^2）。

$$n = \frac{1.25}{0.5 \times 0.5} = 5$$

孔口布置如图 11-2 所示。

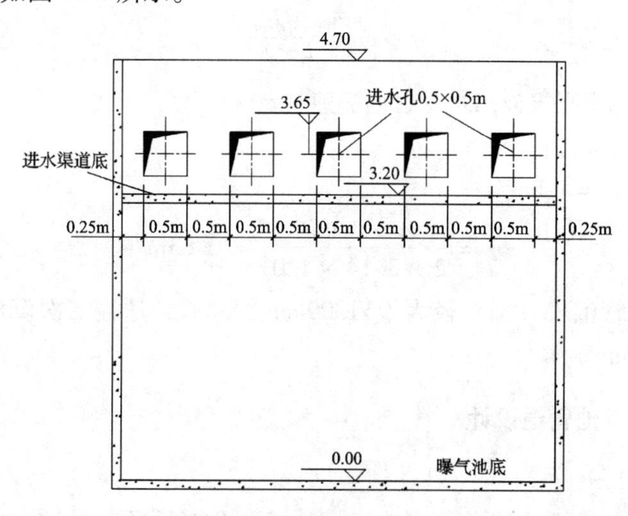

图 11-2　曝气池进水孔口布置图

在两组曝气池之间设中间配水渠，污水通过中间配水渠可以流入后配水渠（如图 11-1 所示），在前后配水渠上都设进水口，孔口尺寸为 0.5 × 0.5m，可以实现多点进水。这样，就可以根据实际的水质和运行情况，按照传统推流式活性污泥法、阶段曝气法、吸附—再生法等不同方式运行。

中间配水渠宽1.0m，有效水深1.0m，则渠内最大流速为：

$$\frac{0.996}{1.0\times1.0}=0.996\text{m/s}$$

设计中取中间配水渠的超高为0.3m，渠道总高为：1.0+0.3=1.3m。

2. 曝气池出水设计

曝气池出水采用矩形薄壁堰，跌落出水，堰上水头

$$H_1=\left(\frac{Q_1}{mb_2\sqrt{2g}}\right)^{\frac{2}{3}}$$

式中　H_1——堰上水头（m）；

Q_1——曝气池内总流量（m^3/s），指污水最大流量（$0.996m^3/s$）和回流污泥量（$0.717\times50\%\ m^3/s$）之和；

m——流量系数，一般采用0.4~0.5；

b——堰宽（m）；一般等于曝气池宽度。

设计中取 $m=0.4$，$b=5.0$m

$$H_1=\left(\frac{0.996+0.717\times50\%}{2\times0.4\times5\times\sqrt{2\times9.8}}\right)^{\frac{2}{3}}=0.18\text{m}$$

每组曝气池的出水管管径为1000mm，管内流速

$$v_4=\frac{4Q_s}{\pi Nd_1^2}$$

式中　v_4——每组曝气池出水管管内流速（m/s）；

d_1——出水管管径（m）。

设计中取 $d_1=1.0$m

$$v_4=\frac{4\times0.996}{2\times3.14\times1.0^2}=0.63\text{m/s}$$

两条出水管汇成一条直径为 *DN*1300mm 的总管，送往二次沉淀池，总管内的流速为0.75m/s。

11.1.5　其他管道设计

1. 中位管

曝气池中部设中位管，在活性污泥培养驯化时排放上清液。中位管管径为 *DN*600mm。

2. 放空管

曝气池在检修时，需要将水放空，因此应在曝气池底部设放空管，放空管管径为 *DN*500mm。

3. 污泥回流管

二沉池的污泥需要回流至曝气池首端，因此应设污泥回流管，污泥回流管管径

$$d_2 = \sqrt{\frac{4Q_2}{\pi v_5}}$$

式中　d_2——污泥回流管管径（m）；

Q_2——每组曝气池回流污泥量（m^3/s）；

v_5——回流污泥管内污泥流速（m/s），一般采用0.6～2.0m/s。

设计中取 $v_5 = 1.0m/s$

$$d_2 = \sqrt{\frac{4 \times 0.717 \times 0.5}{2 \times 3.14 \times 1.0}} = 0.48m$$，设计中取为500mm。

4. 消泡管

在曝气池隔墙上设置消泡水管，管径为 *DN*25mm，管上设阀门。消泡管是用来消除曝气池在运行初期和运行过程中产生的泡沫，消泡水采用自来水。

5. 空气管

曝气池内需设置空气管路，并设置空气扩散设备，起到充氧和搅拌混合的作用。详细内容参见第10节。

11.2　完全混合活性污泥法工艺计算

完全混合式活性污泥法，即污水与回流污泥进入曝气池后，立即与池内混合液充分混合，污染物浓度得到稀释，因而具有较强的抗冲击负荷能力，而且完全混合曝气池的池内需氧均匀，动力消耗低于推流式曝气池。但由于曝气池内有机物浓度低，使得生物降解推动力低，活性污泥较易产生膨胀现象，其处理水质一般低于传统的推流式活性污泥法。

11.2.1　设计参数

1. BOD_5—污泥负荷率

$$N_s = \frac{K_2 S_e f}{\eta}$$

式中　N_s——BOD_5—污泥负荷率［$kgBOD_5$/（kgMLSS·d）］；

K_2——有机物最大比降解速度与饱和常数的比值，一般采用0.0168～0.0281之间；

S_e——处理后出水中BOD_5浓度（mg/L）；按要求应小于20mg/L；

f——MLVSS/MLSS值，一般采用0.7～0.8；

η——BOD_5的去除率。

设计中取 $K_2 = 0.02$，$S_e = 20mg/L$，$f = 0.75$，$\eta = 90.7\%$

$$N_s = \frac{0.02 \times 20 \times 0.75}{0.907} = 0.33\text{kgBOD}_5/\text{kgMLSS} \cdot \text{d}$$

2. 曝气池内混合液污泥浓度

$$X = \frac{R \cdot r \cdot 10^6}{(1+R) \cdot \text{SVI}}$$

式中　X——混合液污泥浓度（mg/L）；

R——污泥回流比，一般采用100%～400%；

r——系数；

SVI——污泥容积指数，查图得SVI＝120。

设计中取$R=100\%$，$r=1.2$

$$X = \frac{1 \times 1.2 \times 10^6}{(1+1) \times 120} = 5000\text{mg/L}$$

11.2.2　平面尺寸计算

1. 曝气池的有效容积

$$V = \frac{QS_a}{N_s X}$$

式中　V——曝气池的有效容积（m^3）；

Q——曝气池的进水量（m^3/d），按平均流量计算；

S_a——曝气池进水中BOD_5浓度值。

设计中取$Q=61935m^3/d$，$S_a=214.31mg/L$

$$V = \frac{61935 \times 214.31}{0.33 \times 5000} = 8044.4\text{m}^3$$

完全混合曝气池可采用圆形或方形，直径或边长一般小于15～20m。每座曝气池的有效容积

$$V_1 = \frac{V}{N}$$

式中　V_1——每座曝气池的有效容积（m^3）；

N——曝气池个数。

设计中取$N=32$

$$V_1 = \frac{8044.4}{32} = 251.4\text{m}^3$$

2. 单座曝气池表面积

$$F = \frac{V_1}{H}$$

式中　F——每座曝气池的表面积（m^2）；

H——曝气池的有效水深（m），一般不大于4～5m。

设计中取 $H=4.0\text{m}$

$$F = \frac{251.4}{4} = 62.85\text{m}^2$$

3. 每座曝气池边长

曝气池采用正方形，边长

$$L = \sqrt{F}$$

式中 L——曝气池边长（m）。

$$L = \sqrt{62.85} = 7.93\text{m}，设计中取 L 为 8.0\text{m}。$$

4. 曝气池总高度

$$H_{总} = H + h$$

式中 $H_{总}$——曝气池总高度（m）；

h——超高（m），一般采用0.3~0.5m。

设计中取 $h=0.5\text{m}$

$$H_{总} = 4.0 + 0.5 = 4.5\text{m}$$

曝气池每8座为一列，共4列，其平面布置如图11-3所示。

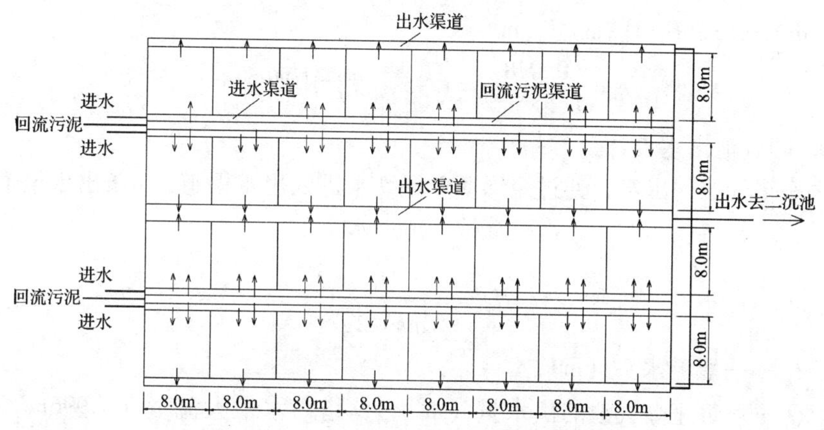

图11-3 完全混合式曝气池平面布置图

从上图中可以看出，每列曝气池都各自有一条进水渠道，每两列曝气池共用一条回流污泥渠道。进水渠道的宽度为0.8m，有效水深0.6m，回流污泥渠道的宽度为1.0m，有效水深1.0m。其断面图如图11-4所示。

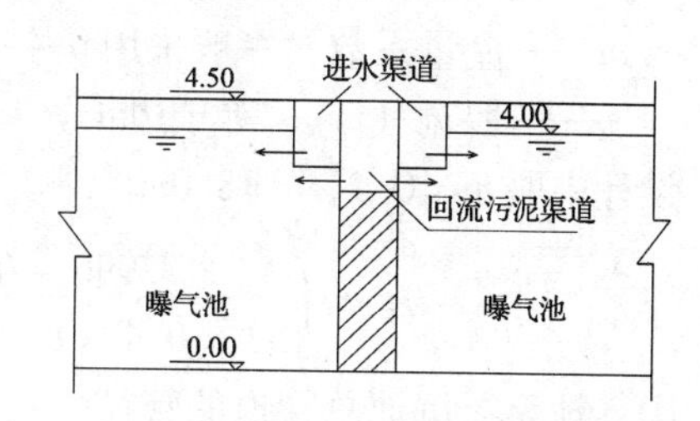

图11-4 进水渠道和回流污泥渠道断面图

11.2.3 进出水系统

1. 曝气池进水设计

初沉池的出水首先进入配水井，再通过4条 *DN*600mm 的管道进入曝气池的4条进水渠道。进水渠道的宽度为0.8m，有效水深0.6m，渠道内最大水流速度为0.52m/s。进水渠道内的污水通过潜孔分别进入8座曝气池，每座曝气池所需孔口总面积

$$A = \frac{Q_s}{4 \times 8 \times v_1}$$

式中　A——每座曝气池所需孔口总面积（m^2）；

Q_s——污水最大流量（m^3/s）；

v_1——孔口流速（m/s），一般采用0.2～1.5m/s。

设计中取 $v_1 = 0.4$m/s

$$A = \frac{0.996}{4 \times 8 \times 0.4} = 0.078\text{m}^2$$

设每个孔口的尺寸为：宽×高=0.2m×0.2m，则每座曝气池所需孔口数

$$n = \frac{A}{a}$$

式中　n——所需孔口数（个）；

a——每个孔口的面积（m^2）。

$$n = \frac{0.078}{0.2 \times 0.2} = 1.95\text{，设计中取2个。}$$

2. 曝气池出水设计

每座曝气池的出水，通过矩形薄壁堰跌水进入出水渠道，3条出水渠道的末端通过管道相连接，送往二次沉淀池。堰上水头

$$H_1 = \left(\frac{Q_1}{mb\sqrt{2g}}\right)^{\frac{2}{3}}$$

式中　H_1——堰上水头（m）；

Q_1——每座曝气池的出水量（m^3/s），指污水最大流量（0.996m^3/s）和回流污泥量（0.717m^3/s）之和；

m——流量系数，一般采用0.4～0.5；

b——堰宽（m）；等于边长。

设计中取 $m = 0.4$，$b = 8.0$m

$$H_1 = \left(\frac{0.996 + 0.717}{32 \times 0.4 \times 8 \times \sqrt{2 \times 9.8}}\right)^{\frac{2}{3}} = 0.024\text{m}$$

曝气池至二沉池总管道的管径

$$D = \sqrt{\frac{Q_1}{0.785 \times v_2}}$$

式中　D——管径（m）；

v_2——管内流速（m/s）。

设计中取 $v_2=1.0\text{m/s}$

$D=\sqrt{\dfrac{0.996+0.717}{0.785\times1}}=1.48\text{m}$，设计中取为 1.5m。

11.2.4　曝气设备

采用表面机械曝气装置。

1. 需氧量

$$R = R'\frac{QS_r}{1000N}$$

式中　R——需氧量（kgO_2/h）；

R'——去除每 $kgBOD_5$ 的需氧量［$kgO_2/(kgBOD_5)$］；

Q——污水平均流量（m^3/h）；

S_r——曝气池内去除的 BOD_5 浓度（mg/L）；

N——曝气池座数。

设计中取 $Q=2580.6\text{m}^3/\text{h}$，$R'=1kgO_2/kgBOD_5$，$S_r=214.31-20=194.31\text{mg/L}$，曝气池座数 $N=32$

$$R = 1\times\frac{2580.6\times(214.31\quad 20)}{1000\times32} = 15.67kgO_2/h$$

2. 充氧量

$$R_0 = \frac{RC_{s(20)}}{\alpha[\beta C_{sb(T)} - C]1.024^{(T-20)}}$$

式中　R_0——充氧量（kgO_2/h）；

α——系数，一般采用 0.5～0.95；

β——系数，一般采用 0.9～0.97；

C——曝气池内溶解氧浓度，一般采用 1.5～3.0mg/L；

T——设计温度；

$C_{S(20)}$——大气压力条件下，20℃时氧的饱和度（mg/L）；$C_{S(20)}=9.17\text{mg/L}$；

$C_{Sb(30)}$——水温为 30℃ 时，曝气池中溶解氧饱和度（mg/L）；$C_{Sb(30)}=8.54\text{mg/L}$。

设计中取 $\alpha=0.8$，$\beta=0.9$，$C=1.5\text{mg/L}$，$T=30℃$

$$R_0 = \frac{15.67\times9.17}{0.8\times[0.9\times8.54-1.5]\times1.024^{(30-20)}} = 22.91kgO_2/h$$

3. 表面机械曝气机的选择

选用泵型叶轮，当 $R_0=22.91$ 时，查图得叶轮直径为 950mm，取为 1000mm，所需功率为 7kW。每座曝气池内设一台，共 32 台。

11.3　缺氧—好氧生物脱氮工艺计算

在缺氧—好氧（A/O）活性污泥法中，污水首先进入缺氧池，再进入好氧池。好氧池的混合液与二沉池的沉淀污泥同时回流到缺氧池中，保证了缺氧池和好氧池中有足够的生物量，并使好氧池中硝化作用的产物——硝酸盐和亚硝酸盐回流到缺氧池中，污水的直接进入，为缺氧池中反硝化过程提供了充足的碳源，这都为反硝化的进行创造了良好的条件。缺氧池的出水，在好氧池中又可进一步进行有机物的降解和发生硝化作用。

A/O脱氮工艺具有流程简单、构筑物少、占地面积小、基建和运行费用低等优点，是目前采用比较广泛的一种脱氮工艺。

11.3.1　设计参数

1. BOD_5—污泥负荷率

缺氧—好氧生物脱氮工艺BOD_5—污泥负荷率N_S一般采用0.1～0.17kgBOD_5/kgMLSS·d，设计中取N_S=0.15kgBOD_5/kgMLSS·d，并查图得SVI值为150。

2. 曝气池内混合液污泥浓度

$$X = \frac{R \cdot r \cdot 10^6}{(1+R) \cdot SVI}$$

式中　X——混合液污泥浓度（mg/L）；

R——污泥回流比，一般采用50%～100%；

r——系数。

设计中取$R=100\%$，$r=1.0$

$$X = \frac{1 \times 1 \times 10^6}{(1+1) \times 150} = 3333\text{mg/L}$$

3. TN去除率

$$e = \frac{S_1 - S_2}{S_1} \times 100\%$$

式中　e——TN去除率（%）；

S_1——进水TN浓度（mg/L）；

S_2——出水TN浓度（mg/L）。

设计中取$S_2=15$mg/L

$$e = \frac{30.79 - 15}{30.79} \times 100\% = 51.3\%$$

4. 内回流倍数

$$R_{内} = \frac{e}{1-e}$$

式中　$R_{内}$——内回流倍数。

$R_{内}=\frac{0.513}{1-0.513}=1.05$，设计中取 $R_{内}$ 为 110% 可以满足脱氮要求。

11.3.2　平面尺寸计算

1. 曝气池有效容积

$$V=\frac{QS_a}{N_sX}$$

式中　V——曝气池有效容积（m^3）；

Q——曝气池的进水量（m^3/d），按平均流量计算；

S_a——曝气池进水中 BOD_5 浓度值（mg/L）。

设计中取 $Q=61935m^3/d$，$S_a=214.31mg/L$

$$V=\frac{61935\times214.31}{0.15\times3333}=26549.2m^3$$

2. A/O 池的平面尺寸

$$F=\frac{V}{H}$$

式中　F——池子总有效面积（m^2）；

H——池子有效水深（m）。

设计中取 $H=4.2m$

$$F=\frac{26549.2}{4.2}=6321.2m^2$$

每座曝气池有效面积

$$F_1=\frac{F}{N}$$

式中　F_1——每座池子有效面积（m^2）；

N——池子个数。

设计中取 $N=4$

$$F_1=\frac{6321.2}{4}=1580.3m^2$$

A/O 池采用推流式，则池长

$$L=\frac{F_1}{nB}$$

式中　L——池子长度（m）；

n——池子廊道数；

B——池子宽度（m）。

设计中取 $n=5$，$B=5.0m$

$$L = \frac{1580.3}{5 \times 5.0} = 63.21\text{m}$$

11.3.3　停留时间

$$T = \frac{V}{Q} \times 24$$

式中　T——污水停留时间（h）；

V——池子总容积（m^3）；

Q——平均进水量（m^3/d）。

$$T = \frac{26549.2}{61935} \times 24 = 10.3\text{h}$$

设A段与O段停留时间比为1∶4，则A段停留时间为2.06h，O段停留时间为8.24h。

A/O池的平面布置如图11-5所示。

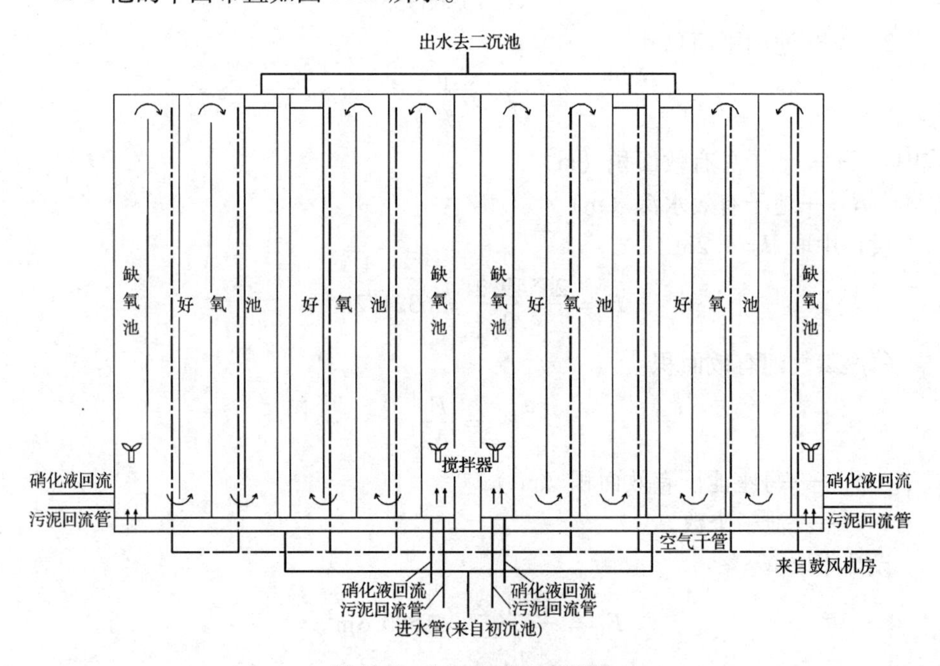

图11-5　A/O池平面布置图

在A/O池的5廊道中，设第一廊道为缺氧池，其余4廊道为好氧池，在缺氧池中廊道首端，进水、回流污泥、回流硝化液一同进入，通过螺旋搅拌器进行搅拌，使水混合均匀，并提供前进动力，在好氧池廊道中设置空气管道与空气扩散装置。

11.3.4　进出水系统

1. A/O池进水设计

A/O 池共 4 座，每 2 座为 1 组，共用 1 条进水渠道。初沉池的出水通过 *DN*1200mm 的管道送往 A/O 反应池，管内流速为 0.88m/s。在 A/O 池前设阀门井，由两条 *DN*800mm 进水管分别送入两组 A/O 反应池的进水渠道，管内流速为 0.99m/s。进水渠道的宽度为 0.8m，有效水深为 0.8m，最大流量时渠道内的流速

$$v_1 = \frac{Q_S}{4bh}$$

式中　v_1——最大流量时渠道内的流速（m/s）；

b——渠道的宽度（m）；

h——渠道内的有效水深（m）。

设计中取 $b=0.8\text{m}$，$h=0.8\text{m}$

$$v_1 = \frac{0.996}{4 \times 0.8 \times 0.8} = 0.389\text{m/s}$$

曝气池采用潜孔进水，每座反应池所需孔口总面积

$$A = \frac{Q_S}{4v_2}$$

式中　A——每座反应池所需孔口总面积（m^2）；

v_2——孔口流速（m/s），一般采用 0.2～1.5m/s。

设计中取 $v_2=0.2\text{m/s}$

$$A = \frac{0.996}{4 \times 0.2} = 1.25\text{m}^2$$

设每个孔口尺寸为 0.5×0.5m，则孔口数为 $\frac{1.25}{0.5 \times 0.5}=5$ 个。孔口布置如图 11-6 所示。

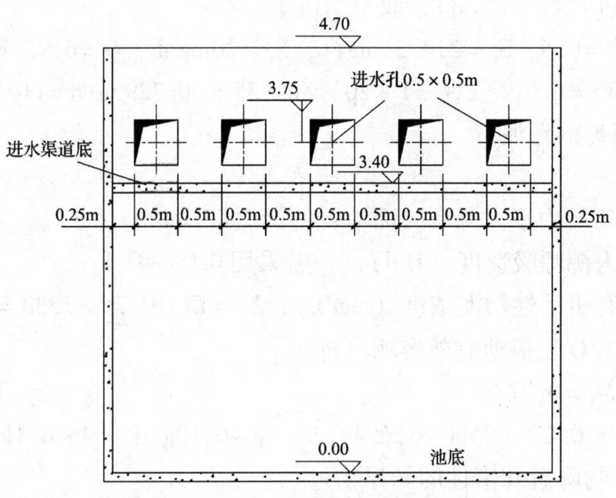

图 11-6　A/O 反应池进水孔口布置图

2. A/O池出水设计

曝气池出水采用矩形薄壁堰，跌落出水，堰上水头

$$H_1 = \left(\frac{Q_1}{mb_1\sqrt{2g}}\right)^{\frac{2}{3}}$$

式中　H_1——堰上水头（m）；

Q_1——每座反应池的总出水量（m^3/s），指污水最大流量（$0.996m^3/s$）、污泥回流量（$0.717m^3/s$）和内回流量（$0.717 \times 110\% m^3/s$）之和；

m——流量系数，一般采用0.4~0.5；

b——堰宽（m）；等于池宽。

设计中取 $m=0.4$，$b=5.0m$

$$H_1 = \left(\frac{0.996+0.717+0.717\times110\%}{4\times0.4\times5\times\sqrt{2\times9.8}}\right)^{\frac{2}{3}} = 0.174m，设计中取为0.2m。$$

每座A/O池的出水管管径为 $DN1000mm$，然后汇成一条直径为 $DN2000mm$ 的总管道，送往二次沉淀池，管道内的流速为0.82m/s。

11.3.5　剩余污泥量

1. 每日生成的污泥量

$$W_1 = Y(S_a - S_e)Q$$

式中　W_1——每日生成的污泥量（g/d）；

Y——污泥产率系数，一般采用0.5~0.7；

S_a——进水 BOD_5 浓度（mg/L）；

S_e——出水 BOD_5 浓度（mg/L），根据前面计算知；

Q——进水量（m^3/d），取平均流量。

设计中取 $Y=0.5$，$S_a=214.31mg/L$，$S_e=20mg/L$，$Q=61935m^3/d$

$$W_1 = 0.5\times(214.31-20)\times61935 = 6017295g/d = 6017.3kg/d$$

2. 每日消耗的污泥量

$$W_2 = K_d X_v V$$

式中　W_2——每日由于内源呼吸而消耗的污泥量（g/d）；

K_d——内源呼吸速度（1/d），一般采用0.05~0.1；

X_V——有机活性污泥浓度（mg/L）；$X_V = fX = 0.75\times3333 = 2500mg/L$；

V——A/O反应池有效容积（m^3）。

设计中取 $K_d = 0.07/d$

$$W_2 = 0.07\times2500\times26549.2 = 4646110g/d = 4646.1kg/d$$

3. 不可生物降解和惰性的悬浮物量

进入A/O池的污水中，不可生物降解和惰性的悬浮物量 W_3 约占总SS的

30%，即

$$W_3 = (P_a - P_e) \times 30\% Q$$

式中　P_a——进水SS浓度（mg/L）；

P_e——出水SS浓度（mg/L）；

Q——进水流量（m^3/d）。

设计中取 $P_a = 203.62mg/L$，$P_e = 20mg/L$，$Q = 61935m^3/d$

$W_3 = (203.62 - 20) \times 30\% \times 61935 = 3411751.4g/d = 3411.8kg/d$

4. 剩余污泥产量

$$W = W_1 - W_2 + W_3$$

式中　W——每日剩余污泥产量（kg/d）。

$$W = 6017.3 - 4646.1 + 3411.8 = 4783kg/d$$

污泥的含水率按99.2%计，则剩余污泥量

$$q = \frac{W}{1000(1 - 0.992)}$$

式中　q——剩余污泥量（m^3/d）。

$$q = \frac{4783}{1000 \times (1 - 0.992)} = 597.9m^3/d$$

5. 污泥龄

$$t_S = \frac{VX}{W}$$

式中　t_S——污泥龄（d）；

X——污泥浓度（g/L）。

$$t_S = \frac{26549.2 \times 3.333}{4783} = 18.5d > 10d,满足要求。$$

11.3.6　需氧量

$$O_2 = aS_r + bN_r - bN_D - cW$$

式中　O_2——需氧量（kg/d）；

a、b、c——分别为BOD、NH_4^+—N和活性污泥氧的当量，数值分别为1，4.6，1.42；

S_r——BOD去除量（kg/d），

$$S_r = \frac{214.31 - 20}{1000} \times 61935 = 12034.6kg/d;$$

N_r——NH_4^+—N去除量（kg/d），设进水中TN均为NH_4^+—N形式，且全部被转化去除，$N_r = \frac{30.79 - 0}{1000} \times 61935 = 1907kg/d$；

N_D——NO_X—N脱氮量（kg/d），脱氮率为66.7%，

$$N_D = \frac{30.79 \times 66.7\%}{1000} \times 61935 = 1272\text{kg/d};$$

W——每天生成活性污泥量（kg/d），W = 4783kg/d。

$O_2 = 1 \times 12034.6 + 4.6 \times 1907 - 4.6 \times 1272 - 1.42 \times 4783 = 8163.7\text{kg/d}$。

曝气系统计算参见11.10。

11.4　厌氧—好氧除磷工艺计算

在厌氧—好氧除磷工艺中，污水和污泥顺次经厌氧区和好氧区，回流污泥在厌氧区可吸附去除一部分有机物，并释放出部分的磷；在好氧区，废水中的有机物得到好氧降解，同时污泥中的摄磷菌将过量摄取废水中的磷，部分富磷污泥以剩余污泥的形式排出，实现了对磷的去除。

11.4.1　设计参数

1. BOD_5—污泥负荷率

根据劳—麦式方程：

$$\frac{1}{\theta_c} = YN_S - K_d$$

式中　θ_c——污泥龄（d），一般采用5～10d；

Y——污泥产率系数［kgVSS/(kgBOD_5)］，一般采用0.5～0.7；

N_S——BOD_5—污泥负荷率［kgBOD_5/(kgMLSS·d)］；

K_d——内源呼吸系数（d^{-1}）；一般采用0.05～0.1。

设计中取 $\theta_c = 8$d，$Y = 0.6$，$K_d = 0.05$

$N_S = 0.292$（kgBOD_5/kgMLSS·d）>0.1，满足要求

2. 水力停留时间

$$t = \frac{\theta_c}{X_v} \times \frac{Y(S_0 - S_e)}{1 + K_d\theta_c}$$

式中　t——水力停留时间（d）；

S_0——进水中BOD_5浓度（mg/L）；

S_e——出水中BOD_5浓度（mg/L）；

X_v——曝气池内活性污泥浓度（mg/L），一般采用2000～4000。

设计中取 $X_v = 3000$，$S_0 = 214.31$mg/L，$S_e = 20$mg/L

$$t = \frac{8}{3000} \times \frac{0.6 \times (214.31 - 20)}{1 + 0.05 \times 8} = 0.222\text{d} = 5.33\text{h}$$

3. 回流污泥浓度

$$X_r = \frac{10^6}{\text{SVI}} \cdot r$$

式中　X_r——回流污泥浓度（mg/L）；

SVI——污泥容积指数，根据 N_S 值，查图得 SVI = 100；

r——系数，一般采用 $r = 1.2$。

$$X_r = \frac{10^6}{100} \times 1.2 = 12000\text{mg/L}$$

4. 污泥回流比

$$\frac{1}{\theta_c} = \frac{1}{t} \cdot \left(1 + R - R \cdot \frac{X'_r}{X_v}\right)$$

式中　R——污泥回流比；

X'_r——回流污泥活性污泥浓度（mg/L），$X'_r = fX_r = 0.75 \times 12000 = 9000\text{mg/L}$。

$$\frac{1}{8} = \frac{1}{0.222} \times \left(1 + R - R \times \frac{9000}{3000}\right)$$

解得 $R = 0.486$，设计中取 $R = 0.5$。

11.4.2　平面尺寸计算

1. 总有效容积

$$V = 3600 Q_S t$$

式中　V——曝气池总有效容积（m^3）；

Q_S——最大设计流量（m^3/s）；

t——水力停留时间（h）。

$$V = 3600 \times 0.996 \times 5.33 = 19111\text{m}^3$$

2. 厌氧—好氧曝气池的平面尺寸

曝气池的总面积

$$A = \frac{V}{h}$$

式中　A——曝气池的总面积（m^2）；

h——曝气池的有效水深（m）。

设计中取 $h = 4.2$m

$$A = \frac{19111}{4.2} = 4550\text{m}^2$$

设厌氧—好氧曝气池共 2 组，则每组曝气池的面积

$$A_1 = \frac{A}{2}$$

式中　A_1——每组曝气池的面积（m^2）。

$$A_1 = \frac{4550}{2} = 2275\text{m}^2$$

设每组厌氧—好氧曝气池共 7 廊道，前 2 廊道为厌氧段，后 5 廊道为好氧

段，每廊道宽取5.0m，则每廊道长L为：

$$L = \frac{2275}{5.0 \times 7} = 65\text{m}$$

厌氧—好氧曝气池的平面布置如图11-7所示。

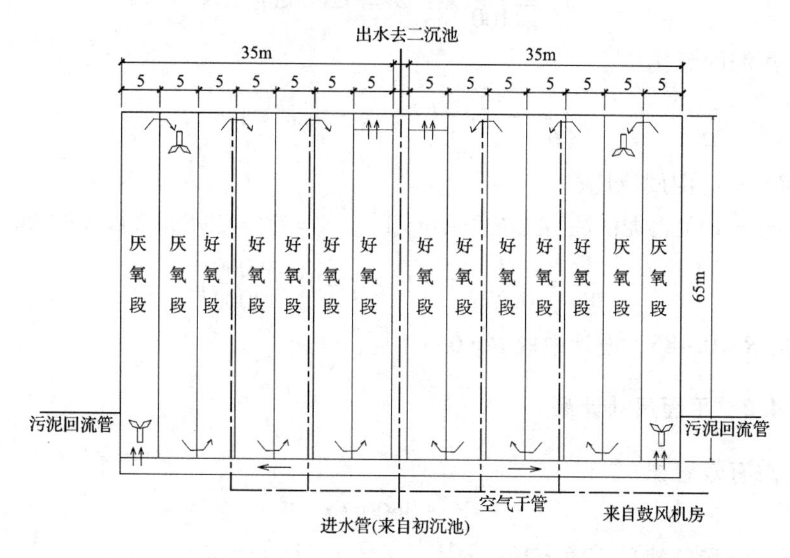

图11-7　厌氧—好氧池平面布置图

在每组曝气池的前2个廊道内设置搅拌器，回流污泥与进水同步进入厌氧段的首端，在搅拌器的作用下充分混合，进行磷的释放。在后5个廊道内设置曝气器，充分供氧。厌氧段的停留时间为1.52h，好氧段的停留时间为3.81h。

11.4.3　进出水系统

1. 曝气池的进水设计

初沉池的来水通过DN1200mm的管道送入厌氧—好氧曝气池的进水渠道，管道内的水流速度为0.88m/s。在进水渠道内，水流分别流向两侧，从首端的厌氧段进入，进水渠道宽度为1.2m，渠道内水深为1.0m，则渠道内的最大水流速度

$$v_1 = \frac{Q_s}{Nbh_1}$$

式中　v_1——渠道内最大的水流速度（m/s）；

N——曝气池个数；

b——进水渠道宽度（m）；

h_1——渠道内有效水深（m）。

设计中取$N=2$，$b=1.2\text{m}$，$h_1=1.0\text{m}$

$$v_1 = \frac{0.996}{2 \times 1.2 \times 1.0} = 0.415\text{m/s}$$

曝气池采用潜孔进水，每座反应池所需孔口面积

$$F = \frac{Q_s}{Nv_2}$$

式中 F——每座曝气池所需孔口面积（m^2）；

v_2——孔口流速（m/s），一般采用 0.2~1.5m/s。

设计中取 v_2 =0.4m/s

$$F = \frac{0.996}{2 \times 0.4} = 1.25\text{m}^2$$

设每个孔口尺寸为 0.5×0.5m，则孔口数

$$n = \frac{F}{f}$$

式中 n——每座曝气池所需孔口数（个）；

f——每个孔口的面积（m^2）。

$$n = \frac{1.25}{0.5 \times 0.5} = 5$$

孔口布置图 11-8 所示。

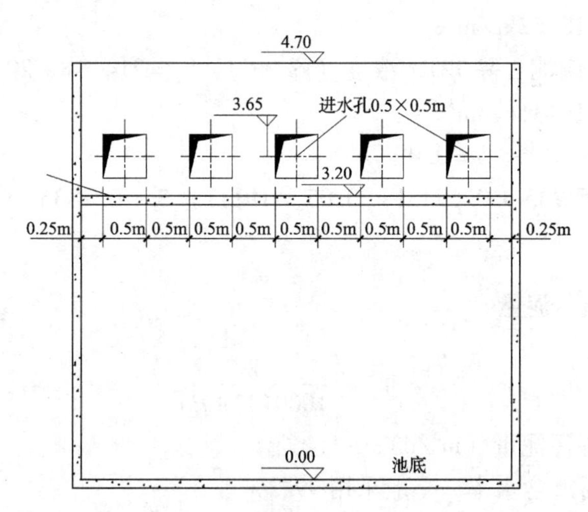

图 11-8 厌氧—好氧除磷曝气池进水孔口布置图

2. 曝气池的出水设计

厌氧—好氧曝气池的出水采用矩形薄壁堰，跌落出水，堰上水头

$$H = \left(\frac{Q}{mb\sqrt{2g}}\right)^{\frac{2}{3}}$$

式中 H——堰上水头（m）；

Q——每座反应池出水量（m^3/s），指污水最大流量（$0.996m^3/s$）与回流污泥量（$0.717\times50\%m^3/s$）之和；

m——流量系数，一般采用0.4～0.5；

b——堰宽（m）；与反应池宽度相等。

设计中取 $m=0.4$，$b=5.0m$

$$H=\left(\frac{0.996+0.717\times50\%}{2\times0.4\times5\times\sqrt{2\times9.8}}\right)^{\frac{2}{3}}=0.18m$$，设计中取为0.2m。

厌氧—好氧池的出水管管径为 $DN1400mm$，送往二沉池，管道内的流速为0.88m/s。

11.4.4　剩余污泥量

$$W=aQ_{平}S_r-bVX_v+L_rQ_{平}\times30\%$$

式中　W——剩余污泥量（kg/d）；

a——污泥产率系数（$kg/kgBOD_5$），一般采用0.5～0.7；

b——污泥自身氧化系数（d^{-1}），一般采用0.05～0.1；

$Q_{平}$——平均日污水流量（m^3/d）；

L_r——反应池去除的SS浓度（kg/m^3），$L_r=203.62-20=183.62mg/L=0.18362kg/m^3$；

S_r——反应池去除BOD_5浓度（kg/m^3），$S_r=214.31-20=194.31mg/L=0.19431kg/m^3$。

设计中取 $a=0.6$，$b=0.05$

$W=0.6\times61935\times0.19431-0.05\times19111\times3+0.18362\times61935\times30\%=7766kg/d$

11.4.5　湿污泥量

$$W_s=\frac{W}{1000(1-P)}$$

式中　W_s——湿污泥量（m^3/d）；

P——污泥含水率，一般采用99.2%。

$$W_s=\frac{7766}{1000\times(1-0.992)}=970.75m^3/d$$

11.5　厌氧—缺氧—好氧生物脱氮除磷工艺计算

厌氧—缺氧—好氧工艺，即A—A—O工艺，有时也称A^2/O工艺，是通过厌氧、缺氧、好氧三种不同的环境条件和不同种类微生物菌群的有机配合，达到去除有机物、脱氮和除磷的目的。

11.5.1　设计参数

1. 水力停留时间

A—A—O 工艺的水力停留时间 t 一般采用 6～8h，设计中取 $t=8$h。

2. 曝气池内活性污泥浓度

曝气池内活性污泥浓度 X_v 一般采用 2000～4000mg/L，设计中取 $X_v=3000$mg/L。

3. 回流污泥浓度

$$X_r = \frac{10^6}{SVI} \cdot r$$

式中　X_r——回流污泥浓度（mg/L）；

SVI——污泥指数，一般采用 100；

r——系数，一般采用 $r=1.2$。

$$X_r = \frac{10^6}{100} \times 1.2 = 12000\text{mg/L}$$

4. 污泥回流比

$$X_v = \frac{R}{1+R} \cdot X_r'$$

式中　R——污泥回流比；

X_r'——回流污泥浓度(mg/L)，$X_r' = fX_r = 0.75 \times 12000 = 9000$mg/L。

$$3000 = \frac{R}{1+R} \times 9000$$

解得：$R=0.5$。

5. TN 去除率

$$e = \frac{S_1 - S_2}{S_1} \times 100\%$$

式中　e——TN 去除率（%）；

S_1——进水 TN 浓度（mg/L）；

S_2——出水 TN 浓度（mg/L）。

设计中取 $S_2=15$mg/L

$$e = \frac{30.79 - 15}{30.79} \times 100\% = 51.3\%$$

6. 内回流倍数

$$R_{内} = \frac{e}{1-e}$$

式中　$R_{内}$——内回流倍数。

$$R_{内} = \frac{0.513}{1-0.513} = 1.05$$，设计中取 $R_{内}$ 为110%。

11.5.2　平面尺寸计算

1. 总有效容积

$$V = Qt$$

式中　V——总有效容积（m^3）；

Q——进水流量（m^3/d），按平均流量计；

t——水力停留时间（d）。

设计中取 $Q = 619735m^3/d$

$$V = Qt = 61935 \times 8/24 = 20645m^3$$

厌氧、缺氧、好氧各段内水力停留时间的比值为1∶1∶3，则每段的水力停留时间分别为：

厌氧池内水力停留时间 $t_1 = 1.6h$；

缺氧池内水力停留时间 $t_2 = 1.6h$；

好氧池内水力停留时间 $t_3 = 4.8h$。

2. 平面尺寸

曝气池总面积

$$A = \frac{V}{h}$$

式中　A——曝气池总面积（m^2）；

h——曝气池有效水深（m）。

设计中取 $h = 4.2m$

$$A = \frac{20645}{4.2} = 4915.5m^2$$

每组曝气池面积

$$A_1 = \frac{A}{N}$$

式中　A_1——每座曝气池表面积（m^2）；

N——曝气池个数。

设计中取 $N = 2$

$$A_1 = \frac{4915.5}{2} = 2457.75m^2$$

每组曝气池共设5廊道，第1廊道为厌氧段，第2廊道为缺氧段，后3个廊道为好氧段，每廊道宽取7.0m，则每廊道长

$$L = \frac{A_1}{bn}$$

式中　L——曝气池每廊道长（m）；

b——每廊道宽度（m）；

n——廊道数。

设计中取 $b=7.0\text{m}$，$n=5$

$$L=\frac{2457.75}{7.0\times 5}=70.3\text{m}$$

厌氧—缺氧—好氧池的平面布置如图 11-9 所示。

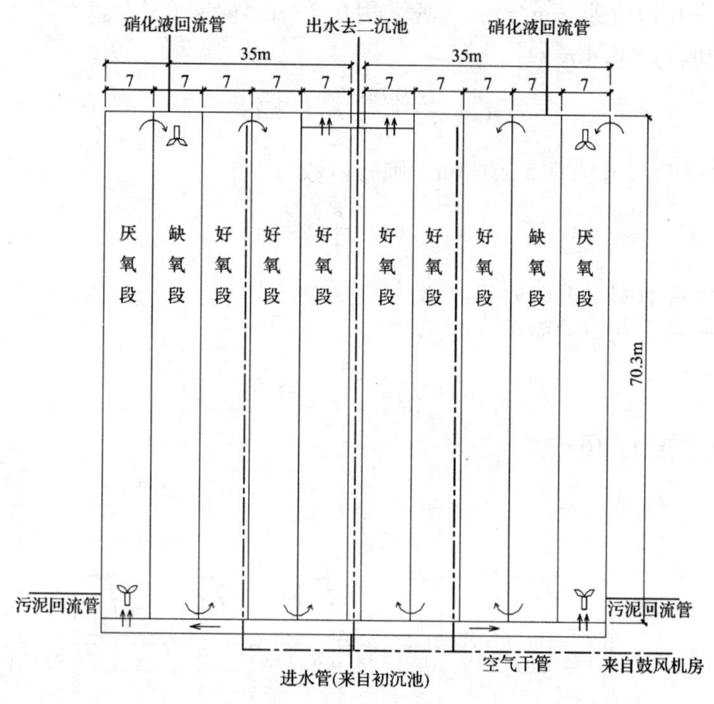

图 11-9　厌氧—缺氧—好氧池平面布置图

11.5.3　进出水系统

1. 曝气池的进水设计

初沉池的来水通过 DN1200mm 的管道送入厌氧—缺氧—好氧曝气池首端的进水渠道，管道内的水流速度为 0.88m/s。在进水渠道内，水流分别流向两侧，从厌氧段进入，进水渠道宽度为 1.2m，渠道内水深为 1.0m，则渠道内的最大水流速度

$$v_1=\frac{Q_s}{Nb_1h_1}$$

式中　v_1——渠道内最大水流速度（m/s）；

b_1——进水渠道宽度（m）；

h_1——进水渠道有效水深（m）。

设计中取 $b_1 = 1.2\text{m}$，$h_1 = 1.0\text{m}$

$$V_1 = \frac{0.996}{2 \times 1.2 \times 1.0} = 0.415\text{m/s}$$

反应池采用潜孔进水，孔口面积

$$F = \frac{Q_s}{Nv_2}$$

式中　F——每座反应池所需孔口面积（m^2）；

v_2——孔口流速（m/s），一般采用 0.2～1.5m/s。

设计中取 $v_2 = 0.4\text{m/s}$

$$A = \frac{0.996}{2 \times 0.4} = 1.25\text{m}^2$$

设每个孔口尺寸为 0.5×0.5m，则孔口数

$$n = \frac{F}{f}$$

式中　n——每座曝气池所需孔口数（个）；

f——每个孔口的面积（m^2）。

$$n = \frac{1.25}{0.5 \times 0.5} = 5$$

孔口布置图 11-10 所示。

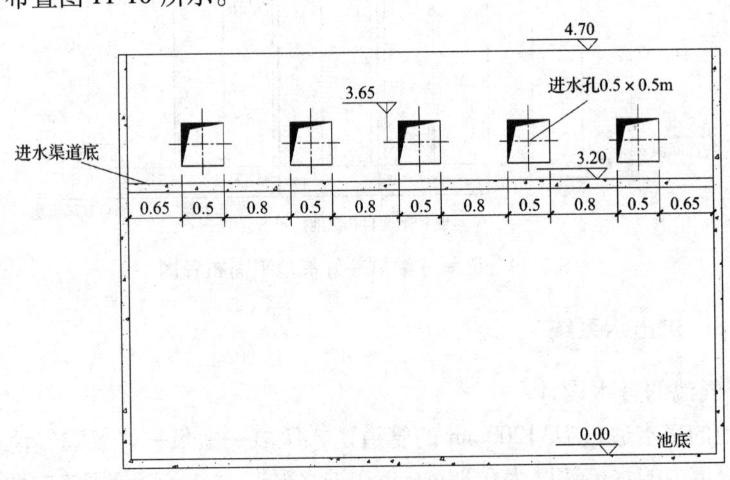

图 11-10　厌氧—缺氧—好氧池进水孔口布置图

2. 曝气池的出水设计

厌氧—缺氧—好氧池的出水采用矩形薄壁堰，跌落出水，堰上水头

$$H = \left(\frac{Q}{mb\sqrt{2g}}\right)^{\frac{2}{3}}$$

式中　H——堰上水头（m）；

Q——每座反应池出水量（m^3/s），指污水最大流量（$0.996m^3/s$）与回流污泥量、回流量之和（$0.717 \times 160\% m^3/s$）；

m——流量系数，一般采用0.4～0.5；

b——堰宽（m）；与反应池宽度相等。

设计中取 $m=0.4$，$b=7.0m$

$$H = \left(\frac{0.996 + 0.717 \times 160\%}{2 \times 0.4 \times 7 \times \sqrt{2 \times 9.8}}\right)^{\frac{2}{3}} = 0.196m,设计中取为0.20m。$$

厌氧—缺氧—好氧池的最大出水流量为（$0.996 + 0.717 \times 160\%$）$= 2.14m^3/s$，出水管管径采用 DN1800mm，送往二沉池，管道内的流速为0.84m/s。

11.5.4　其他管道设计

1. 污泥回流管

在本设计中，污泥回流比为50%，从二沉池回流过来的污泥通过两根 DN500mm 的回流管道分别进入首端两侧的厌氧段，管内污泥流速为0.9m/s。

2. 硝化液回流管

硝化液回流比为200%，从二沉池出水回至缺氧段首端，硝化液回流管道管径为 DN1000mm，管内流速为0.9m/s。

11.5.5　剩余污泥量

$$W = aQ_{平} S_r - bVX_v + L_r Q_{平} \times 50\%$$

式中　W——剩余污泥量（kg/d）；

a——污泥产率系数，一般采用0.5～0.7；

b——污泥自身氧化系数（d^{-1}），一般采用0.05～0.1；

$Q_{平}$——平均日污水流量（m^3/d）；

L_r——反应池去除的SS浓度（kg/m^3），$L_r = 203.62 - 20 = 183.62mg/L = 0.18362kg/m^3$；

S_r——反应池去除 BOD_5 浓度（kg/m^3），$S_{rr} = 214.31 - 20 = 194.31mg/L = 0.19431kg/m^3$。

设计中取 $a=0.6$，$b=0.05$

$W = 0.6 \times 61935 \times 0.19431 - 0.05 \times 20645 \times 3 + 0.18362 \times 61935 \times 50\% = 9810kg/d$

11.6　生物接触氧化工艺计算

生物接触氧化法，又称淹没式生物滤池，是介于活性污泥法和生物膜法之间的一种污水处理方法，兼具两者的优点，在国内外都得到了较为广泛的应用，处理效果良好。

11.6.1 容积负荷

在处理城市污水时，BOD_5—容积负荷 N_v 介于 $1.0\sim1.8\text{kg } BOD_5/(m^3\cdot d)$，设计中取 $N_v=1.5\text{kg } BOD_5/(m^3\cdot d)$。

11.6.2 平面尺寸计算

1. 生物接触氧化池有效容积

$$V=\frac{Q(S_a-S_e)}{N_v}$$

式中 V——有效容积（m^3）；

Q——平均日污水量（m^3/d）；

S_a——进水 BOD_5 浓度（mg/L）；

S_e——出水 BOD_5 浓度（mg/L）；

N_v——BOD_5—容积负荷［$kgBOD_5/(m^3\cdot d)$］。

设计中取 $Q=61935m^3/d$

$$V=\frac{61935\times(214.31-20)}{1500}=8023m^3$$

2. 池子总面积

$$A=\frac{V}{H}$$

式中 A——池子总面积（m^2）；

H——填料层总高度（m）。

设计中取 $H=3.0m$

$$A=\frac{8023}{3}=2674.3m^2$$

3. 池子分格数

$$n=\frac{A}{a}$$

式中 n——池子总格数；

a——单池池面积（m^2），为了保证布水、布气均匀，每格池面积不宜大于 $25m^2$。

设计中取 $a=25m^2$

$$n=\frac{2674.3}{25}=107\text{，设计中取为 108 个。}$$

4. 池子总高度

$$H_0 = h_1 + h_2 + H + h_3$$

式中　H_0——池子总高度（m）；

h_1——超高（m），一般采用 0.3 ~ 0.5m；

h_2——填料上水深（m）；

h_3——配水区高度（m）。

设计中取 $h_1 = 0.5\text{m}$，$h_2 = 0.5\text{m}$，$h_3 = 0.5\text{m}$

$$H_0 = 0.5 + 0.5 + 3.0 + 0.5 = 4.5\text{m}$$

5. 有效接触时间

$$t = \frac{naH}{Q} \times 24$$

式中　t——有效接触时间（h）。

$$t = \frac{nfH}{Q} \times 24 = \frac{108 \times 25 \times 3.0}{61935} \times 24 = 3.14\text{h}$$，满足要求。

11.6.3　需气量

$$D = D_0 Q$$

式中　D_0——气水比，即每 m^3 污水所需空气量。

设计中取 $D_0 = 5$

$$D = 5 \times 61935 = 309675\text{m}^3/\text{d}$$

11.6.4　平面布置

生物接触氧化池共分 6 组，每组 18 格，分两排布置，中间为进水渠道，两侧为出水渠道，具体布置如图 11-11 所示。

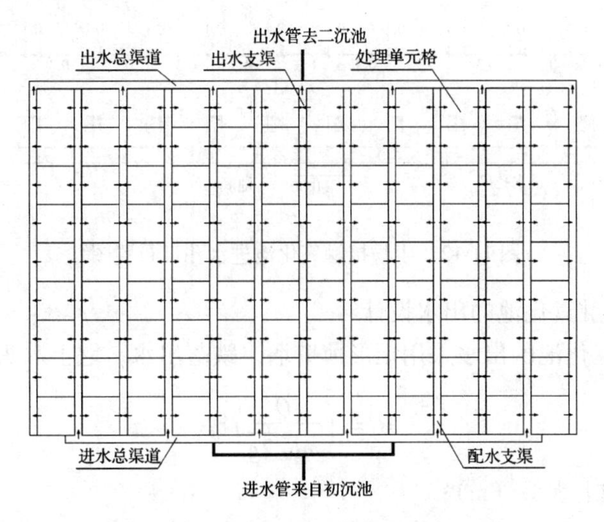

图 11-11　生物接触氧化池平面布置图

11.6.5　进出水系统

1. 生物接触氧化池的进水设计

初沉池的出水通过 *DN*1200mm 的管道送往生物接触氧化池，管道内的水流速度为0.88m/s；然后分成两条 *DN*800mm 的管道进入进水总渠道，以保证配水均匀，管道内的水流速度为0.99m/s。进水总渠道的宽度为1.0m，有效水深为1.0m。由进水总渠道接出6条配水支渠，向每格反应池进行配水，支渠的宽度为0.6m。

从配水支渠向反应池配水采用孔口，每格孔口所需面积

$$f = \frac{Q_S}{Nv_1}$$

式中　f——每格孔口所需面积（m^2）；

N——反应池格数；

v_1——孔口流速（m/s）。

设计中取 $N=108$，$v_1=0.08$m/s

$$f = \frac{0.996}{108 \times 0.08} = 0.115\text{m}^2$$

设孔口尺寸为0.1×0.1m，则孔口个数为12个。孔口布置如图11-12所示。

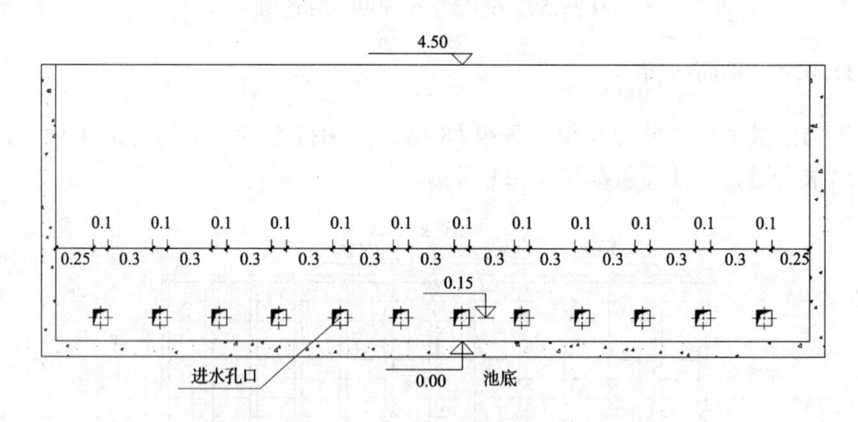

图11-12　生物接触氧化池进水孔口布置图

2. 生物接触氧化池的出水设计

生物接触氧化池的出水采用矩形薄壁堰，跌落出水，堰上水头

$$H = \left(\frac{Q}{mb\sqrt{2g}}\right)^{\frac{2}{3}}$$

式中　H——堰上水头（m）；

Q——每座反应池出水量（m^3/s）；

m——流量系数，一般采用0.4～0.5；

b——堰宽（m）。

设计中取 $m=0.4$，$b=5.0\text{m}$

$$H=\left(\frac{0.996}{108\times0.4\times5\times\sqrt{2\times9.8}}\right)^{\frac{2}{3}}=0.01\text{m}$$

每格反应池的出水进入出水支渠，出水支渠的宽度为0.6m，总共7条出水支渠将出水收集至出水总渠，出水总渠宽度为1.0m。最后通过 DN1200mm 的出水总管，将生物接触氧化池的出水送往二沉池，出水总管内的水流速度为0.88m/s。

11.6.6　曝气系统设计

在生物接触氧化池中，曝气系统多采用穿孔管布气。穿孔管管径为20mm，中心间距100mm 布置，共50根；穿孔管上孔眼直径为3mm，孔眼中心间距100mm，即每根穿孔管上开孔50个。则孔口空气流速

$$v_2=\frac{4D}{86400\times50\times50N\pi d^2}$$

式中　v_2——孔口空气流速（m/s）；

d——孔眼直径（m）。

$$v_2=\frac{309675\times4}{108\times86400\times3.14\times50\times50\times0.003^2}=1.88\text{m/s}$$

穿孔管布置及开孔示意图如图11-13所示。

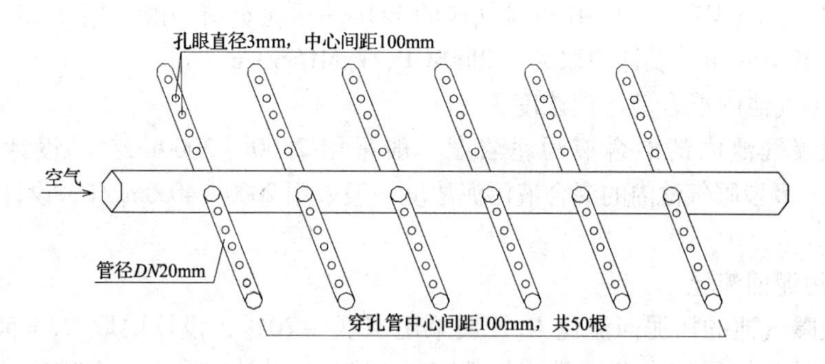

图11-13　穿孔管布置及孔口示意图

11.6.7　填料设计

选择 ZH150×80 型组合填料，该填料由纤维束、塑料环片、套管、中心绳几部分组成，塑料环片直径（包括纤维）为150mm，塑料环片间距为80mm。该填料及安装示意图如图11-14所示。

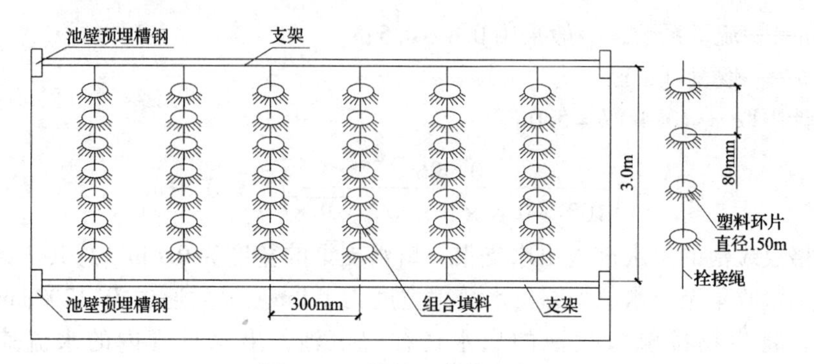

图 11-14　填料及安装示意图

11.7　AB 法工艺计算

AB 工艺是吸附—生物降解工艺的简称，是 20 世纪 80 年代初开始应用于工程实践的一项新型污水生物处理工艺，国外对 AB 法处理工艺的研究越来越重视，并成为 80 年代以来发展最快的城市污水处理工艺之一。AB 法与传统的活性污泥法相比，在处理效率、运行稳定性、工程投资和运行费用等方面具有明显的优点，是一种非常有前途的污水生物处理技术。

11.7.1　设计参数

1. BOD—污泥负荷率

A 段曝气池的 BOD—污泥负荷一般采用 2 ~ 6kg BOD_5/kgMLSS · d，设计中取为 4kg BOD_5/kg MLSS · d；B 段曝气池的 BOD—污泥负荷一般采用 0.15 ~ 0.3kg BOD_5/kg MLSS · d，设计中取为 0.2kgBOD_5/kgMLSS · d。

2. 曝气池内混合液污泥浓度

A 段曝气池内的混合液污泥浓度一般采用 2000 ~ 3000mg/L，设计中取为 2000mg/L；B 段曝气池内的混合液污泥浓度一般采用 2000 ~ 4000mg/L，设计中取为 3000mg/L。

3. 污泥回流比

A 段曝气池的污泥回流比 R_A 一般采用 40% ~ 70%，设计中取 R_A = 50%，B 段曝气池的污泥回流比 R_B 一般采用 50% ~ 100%，设计中取 R_B = 100%。

4. A、B 段去除率

对于城市污水，A 段对 BOD 的去除率一般采用 50% ~ 60%，设计中假设 A 段去除率 E_A 为 60%，则 A 段出水 BOD 浓度

$$S_{AE} = S_a(1 - E_A)$$

式中　S_{AE}——A 段出水 BOD 浓度（mg/L）。

$$S_{AE} = 214.31 \times (1 - 60\%) = 85.72\text{mg/L}$$

根据一级标准排放要求，经过 B 段处理后出水 BOD 浓度 S_{BE} 应小于 20mg/L，所以 B 段的 BOD 去除率

$$E_B = \frac{S_{AE} - 20}{S_{AE}} \times 100\%$$

式中　E_B——B 段去除率（%）。

$$E_B = \frac{85.72 - 20}{85.72} \times 100\% = 76.67\%$$

11.7.2　平面尺寸计算

1. A 段曝气池容积

$$V_A = \frac{24 S_{rA} Q}{N_{SA} \cdot X_{vA}}$$

式中　V_A——A 段曝气池容积（m^3）；

S_{rA}——A 段去除的 BOD 浓度（mg/L）；

Q——最大流量（m^3/h）；

N_{SA}——A 段 BOD 污泥负荷率［$kgBOD_5/(kgMLSS \cdot d)$］；

X_{vA}——MLVSS 浓度（mg/L），$X_{vA} = 0.75 \times 2000 = 1500$mg/L。

$$V_A = \frac{24 \times (214.31 - 85.72) \times 0.996 \times 3600}{4 \times 1500} = 1844.3m^3$$

2. B 段曝气池容积　　$V_B = \frac{24 S_{rB} Q}{N_{sB} X_{vB}}$

式中　V_B——B 段曝气池容积（m^3）；

S_{rB}——B 段去除的 BOD 浓度（mg/L）；

Q——最大流量（m^3/h）；

N_{SB}——B 段 BOD 污泥负荷率［$kgBOD_5/(kgMLSS \cdot d)$］；

X_{vB}——MLVSS 浓度（mg/L），$X_{vB} = 0.75 \times 3000 = 2250$mg/L。

$$V_B = \frac{24 \times (85.72 - 20) \times 0.996 \times 3600}{0.2 \times 2250} = 12567.8m^3$$

3. A 段水力停留时间

$$T_A = \frac{V_A}{Q}$$

式中　T_A——A 段水力停留时间（h）。

$$T_A = \frac{1844.3}{0.996 \times 3600} = 0.51h$$（介于 0.5～0.75 之间，满足要求）

4. B 段水力停留时间

$$T_B = \frac{V_B}{Q}$$

式中　T_B——B段水力停留时间（h）。

$$T_B=\frac{12567.8}{0.996\times3600}=3.5\text{h}（介于2.0\sim6.0之间，满足要求）$$

5. A段曝气池平面尺寸

A段曝气池的总面积

$$F_A=\frac{V_A}{H_A}$$

式中　F_A——A段曝气池的总面积（m^2）；

H_A——A段曝气池的有效水深（m）。

设计中取 $H_A=4.2$m。

$$F_A=\frac{1844.3}{4.2}=439.12\text{m}^2$$

A段曝气池采用推流式，共2组，每组3廊道，廊道宽为4.0m，则每廊道长度

$$L_A=\frac{F_A}{N_A n_A b_A}$$

式中　L_A——A段每廊道长度（m）；

N_A——A段反应池分组数；

n_A——廊道数；

b_A——每廊道宽度（m）。

设计中取 $N_A=2$，廊道数 $n_A=3$，廊道宽度 $b_A=4.0$m

$$L=\frac{439.12}{2\times4\times3}=18.3\text{m}$$

A段曝气池的平面布置如图11-15所示。

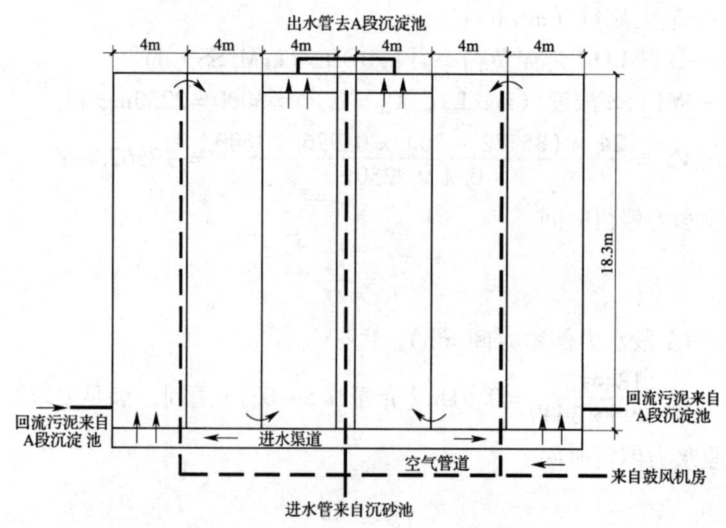

图11-15　A段曝气池的平面布置图

6. B 段曝气池平面尺寸

B 段曝气池的总面积

$$F_B = \frac{V_B}{H_B}$$

式中　F_B——B 段曝气池的总面积（m^2）；

H_B——B 段曝气池的有效水深（m）。

设计中取 $H_B = 4.2m$

$$F_B = \frac{12567.8}{4.2} = 2992.3m^2$$

B 段曝气池采用推流式，共 2 组，每组 5 廊道，廊道宽为 5.0m，则每廊道长度

$$L_B = \frac{F_B}{N_B n_B b_B}$$

式中　L_B——B 段每廊道长度（m）；

N_B——B 段反应池分组数；

n_B——廊道数；

b_B——每廊道宽度，m。

设计中取 $N_B = 2$，$n_B = 5$，$b_B = 5.0m$

$$L_B = \frac{2992.3}{2 \times 5 \times 5} = 59.8m$$，设计中取为 60m。

B 段曝气池的平面布置如图 11-16 所示。

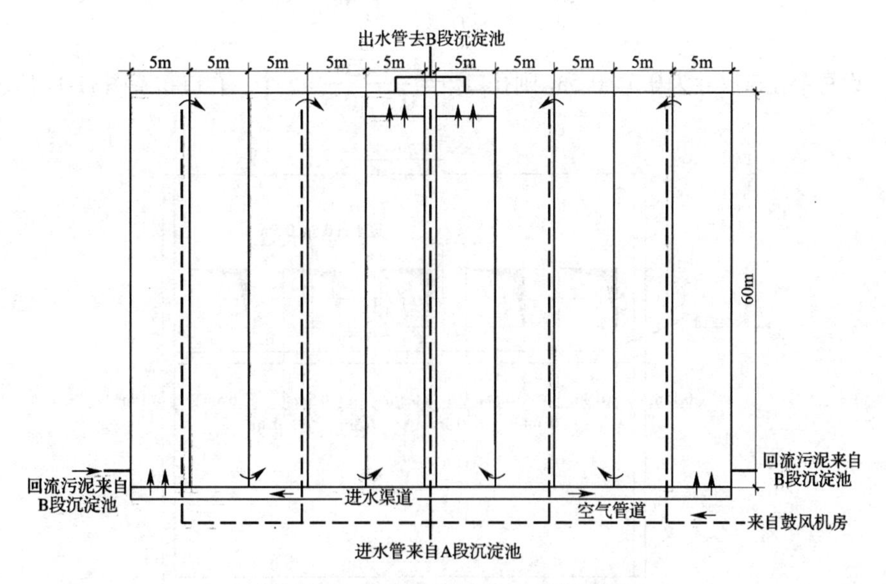

图 11-16　B 段曝气池的平面布置图

11.7.3　A段曝气池的进出水系统

1. A段曝气池的进水设计

沉砂池的出水通过DN1200mm的管道送入A段曝气池进水渠道，管道内的水流速度为0.88m/s。在进水渠道内，水分成两股，流向两侧的进水廊道，进水渠道的宽度为1.2m，渠道内有效水深1.0m，则渠道内的最大水流速度

$$v_1 = \frac{Q_s}{N_A b_A h_A}$$

式中　v_1——渠道内最大水流速度（m/s）；

b_A——进水渠道宽度（m）；

h_A——进水渠道有效水深（m）。

设计中取进$b_A = 1.2$m，$h_A = 1.0$m

$$v_1 = \frac{0.996}{2 \times 1.2 \times 1.0} = 0.415\text{m/s}$$

曝气池采用潜孔进水，孔口面积

$$A_A = \frac{Q_s}{N_A v_2}$$

式中　A_A——A段每座反应池孔口总面积（m^2）；

v_2——孔口流速（m/s），一般采用0.2～1.5m/s。

设计中取$v_2 = 0.4$m/s

$$A_A = \frac{0.996}{2 \times 0.4} = 1.25\text{m}^2$$

设每个孔口尺寸为0.5×0.5m,则孔口数为$\frac{1.25}{0.5 \times 0.5}$=5个。孔口布置图11-17所示。

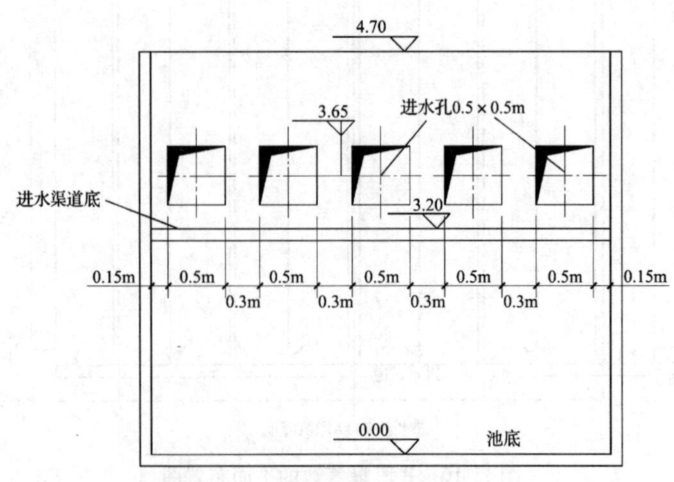

图11-17　A段曝气池进水孔口布置图

2. A 段曝气池的出水设计

A 段曝气池的出水采用矩形薄壁堰，跌落出水，堰上水头

$$H = \left(\frac{Q}{mb\sqrt{2g}}\right)^{\frac{2}{3}}$$

式中　H——堰上水头（m）；

Q——A 段每组反应池出水量（m^3/s），指污水最大流量（$0.996m^3/s$）与回流污泥量（$0.717 \times 50\% m^3/s$）之和；

m——流量系数，一般采用 0.4～0.5；

b——堰宽（m）。

设计中取 $m = 0.4$，$b = 4.0m$

$$H = \left(\frac{0.996 + 0.717 \times 0.5}{2 \times 0.4 \times 4 \times \sqrt{2 \times 9.8}}\right)^{\frac{2}{3}} = 0.208m，设计中取 0.21m。$$

两组 A 段曝气池的出水，通过 DN1400mm 的出水总管，送往 A 段沉淀池，出水总管内的水流速度为 0.88m/s。

11.7.4　B 段曝气池的进出水系统

1. B 段曝气池的进水设计

A 段沉淀池的出水通过 DN1200mm 的管道送入 B 段曝气池进水渠道，管道内的水流速度为 0.88m/s。在进水渠道内，水分成两股，流向两侧的进水廊道，进水渠道的宽度为 1.2m，渠道内有效水深 1.0m，则渠道内的最大水流速度

$$v_3 = \frac{Q_s}{N_B b_B h_B}$$

式中　v_3——渠道内最大水流速度（m/s）；

b_B——进水渠道宽度（m）；

h_B——进水渠道有效水深（m）。

设计中取 $b_B = 1.2m$，$h_B = 1.0m$

$$v_3 = \frac{0.996}{2 \times 1.2 \times 1.0} = 0.415m/s$$

曝气池采用潜孔进水，孔口面积

$$A_B = \frac{Q_s}{N_B v_4}$$

式中　A_B——B 段每座反应池孔口总面积（m^2）；

v_4——孔口流速（m/s），一般取采用 0.2～1.5m/s。

设计中取 $v_4 = 0.4m/s$

$$A_B = \frac{0.996}{2 \times 0.4} = 1.25m^2$$

设每个孔口尺寸0.5m×0.5m，如图11-18所示。

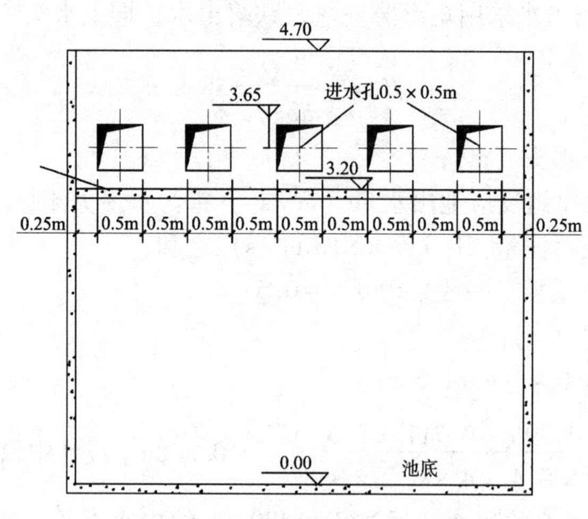

图11-18　B段曝气池进水孔口布置图

2. B段曝气池的出水设计

B段曝气池的出水采用矩形薄壁堰，跌落出水，堰上水头

$$H=\left(\frac{Q}{mb\sqrt{2g}}\right)^{\frac{2}{3}}$$

式中　H——堰上水头（m）；

Q——B段每组反应池出水量（m^3/s），指污水最大流量（0.996m^3/s）与回流污泥量（0.717×100%m^3/s）之和；

m——流量系数，一般采用0.4～0.5；

b——堰宽（m）。

设计中取$m=0.4$，$b=5.0$m

$$H=\left(\frac{0.996+0.717}{2\times0.4\times5\times2\times9.8}\right)^{\frac{2}{3}}=0.21\text{m}$$

两组B段曝气池的出水，通过DN1500mm的出水总管，送往B段沉淀池，出水总管内的水流速度为0.96m/s。

11.7.5　剩余污泥量

1. A段剩余污泥量

$$W_A=Q_{平}L_{rA}+aQS_{rA}$$

式中　W_A——A段剩余污泥量（kg/d）；

$Q_{平}$——平均流量（m^3/d）；

L_{rA}——A段SS的去除浓度（kg/m^3）；

S_{rA}——A段BOD_5的去除浓度（kg/m^3）；

a——A段污泥增长系数，一般采用0.4～0.6。

A段曝气池对SS的去除率一般采用70%～80%之间，设计中取SS去除率为75%。由于未设初沉池，设沉砂池对SS的去除率为20%，则A段去除SS浓度为：

$$L_{rA} = 407.24 \times (1 - 20\%) \times 75\% = 244.34 mg/L = 0.244 kg/m^3$$

设计中取A段污泥增长系数$a = 0.4$

$$W_A = 61935 \times 0.244 + 0.4 \times 61935 \times 0.129 = 18308 kg/d$$

A段产生的湿污泥量

$$Q_A = \frac{W_A}{(1 - P_A) \times 1000}$$

式中　Q_A——湿污泥产量（m^3/h）；

P_A——为污泥的含水率。

设计中取A段污泥的含水率约为99%

$$Q_A = \frac{18308}{(1 - 0.99) \times 1000} = 1830.8 m^3/d = 76.28 m^3/h$$

2. B段剩余污泥量

$$W_B = a_1 Q_{平} S_{rB}$$

式中　W_B——B段剩余污泥量（kg/d）；

$Q_{平}$——平均流量（m^3/d）；

S_{rB}——B段BOD_5的去除浓度（kg/m^3）；

a_1——B段污泥增长系数，一般采用0.4～0.6。

设计中取$a_1 = 0.5$

$$W_B = 0.5 \times 61935 \times 0.0657 = 2034.6 kg/d$$

B段产生的湿污泥量

$$Q_B = \frac{W_B}{(1 - P_B) \times 1000}$$

式中　Q_B——湿污泥产量（m^3/h）；

P_B——为污泥的含水率。

设计中取$P_B = 99.5\%$

$$Q_B = \frac{2034.6}{(1 - 0.995) \times 1000} = 406.9 m^3/d = 16.95 m^3/h$$

3. 总剩余污泥量

$$W = W_A + W_B$$

式中　W——每日产生的总剩余污泥量（kg/d）。

$$W = 18308 + 2034.6 = 20342.6 kg/d = 20.34 t/d$$

每天产生的湿污泥量 Q 为：

$$Q = Q_A + Q_B = 1830.8 + 406.9 = 2237.7\text{m}^3/\text{d}$$

A段和B段曝气池每天产生的剩余污泥通过排泥管送至污泥处理构筑物，A段和B段曝气池的剩余污泥分别通过 DN150mm 的干管流出，汇成 DN200mm 的总管，管道内污泥的平均流速为0.82m/s。

4. A段污泥龄

$$\theta_{cA} = \frac{1}{a_A \times N_{SA}}$$

式中　θ_{CA}——A段污泥龄（d）；

a_A——A段污泥增长系数。

设计中取 a_A =0.4

$$\theta_{cA} = \frac{1}{0.4 \times 4} = 0.625\text{d}\ (\text{介于}0.4\sim0.7\text{之间，满足要求})$$

5. B段污泥龄

$$\theta_{cB} = \frac{1}{a_B \times N_{SB}}$$

式中　θ_{CB}——B段污泥龄（d）；

a_B——B段污泥增长系数。

设计中取 a_B =0.5

$$\theta_{cB} = \frac{1}{a_B \times N_{SB}} = \frac{1}{0.5 \times 0.2} = 10\text{d}\ (\text{介于}10\sim25\text{之间，满足要求})$$

11.7.6　需氧量

1. A段最大需氧量

$$O_A = a'QS_{rA}$$

式中　O_A——A段最大需氧量（kg/h）；

a'——需氧量系数（$kgO_2/kgBOD_5$），一般采用0.4~0.6；

Q——最大流量（m^3/h）；

S_{rA}——A段去除 BOD_5 浓度（$kgBOD_5/m^3$）。

设计中取 a' =0.6

$$O_A = 0.6 \times 0.996 \times 3600 \times 0.129 = 277.52\text{m}^3/\text{h}$$

2. B段最大需氧量

$$O_B = a'QS_{rB} + b'QN_r$$

式中　O_B——B段最大需氧量（kg/h）；

a'——需氧量系数（$kgO_2/kgBOD_5$）；

Q——最大流量（m^3/h）；

S_{rB}——B段去除BOD5浓度（$kgBOD_5/m^3$）；

b'——硝化需氧量系数（$kgO_2/kgNH_3—N$）；

Nr——B段去除$NH_3—N$浓度（$kgNH_3—N/m^3$）。

设计中取$a'=1.23$，硝化需氧量系数$b'=4.57$

$$O_B = 1.23 \times 0.996 \times 3600 \times 0.0657 + 4.57 \times 0.996 \times 3600 \times 0.03079 = 794.29kg/h$$

A、B段总需氧量O为：

$$O = O_A + O_B$$

$$O = 277.52 + 794.29 = 1071.81kg/h。$$

11.8　氧化沟工艺计算

氧化沟，又称循环曝气池，是50年代所开发的一种污水生物处理技术，是活性污泥法的改良与发展。在氧化沟中，污水和活性污泥的混合液在外加动力作用下，不停的循环流动，有机物质在微生物的作用下得到降解。该工艺对水温、水质和水量的变化有较强的适应性，污泥龄长、剩余污泥少、而且具有脱氮的功能。氧化沟有不同的类型，如Carrousel式、Orbal式、一体式氧化沟等。下面以Carrousel氧化沟为例，介绍其设计过程。

11.8.1　设计参数

1. 氧化沟内混合液污泥浓度

氧化沟内污泥浓度X值一般采用2000～6000mg/L之间，设计中取X=4000mg/L。

2. 污泥龄

本设计在考虑去除BOD_5的同时，还考虑反硝化，因此污泥龄$\theta_c=30d$。

3. 回流污泥浓度

$$X_r = \frac{10^6}{SVI} \cdot r$$

式中　X_r——回流污泥浓度（mg/L）；

SVI——污泥容积指数；

r——系数，一般采用$r=1.2$。

设计中取SVI=100

$$X_r = \frac{10^6}{100} \times 1.2 = 12000mg/L$$

4. 污泥回流比

$$R = \frac{X}{X_r - X} \times 100\%$$

式中　R——污泥回流比（%）。

$$R=\frac{4000}{12000-4000}\times100\%=50\%$$

11.8.2　平面尺寸计算

1. 好氧区有效容积

$$V_1=\frac{YQ(S_0-S_e)\theta_c}{X(1+K_d\theta_c)}$$

式中　V_1——好氧区有效容积（m^3）；

Y——污泥净产率系数（$kgMLSS/kgBOD_5$），根据 θ_c，查表得 $Y=0.42$；

Q——污水设计流量（m^3/d）；

S_0、S_e——分别为进、出水 BOD_5 浓度（mg/L）；

θ_c——污泥龄（d）；

X——污泥浓度（mg/L）；

K_d——污泥自身氧化率（1/d）；对于城市污水，一般采用0.05～0.1。

设计中取 $K_d=0.075$

$$V_1=\frac{0.42\times61935\times(214.31-20)\times30}{4000\times(1+0.075\times30)}=11664m^3$$

2. 缺氧区有效容积

反硝化区脱氮量

$$W=Q(N_0-N_e)-0.124YQ(S_0-S_e)$$

式中　W——反硝化区脱氮量（kg/d）；

N_0——进水 TN 浓度（g/L）；

N_e——出水 TN 浓度（g/L）；

$$W=61935\times\frac{30.79-10}{1000}-0.124\times0.42\times61935\times\frac{214.31-20}{1000}$$

$$=660.9kg/d$$

反硝化区所需污泥量

$$G=\frac{W}{V_{DN}}$$

式中　G——反硝化区所需污泥量（kg）；

V_{DN}——反硝化速率［$kgNO_3$—N/（kgMLSS·d）］；根据试验结果，V_{DN} 值介于0.019～0.26之间。

设计中取 $V_{DN}=0.02$

$$G=\frac{660.9}{0.02}=33045kg$$

反硝化区有效容积

$$V_2 = \frac{G}{X}$$

式中　V_2——反硝化区有效容积（m^3）。

$$V_2 = \frac{33045}{4} = 8261m^3$$

3. 总有效容积

$$V = \frac{V_1 + V_2}{K}$$

式中　V——氧化沟总有效容积（m^3）；

K——具有活性作用的污泥占总污泥量的比例，一般采用 0.55 左右。

设计中取 $K = 0.6$

$$V = \frac{11664 + 8261}{0.6} = 33208m^3$$

4. 氧化沟平面尺寸

氧化沟共设 4 组，并联运行。氧化沟的有效水深设为 3.2m，超高为 0.8m，则氧化沟的总高度为 4.0m。取氧化沟为矩形断面，沟宽为 6.0m，则氧化沟总长度

$$L = \frac{V}{NhB}$$

式中　L——氧化沟总长度（m）；

N——氧化沟分组数；

h——氧化沟的有效水深（m）；

B——氧化沟的沟宽（m）。

设计中取 $N = 4$，$h = 3.2m$，$B = 6.0m$

$$L = \frac{33208}{4 \times 3.2 \times 6} = 434m$$

其中好氧区长度为 270m，缺氧区长度为 164m。

11.8.3　设计参数校核

1. 水力停留时间

$$t = \frac{24V}{Q}$$

式中　t——水力停留时间（h）。

$$t = \frac{24V}{Q} = \frac{24 \times 33208}{61935} = 12.87h$$（介于 10 ~ 24h 之间，满足要求）

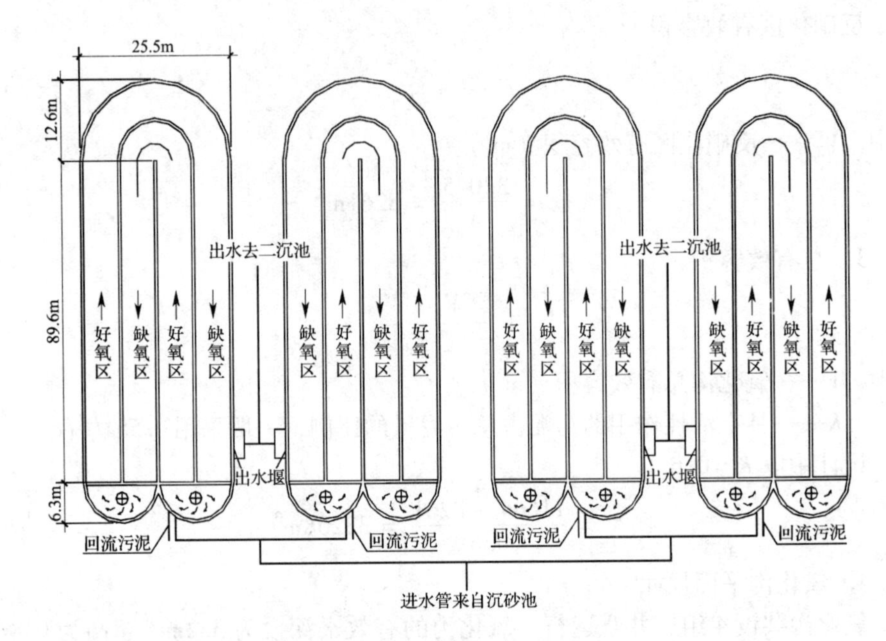

图 11-19　氧化沟平面布置图

2. BOD—污泥负荷率

$$N_S = \frac{Q(S_0 - S_e)}{VX_V}$$

式中　N_S——污泥负荷［kgBOD/（kgMLVSS·d）］；

X_V——活性污泥浓度（mg/L）。

设计中取 $X_V = fX = 0.75 \times 4000$。

$$N_s = \frac{61935 \times (214.31 - 20)}{33208 \times 4000 \times 0.75} = 0.12\text{kgBOD}_5/(\text{kgMLVSS}\cdot\text{d})$$

N_S介于0.05~0.15之间，满足要求。

11.8.4　进出水系统

1. 氧化沟的进水设计

沉砂池的出水通过 *DN*1200mm 的管道送往氧化沟渠，管道内的流速为0.88m/s。然后，用4条管道送入每一组氧化沟，送水管径 *DN*600mm，管内水流流速为0.88m/s。回流污泥也同步流入。

2. 氧化沟的出水设计

氧化沟的出水采用矩形堰跌落出水，则堰上水头

$$H = \left(\frac{Q}{mb\sqrt{2g}}\right)^{\frac{2}{3}}$$

式中　H——堰上水头（m）；

Q——每组氧化沟出水量（m^3/s），指污水最大流量（0.996m^3/s）与回流污泥量（0.717×50% m^3/s）之和；

m——流量系数，一般采用 0.4～0.5；

b——堰宽（m）。

设计中取 $m=0.4$，$b=5.0$m

$$H=\left(\frac{0.996+0.717\times0.5}{4\times0.4\times5\times\sqrt{2\times9.8}}\right)^{\frac{2}{3}}=0.11\text{m}$$

出水总管管径采用 DN1500mm，管内污水流速为 0.77m/s。回流污泥管管径为 DN600mm，管内污泥流速为 1.27m/s。

11.8.5　剩余污泥量

$$W=\frac{YQ(S_0-S_e)}{1+K_d\theta_c}$$

式中　W——剩余污泥量（kg/d）。

$$W=\frac{0.42\times61935\times(214.31-20)}{1000(1+0.075\times30)}=1555.2\text{kg/d}$$

湿污泥量

$$Q_s=\frac{W}{(1-P)\times1000}$$

式中　Q_s——湿污泥量（m^3/d）；

P——污泥含水率。

设计中取 $P=99.2\%$

$$Q_s=\frac{1555.2}{(1-0.992)\times1000}=194.4\text{m}^3/\text{d}$$

11.8.6　需氧量

$$O_2=Q\cdot\frac{S_0-S_e}{1-e^{-kt}}-1.42W\cdot\frac{VSS}{SS}+4.6Q\cdot(N_0-N_e)$$
$$-0.56W\cdot\frac{VSS}{SS}-2.6Q\cdot\Delta NO_3$$

式中　O_2——同时去除 BOD 和脱氮所需氧量（kgO_2/d）；

t——测定 BOD 时间，一般采用 5d；

k——常数，一般采用 0.23 左右；

W——剩余污泥排放量（kg/d）；

VSS/SS——一般采用 0.75 左右；

N_0-N_e——需要氧化的氨氮浓度（mg/L）；

ΔNO_3——还原的硝酸盐氮（mg/L）。

设计中取 $k=0.23$，$VSS/SS=0.75$。假设生物污泥中大约含有12.4%的氮，用于细胞的合成，则每天用于合成的总氮为：

$$TN_{合}=0.124\times1555.2=193\text{kg/d}$$

即TN中有$\frac{193\times1000}{61935}=3.1\text{mg/L}$用于合成细胞。按最不利情况，原水中$NH_3$—N量与TN量相同，设出水中$NH_3$—N量和$NO_3$—N量各为5mg/L，则需要氧化的$NH_3$—N量为：

$$30.79-3.1-5=22.69\text{mg/L}$$

需要还原的NO_3—N量为：

$$22.69-5=17.69\text{mg/L}$$

则：

$$O_2=61935\times\frac{214.32-20}{1000\times(1-e^{0.23\times5})}-1.42\times1555.2\times0.75+4.6\times61935\times\frac{22.69}{1000}-0.56\times1555.2\times0.75-2.6\times61935\times\frac{17.69}{1000}=18917.1\text{kg/d}$$

把实际需氧量折合成标准需氧量：

$$O_2'=\frac{O_2C_{s(20)}}{\alpha(\beta C_{s(T)}-C)\times1.024^{(T-20)}}$$

式中 O_2'——标准需氧量（kg/d）；

$C_{s(20)}$——标准大气压下，20℃时清水中的饱和溶解氧浓度（mg/L）查表得$C_{s(20)}=9.07$mg/L；

$C_{s(T)}$——标准大气压下，T℃时清水中的饱和溶解氧浓度（mg/L）；

C——曝气池内溶解氧浓度（mg/L）；

α——污水传氧速率与清水传氧速率之比，一般采用0.5～0.95；

β——污水中饱和溶解氧与清水中饱和溶解氧浓度值比，一般采用0.90～0.97。

设计中取 $\alpha=0.9$，$\beta=0.95$，假设最高温度为25℃，查表得 $C_{s(25)}=8.24$，取 $C=2$mg/L

$$O_2'=\frac{18917.1\times9.07}{0.9\times(0.95\times8.24-2)\times1.024^{(25-20)}}=29053.6\text{kg/d}=1210.6\text{kg/h}$$

采用垂直轴表面曝气机，每组氧化沟设2台，共8台。曝气机的动力效率一般为2.0kgO_2/（kW·h），则单台曝气机的功率约为77kW。

11.9 间歇式活性污泥法工艺计算

间歇式活性污泥法，也称序批式活性污泥法，简称SBR法。SBR法近年来在国内外引起了广泛的重视，对其研究也日益增多，计算机和自控技术的飞速发展，为 SBR 法的推广应用，提供了极为有利的条件。

11.9.1　设计参数

1. BOD－污泥负荷率

SBR 反应池在高负荷运行时，BOD－污泥负荷 N_s 值一般采用 0.1～0.4kgBOD/(kgMLSS·d) 之间，本设计中取 $N_s=0.2$kgBOD/(kgMLSS·d)。

2. 曝气池内混合液污泥浓度

反应池内污泥浓度 X 一般采用 1500～5000mg/L 之间，设计中取 $X=$ 3000mg/L。

3. 排出比 1/m

排出比 1/m 指每一周期的排水量与反应池容积之比，一般采用 1/4～1/2 之间，设计中取 1/m＝1/2。

4. 曝气时间

$$T_A = \frac{24S_a}{N_s \cdot m \cdot X}$$

式中　T_A——曝气时间（h）；

S_a——进水 BOD 浓度（mg/L）。

$$T_A = \frac{24 \times 214.31}{0.2 \times 2 \times 3000} = 4.3\text{h}$$，设计中取为 4.2h。

5. 沉淀时间

停止曝气后，初期沉降速度

$$V_{max} = 7.4 \times 10^4 \times t \times X^{-1.7}$$

式中　V_{max}——沉降速度（m/h）；

t——水温（℃）。

当水温为 10℃时：

$$V_{max} = 7.4 \times 10^4 \times 10 \times 3000^{1.7} = 0.91\text{m/h};$$

当水温为 20℃时：

$$V_{max} = 7.4 \times 10^4 \times 20 \times 3000^{1.7} = 1.82\text{m/h};$$

沉淀时间

$$T_s = \frac{H\frac{1}{m} + \varepsilon}{V_{max}}$$

式中　T_s——沉淀时间（h）；

H——反应池内水深（m）；

ε——安全高度（m），一般采用 0.3～0.5m；

设计中取 $\varepsilon=0.5\text{m}$，$H=6\text{m}$

水温为10℃时：

$$T_s = \frac{6\times0.5+0.5}{0.91} = 3.8\text{h}$$

水温为20℃时：

$$T_s = \frac{6\times0.5+0.5}{1.82} = 1.9\text{h}$$

6. 排出时间

排出时间 $T_D=2.0\text{h}$。

7. 进水时间

设计中取反应池进水时间 $T_I=2.0\text{h}$。

8. 一个周期所需时间

$$T = T_A + T_S + T_D + T_I = 4.2+3.8+2.0+2.0 = 12.0\text{h}$$

9. 曝气池个数

$$N = \frac{T}{T_1}$$

式中 N——曝气池个数。

$$N = \frac{12}{2} = 6$$

10. 每天周期次数

$$n = \frac{24}{T}$$

式中 n——每天周期次数。

$$n = \frac{24}{12} = 2$$

11.9.2 平面尺寸计算

1. 每组曝气池的容积

$$V = \frac{mQ}{nN}$$

式中 V——每组曝气池容积（m^3）；

$$V = \frac{2\times61935}{2\times6} = 10322.5\text{m}^3$$

2. 曝气池的平面尺寸

$$F = \frac{V}{H}$$

式中　F——单组曝气池的面积（m^2）；

H——曝气池的有效水深（m）。

$$F=\frac{V}{H}=\frac{10322.5}{6}=1720.4m^2$$，设计中取为 $1720m^2$。

设每组曝气池的池宽为 20m，则池长度为 86m。

SBR 池的平面布置如图 11-20 所示。

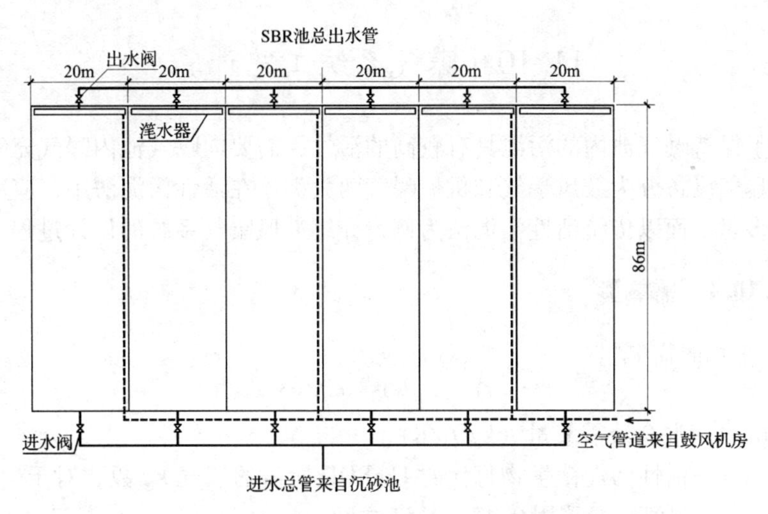

图 11-20　SBR 池平面布置示意图

3. 曝气池的总高度

曝气池的水深为 6.0m，超高取 0.5m，则曝气池的总高度 H' 为：

$$H' = 6.0 + 0.5 = 6.5m$$

曝气池的设计运行水位如图 11-21 所示。

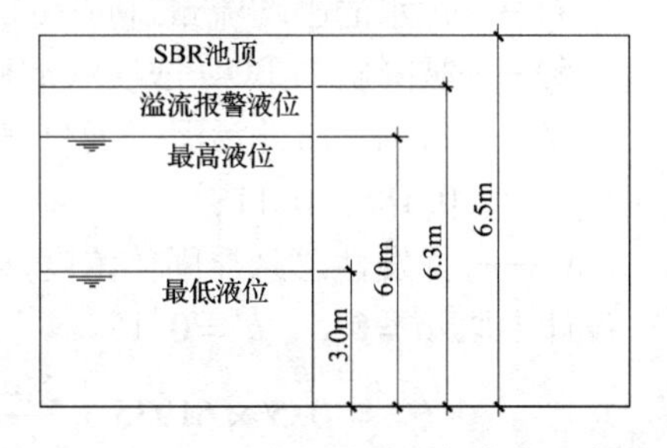

图 11-21　SBR 池的设计运行水位示意图

11.9.3　进出水系统

1. SBR 池进水设计

沉砂池的来水通过 DN1200mm 的管道送入 SBR 反应池，管道内的水流最大流速为 0.88m/s。在每一组 SBR 池进水管上设电动阀门，以便于控制每池的进水量，进水管直接将来水送入曝气池内。

2. SBR 池出水设计

SBR 池采用滗水器出水。由于水量较大，本设计中采用旋转式滗水器，出水负荷为 40L/（m・s），滗水深度为 3.0m。出水总管管径为 DN1200mm。

11.9.4　排泥系统

本设计中采用穿孔管排泥。穿孔排泥管沿池长方向布设，管径为 *DN*200mm，孔眼直径为20mm，孔眼间距0.5m，孔眼方向向下，与水平成45度角交错排列。排泥管中心间距3.0m，共6根，总排泥管的管径为 *DN*600mm，在排泥总管上设流量计，以控制排泥量。

11.10　曝气系统工艺计算

为了保持曝气池内的污泥具有较高的活性，需要向曝气池内曝气充氧。目前常用的曝气设备分为鼓风曝气和机械曝气两大类，在活性污泥法中，应用鼓风曝气的较多。下面以传统活性污泥法为例，介绍鼓风曝气系统的设计过程。

11.10.1　需氧量

1. 平均时需氧量

$$O_2 = a'QS_r + b'VX_V$$

式中　O_2——混合液需氧量（kgO_2/d）；

a'——活性污泥微生物每代谢1kgBOD所需的氧气kg数，对于生活污水，a'值一般采用0.42～0.53之间；

Q——污水的平均流量（m^3/d）；

S_r——被降解的BOD浓度（g/L）；

b'——每1kg活性污泥每天自身氧化所需要的氧气kg数，b′值一般采用0.188～0.11；

X_V——挥发性总悬浮固体浓度（g/L）。

设计中取 $a'=0.5$，$b'=0.15$

$$O_2 = 0.5 \times 61935 \times \frac{214.31 - 20}{1000} + 0.15 \times 12066.7 \times \frac{3333 \times 0.75}{1000} = 10541.9kg/d = 439.2kg/h$$

2. 最大时需氧量

最大时需氧量计算方法同上，只需将污水的平均流量换为最大流量

$$O_{2max} = 0.5 \times 86054 \times \frac{214.31 - 20}{1000} + 0.15 \times 12066.7 \times \frac{3333 \times 0.75}{1000} = 12885kg/d = 537kg/h$$

3. 最大时需氧量与平均时需氧量之比

$$\frac{Q_{2max}}{O_2} = \frac{537}{439.2} = 1.22$$

11.10.2　供气量

采用 W_M－180 型网状膜微孔空气扩散器，每个扩散器的服务面积为 $0.49m^2$，敷设于池底 0.2m 处，淹没深度为 4.0m，计算温度定为 30℃。

查表得 20℃ 和 30℃ 时，水中饱和溶解氧值为：

$$C_{S(20)} = 9.17mg/L; C_{S(30)} = 7.63mg/L$$

1．空气扩散器出口处的绝对压力

$$P_b = 1.013 \times 10^5 + 9800H$$

式中　P_b——出口处绝对压力（Pa）；

H——扩散器上淹没深度（m）。

设计中取 $H = 4.0m$

$$P_b = 1.013 \times 10^5 + 9800 \times 4 = 1.405 \times 10^5 Pa$$

空气离开曝气池池面时，氧的百分比

$$O_t = \frac{21(1 - E_A)}{79 + 21(1 - E_A)} \times 100\%$$

式中　O_t——氧的百分比（%）；

E_A——空气扩散器的氧转移效率。

设计中取 $E_A = 12\%$

$$O_t = \frac{21 \times (1 - 0.12)}{79 + 21 \times (1 - 0.12)} \times 100\% = 18.96\%$$

2．曝气池混合液中平均氧饱和度（按最不利的温度条件考虑）

$$C_{sb(30)} = C_s\left(\frac{P_b}{2.066 \times 10^5} + \frac{O_t}{42}\right)$$

式中　$C_{sb(30)}$——30℃时，鼓风曝气池内混合液溶解氧饱和度的平均值（mg/L）；

C_s——30℃时，在大气压力条件下，氧的饱和度（mg/L）。

$$C_{sb(30)} = 7.63 \times \left(\frac{1.405 \times 10^5}{2.066 \times 10^5} + \frac{18.96}{42}\right) = 8.63mg/L$$

换算为在 20℃ 条件下，脱氧清水的充氧量

$$R_0 = \frac{RC_{s(20)}}{\alpha[\beta \cdot \rho \cdot C_{sb(T)} - C] \cdot 1.024^{T-20}}$$

式中　R——混合液需氧量（kg/h）；

$C_{sb(20)}$——20℃时，鼓风曝气池内混合液溶解氧饱和度的平均值（mg/L）；

α、β——修正系数；

ρ——压力修正系数；

C——曝气池出口处溶解氧浓度（mg/L）。

设计中取 $\alpha = 0.82$，$\beta = 0.95$，$\rho = 1.0$，$C = 2.0$

平均时需氧量为：

$$R_0 = \frac{439.2 \times 9.17}{0.82 \times [0.95 \times 1 \times 8.63 - 2] \times 1.024^{30-20}} = 625.1\text{kg/h}$$

最大时需氧量为：

$$R_{0\max} = \frac{537 \times 9.17}{0.82 \times [0.95 \times 1 \times 8.63 - 2] \times 1.024^{30-20}} = 764.3\text{kg/h}$$

3. 曝气池供气量

曝气池平均时供气量为：

$$G_s = \frac{R_0}{0.3E_A} = \frac{625.1}{0.3 \times 0.12} = 17364\text{m}^3/\text{h}$$

曝气池最大时供气量为：

$$G_{s\max} = \frac{R_{0\max}}{0.3E_A} = \frac{764.3}{0.3 \times 0.12} = 21230.6\text{m}^3/\text{h}$$

11.10.3　空气管路计算

按照图 11-1 所示的曝气池平面图，布置空气管道，在相邻的两个廊道的隔墙上设一根干管，共 7 根干管。在每根干管上设 8 对曝气竖管，共 16 条配气竖管。曝气池共设 112 条配气竖管，每根竖管的供气量为：

$$\frac{21230.6}{112} = 189.6\text{m}^3/\text{h}$$

曝气池的平面面积为 2875m^2，每个空气扩散器的服务面积按 0.49m^2 计，则所需空气扩散器的总数为：

$$\frac{2875}{0.49} = 5867\text{ 个}$$

每根竖管上安装的空气扩散器的个数为：

$$\frac{5867}{112} = 52\text{ 个，取为 50 个。}$$

每个空气扩散器的配气量为：

$$\frac{21230.6}{112 \times 50} = 3.79\text{m}^3/\text{h}$$

将已布置的空气管路及布设的空气扩散器绘制成空气管路计算图，如图 11-22 所示。

选择一条从鼓风机房开始最长的管路作为计算管路。在空气流量变化处设计算节点，统一编号后列表进行空气管路计算，计算结果见表 11-1。

根据计算结果，空气管道系统的总压力损失为：

$$\sum (h_1 + h_2) = 148.28 \times 9.8 = 1453.1Pa = 1.453\text{kPa}$$

网状膜空气扩散器的压力损失为 5.88kPa，则总压力损失为：

$$5.88 + 1.453 = 7.333\text{kPa}$$

设计中取值为9.8kPa。

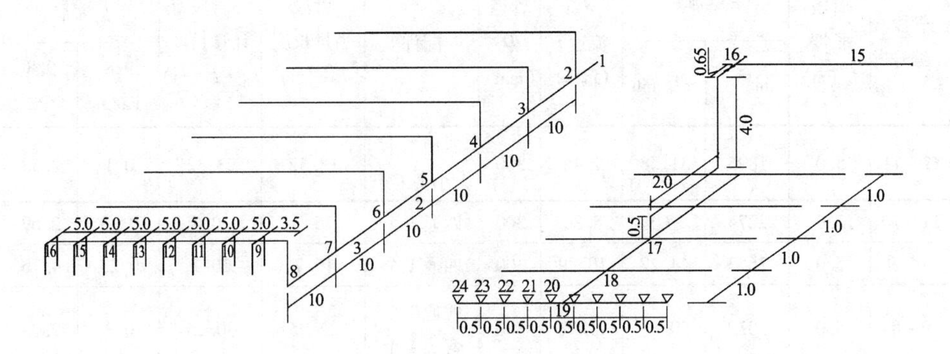

图11-22　空气管路计算图

空气管路计算表　　**表11-1**

管段编号	管段长度 L（m）	空气流量		空气流速 v（m/s）	管径 D（mm）	配件	管段当量长度 L_0（m）	管段计算长度 L_0+L（m）	压力损失 h_1+h_2	
		m³/h	m³/min						9.8 Pa/m	9.8 Pa
24~23	0.5	3.79	0.06	1.24	32	弯头1个	0.45	0.95	0.15	0.14
23~22	0.5	7.58	0.13	2.69	32	三通1个	1.19	1.69	0.25	0.42
22~21	0.5	11.37	0.19	3.94	32	三通1个	1.19	1.69	0.29	0.49
21~20	0.5	15.16	0.25	5.18	32	三通1个	1.19	1.69	0.33	0.56
20~19	0.25	18.95	0.32	6.63	32	三通1个	1.19	1.44	0.45	0.65
19~18	1.0	37.9	0.63	5.35	50	三通1个 大小头1个	1.22	2.22	0.64	1.42
18~17	1.0	75.8	1.26	4.18	80	四通1个 大小头1个	3.75	4.75	2.5	11.88
17~16	7.15	189.5	3.16	6.8	100	闸门1个 弯头3个 三通1个	17.96	25.11	0.4	10.04
16~15	5.0	379.0	6.32	13.4	100	三通1个	4.66	9.66	1.5	14.49
15~14	5.0	758.0	12.63	11.92	150	四通1个 大小头1个	7.97	12.97	0.59	7.65
14~13	5.0	1137	18.95	10.06	200	四通1个 大小头1个	11.26	16.26	0.36	5.85
13~12	5.0	1516	25.27	13.41	200	四通1个	9.65	14.65	0.94	13.77

续表

管段编号	管段长度 L（m）	空气流量		空气流速 v（m/s）	管径 D（mm）	配件	管段当量长度 L_0（m）	管段计算长度 L_0+L（m）	压力损失 h_1+h_2	
		m^3/h	m^3/min						9.8 Pa/m	9.8 Pa
12～11	5.0	1895	31.58	7.45	300	四通1个 大小头1个	18.32	23.32	0.1	2.33
11～10	5.0	2274	37.9	8.80	300	四通1个	15.7	20.7	0.13	2.69
10～9	5.0	2653	44.22	10.29	300	四通1个	15.7	20.7	0.23	4.76
9～8	8.0	3032	50.53	11.78	300	四通1个 弯头1个	22.25	30.25	0.3	9.08
8～7	10.0	3032	50.53	11.78	300	弯头1个	6.54	16.54	0.3	4.96
7～6	10.0	6064	101.07	13.25	400	三通1个 大小头1个	14.79	24.79	0.36	8.92
6～5	10.0	9096	151.6	12.72	500	三通1个 大小头1个	19.33	29.33	0.18	5.28
5～4	10.0	12128	202.13	16.96	500	三通1个	14.49	24.49	0.34	8.33
4～3	10.0	15160	252.67	14.72	600	三通1个 大小头1个	24.05	34.05	0.22	7.49
3～2	10.0	18192	303.2	17.67	600	三通1个	18.04	28.04	0.29	8.13
2～1	50.0	21224	353.73	15.15	700	三通1个 大小头1个	28.94	78.94	0.24	18.95
		合　计								148.28

11.10.4　空压机选择

空气扩散装置安装在距离池底0.2m处，曝气池有效水深为4.2m，空气管路内的水头损失按1.0m计，则空压机所需压力为：

$$P=(4.2-0.2+1.0)\times 9.8=49\text{kPa}$$

空压机供气量：

最大时：

$$G_{s\max}=21230.6\text{m}^3/\text{h}=353.8\text{m}^3/\text{min}$$

平均时：

$$G_s=17364\text{m}^3/\text{h}=289.4\text{m}^3/\text{min}$$

根据所需压力及空气量，选择江苏省南通市恒荣机泵厂的3L63WD三叶型罗茨鼓风机，共8台，该鼓风机风压49kPa，风量55m³/min。正常条件下，6台工作，2台备用；高负荷时，7台工作，1台备用。

第12章　生物处理后处理

12.1　二次沉淀池计算

12.1.1　池形选择

沉淀池一般可分为平流式、辐流式、竖流式和斜管（板）等几类。

平流式沉淀池可用于大、中、小型污水厂，但一般多用于初沉池，作为二沉池比较少见。平流式沉淀池配水不易均匀，排泥设施复杂，不易管理。

辐流式沉淀池一般采用对称布置，配水采用集配水井，这样各池之间配水均匀，结构紧凑。辐流式沉淀池排泥机械已定型化，运行效果好，管理方便。辐流式沉淀池适用于大、中型污水厂。

竖流式沉淀池一般用于小型污水处理厂以及中小型污水厂的污泥浓缩池。该池型的占地面积小、运行管理简单，但埋深较大，施工困难，耐冲击负荷差。

斜管（板）沉淀池具有沉淀效率高、停留时间短、占地少等优点。一般常用于小型污水处理厂或工业企业内的小型污水处理站。斜管（板）沉淀池处理效果不稳定，容易形成污泥堵塞，维护管理不便。

12.1.2　辐流沉淀池

设计中选择二组辐流沉淀池，$N=2$，每池设计流量为$0.498\mathrm{m^3/s}$，从曝气池流出的混合液进入集配水井，经过集配水井分配流量后流进辐流沉淀池。

1. 沉淀池表面积

$$F=\frac{Q\times 3600}{q'}$$

式中　F——沉淀部分有效面积（$\mathrm{m^2}$）；

Q——设计流量（$\mathrm{m^3/s}$）；

q'——表面负荷［$\mathrm{m^3/(m^2\cdot h)}$］，一般采用$0.5\sim1.5\mathrm{m^3/(m^2\cdot h)}$。

设计中取$q'=1.4\mathrm{m^3/(m^2\cdot h)}$。

$$F=0.498\times3600/1.4=1280.57\mathrm{m^2}$$

2. 沉淀池直径

$$D=\sqrt{\frac{4F}{\pi}}$$

式中　D——沉淀池直径（m）。

$$D=\sqrt{\frac{4\times F}{\pi}}=\sqrt{\frac{4\times 1280.57}{\pi}}=40.39\text{m}$$

设计中直径取为40.4m，则半径为20.2m。

3. 沉淀池有效水深

$$h_2=q'\times t$$

式中　h_2——沉淀池有效水深（m）；

t——沉淀时间（h），一般采用1.5~3.0h。

设计中取 $t=2.5$h

$$h_2=1.4\times 2.5=3.5\text{m}$$

4. 径深比

$\frac{D}{h_2}=\frac{40.4}{3.5}=11.54$，合乎（6~12）的要求。

5. 污泥部分所需容积

$$V_1=\frac{2(1+R)Q_0X}{\frac{1}{2}(X+X_r)N}$$

式中　V_1——污泥部分所需容积（m^3）；

Q_0——污水平均流量（m^3/s）；

R——污泥回流比（%）；

X——曝气池中污泥浓度（mg/L）；

X_r——二沉池排泥浓度（mg/L）。

设计中取 $Q_0=0.717m^3/s$，$R=50\%$。

$$X_r=\frac{10^6}{\text{SVI}}r$$

$$X=\frac{R}{1+R}X_r$$

式中　SVI——污泥容积指数，一般采用70~150；

r——系数，一般采用1.2。

设计中取 SVI=100

$$X_r=12000\text{mg/L}$$

$$X=4000\text{mg/L}$$

$$V_1=\frac{2(1+R)Q_0X}{\frac{1}{2}(X+X_r)N}=\frac{2\times(1+0.5)\times 0.717\times 3600\times 4000}{\frac{1}{2}(4000+12000)2}=1936\text{m}^3$$

6. 沉淀池总高度

$$H=h_1+h_2+h_3+h_4+h_5$$

式中　H——沉淀池总高度（m）；

h_1——沉淀池超高（m），一般采用0.3～0.5m；

h_2——沉淀池有效水深（m）；

h_3——沉淀池缓冲层高度（m），一般采用0.3m；

h_4——沉淀池底部圆锥体高度（m）；

h_5——沉淀池污泥区高度（m）。

设计中取$h_1=0.3\text{m}$，$h_3=0.3\text{m}$，$h_2=3.5\text{m}$

根据污泥部分容积过大及二沉池污泥的特点，采用机械刮吸泥机连续排泥，池底坡度为0.05。

$$h_4=(r-r_1)\times i$$

式中　h_4——沉淀池底部圆锥体高度（m）；

r——沉淀池半径（m）；

r_1——沉淀池进水竖井半径（m），一般采用1.0m；

i——沉淀池池底坡度。

设计中取$r=20.2\text{m}$，$r_1=1.0\text{m}$，$i=0.05$

$$h_4=(r-r_1)\times i=(20.2-1)\times 0.05=0.96\text{m}$$

$$h_5=\frac{V_1-V_2}{F}$$

式中　V_1——污泥部分所需容积（m^3）；

V_2——沉淀池底部圆锥体容积（m^3）；

F——沉淀池表面积（m^2）。

$$V_2=\frac{\pi}{3}\times h_4\times(r^2+r\times r_1+r_1^2)$$

$$=\frac{\pi}{3}\times 0.96\times(20.2^2+20.2\times 1.0+1.0^2)=431.3\text{m}^3$$

$$h_5=\frac{1936-431.3}{1280.57}=1.18\text{m}$$

$$H=h_1+h_2+h_3+h_4+h_5=0.3+3.5+0.3+0.96+1.18=6.24\text{m}$$

辐流二沉池示意图见图12-1。

7. 进水管的计算

$$Q_1=Q+RQ_0$$

式中　Q_1——进水管设计流量（m^3/s）；

Q——单池设计流量（m^3/s）；

R——污泥回流比（%）；

Q_0——单池污水平均流量（m^3/s）。

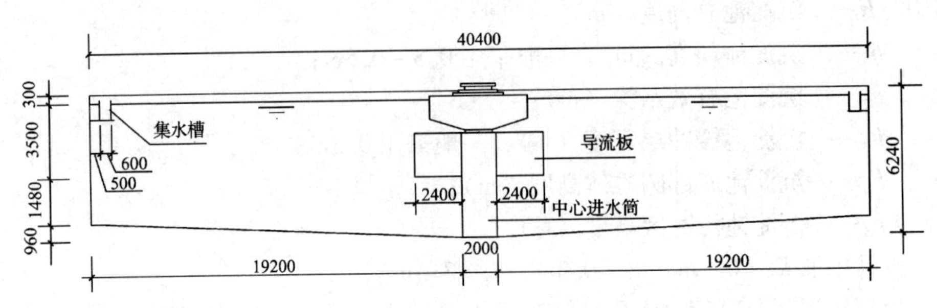

图 12-1　辐流二沉池示意图

设计中取 $Q=0.498\text{m}^3/\text{s}$，$Q_0=0.717\text{m}^3/\text{s}$，$R=50\%$

$$Q_1 = 0.498 + \frac{0.717}{2} \times 0.5 = 0.677\text{m}^3/\text{s}$$

进水管管径取 $D_1=900\text{mm}$

流速

$$v = \frac{Q_1}{A} = \frac{4Q_1}{\pi D_1^2}$$

$$v = \frac{4 \times 0.677}{3.14 \times 0.9^2} = 1.07\text{m/s}$$

8. 进水竖井计算

进水竖井直径采用 $D_2=2.0\text{m}$；

进水竖井采用多孔配水，配水口尺寸 $a \times b=0.5\text{m} \times 1.5\text{m}$，共设6个沿井壁均匀分布；

流速 v：$v = \frac{Q_1}{A} = \frac{0.677}{0.5 \times 1.5 \times 6} = 0.15\text{m/s} < (0.15 \sim 0.2)$，符合要求；

孔距 l：

$$l = \frac{D_2\pi - a \times 6}{6} = 0.55\text{m}$$

9. 稳流筒计算

筒中流速：$v_3=0.03 \sim 0.02\text{m/s}$（设计中取0.02）；

稳流筒过流面积：

$$f = \frac{Q_1}{v_3} = \frac{0.677}{0.02} = 33.85\text{m}^2$$

稳流筒直径 D_3：

$$D_3 = \sqrt{\frac{4f}{\pi} + D_2^2} = \sqrt{\frac{4 \times 33.85}{\pi} + 2^2} = 6.8\text{m}$$

10. 出水槽计算

采用双边90°三角堰出水槽集水，出水槽沿池壁环形布置，环形槽中水流由左右两侧汇入出水口。

每侧流量：

$$Q = 0.498/2 \quad m^3/s = 0.249m^3/s$$

集水槽中流速 $v = 0.6m$；

设集水槽宽 $B = 0.6m$；

槽内终点水深 h_2：$h_2 = \frac{Q}{vB} = \frac{0.249}{0.6 \times 0.6} = 0.70m$

槽内起点水深 h_1：

$$h_1 = \sqrt{\frac{2h_k^3}{h_2} + h_2^2}$$

$$h_k = \sqrt[3]{\frac{\alpha Q^2}{gB^2}}$$

式中　h_k——槽内临界水深（m）；

α——系数，一般采用 1；

g——重力加速度。

$$h_k = \sqrt[3]{\frac{0.249^2}{9.81 \times 0.6^2}} = 0.26m$$

$$h_1 = \sqrt{\frac{2 \times 0.26^3}{0.7} + 0.7^2} = 0.74m$$

设计中取出水堰后自由跌落 0.10m，集水槽高度：0.1 + 0.74 = 0.84m，取 0.85m。集水槽断面尺寸为：0.6m × 0.85m。

11. 出水堰计算

$$q = \frac{Q}{n}$$

$$n = \frac{L}{b}$$

$$L = L_1 + L_2$$

$$h = 0.7q^{2/5}$$

$$q_0 = \frac{Q}{L}$$

式中　q——三角堰单堰流量（L/s）；

Q——进水流量（L/s）；

L——集水堰总长度（m）；

L_1——集水堰外侧堰长（m）；

L_2——集水堰内侧堰长（m）；

n——三角堰数量（个）；

b——三角堰单宽（m）；

h——堰上水头（m）；

q_0——堰上负荷［L/(s·m)］。

设计中取 $b=0.10$m，水槽距池壁 0.5m

$$L_1=(40.4-1.0)\pi=123.72\text{m}$$

$$L_2=(40.4-1.0-0.6\times2)\pi=119.95\text{m}$$

$$L=L_1+L_2=243.67\text{m}$$

$$n=\frac{L}{b}=2437\text{个}$$

$$q=\frac{Q}{n}=0.204\text{L/s}$$

$$h=0.023\text{m}$$

$$q_0=\frac{Q}{L}=\frac{0.498\times1000}{243.67}=2.04\text{L/(s·m)}$$

根据规定二沉池出水堰上负荷在 1.5~2.9L/（s·m）之间，计算结果符合要求。

12. 出水管

出水管管径 $D=800$mm

$$v=\frac{4Q}{2\cdot\pi D^2}=\frac{4\times0.996}{2\times3.14\times0.8^2}=1.0\text{m/s}$$

13. 排泥装置

沉淀池采用周边传动刮吸泥机，周边传动刮吸泥机的线速度为 2~3m/min，刮吸泥机底部设有刮泥板和吸泥管，利用静水压力将污泥吸入污泥槽，沿进水竖井中的排泥管将污泥排出池外。

排泥管管径 500mm，回流污泥量 179.2L/s，流速 0.92m/s。

14. 集配水井的设计计算

（1）配水井中心管直径

$$D_2=\sqrt{\frac{4Q}{\pi v_2}}$$

式中 D_2——配水井中心管直径（m）；

v_2——中心管内污水流速（m/s），一般采用 $v_2\geqslant0.6$m/s；

Q——进水流量（m^3/s）。

设计中取 $v_2=0.7$m/s，$Q=1.355m^3/s$

$$D_2=\sqrt{\frac{4\times1.355}{\pi\times0.7}}=1.57\text{m},\text{设计中取 }1.60\text{m}$$

（2）配水井直径

$$D_3 = \sqrt{\frac{4Q}{\pi v_3} + D_2^2}$$

式中　D_3——配水井直径（m）；

v_3——配水井内污水流速（m/s），一般采用 $v_3 = 0.2 \sim 0.4$m/s。

设计中取 $v_3 = 0.3$m/s

$$D_3 = \sqrt{\frac{4 \times 1.355}{\pi \times 0.3} + 1.6^2} = 2.88\text{m}$$，设计中取2.90m

（3）集水井直径

$$D_1 = \sqrt{\frac{4Q}{\pi v_1} + D_3^2}$$

式中　D_1——集配水井直径（m）；

v_1——集水井内污水流速（m/s），一般采用 $v_1 = 0.2 \sim 0.4$m/s。

设计中取 $v_1 = 0.25$m/s

$$D_1 = \sqrt{\frac{4 \times 1.355}{\pi \times 0.25} + 2.9^2} = 3.91\text{m}$$，设计中取3.90m。

（4）进水管管径

取进入二沉池的管径 $DN = 900$mm。

校核流速：

$$v = \frac{4Q}{2 \cdot \pi D^2} = \frac{4 \times 1.355}{2 \times 3.14 \times 0.9^2} = 1.07(\text{m/s}) \geq 0.7(\text{m/s})$$ 符合要求。

（5）出水管管径

由前面结果可知，$DN = 800$mm，$v = 1.0$m/s

（6）总出水管

取出水管管径 $D = 1100$mm，$v = 1.0$m/s；集配水井内设有超越闸门，以便超越。

12.1.3　竖流沉淀池

竖流沉淀池中污水沿中心管向下流动，经中心管下部的反射板折向上方，由沉淀池顶部锯齿型三角堰收集排出。竖流沉淀池由进水装置、中心管、出水装置、沉淀区、污泥斗、排泥装置组成。竖流沉淀池仅适用于小型污水处理厂。

设计中选择8组竖流沉淀池，每组由6个池子组成，污水经过集配水井分配流量后流入竖流沉淀池。

单池流量

$$Q = \frac{0.996}{8 \times 6} = 0.0208\text{m}^3/\text{s}$$

考虑到回流污泥量，沉淀池进水流量 Q_1：

$$Q_1 = Q + RQ_0 = 0.0208 + 0.717 \times 0.5/(8 \times 6) = 0.0283\text{m}^3/\text{s}$$

1. 中心进水管面积

$$A_1 = \frac{Q_1}{v_0}$$

式中　A_1——沉淀池中心进水管面积（m^2）；

Q_1——中心进水管设计流量（m^3/s）；

v_0——中心进水管流速（m/s），一般采用 $v_0 \leqslant 0.03\text{m/s}$。

设计中取 $v = 0.03\text{m/s}$

$$A_1 = \frac{0.0283}{0.03} = 0.94\text{m}^2$$

$$d_0 = \sqrt{\frac{4A_1}{\pi}}$$

式中　d_0——中心进水管直径（m）。

$$d_0 = \sqrt{\frac{4 \times 0.94}{3.14}} = 1.09\text{m}, \text{设计中取 } d_0 = 1.10\text{m}$$

每池的进水管采用 $DN = 200\text{mm}$，

管内流速　$v = \dfrac{4Q_1}{\pi D^2} = \dfrac{4 \times 0.0283}{3.14 \times 0.2^2} = 0.9\text{m/s}$

2. 中心进水管喇叭口与反射板之间的缝隙高度

$$h_3 = \frac{Q_1}{v_1 \pi d_1}$$

式中　h_3——中心进水管喇叭口与反射板之间的板缝高度（m）；

v_1——污水从中心管喇叭口与反射板之间缝隙流出速度（m/s），一般采用 $0.02 \sim 0.03\text{m/s}$；

d_1——喇叭口直径（m），一般采用 $d_1 = 1.35d_0$；

d_2——反射板直径（m），一般采用 $d_2 = 1.3d_1$。

设计中取 $v_1 = 0.02\text{m/s}$，$d_0 = 1.10\text{m}$，$d_1 = 1.35\ d_0 = 1.49\text{m}$，设计中取 1.50m，$d_2 = 1.3\ d_1 = 1.95\text{m}$，设计中取 2.0m。

$$h_3 = \frac{0.0283}{0.02 \times \pi \times 1.50} = 0.30\text{m}$$

3. 沉淀区有效面积

$$A_2 = \frac{Q}{v}$$

式中　A_2——沉淀部分有效断面（m^2）；

v——污水在沉淀池内流速（m/s）。

设计中取沉淀池的表面负荷 $q'=1.4\text{m}^3/(\text{m}^2\cdot\text{h})$，$v=q'=0.000388\text{m/s}$

$$A_2=\frac{0.0208}{0.000388}=53.61\text{m}^2$$

4．沉淀池边长

$$B=\sqrt{A_1+A_2}$$

式中　B——沉淀池边长（m），一般采用 $B\leqslant 8\sim 10\text{m}$。

$$B=\sqrt{53.61+0.94}=7.39\text{m},\text{设计中取}\ 7.40\text{m}<8\text{m}$$

5．沉淀池有效水深

$$h_2=q't$$

式中　h_2——沉淀池有效水深（m）；

t——沉淀时间（h），一般采用 1～2h；

q'——表面负荷 $[\text{m}^3/(\text{m}^2\cdot\text{h})]$，一般采用 $0.5\sim 1.5\text{m}^3/(\text{m}^2\cdot\text{h})$。

设计中取 $t=2.5\text{h}$，$q'=1.4\text{m}^3/(\text{m}^2\cdot\text{h})$

$$h_2=1.4\times 2.5=3.5\text{m}$$

校核沉淀池边长与水深之比，$B/h_2=7.4/3.5=2.1<3$

6．污泥区容积

$$V_1=\frac{2(1+R)Q_0X}{\frac{1}{2}(X+X_r)}$$

式中　V_1——污泥部分所需容积（m^3）；

Q_0——污水平均流量（m^3/s）；

R——污泥回流比（%）；

X——曝气池中污泥浓度（mg/L）；

X_r——二沉池排泥浓度（mg/L）。

设计中取 $Q_0=0.717\text{m}^3/\text{s}$，$R=50\%$

$$X_r=\frac{10^6}{\text{SVI}}r$$

$$X=\frac{R}{1+R}X_r$$

式中　SVI——污泥容积指数，一般采用 70～150；

r——系数，一般采用 1.2。

设计中取 SVI＝100

$$X_r=12000\text{mg/L}$$

$$X=4000\text{mg/L}$$

$$V_1=\frac{2(1+R)Q_0X}{\frac{1}{2}(X+X_r)}=\frac{2\times(1+0.5)\times 0.717\times 3600\times 4000}{\frac{1}{2}(4000+12000)}=3872\text{m}^3$$

设计中采用了48个竖流式沉淀池，单池污泥区容积

$$V_0 = \frac{3872}{48} = 80.67\text{m}^3$$

7. 污泥斗容积

污泥斗设在沉淀池的底部，采用重力排泥，排泥管伸入污泥斗底部，为防止污泥斗底部积泥，设计中采用污泥斗底部边长0.5m，污泥斗倾角60°。

$$V_1 = \frac{1}{3}h_5(a^2 + a_1^2 + \sqrt{a^2a_1^2})$$

$$h_5 = \frac{1}{2}(a - a_1)\text{tg}60°$$

式中　V_1——污泥斗容积（m^3）；

h_5——污泥斗高（m）；

a——污泥斗上口边长（m）；

a_1——污泥斗下口边长（m）。

设计中取 $a = 7.4\text{m}$，$a_1 = 0.5\text{m}$。

$$h_5 = 1.732 \times (7.4 - 0.5)/2 = 5.98\text{m}$$

$$V_1 = \frac{1}{3} \times 5.98 \times (7.4 \times 7.4 + 0.5 \times 0.5 + \sqrt{7.4^2 \times 0.5^2}) = 117\text{m}^3 > 80.67\text{m}^3$$

污泥斗容积可以满足污泥区的要求。

8. 沉淀池总高度

$$H = h_1 + h_2 + h_3 + h_4 + h_5$$

式中　H——沉淀池的总高度（m）；

h_1——沉淀池超高（m），一般采用0.3m；

h_4——沉淀池缓冲层高度（m），一般采用0.3～0.5m；

h_5——污泥部分高度（m）。

设计中取 $h_1 = 0.3\text{m}$，因为污泥面较低，设计中取缓冲层高度 $h_4 = 0.3\text{m}$。

$$H = 0.3 + 3.50 + 0.3 + 0.3 + 5.98 = 10.38\text{m}$$

9. 集配水井

沉淀池分为8组，每组分为6池，沉淀池进水端设集配水井，污水在集配水井中部的配水井平均分配，然后流进每组沉淀池。

配水井内中心管直径

$$D_2 = \sqrt{\frac{4Q^2}{\pi v_2}}$$

式中　D_2——配水井中心管直径（m）；

v_2——中心管内污水流速（m/s），一般采用 $v_2 \geq 0.6\text{m/s}$；

Q——进水流量（m^3/s）。

设计中取 $v_2=0.7\mathrm{m/s}$，$Q=1.355\mathrm{m^3/s}$

$$D_2=\sqrt{\frac{4\times1.355}{\pi\times0.7}}=1.57\mathrm{m}, \text{设计中取} 1.60\mathrm{m}$$

配水井直径

$$D_3=\sqrt{\frac{4Q}{\pi v_3}+D_2^2}$$

式中　D_3——配水井直径（m）；

v_3——配水井内污水流速（m/s），一般采用0.2～0.4m/s。

设计中取 $v_3=0.3\mathrm{m/s}$

$$D_3=\sqrt{\frac{4\times1.355}{\pi\times0.3}+1.6^2}=2.88\mathrm{m}, \text{设计中取} 2.90\mathrm{m}$$

集配水井直径

$$D_1=\sqrt{\frac{4Q}{\pi v_1}+D_3^2}$$

式中　D_1——集配水井直径（m）；

v_1——集水井内污水流速（m/s），一般采用0.2～0.4m/s。

设计中取 $v_1=0.25\mathrm{m/s}$。

$$D_1=\sqrt{\frac{4\times1.355}{\pi\times0.25}+2.9^2}=3.91\mathrm{m}, \text{设计中取} 3.90\mathrm{m}。$$

10．进水渠道

沉淀池分为8组，每组流量为0.169m³/s，每组设一个进水渠道，污水进入进水渠道后由沉淀池中心管流入沉淀池。进水渠道宽度0.6m，进水渠道水深0.5m，水流流速0.56m/s。

11．出水堰

沉淀池出水经过出水堰跌落进入出水渠道，然后汇入出水管排入集配水井中外部的集水井内。出水堰采用单侧90°三角形出水堰，三角堰顶长0.16m，深0.08m，集水槽宽0.3m 每格沉淀池有185个三角堰。三角堰流量 Q_1 为：

$$n=\frac{4(B-2B_1)}{a}$$

式中　B——沉淀池边长（m）；

B_1——集水槽宽度（m）；

a——三角堰顶长（m）。

设计中取 $B=7.4\mathrm{m}$，$B_1=0.3\mathrm{m}$，$a=0.16\mathrm{m}$

$$n=\frac{4(7.4-2\times0.3)}{0.16}=170$$

$$Q_1=\frac{Q}{N\times n}$$

$$H_1 = 0.7Q_1^{2/5}$$

式中　Q_1——三角堰流量（m^3/s）；

H_1——三角堰水深（m）；

Q——污水设计流量（m^3/s）；

N——沉淀池数量（个）；

n——单池三角堰数量（个）。

$$Q_1 = \frac{0.996}{48 \times 170} = 0.000122m^3/s$$

$$H_1 = 0.7 \times 0.000122^{0.4} = 0.019m$$

三角堰后自由跌落0.10m，则出水堰水头损失为0.119m，设计中取0.12m。

堰上负荷：

$$\frac{0.0208 \times 1000}{7.4 \times 4} = 0.7L/(s \cdot m) \leqslant 1.5 \sim 2.9L/(s \cdot m)$$

12. 出水渠道

出水渠道设在沉淀池四周，单侧集水。

集水量为

$$\frac{0.996}{8 \times 2} = 0.06225m^3/s$$

出水渠道宽0.5m，水深0.3m，水平流速0.42m/s。出水渠道将三角堰出水汇集送入出水管，出水管道采用钢管，管径DN300mm，管内流速0.89m/s。

13. 排泥管

排泥管伸入污泥斗底部，为防止排泥管堵塞，排泥管径设为200mm。

竖流沉淀池示意图见图12-2、图12-3。

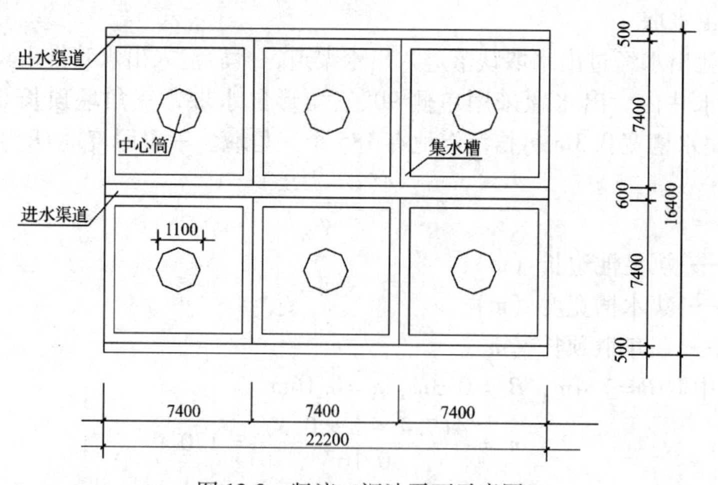

图12-2　竖流二沉池平面示意图

12.1.4　斜板（管）沉淀池

斜板沉淀池具有沉淀效率高，停留时间短，占地面积少等优点，一般应用于中小型水厂。

设计中选择二组斜板沉淀池，每组分为4格，共8格。每格设计流量，从曝气池流来的污水进入集配水井，经过集配水井分配流量后流入斜板沉淀池。

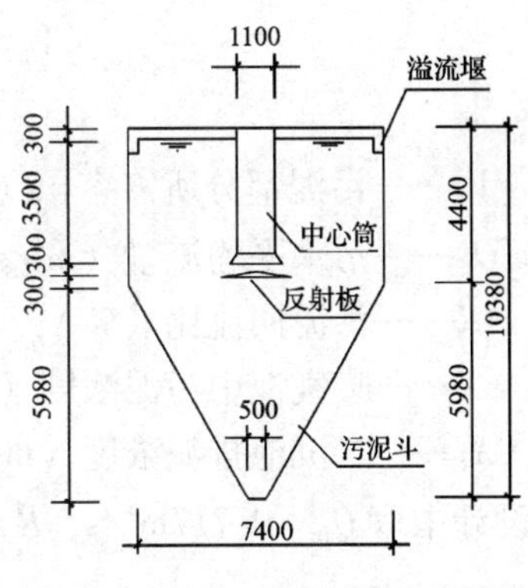

图 12-3　竖流二沉池剖面示意图

1. 沉淀部分有效面积

$$F = \frac{Q_0 \times 3600}{q' \times 0.91}$$

$$Q_0 = \frac{Q}{n}$$

式中　F——沉淀部分有效面积（m^2）；

Q——设计流量（m^3/s）；

Q_0——单池设计流量（m^3/s）；

n——沉淀池分格数（个）；

q'——表面负荷［$m^3/(m^2 \cdot h)$］，一般采用 $3 \sim 6m^3/(m^2 \cdot h)$。

设计中取 $Q = 0.996m^3/s$，$n = 8$ 格，$q' = 3m^3/(m^2 \cdot h)$

$$Q_0 = 0.996/8 = 0.1245m^3/s$$

$$F = 0.1245 \times 3600/3 \times 0.91 = 164.2m^2$$

2. 沉淀池边长

$$a = \sqrt{F}$$

式中　a——沉淀池边长（m）。

$$a = \sqrt{164.2} = 12.8m$$

3. 沉淀池内停留时间

$$t = \frac{(h_2 + h_3) \times 60}{q'}$$

式中　t——沉淀池内停留时间（min）；

h_2——斜板区上部水深（m），一般采用 0.5 ~ 1.0m；

h_3——斜板区高度（m），一般采用 0.866m。

设计中取 $h_2 = 1.0m$

$$t = \frac{(1 + 0.866) \times 60}{3} = 37.3min$$

4. 污泥区所需容积

$$V_1 = \frac{2(1+R)Q_0X}{\frac{1}{2}(X+X_r)}$$

式中　V_1——污泥部分所需容积（m^3）；

Q_0——污水平均流量（m^3/s）；

R——污泥回流比（%）；

X——曝气池中污泥浓度（mg/L）；

X_r——二沉池排泥浓度（mg/L）。

设计中取 $Q_0 = 0.717m^3/s$，$R = 50\%$

$$X_r = \frac{10^6}{SVI}r$$

$$X = \frac{R}{1+R}X_r$$

式中　SVI——污泥容积指数，一般采用70～150；

r——系数，一般采用1.2。

设计中取 SVI = 100

$$X_r = \frac{10^6}{100} \times 1.2 = 12000mg/L$$

$$X = \frac{0.5}{1+0.5} \times 12000 = 4000mg/L$$

$$V_1 = \frac{2(1+R)Q_0X}{\frac{1}{2}(X+X_r)} = \frac{2 \times (1+0.5) \times 0.717 \times 3600 \times 4000}{\frac{1}{2}(4000+12000)} = 3872m^3$$

设计中采用了8个斜板沉淀池，单池污泥区容积 $V_0 = \frac{3872}{8} = 484m^3$

5. 污泥区高度

二沉池排泥采用刮吸泥机排泥，池底采用平底。污泥区高度

$$h_5 = \frac{V_0}{F}$$

式中　V_0——污泥区容积（m^3）；

F——沉淀池有效面积（m^2）。

设计中取 $V_0 = 484m^3$，$F = 164.2m^2$

$$h_5 = \frac{V_0}{F} = \frac{484}{164.2} = 2.95m$$

6. 沉淀池总高度

$$H = h_1 + h_2 + h_3 + h_4 + h_5$$

式中　H——沉淀池总高度（m）；

h_1——沉淀池超高（m），一般采用 0.3 ~ 0.5m；

h_4——斜板区底部缓冲层高度（m），一般采用 0.5 ~ 1.0m。

设计中取 $h_1 = 0.3$m，$h_4 = 0.7$m

$$H = 0.3 + 1.0 + 0.866 + 0.7 + 2.95 = 5.8\text{m}$$

7. 进水集配水井

沉淀池分为 2 组，每组分为 4 格，沉淀池进水端设集配水井，污水在集配水井中部的配水井平均分配，然后流进每组沉淀池。

配水井的中心管直径

$$D_2 = \sqrt{\frac{4Q}{\pi v_2}}$$

式中　D_2——配水井中心管直径（m）；

v_2——配水井中心管内污水流速（m/s），一般采用 $v_2 \geqslant 0.6$m/s；

Q——进水流量（m^3/s）。

设计中取 $v_2 = 0.7$m/s，$Q = Q + RQ_0 = 0.996 + 0.717 \times 0.5 = 1.355 m^3/s$。

$$D_2 = \sqrt{\frac{4 \times 1.355}{\pi \times 0.7}} = 1.57\text{m},\ \text{设计中取}\ 1.60\text{m}$$

配水井直径

$$D_3 = \sqrt{\frac{4Q}{\pi v_3} + D_2^2}$$

式中　D_3——配水井直径（m）；

v_3——配水井内污水流速（m/s），一般采用 0.2 ~ 0.4m/s。

设计中取 $v_3 = 0.3$m/s

$$D_3 = \sqrt{\frac{4 \times 1.355}{\pi \times 0.3} + 1.6^2} = 2.88\text{m},\ \text{设计中取}\ 2.90\text{m。}$$

集配水井直径

$$D_1 = \sqrt{\frac{4Q}{\pi v_1} + D_3^2}$$

式中　D_1——集配水井直径（m）；

v_1——集水井内污水流速（m/s），一般采用 0.2 ~ 0.4m/s。

设计中取 $v_1 = 0.25$m/s

$$D_1 = \sqrt{\frac{4 \times 1.355}{\pi \times 0.25} + 2.9^2} = 3.91\text{m},\ \text{设计中取}\ 3.90\text{m。}$$

8. 进水渠道

沉淀池分为二组，每组沉淀池进水端设进水渠道，进水管从进水渠道一端进入，污水沿进水渠道流动，通过潜孔进入配水渠道，然后由穿孔花墙流入沉淀池。

$$v_1 = Q_0/B_1H_1$$

式中　v_1——进水渠道水流流速（m/s），一般采用 $v_1 \geqslant 0.4$m/s；

B_1——进水渠道宽度（m）；

Q_0——进水渠道流量（m^3/s）；

H_1——进水渠道水深（m），B_1/H_1 一般采用0.5～2.0。

设计中取 $B_1 = 1.0$m，$H_1 = 0.8$m，$Q_0 = Q/2 = 0.678m^3/s$

$$v_1 = 0.678/(1.0 \times 0.8) = 0.85m/s > 0.4m/s$$

9. 进水穿孔花墙

进水采用穿孔墙进水，穿孔花墙的开孔总面积为过水断面的6%～20%，则过孔流速为

$$v_2 = \frac{Q}{B_2h_2n_1}$$

式中　v_2——穿孔花墙过孔流速（m/s），一般采用0.05～0.15m/s；

B_2——孔洞的宽度（m）；

h_2——孔洞的高度（m）；

n_1——孔洞数量（个）。

设计中取 $B_2 = 0.2$m，$h_2 = 0.4$m，$n_1 = 20$ 个

$$v_2 = 0.678/20 \times 0.2 \times 0.4 \times 4 = 0.106m/s$$

10. 出水堰

沉淀池出水经过双侧出水堰跌落进入集水槽，然后经出水渠、总出水渠排出池外。出水区中间为出水渠0.80m，两侧各设4条集水槽，每条长度6.0m，出水堰采用双侧90°三角形出水堰，三角堰顶宽0.16m，深0.08m，共有300个三角堰。三角堰安装在集水槽的两侧，集水槽宽0.25m，深0.45m，有效水深0.25m，水流流速0.25m/s，三角堰后自由跌落0.1～0.15m，三角堰堰上水深为：

$$H_1 = 0.7Q_1^{2/5}$$

式中　Q_1——三角堰流量（m^3/s）；

H_1——三角堰上水深（m）。

$$H_1 = 0.7\left(\frac{0.996}{4 \times 300}\right)^{2/5} = 0.031m$$

取三角堰后自由跌落0.15m，则出水堰水头损失0.181m，设计中取0.18m。

11. 排泥装置

沉淀池采用行车式吸泥机，吸泥机设于池顶，吸管伸入池底，吸泥机行走时将污泥排出池外。斜板二沉池示意见图12-4、图12-5。

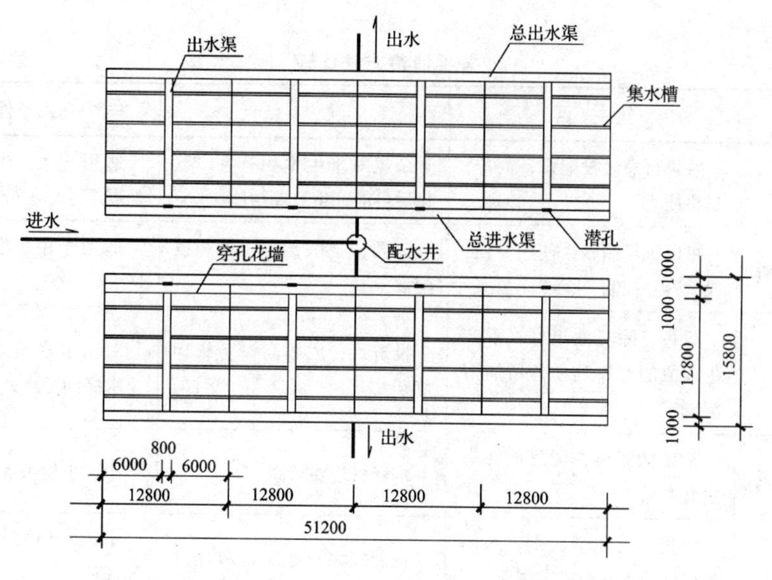

图 12-4 斜板二沉池平面示意图

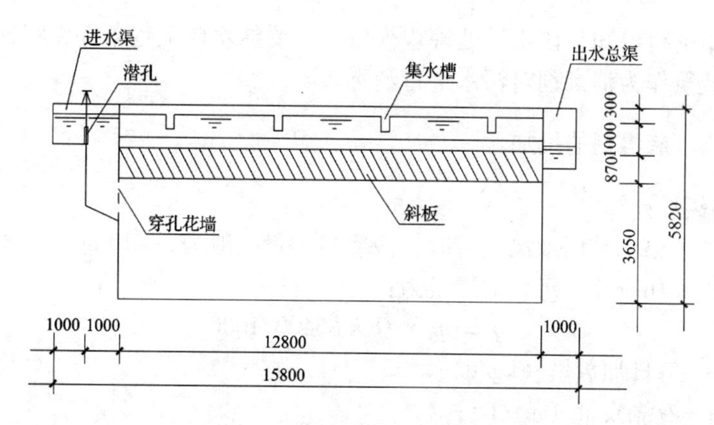

图 12-5 斜板二沉池剖面示意图

12.2 消毒设施计算

污水经过以上构筑物处理后，虽然水质得到了改善，细菌数量也大幅减少，但是细菌的绝对值仍然十分可观，并有存在病原菌的可能。因此，污水在排放水体前，应进行消毒处理。

12.2.1 消毒剂的选择

污水消毒的主要方法是向污水中投加消毒剂，目前用于污水消毒的常用消毒剂主要有液氯、次氯酸钠、臭氧、二氧化氯、紫外线。这些常用消毒剂的比较见

表12-1。

各种消毒方法比较　　表12-1

名称	优　点	缺　点	适用条件
液氯	效果可靠，投配设备简单，价格便宜	余氯对水生生物有害，氯化后可能产生致癌物质	适用于大、中型污水处理厂
次氯酸钠	可以现场制备，使用方便，投量容易控制	需要次氯酸钠发生器和投配设备	适用于中、小型处理厂
臭氧	除色、除臭效果好，不产生残留的有害物质，增加溶解氧	投资大，成本高设备管理复杂	对出水水质卫生条件要求高的污水处理厂
二氧化氯	杀菌效果好，无气味，有定型产品	维修管理要求高	中、小型污水处理厂
紫外线	快速、无化学药剂，杀菌效果好，无残留有害物质	耗能较大，对浊度要求高	下游水体要求较高的处理厂

由原始资料可知，该水厂处理规模较大，受纳水体卫生条件无特殊要求，设计中采用液氯作为消毒剂对污水进行消毒。

12.2.2　消毒剂的投加

1. 加氯量计算

二级处理出水采用液氯消毒时，液氯投加量一般为5～10mg/L，本设计中液氯投量采用8.0mg/L。每日加氯量为:

$$q = q_0 \times Q \times 86400/1000$$

式中　q——每日加氯量（kg/d）；

q_0——液氯投量（mg/L）；

Q——污水设计流量（m^3/s）。

$$q = 8 \times 0.996 \times 86400/10^3 = 688.44\text{kg/d}$$

2. 加氯设备

液氯由真空转子加氯机加入，加氯机设计二台，采用一用一备。每小时加氯量:

$$\frac{688.44}{24} = 28.7\text{kg/h}$$

设计中采用ZJ—1型转子加氯机。

12.2.3　平流式消毒接触池

本设计采用2个3廊道平流式消毒接触池，单池设计计算如下:

1．消毒接触池容积

$$V = Q \cdot t$$

式中　V——接触池单池容积（m^3）；

Q——单池污水设计流量（m^3/s）；

t——消毒接触时间（h），一般采用30min。

设计中取 $Q = 0.498m^3/s$，$t = 30min$

$$V = Q \cdot t = 0.498 \times 30 \times 60 = 896.4m^3$$

2．消毒接触池表面积

$$F = \frac{V}{h_2}$$

式中　F——消毒接触池单池表面积（m^2）；

h_2——消毒接触池有效水深（m）。

设计中取 $h_2 = 2.5m$

$$F = \frac{V}{h_2} = \frac{896.4}{2.5} = 358.56m^2$$

3．消毒接触池池长

$$L' = \frac{F}{B}$$

式中　L'——消毒接触池廊道总长（m）；

B——消毒接触池廊道单宽（m）。

设计中取 $B = 5m$

$$L' = \frac{F}{B} = \frac{358.56}{5} = 71.71m$$

消毒接触池采用3廊道，消毒接触池长：

$$L = \frac{L'}{3} = \frac{71.71}{3} = 23.9m$$ 设计中取24m。

校核长宽比：

$$\frac{L'}{B} = \frac{71.71}{5} = 14.4 \geqslant 10$$，合乎要求。

4．池高

$$H = h_1 + h_2$$

式中　h_1——超高（m），一般采用0.3m；

h_2——有效水深（m）。

$$H = h_1 + h_2 = 0.3 + 2.5 = 2.8m$$

5．进水部分

每个消毒接触池的进水管管径 $D = 800mm$，$v = 1.0m/s$。

6．混合

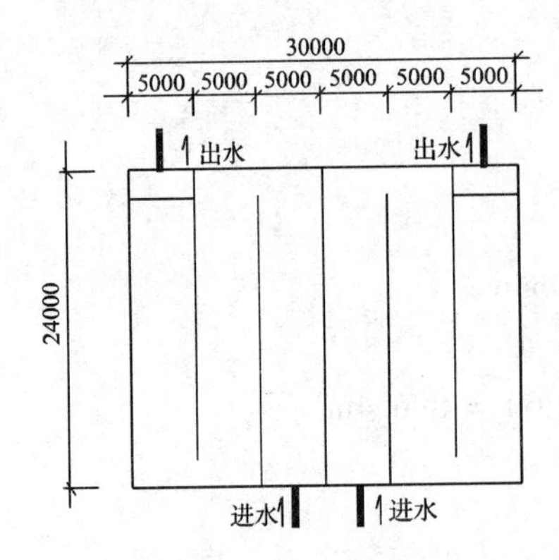

图12-6　平流式消毒接触池示意图

采用管道混合的方式，加氯管线直接接入消毒接触池进水管，为增强混合效果，加氯点后接 $D=800$mm 的静态混合器。

平流式消毒池示意图见12-6。

7. 出水部分

$$H=\left[\frac{Q}{n\times m\times b\times\sqrt{2\times g}}\right]^{\frac{2}{3}}$$

式中　H——堰上水头（m）；

n——消毒接触池个数；

m——流量系数，一般采用0.42；

b——堰宽，数值等于池宽（m）。

设计中取 $n=2$，$b=5.0$m

$$H=\left[\frac{0.996}{2\times0.42\times5.0\times\sqrt{2\times9.8}}\right]^{\frac{2}{3}}=0.14\text{m}$$

12.2.4　竖流式消毒接触池

竖流式消毒池仅适用于小型污水厂，设计中选择4组竖流式消毒接触池，每组由6个池子组成，共计24个池体。污水经过集配水井分配流量后流入竖流式消毒池，单池流量为

$$Q_0=\frac{Q}{n}$$

式中　Q——设计流量（m^3/s）；

Q_0——单池设计流量（m^3/s）；

n——消毒池个数。

设计中取 $Q=0.996m^3/s$，$n=24$

$$Q_0=\frac{0.996}{4\times6}=0.0415m^3/s$$

1. 中心进水管面积

$$A_0=\frac{Q_0}{v_0}$$

式中　A_0——消毒接触池中心进水管面积（m^2）；

Q_0——单池设计流量（m^3/s）；

v_0——中心进水管流速（m/s），一般采用 $v_0\leqslant0.03$m/s。

设计中取 $v_0=0.03$m/s，$Q_0=0.0415m^3/s$

$$A_0=\frac{0.0415}{0.03}=1.38m^2$$

$$d_0 = \sqrt{\frac{4A_0}{\pi}}$$

式中　d_0——中心进水管直径（m）。

$$d_0 = \sqrt{\frac{4 \times 1.38}{3.14}} = 1.33\text{m}, \text{设计中取} 1.35\text{m}。$$

2. 中心进水管喇叭口与反射板之间的缝隙高度

$$h_3 = \frac{Q_0}{v_1 \pi d_1}$$

式中　h_3——中心进水管喇叭口与反射板之间的板缝高度（m）；

v_1——污水从中心管喇叭口与反射板之间缝隙流出速度（m/s），一般采用0.02～0.03m/s；

d_1——喇叭口直径（m），一般采用 $d_1 = 1.35d_0$；

d_2——反射板直径（m），一般采用 $d_2 = 1.3d_1$；

Q_0——单池设计流量（m^3/s）。

设计中取 $v_1 = 0.02\text{m/s}$，$d_1 = 1.35\ d_0 = 1.80\text{m}$，$d_2 = 1.3\ d_1 = 2.34\text{m}$，$Q_0 = 0.0415\text{m}^3/\text{s}$

$$h_3 = \frac{0.0415}{0.02 \times \pi \times 1.80} = 0.37\text{m}$$

3. 消毒接触池有效断面

$$A = \frac{Q_0}{v}$$

式中　A——消毒接触池有效断面（m^2）；

v——污水在消毒接触池内流速（m/s），一般采用0.001～0.0013m/s；

Q_0——单池设计流量（m^3/s）。

设计中取 $v = 0.0013\text{m/s}$，$Q_0 = 0.0415\text{m}^3/\text{s}$

$$A = \frac{0.0415}{0.0013} = 31.92\text{m}^2$$

4. 消毒接触池边长

$$B = \sqrt{A + A_0}$$

式中　B——消毒接触池边长（m），一般采用 $B \leqslant 8 \sim 10\text{m}$。

$$B = \sqrt{31.92 + 1.38} = 5.77 < 8\text{m}, \text{设计中取} 5.80\text{m}$$

5. 消毒接触池有效水深

$$h_2 = vt \times 3600$$

式中　h_2——消毒接触池有效水深（m）；

t——消毒时间（h），一般采用0.5～1.0h。

设计中取 $t = 0.5\text{h}$

$$h_2 = 0.0013 \times 0.5 \times 3600 = 2.34\text{m}$$

校核消毒接触池边长与水深之比，$B/h_2 = 5.80/2.34 = 2.48 < 3$

6. 污泥部分所需容积

按设计人口计算

$$V = \frac{SNT}{1000 \cdot n}$$

式中　V——污泥部分所需容积（m^3）；

S——每人每日污泥量［L/（人·d）］，一般采用0.03L/（人·d）；

T——两次清除污泥间隔时间（d），重力排泥时，一般采用 $T=2$d；

n——沉淀池分格数；

N——设计人口数（人）。

设计中取 $N=480000$ 人

$$V = \frac{0.03 \times 480000 \times 2}{1000 \times 24} = 1.2\text{m}^3$$

7. 污泥斗容积

污泥斗设在沉淀池的底部，采用重力排泥，排泥管伸入污泥斗底部，为防止污泥斗底部积泥，设计中采用污泥斗底部边长0.5m，污泥斗倾角60°。

$$V_1 = \frac{1}{3}h_5(a^2 + a_1^2 + \sqrt{a^2 \times a_1^2})$$

式中　V_1——污泥斗容积（m^3）；

h_5——污泥斗高（m）；

a——污泥斗上口边长（m）；

a_1——污泥斗下口边长（m）。

设计中由于污泥体积较小，设计中取 $a=2.0$m，$a_1=0.5$m，

$$h_5 = \frac{1}{2}(a - a_1)\text{tg}60°$$

$h_5 = 1.732 \times (2.0 - 0.5)/2 = 1.299$m，设计中取污泥斗高 $h_5 = 1.30$m

$$V_1 = \frac{1}{3} \times 1.3 \times (2^2 + 0.5^2 + \sqrt{2^2 \times 0.5^2}) = 2.28\text{m}^3 > 1.2\text{m}^3$$

边坡高度
$$h_4 = \frac{B - a}{2} \times i$$

式中　i——池底边坡坡度，一般采用0.05。

$$h_4 = \frac{5.8 - 2}{2} \times 0.05 = 0.095$$，设计中取0.1m。

8. 接触池总高度

$$H = h_1 + h_2 + h_3 + h_4 + h_5$$

式中　H——接触池的总高度（m）；

h_1——接触池超高（m）。

设计中取 $h_1=0.3\text{m}$

$$H = 0.3 + 2.34 + 0.37 + 0.1 + 1.3 = 4.41\text{m}$$

9. 集配水井

消毒接触池分为 4 组，每组分为 6 池，接触池进水端设集配水井，污水在集配水井中部的配水井平均分配，然后流进每组沉淀池。

配水井内中心管直径

$$D_2 = \sqrt{\frac{4Q^2}{\pi v_2}}$$

式中　D_2——配水井中心管直径（m）；

v_2——中心管内污水流速（m/s），一般采用 $v_2 \geqslant 0.6\text{m/s}$；

Q——进水流量（m^3/s）。

设计中取 $v_2=0.7\text{m/s}$

$$D_2 = \sqrt{\frac{4 \times 0.996}{\pi \times 0.7}} = 1.35\text{m},\text{设计中取 } 1.35\text{m}$$

配水井直径

$$D_3 = \sqrt{\frac{4Q}{\pi v_3} + D_2^2}$$

式中　D_3——配水井直径（m）；

v_3——配水井内污水流速（m/s），一般采用 $v_3=0.2 \sim 0.4\text{m/s}$。

设计中取 $v_3=0.3\text{m/s}$

$$D_3 = \sqrt{\frac{4 \times 0.996}{\pi \times 0.3} + 1.35^2} = 2.46\text{m},\text{设计中取 } 2.50\text{m。}$$

集配水井直径

$$D_1 = \sqrt{\frac{4Q}{\pi v_1} + D_3^2}$$

式中　D_1——集配水井直径（m）；

v_1——集水井内污水流速（m/s），一般采用 $v_1=0.2 \sim 0.4\text{m/s}$。

设计中取 $v_1=0.25\text{m/s}$

$$D_1 = \sqrt{\frac{4 \times 0.996}{\pi \times 0.25} + 2.5^2} = 3.37\text{m},\text{设计中取 } 3.40\text{m。}$$

10. 进水渠道

接触池分为 4 组，每组流量为 0.249m^3/s，每组设一个进水渠道，污水进入进水渠道后由接触池中心管流入沉淀池。

进水渠道宽度 0.8m，进水渠道水深 0.6m，水流流速 0.52m/s。

11. 出水堰

沉淀池出水经过出水堰跌落进入集水槽，然后汇入出水管排出。出水堰采用单侧90°三角形出水堰，三角堰顶宽0.16m，深0.08m，集水槽设在周边，集水槽宽度0.3m，每格沉淀池有三角堰数量

$$n = \frac{4(B - 2B_1)}{a}$$

式中 B——接触池边长（m）；

B_1——集水槽宽度（m）；

a——三角堰单堰长度（m）；

n——三角堰数量（个）。

设计中取 $B=5.8\text{m}$，$B_1=0.3\text{m}$，$a=0.16\text{m}$。

$$n = \frac{4(5.8 - 2\times 0.3)}{0.16} = 130\text{个}$$

三角堰流量 Q_1 为：

$$Q_1 = \frac{0.996}{24\times 130} = 0.000319\text{m}^3/\text{s}$$

$$H_1 = 0.7Q_1^{2/5}$$

式中 Q_1——三角堰流量（m^3/s）；

H_1——三角堰堰上水深（m）。

$$H_1 = 0.7\times 0.000319^{2/5} = 0.028\text{m}$$

设三角堰后自由跌落0.10m，则出水堰水头损失为0.128m，设计中取0.13m。

12. 出水渠道

接触池表面设周边集水槽，采用单侧集水，出水渠集水量 $\frac{0.996}{4\times 2} = 0.1245\text{m}^3/\text{s}$

出水渠道宽0.6m，水深0.4m，水平流速0.52m/s。出水渠道将三角堰出水汇集送入出水管，出水管道采用钢管，管径 DN400mm，管内流速0.99m/s。

13. 排泥管

排泥管伸入污泥斗底部，为防止排泥管堵塞，排泥管径设为200mm。

竖流式消毒接触池示意图见12-7。

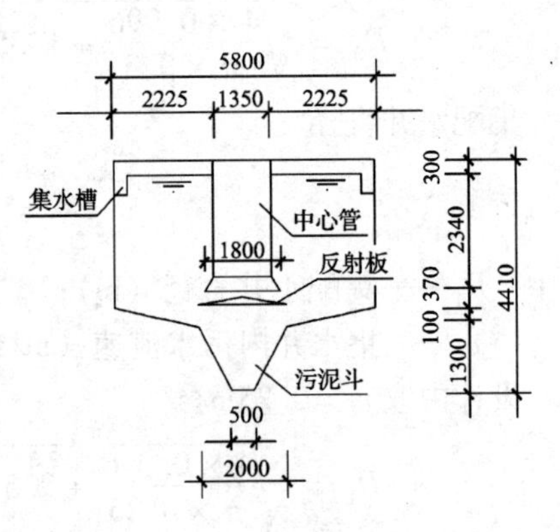

图12-7 竖流式消毒接触池示意图

12.3　计量设备

12.3.1　计量设备选择

污水厂中常用的计量设备有巴氏计量槽、薄壁堰、电磁流量计、超声波流量计、涡轮流量计等。各种计量设备的比较见表12-2。

污水测量装置的选择原则是精度高、操作简单，水头损失小，不宜沉积杂物，其中以巴氏计量槽应用最为广泛。其优点是水头损失小，不易发生沉淀。

本设计的计量设备选用巴氏计量槽，选用的测量范围为：$0.17 \sim 1.30m^3/s$。各部分尺寸如图所示，设计中取喉宽 $w = 0.75m$。

计量设备比较　　表12-2

名　称	优　点	缺　点	适用范围
巴氏计量槽	水头损失小，不易发生沉淀，操作简单	施工技术要求高，不能自动记录数据	大、中、小型污水厂
薄壁堰	稳定可靠，操作简单	水头损失较大，堰前易沉积污泥，不能自动记录数据	小型污水厂
电磁流量计	水头损失小，不易堵塞，精度高，能自动记录数据	价格较贵，维修困难	大、中型污水厂
超声波流量计	水头损失小，不易堵塞，精度高，能自动记录数据	价格较贵，维修困难	大、中型污水厂
涡轮流量计	精度高，能自动记录数据	维修困难	中、小型污水厂

12.3.2　巴氏计量槽设计

1. 计量槽主要部分尺寸：

$$A_1 = 0.5b + 1.2$$
$$A_2 = 0.6m$$
$$A_3 = 0.9m$$
$$B_1 = 1.2b + 0.48$$
$$B_2 = b + 0.3$$

式中　A_1——渐缩部分长度（m）；

b——喉部宽度（m）；

A_2——喉部长度（m）；

A_3——渐扩部分长度（m）；

B_1——上游渠道宽度（m）；

B_2——下游渠道宽度（m）。

设计中取$b=0.75$m

$$A_1=0.5\times0.75+1.2=1.575\text{m}$$

$$A_2=0.6\text{m}$$

$$A_3=0.9\text{m}$$

$$B_1=1.2\times0.75+0.48=1.38\text{m}$$

$$B_2=0.75+0.3=1.05\text{m}$$

2. 计量槽总长度

计量槽应设在渠道的直线段上，直线段的长度不应小于渠道宽度的8～10倍，在计量槽上游，直线段不小于渠宽的2～3倍，下游不小于4～5倍；

计量槽上游直线段长L_1为：

$$L_1=3B_1$$

式中　L_1——上游直线段长（m）；

B_1——上游渠道宽度（m）。

$$L_1=3B_1=3\times1.38=4.14\text{m}$$

计量槽下游直线段长L_2为：

$$L_2=5B_2$$

式中　L_2——下游直线段长（m）；

B_2——下游渠道宽度（m）。

$$L_2=5B_2=5\times1.05=5.25\text{m}$$

计量槽总长L：

$$L=L_1+A_1+A_2+A_3+L_2$$

$$L=4.14+1.575+0.6+0.9+5.25=12.465\text{m}$$

3. 计量槽的水位

当$b=0.75$m时：$Q=1.777\cdot H_1^{1.558}$

式中　H_1——上游水深（m）。

$$H_1=\sqrt[1.558]{\frac{Q}{1.777}}=0.66\text{m}$$

当$b=0.3\sim2.5$m时，$H_2/H_1\leqslant0.7$时为自由流；

$$H_2\leqslant0.7\times0.66=0.46\text{m}；取H_2=0.40\text{m}$$

4. 渠道水力计算

（1）上游渠道：

过水断面积A：

$$A=B_1\times H_1=1.38\times0.66=0.91\text{m}^2$$

湿周f：

$$f = B_1 + 2H_1 = 1.38 + 2 \times 0.66 = 2.7\text{m}$$

水力半径 R：

$$R = \frac{A}{f} = \frac{0.91}{2.7} = 0.34\text{m}$$

流速 v：

$$v = \frac{Q}{A} = \frac{0.996}{0.91} = 1.09\text{m/s}$$

水力坡度 i：

$$i = \left(vnR^{-\frac{2}{3}}\right)^2$$

式中　n——粗糙度，一般采用0.013。

$$i = \left(vnR^{-\frac{2}{3}}\right)^2 = \left(1.09 \times 0.013 \times 0.34^{-\frac{2}{3}}\right)^2 = 0.81‰$$

（2）下游渠道：

过水断面积 A：

$$A = B_2 \times H_2 = 1.05 \times 0.40 = 0.42\text{m}^2$$

湿周 f：

$$f = B_2 + 2H_2 = 1.05 + 2 \times 0.40 = 1.85\text{m}$$

水力半径 R：

$$R = \frac{A}{f} = \frac{0.42}{1.85} = 0.23\text{m}$$

流速 v：

$$v = \frac{Q}{A} = \frac{0.996}{0.42} = 2.37\text{m/s}$$

水力坡度 i：

$$i = \left(vnR^{-\frac{2}{3}}\right)^2 = \left(2.37 \times 0.013 \times 0.23^{-\frac{2}{3}}\right)^2 = 6.7‰$$

巴氏计量槽示意图见图12-8。

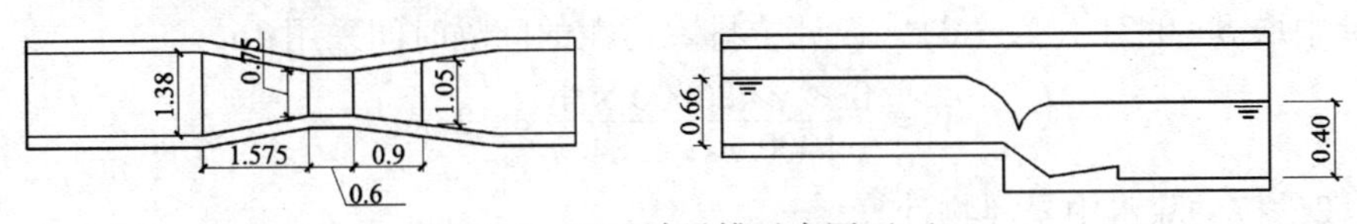

图12-8　巴氏计量槽示意图（m）

5．水厂出水管

采用重力流铸铁管，流量 $Q = 0.996\text{m}^3/\text{s}$，$DN = 1100\text{mm}$，$v = 1.0\text{m/s}$，$i = 1.0‰$。

第13章　污泥处理构筑物计算

13.1　污泥量计算

污水处理厂在处理污水的同时，每日要产生大量的污泥，这些污泥若不进行有效处理，必然要对环境造成二次污染。这些污泥按其来源可分为初沉污泥和剩余污泥。

初沉污泥是来自初次沉淀池的污泥，污泥含水率较低，一般不需要浓缩处理，可直接进行消化、脱水处理。

剩余污泥来自曝气池，活性污泥微生物在降解有机物的同时，自身污泥量也在不断增长，为保持曝气池内污泥量的平衡，每日增加的污泥量必须排出处理系统，这一部分污泥被称作剩余污泥。剩余污泥含水率较高，需要先进行浓缩处理，然后进行消化、脱水处理。

13.1.1　初沉池污泥量计算

由前面资料可知，初沉池采用间歇排泥的运行方式，每4小时排一次泥。

1. 按设计人口计算

$$V = \frac{SNT}{1000 \cdot n}$$

式中　V——污泥部分所需容积（m^3）；

S——每人每日污泥量〔L/（人·d）〕，一般采用0.3~0.8L/（人·d）；

T——两次清除污泥间隔时间（d），采用机械刮泥排泥时，一般采用4h；

n——沉淀池分格数。

设计中取$S=0.3$L/(人·d)，设计中排除污泥的间隔时间采用4h

$$V = \frac{0.3 \times 480000 \times 4}{1000 \times 2 \times 24} = 12m^3$$

2. 按去除水中悬浮物计算

$$V = \frac{Q(C_1 - C_2)24T100}{K_2\gamma(100 - p_0)n}$$

式中　Q——设计流量（m^3/h）；

C_1——进水悬浮物浓度（kg/m^3）；

C_2——出水悬浮物浓度（kg/m^3）；

K_2——生活污水量总变化系数；

γ——污泥容重（kg/m^3），一般采用$1000kg/m^3$；

p_0——污泥含水率（%）。

设计中取$T=4h$，$p_0=97\%$，$\eta=60\%$，$C_2=[100\%-60\%]\times C_1=0.4\times C_1$

$$V=\frac{0.717\times3600(0.407-0.4\times0.407)\times4\times100}{1000\times(100-97)\times2}=42m^3$$

两种计算结果取较大值作为初沉池污泥量。

初沉池污泥量$Q_1=2\times6\times42=504m^3/d=42m^3/次$

以每次排泥时间30min计，每次排泥量$84m^3/h=0.0233m^3/s$

13.1.2 剩余污泥量计算

1. 曝气池内每日增加的污泥量

$$\Delta X=Y(S_a-S_e)Q-K_dVX_V$$

式中 ΔX——每日增长的污泥量（kg/d）；

S_a——曝气池进水BOD_5浓度（mg/L）；

S_e——曝气池出水BOD_5浓度（mg/L）；

Y——污泥产率系数，一般采用0.5~0.7；

Q——污水平均流量（m^3/d）；

V——曝气池容积（m^3）；

X_V——挥发性污泥浓度MLVSS（mg/L）；

K_d——污泥自身氧化率，一般采用0.04~0.1。

根据前面计算结果，设计中取$S_a=214.31mg/L$；$S_e=20mg/L$，$Y=0.6$，$Q=61935m^3/d$，$V=12074.5m^3$，$X_V=2500mg/L$，$K_d=0.1$

$$\Delta X=0.6\times(214.31-20)\times61935/1000-0.1\times12074.5\times2500/1000$$

$$\Delta X=7220.8-3018.6=4202.2kg/d$$

2. 曝气池每日排出的剩余污泥量

$$Q_2=\frac{\Delta X}{fX_r}$$

式中 Q_2——曝气池每日排出的剩余污泥量（m^3/d）；

f——0.75；

X_r——回流污泥浓度（mg/L）。

设计中取$X_r=12000mg/L$

$$Q_2=\frac{4202.2}{0.75\times12000/1000}=466.9m^3/d=0.0054m^3/s$$

13.2 污泥浓缩池

污泥浓缩的对象是颗粒间的孔隙水，浓缩的目的是在于缩小污泥的体积，便于后续污泥处理。常用污泥浓缩池分为竖流浓缩池和辐流浓缩池2种。二沉池排出的剩余污泥含水率高，污泥数量较大，需要进行浓缩处理；初沉污泥含水量较低，可以不采用浓缩处理。设计中一般采用浓缩池处理剩余活性污泥。浓缩前污泥含水率99%，浓缩后污泥含水率97%。

13.2.1　竖流浓缩池

进入浓缩池的剩余污泥量 $0.0054m^3/s$，采用2个浓缩池，则单池流量：

$$Q_1 = 0.0027m^3/s$$

1. 中心进泥管面积

$$f = \frac{Q_1}{v_0}$$

$$d_0 = \sqrt{\frac{4f}{\pi}}$$

式中　f——浓缩池中心进泥管面积（m^2）；

Q_1——中心进泥管设计流量（m^3/s）；

v_0——中心进泥管流速（m/s），一般采用 $v_0 \leq 0.03m/s$；

d_0——中心进泥管直径（m）。

设计中取 $v_0 = 0.03m/s$。

$$f = \frac{0.0027}{0.03} = 0.09m^2$$

$$d_0 = \sqrt{\frac{4 \times 0.09}{3.14}} = 0.34m$$

设计中取 $d_0 = 0.35m$，每池的进泥管采用 $DN150mm$。

管内流速　$$v = \frac{4Q_1}{\pi D^2} = \frac{4 \times 0.0027}{3.14 \times 0.15^2} = 0.15m/s,$$

2. 中心进泥管喇叭口与反射板之间的缝隙高度

$$h_3 = \frac{Q_1}{v_1 \pi d_1}$$

式中　h_3——中心进泥管喇叭口与反射板之间的板缝高度（m）；

v_1——污泥从中心管喇叭口与反射板之间缝隙流出速度（m/s），一般采用 $0.02 \sim 0.03m/s$；

d_1——喇叭口直径（m），一般采用 $d_1 = 1.35d_0$。

设计中取 $v_1 = 0.02m/s$，$d_1 = 1.35d_0 = 0.47m$

$$h_3 = \frac{0.0027}{0.02 \times \pi \times 0.47} = 0.09m$$

3. 浓缩后分离出的污水量

$$q = Q \times \frac{P - P_0}{100 - P_0}$$

式中　q——浓缩后分离出的污水量（m^3/s）；

Q——进入浓缩池的污泥量（m^3/s）；

P——浓缩前污泥含水率，一般采用99%；

P_0——浓缩后污泥含水率，一般采用97%。

$$q = Q \times \frac{P - P_0}{100 - P_0} = 0.0027 \times \frac{99 - 97}{100 - 97} = 0.0018 m^3/s$$

4. 浓缩池水流部分面积

$$F = \frac{q}{v}$$

式中　F——浓缩池水流面积（m^2）；

v——污水在浓缩池内上升流速（m/s），一般采用 $v = 0.00005 \sim 0.0001$m/s。

设计中取 $v = 0.000067$m/s

$$F = \frac{0.0018}{0.000067} = 27 m^2$$

5. 浓缩池直径

$$D = \sqrt{\frac{4(F + f)}{\pi}}$$

式中　D——浓缩池直径（m）；

$$D = \sqrt{\frac{4(F + f)}{\pi}} = \sqrt{\frac{4(27 + 0.09)}{\pi}} = 5.88\text{m}$$，设计中取为5.9m。

6. 有效水深

$$h_2 = v \times t$$

式中　h_2——浓缩池有效水深（m）；

t——浓缩时间（h），一般采用10~16h；

设计中取 $t = 10$h

$$h_2 = v \times t = 0.0001 \times 10 \times 3600 = 3.6 m$$

7. 浓缩后剩余污泥量

$$Q_1 = Q \frac{100 - P}{100 - P_0}$$

式中　Q_1——单池浓缩后剩余污泥量（m^3/s）；

$$Q_1 = Q \frac{100 - P}{100 - P_0} = 0.0027 \times \frac{100 - 99}{100 - 97} = 0.0009 m^3/s = 77.76 m^3/d$$

8. 浓缩池污泥斗容积

污泥斗设在浓缩池的底部，采用重力排泥。

$$h_5 = \text{tg}\alpha(R - r)$$

式中　h_5——污泥斗高度（m）；

α——污泥斗倾角，圆型池体污泥斗倾角≥55°；

r——污泥斗底部半径（m），一般采用0.5m×0.5m；

R——浓缩池半径（m）。

设计中采用$\alpha = 55°$，$r = 0.25\text{m}$，$R = 2.95\text{m}$

$$h_5 = \text{tg}55°(2.95 - 0.25) = 3.86\text{m}$$

污泥斗容积为：

$$V = \frac{\pi}{3}h_5(R^2 + R \times r + r^2)$$

$$= \frac{\pi}{3} \times 3.86 \times (2.95^2 + 2.95 \times 0.25 + 0.25^2) = 38.39\text{m}^3$$

9. 污泥在污泥斗中停留的时间

$$T = \frac{V}{3600Q_1}$$

式中　V——污泥斗容积（m^3）；

T——污泥在泥斗中的停留时间（h）。

$$T = \frac{V}{Q_1} = \frac{38.39}{0.0009 \times 3600} = 11.85\text{h}$$

10. 浓缩池总高度

$$h = h_1 + h_2 + h_3 + h_4 + h_5$$

式中　h——浓缩池总高（m）；

h_1——超高（m）；

h_4——缓冲层高度（m）。

设计中取$h_1 = 0.3\text{m}$，$h_4 = 0.3\text{m}$

$$h = h_1 + h_2 + h_3 + h_4 + h_5 = 0.3 + 3.6 + 0.09 + 0.3 + 3.86 = 8.15\text{m}$$

11. 溢流堰

浓缩池溢流出水经过溢流堰进入出水槽，然后汇入出水管排出。出水槽流量$q = 0.0018\text{m}^3/\text{s}$，设出水槽宽$b = 0.15\text{m}$，水深0.05m，则水流速为0.24m/s。

溢流堰周长

$$c = \pi(D - 2b)$$

式中　c——溢流堰周长（m）；

D——浓缩池直径（m）；

b——出水槽宽（m）。

$$c = 3.14 \times (5.9 - 2 \times 0.15) = 17.58\text{m}$$

溢流堰采用单侧90°三角形出水堰，三角堰顶宽0.16m，深0.08m，每格沉淀池有 110 个三角堰。三角堰流量 q_0 为：

$$Q_1 = \frac{0.0018}{110} = 0.0000164\mathrm{m^3/s}$$

$$h' = 0.7q_0^{2/5}$$

式中　q_0——每个三角堰流量（$\mathrm{m^3/s}$）；

h'——三角堰堰水深（m）。

$$h' = 0.7 \times 0.0000164^{0.4} = 0.0085\mathrm{m}$$

三角堰后自由跌落 0.10m，则出水堰水头损失为 0.1085m。

12. 溢流管

溢流水量 $0.0018\mathrm{m^3/s}$，设溢流管管径 $DN150\mathrm{mm}$，管内流速 $v = 0.102\mathrm{m/s}$。

13. 排泥管

浓缩后剩余污泥量 $0.009\mathrm{m^3/s}$，泥量很小，采用间歇排泥方式，污泥斗容积 $38.39\mathrm{m^3}$，污泥管道选用 $DN150\mathrm{mm}$，每次排泥时间 0.5h，每日排泥 2 次，间隔时间 12h。

每次排泥量 $q = 80\mathrm{m^3/h} = 0.0222\mathrm{m^3/s}$

管内流速　$v = \dfrac{4q}{\pi D^2} = \dfrac{4 \times 0.0222}{3.14 \times 0.15^2} = 1.26\mathrm{m/s}$

竖流浓缩池计算简图见图 13-1。

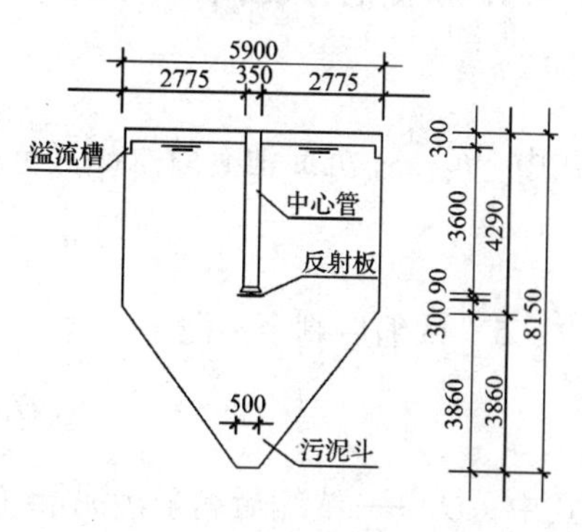

图 13-1　竖流浓缩池计算简图

13.2.2　辐流浓缩池

进入浓缩池的剩余污泥量 $0.0054\mathrm{m^3/s}$，采用 2 个浓缩池，

则单池流量：$Q = 0.0054/2 = 0.0027\mathrm{m^3/s} = 9.72\mathrm{m^3/h}$

1. 沉淀部分有效面积

$$F = \frac{QC}{G}$$

式中　F——沉淀部分有效面积（$\mathrm{m^2}$）；

C——流入浓缩池的剩余污泥浓度（$\mathrm{kg/m^3}$），一般采用 $10\mathrm{kg/m^3}$；

G——固体通量 [$\mathrm{kg/(m^2 \cdot h)}$]，一般采用 $0.8 \sim 1.2\mathrm{kg/(m^2 \cdot h)}$；

Q——入流剩余污泥流量（$\mathrm{m^3/h}$）。

设计中取 $G = 1.0\mathrm{kg/m^2 \cdot h}$

$$F = \frac{9.72 \times 10}{1} = 97.2\mathrm{m^2}$$

2. 沉淀池直径

$$D = \sqrt{\frac{4F}{\pi}}$$

式中　D——沉淀池直径（m）；

$$D=\sqrt{\frac{4\times 97.2}{\pi}}=11.13\text{m}$$，设计中取11.20m；

3. 浓缩池的容积

$$V=QT$$

式中　V——浓缩池的容积（m^3）；

T——浓缩池浓缩时间（h），一般采用10～16h。

设计中取 $T=16\text{h}$

$$V=0.0027\times 3600\times 16=155.52\text{m}^3$$

4. 沉淀池有效水深

$$h_2=\frac{V}{F}$$

式中　h_2——沉淀池有效水深（m）；

$$h_2=\frac{155.52}{97.2}=1.6\text{m}$$

5. 浓缩后剩余污泥量

$$Q_1=Q\frac{100-P}{100-P_0}$$

式中　Q_1——浓缩后剩余污泥量（m^3/s）；

$$Q_1=Q\frac{100-P}{100-P_0}=0.0027\times\frac{100-99}{100-97}=0.0009\text{m}^3/\text{s}=77.76\text{m}^3/\text{d}$$

6. 池底高度

辐流沉淀池采用中心驱动刮泥机，池底需做成1%的坡度，刮泥机连续转动将污泥推入污泥斗。池底高度：

$$h_4=\frac{D}{2}i$$

式中　h_4——池底高度（m）；

i——池底坡度，一般采用0.01。

$$h_4=\frac{11.2}{2}\times 0.01=0.056\text{m}$$，设计中取0.06m；

7. 污泥斗容积

$$h_5=\text{tg}\alpha(a-b)$$

式中　h_5——污泥斗高度（m）；

α——泥斗倾角，为保证排泥顺畅，圆形污泥斗倾角一般采用55°；

a——污泥斗上口半径（m）；

b——污泥斗底部半径（m）。

设计中取 $a=1.25\text{m}$；$b=0.25\text{m}$

$$h_5 = \mathrm{tg}55(1.25 - 0.25) = 1.43\mathrm{m}$$

污泥斗的容积

$$V_1 = \frac{1}{3}\pi h_5(a^2 + ab + b^2)$$

式中　V_1——污泥斗容积（m^3）；

h_5——污泥斗高度（m）。

$$V_1 = \frac{1}{3}\pi \times 1.43 \times (1.25^2 + 1.25 \times 0.25 + 0.25^2) = 2.9\mathrm{m}^3;$$

污泥斗中污泥停留时间

$$T = \frac{V}{3600Q_1}$$

式中　V——污泥斗容积（m^3）；

T——污泥在泥斗中的停留时间（h）。

$$T = \frac{V}{Q_1} = \frac{2.9}{0.0009 \times 3600} = 0.9\mathrm{h}$$

8. 浓缩池总高度

$$h = h_1 + h_2 + h_3 + h_4 + h_5$$

式中　h——浓缩池总高（m）；

h_1——超高（m），一般采用0.3m；

h_3——缓冲层高度（m），一般采用0.3～0.5m。

设计中 $h_3 = 0.3$m

$$h = h_1 + h_2 + h_3 + h_4 + h_5$$
$$= 0.3 + 1.6 + 0.3 + 0.06 + 1.43 = 3.69\mathrm{m},$$

设计中取沉淀池总高度3.70m。

9. 浓缩后分离出的污水量

$$q = Q \times \frac{P - P_0}{100 - P_0}$$

式中　q——浓缩后分离出的污水量（m^3/s）；

Q——进入浓缩池的污泥量（m^3/s）；

P——浓缩前污泥含水率，一般采用99%；

P_0——浓缩后污泥含水率，一般采用97%。

$$q = Q \times \frac{P - P_0}{100 - P_0} = 0.0027 \times \frac{99 - 97}{100 - 97} = 0.0018\mathrm{m}^3/\mathrm{s}$$

10. 溢流堰

浓缩池溢流出水经过溢流堰进入出水槽，然后汇入出水管排出。出水槽流量 $q = 0.0018m^3/s$，设出水槽宽0.2m，水深0.05m，则水流速为0.18m/s。

溢流堰周长

$$c = \pi(D - 2b)$$

式中　c——溢流堰周长（m）；

D——浓缩池直径（m）；

b——出水槽宽（m）。

$$C = 3.14 \times (11.2 - 2 \times 0.2) = 33.9\text{m}$$

溢流堰采用单侧90°三角形出水堰，三角堰顶宽0.16m，深0.08m，每格沉淀池有三角堰33.9/0.16 = 212个。

每个三角堰流量q_0

$$q_0 = \frac{0.0018}{212} = 0.0000085\text{m}^3/\text{s}$$

$$h' = 0.7q_0^{2/5}$$

式中　q_0——每个三角堰流量（m^3/s）；

h'——三角堰水深（m）。

$$h' = 0.7 \times 0.0000085^{0.4} = 0.0066\text{m}$$，设计中取为0.007m

三角堰后自由跌落0.10m，则出水堰水头损失为0.107m。

辐流浓缩池示意图见图13-2。

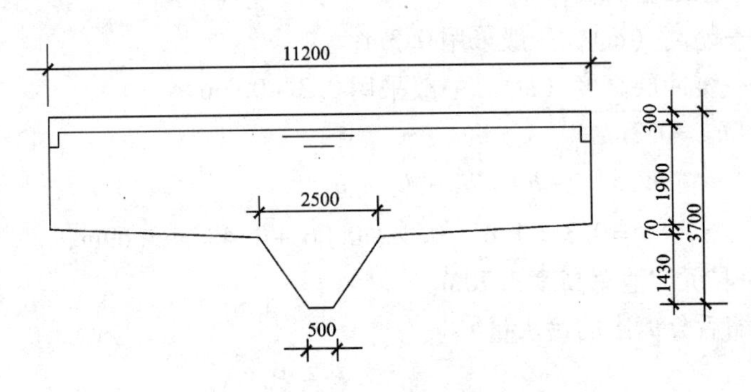

图13-2　辐流浓缩池示意图

11. 溢流管

溢流水量0.0018m³/s，设溢流管管径DN100mm，管内流速v = 0.23m/s。

12. 刮泥装置

浓缩池采用中心驱动刮泥机，刮泥机底部设有刮泥板，将污泥推入污泥斗。

13. 排泥管

剩余污泥量0.0009m³/s，泥量很小，采用污泥管道最小管径DN150mm。间歇将污泥排入贮泥池。

13.3　贮　泥　池

13.3.1　贮泥池作用

浓缩后的剩余污泥和初沉污泥进入贮泥池，然后经投泥泵进入消化池处理系统。贮泥池主要作用为：

1. 调节污泥量，由于消化池采用污泥泵投加，贮泥池起到泵前调节池的作用，平衡前后处理装置的流量。

2. 药剂投加池，消化池运行条件要求严格，运行中需要投加的药剂可直接在贮泥池进行调配。

3. 预加热池，采用池外预热时，起到预加热池的作用。

13.3.2　贮泥池计算

贮泥池用来贮存来自初沉池和浓缩池的污泥。由于污泥量不大，本设计采用 2 座贮泥池，贮泥池采用竖流沉淀池构造。

1. 贮泥池设计进泥量

$$Q = Q_1 + Q_2$$

式中　Q——每日产生污泥量（m^3/d）；

Q_1——初沉污泥量（m^3/d）；

Q_2——浓缩后剩余污泥量（m^3/d）。

由前面结果可知，$Q_1 = 504m^3/d$，每日排泥 6 次，排泥间隔 4h，每次排泥量 $0.0233m^3/s$，持续时间 30min；$Q_2 = 77.76 \times 2 = 155.52m^3/d$。

每日产生污泥量

$$Q = 504 + 155.52 = 659.52m^3/d$$

2. 贮泥池的容积

$$V = \frac{Q \times t}{24n}$$

式中　V——贮泥池计算容积（m^3）；

Q——每日产泥量（m^3/d）；

t——贮泥时间（h），一般采用 8～12h；

n——贮泥池个数。

设计中取 $t = 8h$，$n = 2$

$$V = \frac{659.52 \times 8}{2 \times 24} = 109.92m^3$$

贮泥池设计容积

$$V = a^2h_2 + \frac{1}{3}h_3(a^2 + ab + b^2)$$

$$h_3 = \text{tg}\alpha(a - b)/2$$

式中　V——贮泥池容积（m^3）；

h_2——贮泥池有效深度（m）；

h_3——污泥斗高度（m）；

a——污泥贮池边长（m）；

b——污泥斗底边长（m）；

n——污泥贮池个数，一般采用2个；

α——污泥斗倾角，一般采用60°。

设计中取 $n=2$ 个，$a=5.0$m，$h_2=3.0$m，污泥斗底为正方形，边长 $b=1.0$m。

$$h_3 = \text{tg}60\left(\frac{5-1}{2}\right) = 3.46\text{m}$$

$$V = 75 + 35.75 = 110.75\text{m}^3 > 109.92\text{m}^3 \text{ 符合要求}$$

3. 贮泥池高度：

$$h = h_1 + h_2 + h_3$$

式中　h——污泥贮池高度（m）；

h_1——超高（m），一般采用0.3m；

h_2——污泥贮池有效深度（m）；

h_3——污泥斗高（m）。

$h = 0.3 + 3.0 + 3.46 = 6.76$m

设计中取 $h=6.80$m

4. 管道部分

每个贮泥池中设 $DN=150$mm 的吸泥管一根，2个贮泥池互相连通，连通管 $DN200$mm，共设有3根进泥管，1根来自初沉池，管径 $DN200$mm；另2根来自污泥浓缩池，管径均为150mm。贮泥池示意图见图13-3。

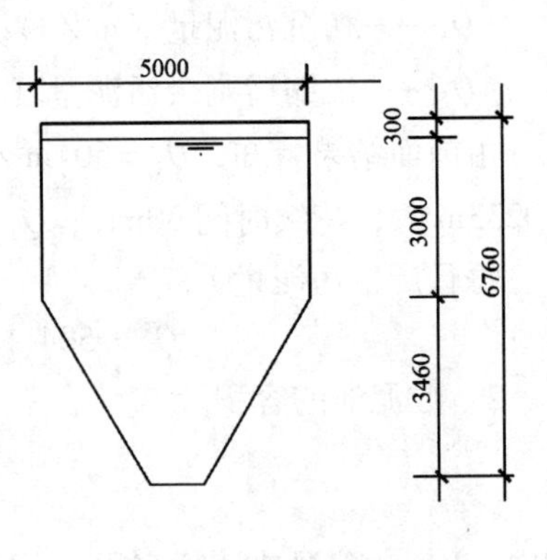

图13-3　贮泥池示意图

13.4　污泥消化池

污泥消化的目的是为了使污泥中的有机质，变为稳定的腐殖质，同时可以减少污泥体积，并改善污泥性质，使之易于脱水，减少和控制病原微生物，获得有用副产物沼气等。目前污泥消化主要采用厌氧消化，主要处理构筑物为消化池。

设计拟采用中温二级消化处理，消化池的停留天数为30d，消化池控制温度为33~35℃，计算温度为35℃，新鲜污泥年平均温度为17.3℃，日平均最低温度12℃，池外介质为空气时全年平均气温为9℃，冬季室外计算气温-12℃，池外介质为土壤时全年平均温度为11℃，冬季计算温度为3.2℃，一级消化池进行加热搅拌，二级消化池不加热，不搅拌，均采用固定盖式消化池。

13.4.1　容积计算

1. 一级消化池容积

$$V = \frac{Q}{nP}$$

式中　V——一级消化池容积（m^3）；

Q——污泥量（m^3/d）；

P——投配率（%），中温消化时一级消化池一般采用5%~8%；

n——消化池个数。

设计中取 $P=0.05$，由前面资料可知 $Q=659.52m^3/d$，采用4座一级消化池，则每座池子的有效容积

$$V = \frac{659.52}{0.05 \times 4} = 3297.6m^3$$

2. 各部分尺寸的确定

（1）消化池直径 D

设计中取19m

（2）集气罩的直径 d_1

一般采用1~2m，设计中取2m

（3）池底锥底直径 d_2

一般采用0.5~2m，设计中取2m

（4）集气罩高度 h_1

一般采用1~2m，设计中取2m

（5）上锥体高度 h_2

$$h_2 = \mathrm{tg}\alpha_1\left(\frac{D - d_1}{2}\right),$$

式中　α_1——上锥体倾角，一般采用15°~30°。

设计中取 $\alpha_1 = 20°$

$$h_2 = \mathrm{tg}20\left(\frac{19 - 2}{2}\right) = 3.09m，设计中取 3.0m$$

（6）消化池主体高度 $h_3 = 10m$

（7）下锥体高度 h_4

$$h_4 = \text{tg}\alpha_2\left(\frac{D-d_2}{2}\right)$$

式中　α_2——下锥体倾角，一般采用5°～15°。

设计中取 $\alpha_2 = 10°$

$$h_4 = \text{tg}10\left(\frac{19-2}{2}\right) = 1.5\text{m},设计中取1.5\text{m}$$

（8）消化池总高度为

$$H = h_1 + h_2 + h_3 + h_4$$
$$= 2 + 3 + 10 + 1.5 = 16.5\text{m}$$

总高度和圆柱直径的比例：

$$\frac{H}{D} = \frac{16.5}{19} = 0.87 \quad 符合(0.8 \sim 1)的要求$$

消化池示意图见图13-4。

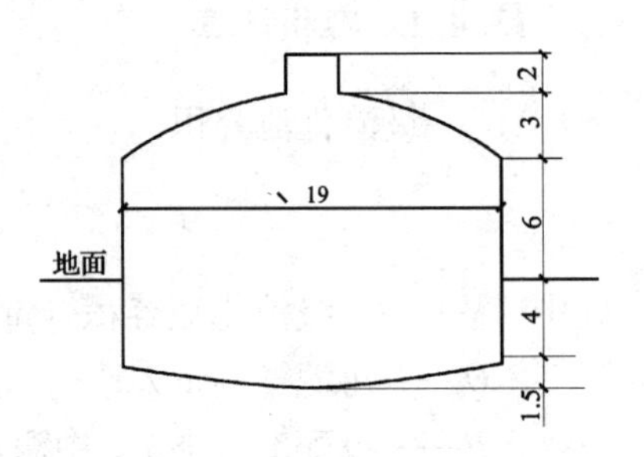

图13-4　消化池示意图

3. 各部分容积

集气罩容积

$$V_1 = \frac{1}{4}\pi \cdot d_1^2 \cdot h_1 = \frac{1}{4} \times 3.14 \times 2^2 \times 2 = 6.28\text{m}^3$$

弓形部分容积

$$V_2 = \frac{\pi}{6} \times h_2 \times \left[3\left(\frac{D}{2}\right)^2 + 3\left(\frac{d_1}{2}\right) + h_2^2\right] = 443.92\text{m}^3$$

圆柱部分容积

$$V_3 = \frac{1}{4}\pi \cdot D^2 \cdot h_3 = \frac{1}{4} \times 3.14 \times 19^2 \times 10 = 2833.85\text{m}^3$$

下锥部分容积

$$V_4 = \frac{\pi}{3} \times h_4 \times \left[\left(\frac{D}{2}\right)^2 + \frac{D}{2} \times \frac{d_2}{2} + \left(\frac{d_2}{2}\right)^2\right] = 158.18\text{m}^3$$

消化池有效容积 V_0 为

$$V_0 = V_2 + V_3 + V_4$$
$$= 443.92 + 2833.85 + 158.18$$
$$= 3435.95\text{m}^3 > 3297.6\text{m}^3 \ 符合要求$$

4. 二级消化池容积

$$V = \frac{Q}{nP}$$

式中　Q——污泥量（m^3/d）；

P——投配率（%），二级消化池一般采用10%；

n——消化池个数。

由前面资料可知 $Q = 659.52\text{m}^3/\text{d}$，采用2座二级消化池，则二级消化池的有

效容积

$$V = \frac{659.52}{0.1 \times 2} = 3297.6\text{m}^3$$

由于二级消化池单池容积与一级消化池相同，因此二级消化池各部分尺寸同一级消化池。

13.4.2　平面尺寸计算

1. 池盖表面积

集气罩表面积

$$F_1 = \frac{1}{4}\pi \cdot d_1^2 + \pi \cdot d_1 \cdot h_1$$

$$= \frac{1}{4} \times 3.14 \times 2.0^2 + 3.15 \times 2.0 \times 2.0 = 15.7\text{m}^2$$

池顶表面积

$$F_2 = \frac{\pi}{4}(4h_2^2 + D) = \frac{\pi}{4}(4 \times 3^2 + 19) = 43.20\text{m}^2$$

池盖表面积

$$F_1 + F_2 = 15.7 + 43.20 = 58.90\text{m}^2$$

2. 池壁表面积

地面以上部分

$$F_3 = \pi \cdot D \cdot h_5 = 3.14 \times 19 \times 6 = 357.96\text{m}^2$$

地面以下部分

$$F_4 = \pi \cdot D \cdot h_6 = 3.14 \times 19 \times 4 = 238.64\text{m}^2$$

3. 池底表面积为

$$F_5 = \pi \times l \times \left(\frac{D}{2} + \frac{d_2}{2}\right) + \pi\left(\frac{d_2}{2}\right)^2 = 285.51\text{m}^2$$

13.4.3　消化池热工计算

1. 提高新鲜污泥温度的耗热量

每座一级消化池投配的最大生污泥量：

$$V'' = 3297.6 \times \frac{5}{100} = 164.88\text{m}^3$$

年平均耗热量：

$$Q_1 = \frac{V''}{24}(T_D - T_S) \times 1000$$

式中　Q_1——提高污泥温度所需平均耗热量（kcal/h）；

T_D——中温消化温度（℃），一般采用 $T_D = 35°\text{C}$；

T_S——新鲜污泥年平均温度（℃）。

根据当地气象资料，设计中取 $T_S = 17.3°C$

$$Q_1 = \frac{164.88}{24}(35 - 17.3) \times 1000 = 121599 \text{kcal/h}$$

最大耗热量为

$$Q_{1MAX} = \frac{V''}{24}(T_D - T'_S) \times 1000$$

式中　Q_{MAX}——提高污泥温度所需最大耗热量（kcal/h）；

T'_S——新鲜污泥日平均最低温度（℃）。

根据当地气象资料，设计中取 $T_S' = 12℃$

$$Q_{1MAX} = \frac{164.88}{24}(35 - 12) \times 1000 = 158010 \text{kcal/h}$$

2. 消化池池体的耗热量

（1）盖部分全年耗热量

平均耗热量

$$Q_2 = F_2 \cdot K_2 \cdot (T_D - T_A) \times 1.2$$

式中　Q_2——池盖平均耗热量（kcal/h）；

F_2——池盖表面积（m^2）；

K_2——池盖传热系数［kcal/(m^2·h·℃)］，一般采用 $K_2 = 0.7$kcal/(m^2·h·℃)；

T_A——室外大气平均气温（℃）；

T_A'——冬季室外计算温度（℃）。

根据当地气象资料，池外介质为大气，设计中取 $T_A = 9℃$，$T_A' = -12℃$，$F_2 = 58.9m^2$

$$Q_2 = 58.9 \times 0.7(35 - 9) \times 1.2 = 1286.38 \text{kcal/h}$$

最大耗热量

$$Q_{2MAX} = F_2 \cdot K_2 \cdot (T_D - T'_A) \times 1.2$$
$$= 58.9 \times 0.7 \times (35 + 12) \times 1.2 = 2325.37 \text{kcal/h}$$

（2）壁在地面以上部分全年耗热量

平均耗热量

$$Q_3 = F_3 \cdot K_3 \cdot (T_D - T_A) \times 1.2$$

式中　Q_3——地面上池壁平均耗热量（kcal/h）；

F_3——地面上池壁表面积（m^2）；

K_3——池壁传热系数［kcal/(m^2·h·℃)］，池壁地面以上部分一般采用 $K_3 = 0.6$kcal/(m^2·h·℃)。

根据计算结果，地面以上池壁总表面 F_3 为 358.14m^2。

$$Q_3 = 358.14 \times 0.6 \times (35 - 9) \times 1.2 = 6704.38\text{kcal/h}$$

最大耗热量

$$\begin{aligned} Q_{3MAX} &= F_3 \cdot K_3 \cdot (T_D - T_A') \times 1.2 \\ &= 358.14 \times 0.6 \times (35 + 12) \times 1.2 \\ &= 12119.16\text{kcal/h} \end{aligned}$$

（3）壁在地面以下部分全年耗热量

平均耗热量

$$Q_4 = F_4 \cdot K_4 \cdot (T_D - T_B) \times 1.2$$

式中　Q_4——地面下池壁平均耗热量（kcal/h）；

F_4——地面下池壁表面积（m^2）；

K_4——池壁传热系数［kcal/($m^2 \cdot h \cdot ℃$)］，池壁地面以下部分 $K_4 = 0.45$kcal/($m^2 \cdot h \cdot ℃$)；

T_B——室外大气平均气温（℃）；

T_B'——冬季室外计算温度（℃）。

根据计算结果，地面以下池壁总表面 $F_4 = 238.46m^2$，池外介质为土壤时，设计中取 $T_B = 11℃$；$T_B' = 3.2℃$

$$Q_4 = 238.46 \times 0.45 \times (35 - 11) \times 1.2 = 3090.44\text{kcal/h}$$

最大耗热量

$$\begin{aligned} Q_{4MAX} &= F_4 \cdot K_4 \cdot (T_D - T_B') \times 1.2 \\ &= 238.46 \times 0.45 \times (35 - 3.2) \times 1.2 \\ &= 4094.84\text{kcal/h} \end{aligned}$$

（4）底部全年耗热量

平均耗热量

$$Q_5 = F_5 \cdot K_5 \cdot (T_D - T_B) \times 1.2$$

式中　Q_5——池底平均耗热量（kcal/h）；

F_5——池底表面积（m^2）；

K_5——池底传热系数［kcal/($m^2 \cdot h \cdot ℃$)］，池底 $K_5 = 0.45$kcal/($m^2 \cdot h \cdot ℃$)。

根据计算结果，池底表面 $F_5 = 285.51m^2$。

$$Q_5 = 285.51 \times 0.45 \times (35 - 11) \times 1.2 = 3700.21\text{kcal/h}$$

最大耗热量

$$\begin{aligned} Q_{5MAX} &= F_5 \cdot K_5 \cdot (T_D - T_B') \times 1.2 = 285.51 \times 0.45 \times (35 - 3.2) \times 1.2 \\ &= 4902.78\text{kcal/h} \end{aligned}$$

（5）每座消化池池体全年耗热量

平均耗热量

$$Q_0 = Q_2 + Q_3 + Q_4 + Q_5$$
$$= 1286.38 + 6704.38 + 3090.44 + 3700.21 = 14781.41\text{kcal/h}$$

最大耗热量

$$Q_{0MAX} = Q_{2MAX} + Q_{3MAX} + Q_{4MAX} + Q_{5MAX}$$
$$Q_{0MAX} = 2325.37 + 12119.15 + 4094.84 + 4902.78 = 23442.15\text{kcal/h}$$

3. 消化池总耗热量

全年平均耗热量

$$\sum Q = Q_0 + Q_1 = 14781.41 + 106200 = 120981.41\text{kcal/h}$$

全年最大耗热量

$$\sum Q_{MAX} = Q_{0MAX} + Q_{1MAX} = 23442.15 + 138000 = 161442.15\text{kcal/h}$$

4. 消化池保温结构厚度计算

（1）池盖保温结构厚度计算

$$\delta_{G盖} = \frac{\dfrac{\lambda_G}{K_2} - \delta_G}{\dfrac{\lambda_G}{\lambda_B}}$$

式中　$\delta_{G盖}$——池盖保温材料的厚度（mm）；

δ_G——消化池池盖混凝土结构层厚度（mm）；

λ_G——钢筋混凝土的导热系数［kcal/(m·h·℃)］；

λ_B——保温材料导热系数［kcal/(m·h·℃)］；

K_2——池盖传热系数［kcal/(m^2·h·℃)］，一般采用 $K_2 = 0.7$kcal/(m^2·h·℃)。

设计中取 $\delta_G = 250$mm，$\lambda_G = 1.33$kcal/(m·h·℃)，保温层采用聚氨酯硬质泡沫塑料，$\lambda_B = 0.02$kcal/(m·h·℃)

$$\delta_{G盖} = \frac{1.33/0.7 - 0.25}{1.33/0.02} = 0.025\text{m} = 25\text{mm}$$

（2）池壁保温层厚度计算

$$\delta_{B壁} = \frac{\dfrac{\lambda_G}{K_3} - \delta_G}{\dfrac{\lambda_G}{\lambda_B}}$$

式中　K_3——池壁传热系数［kcal/(m^2·h·℃)］，池壁地面以上部分一般采用 $K_3 = 0.6$kcal/(m^2·h·℃)。

设计中取 $\delta_G = 400$mm，采用聚氨酯硬质泡沫塑料作为保温材料。池壁在地面以上的保温材料延伸到地面以下的深度为冰冻深度加 0.5m，即延伸至地面以下 2.35m

$$\delta_{B壁}=\frac{1.33/0.6-0.4}{1.33/0.02}=0.027m=27mm$$

(3) 池壁在地面以下的部分以土壤作为保温层时，其最小厚度的核算

土壤的导热系数为 $\lambda_B=1.0kcal/(m\cdot h\cdot ℃)$，$K_5=0.45kcal/(m^2\cdot h\cdot ℃)$，

设消化池池壁在地面以下的混凝土结构厚度为 $\delta_G=400mm$，则土壤的最小厚度

$$\delta_{B壁}=\frac{\frac{\lambda_G}{K_5}-\delta_G}{\frac{\lambda_G}{\lambda_B}}=\frac{\frac{1.33}{0.45}-0.4}{\frac{1.33}{1.0}}=1.92m$$

可以满足要求，故可不加其他的保温措施。

(4) 池底以下土壤作为保温层，其最小厚度的核算：

消化池池底混凝土结构厚度为 $\delta_G=700mm$，则保温厚度

$$\delta_{B底}=\frac{\frac{\lambda_G}{K_5}-\delta_G}{\frac{\lambda_G}{\lambda_B}}=\frac{\frac{1.33}{0.45}-0.7}{\frac{1.33}{1.0}}=1.7m$$

由于地下水位在池底混凝土结构厚度 1.0m 以下，小于 1.70m，需采取保温措施，降低保温层厚度。采用聚氨酯硬质泡沫塑料作为保温材料，则保温材料的厚度

$$\delta_{B底}=\frac{\frac{\lambda_G}{K_5}-\delta_G}{\frac{\lambda_G}{\lambda_B}}=\frac{\frac{1.33}{0.45}-0.7}{\frac{1.33}{0.02}}=0.034m=34mm$$

池盖、池壁的保温材料采用硬质聚氨酯泡沫塑料，其厚度经计算分别为 25mm 和 27mm 和 34mm，均按 34mm 计，乘以 1.3 的修正系数，实际可采用 50mm。

二级消化池的保温结构材料及厚度均与一级消化池相同。热工计算仅适用于一级消化池，二级消化池无加热与搅拌设备，仅利用余热继续进行消化。

13.4.4 污泥加热方式

目前常用的污泥加热方法有池外加热法，蒸汽直接加热法。池外加热法中最常见的是热交换法，这种方法一般采用套管式换热，污泥在内管流动，热水在内、外套管中反方向流动，这种方法设备费用较高，但设备置于池外，维护方便。蒸汽直接加入法直接往污泥中注入高温蒸汽，设备投资省，操作简单，热效率高，但容易出现局部过热的现象。

1. 热交换器的计算

设计采用套管式泥—水热交换器池外加热，内管采用防锈的钢管，外管采用

铸铁管。污泥在内管流动，热水在内外两层套管中与内管污泥向相反方向流动。此种方法设备费用虽较高，但因污泥与热水都是强制循环，传热系数较高，而且设备置于池外，清扫和修理比较容易，故优先采用。

由前面资料可知消化池处理污泥量 $Q=659.52\mathrm{m^3/d}$，采用4座一级消化池，单池污泥量 $164.8\mathrm{m^3/d}$。生污泥在进入一级消化池之前，与回流的一级消化池污泥先行混合后再进入热交换器，其比例为1∶2。则生污泥量为：

$$Qs_1 = 164.8/24 = 6.87\mathrm{m^3/h}$$

回流的消化污泥量为：

$$Qs_2 = 2Qs_1 = 6.87 \times 2 = 13.74\mathrm{m^3/h}$$

进入热交换器的总污泥量为：

$$Qs = Qs_1 + Qs_2 = 6.87 + 13.74 = 20.61\mathrm{m^3/h}$$

取生污泥的日平均最低温度为12℃，生污泥与消化污泥混合后的温度为：

$$T_\mathrm{S} = (1 \times 12 + 2 \times 35)/3 = 27.33℃$$

热交换器的套管长度按下式计算：

$$L = \frac{Q_{\max}}{\pi D_1 K \Delta T_\mathrm{m}} \times 1.2$$

式中　L——套管总长（m）；

$Q_{\max}$——污泥消化池最大总耗热量（kcal/h）；

D_1——内管的管径（mm）；

K——热交换器传热系数［kcal/(m^2·h·℃)］，一般采用600kcal/(m^2·h·℃)；

ΔT_m——平均温差的对数（℃）。

设计中取内管 D_1 采用 $DN60$ 的钢管，外管管径 D_2 采用 $DN100$ 铸铁管，则污泥在内管中的流速

$$v_1 = \frac{Q_\mathrm{S}}{\frac{\pi}{4}D_1^2 \times 3600} = \frac{20.61}{\frac{\pi}{4} \times 0.06^2 \times 3600} = 2.0\mathrm{m/s}$$，符合1.5～2.0的要求

设计中传热系数采用 $K=600$kcal/（m^2·h·℃）

ΔT_m：平均温差，按下式计算：

$$\Delta T_\mathrm{m} = \frac{\Delta T_1 - \Delta T_2}{\ln \frac{\Delta T_1}{\Delta T_2}}$$

式中　ΔT_1——热交换器入口的污泥温度（Ts）和出口的热水温度（Tw'）之差；

ΔT_2——热交换器出口的污泥温度（Ts'）和入口的热水温度（Tw）之差。

污泥循环量为 $Qs=20.61\mathrm{m^3/h}$

$$Ts' = 27.33 + \frac{161442.15}{20.61 \times 1000} = 35.16℃$$

设计中热交换器的入口热水温度 $Tw = 85℃$，$Tw - Tw'$ 采用 10℃，$Tw' = 75℃$。则所需热水循环量 Qw

$$Qw = \frac{Q_{MAX}}{Tw - Tw'} = \frac{161442.15}{(85 - 75) \times 1000} = 16.14 m^3/h$$

核算内外管之间热水的流速：

$$v_1 = \frac{Qw}{\frac{\pi}{4}(D_2^2 - D_1^2) \times 3600} = \frac{16.14}{\frac{\pi}{4}(0.1^2 - 0.06^2) \times 3600} = 0.89 m/s$$

$$\Delta T_1 = Tw' - Ts = 75 - 27.33 = 47.67℃$$

$$\Delta T_2 = Tw - Ts' = 85 - 35.16 = 49.84℃$$

则 $$\Delta Tm = \frac{47.67 - 49.84}{\ln \frac{47.67}{49.84}} = 48.75℃$$

每座消化池的套管式泥—水热交换器的总长度为：

$$L = \frac{161442.15}{\pi \times 0.06 \times 600 \times 48.75} \times 1.2 = 35.2 m$$

设每根管的长度为 4.0m，其根数为：

$n = 35.2/4.0 = 8.8$ 根，设计中取 9 根。

2. 蒸汽直接加热法

$$G = \frac{Q_{max}}{I - I_0}$$

式中　G——注入蒸汽量（kg/h）；

Q_{max}——污泥消化池最大耗热量（kcal/h）；

I——饱和蒸汽的含热量（kcal/kg）；

I_0——消化温度的含热量（kcal/kg）。

设计中取 $Q_{max} = 161442.15 kcal/h$，蒸汽温度以 110℃ 计，$I = 642.5 kcal/kg$，消化污泥温度以 35℃ 计，$I_0 = 35 kcal/kg$

$$G = \frac{161442.15}{642.5 - 35} = 265.75 kg/h$$

13.4.5　混合搅拌设备

由于厌氧消化是由微生物与底物进行的接触反应，因此必须使二者充分混合，混合同时能使池温和浓度均匀，防止污泥分层和形成浮渣，故厌氧消化需设混合搅拌设备。消化池中污泥的搅拌方法可分为沼气搅拌、水泵搅拌、水射器搅拌、螺旋桨搅拌等方式。

1. 沼气搅拌

用消化池产生的沼气，经压缩机加压后送入池内进行搅拌。特点是没有机械磨损，搅拌力大、范围广。

设计中采用多路曝气管式沼气搅拌，即将沼气从贮气罐中抽出，经沼气压缩后通过插入消化池污泥中的竖管进行曝气搅拌。多路曝气管的竖管口延伸至距池底1.5m，呈环状布置。

（1）搅拌用气量

$$q = q_0 \frac{V}{1000}$$

式中 q——单池搅拌用气总量（m^3/s）；

q_0——搅拌单位用气量［$m^3/(min \cdot 1000m^3)$］，一般采用$5 \sim 7m^3/(min \cdot 1000m^3)$；

V——消化池有效容积（m^3）。

设计中取 $q_0 = 6m^3/min \cdot 1000m^3$

$$q = 6 \times \frac{3297.6}{1000} = 19.79m^3/min = 0.33m^3/s$$

（2）沼气曝气管直径的选择：

$$A = \frac{q}{v}$$

式中 A——沼气曝气立管的总面积（m^2）；

v——管内沼气流速（m/s），一般采用7～15m/s。

设计中取 $v = 11m/s$，则需立管的总面积

$$A = \frac{0.33}{11} = 0.03m^2$$

设计中选用立管直径 $DN = 70mm$，每根断面积为$0.00385m^2$。

$$n = \frac{0.03}{0.00385} = 7.8(根)$$

为方便布置，设计中取8根立管。实际流速

$$v = \frac{q}{A} = \frac{0.33}{8 \times 0.00385} = 10.71m/s,符合要求。$$

2. 水射器搅拌

水射器搅拌装置由池外水泵和池内射流器组成，射流器由喷嘴、混合室、喉管、扩散管等部分组成，其构造示意图见图13-5。

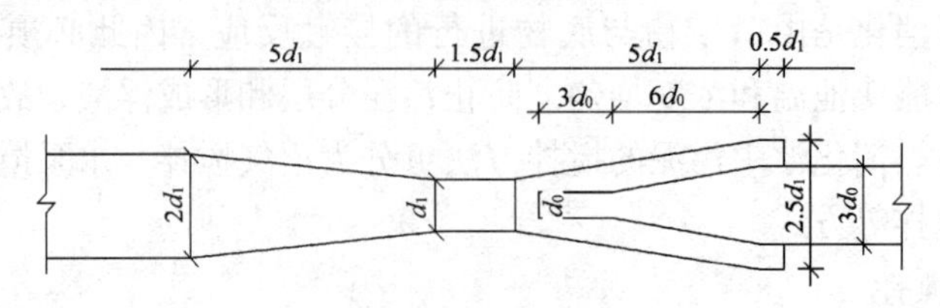

图13-5　水射器构造示意图

（1）循环水泵计算

射流泵每日工作4次，每次3小时，使池内污泥循环一遍。

① 水泵流量

$$Q_1 = Q - Q_2 = \frac{V}{T} - Q_2$$

式中　Q_1——水泵的工作流量，（m^3/h）；

Q——污泥循环量（m^3/h）；

V——消化池有效容积（m^3）；

T——每次搅拌时间（h），一般采用2~3h；

Q_2——消化池内被射流器带动而循环的污泥量（m^3/h），一般采用$Q_1:Q_2=1:(3\sim5)$。

设计中取$Q_1:Q_2=1:4$，$T=3h$。

$$Q_1 = \frac{3297.6}{3} - 4Q_1$$

$$Q_1 = \frac{3297.6}{5\times3} = 219.8m^3/h$$

② 水泵扬程

$$H = \frac{Q_2H_0}{Q_1\eta}$$

式中　H——水泵扬程（m）；

H_0——克服液体惯性和管路阻力所需的压力（m），一般采用$H_0=1.0m$；

η——射流泵效率（%），一般采用20%~30%。

设计中取$\eta=25\%$

$$H = \frac{4H_0}{\eta} = \frac{4\times1}{0.25} = 16m$$

（2）射流泵的计算

① 喷嘴直径

$$d_0 = \left(\frac{10^4Q_1}{9\pi v}\right)^{1/2}$$

式中　d_0——喷嘴直径（mm）；

v——喷嘴流速（m/s），一般取$v=15\sim20m/s$。

设计中取$v=20m/s$

$$d_0 = \left(\frac{10^4\times219.8}{9\times3.14\times20}\right)^{1/2} = 62.4mm，设计中取\ d_0 = 60mm;$$

② 喉管直径

$$d_1 = \sqrt{m}d_0$$

式中　d_1——喉管直径，（mm）；

m——喉管面积与喷嘴面积的比值，一般采用4~6。

$$d_1 = \sqrt{4} \times 60 = 120\text{mm},设计中取\ d_1 = 120\text{mm}$$

③ 混合室尺寸

入口端直径 $d_3 = 2.5d_1 = 300\text{mm}$；

出口端直径 $d_4 = 2.0d_1 = 240\text{mm}$；

入口渐缩长度 $L_1 = 5d_1 = 600\text{mm}$；

出口渐缩长度 $L_2 = 5d_1 = 600\text{mm}$；

喉管长度 $L_0 = 1.5d_1 = 180\text{mm}$。

④ 污泥入流管尺寸

污泥入流管管径 $d_2 = 3d_0 = 180\text{mm}$；

入流管减缩长度 $L_3 = 6d_0 = 360\text{mm}$；

喷嘴长度 $L_4 = 3d_0 = 180\text{mm}$。

3. 螺旋桨搅拌机计算

采用螺旋桨搅拌机时，消化池中间设导流管，带动污泥循环流动，节省动力费用。

（1）导流管直径

$$D = \left(\frac{4Q}{\pi v}\right)^{1/2}$$

$$Q = \frac{V}{3600TM}$$

式中　D——导流管直径（m）；

v——导流管内污泥流速（m/s），一般采用0.3~0.4m/s；

Q——流经螺旋桨的污泥量（m^3/s）；

V——消化池的有效容积（m^3）；

M——每个消化池设置的螺旋桨数量，一般采用1台；

T——搅拌一次所需时间（h），一般采用2~4h。

设计中取 $v = 0.4\text{m/s}$，$T = 3\text{h}$

$$Q = \frac{3297.6}{3600 \times 3 \times 1} = 0.305\text{m}^3/\text{s}$$

$$D = \left(\frac{4 \times 0.305}{3.14 \times 0.4}\right)^{1/2} = 0.99\text{m},设计中取\ 1.0\text{m}。$$

（2）螺旋桨转数

$$d = D - 0.1$$

$$A = \frac{\pi d^2}{4}$$

$$A_0 = A(1 - \xi^2)$$

$$v_0 = \frac{Q}{A_0}$$

$$n = \frac{60v_0}{\lambda \cos^2 \rho}$$

$$\lambda = \pi d \mathrm{tg} \rho$$

式中　n——螺旋桨转数（r/min）；

λ——螺旋桨螺距（m）；

v_0——流经螺旋桨的污泥流速（m/s）；

ρ——螺旋桨叶片倾角，一般采用8°15′；

A_0——螺旋桨有效断面积（m^2）；

A——螺旋桨断面积（m^2）；

ξ——螺旋桨所占断面积系数，一般采用0.25；

d——螺旋桨直径（m）。

$$d = D - 0.1 = 0.9\mathrm{m}$$

$$A = \frac{3.14 \times 0.9^2}{4} = 0.636\mathrm{m}^2$$

$$A_0 = 0.636(1 - 0.25^2) = 0.596\mathrm{m}^2$$

$$v_0 = \frac{0.305}{0.596} = 0.512\mathrm{m/s}$$

$$\lambda = 3.14 \times 0.9 \times \mathrm{tg}8.25 = 0.41\mathrm{m}$$

$$n = \frac{60 \times 0.512}{0.41 \times \cos^2 8.25} = 76.5\mathrm{r/min}$$，设计中取80r/min。

（3）螺旋桨所需功率

$$N = \frac{1000QH}{102\eta}$$

式中　N——螺旋桨所需功率（kW）；

H——螺旋桨所需工作压力（m），一般采用1.0m水柱；

η——螺旋桨效率，一般采用0.8。

$$N = \frac{0.305 \times 1000}{102 \times 0.8} = 3.8\mathrm{kW}$$

13.4.6　消化后的污泥量计算

1．一级消化后污泥量：

一级消化降解了部分可消化有机物，同时一级消化不排除上清液，消化前后污泥含水量不变，有下式成立

$$V_2 P_2 = V_1 P_1$$

$$V_2(1 - P_2) = V_1(1 - P_1)(1 - P_V R_d m)$$

式中　V_1——一级消化前生污泥量（m^3/d）；

V_2——一级消化后的污泥量（m^3/d）；

P_1——生污泥含水率（%）；

P_2——一级消化污泥含水率（%）；

P_V——生污泥中有机物含量（%），一般采用65%；

R_d——污泥可消化程度（%），一般采用50%；

m——一级消化占可消化程度的比例（%），一般采用70%～80%。

设计中取 $V_1=659.52m^3/d$，$P_1=97\%$，$m=80\%$。经计算

$$V_2 = 654.37m^3/d$$

$$P_2 = 97.76\%$$

一级消化池单池排泥量为　$654.37/4=163.59m^3/d$

2. 二级消化后污泥量

消化浓缩后污泥含水率由一级消化前的97%降至二级消化后的95%，每日二级消化池排除污泥

$$V_3 = \frac{100-P_1}{100-P_3}V_1(1-P_V \times R_d)$$

式中　V_1——生污泥量（m^3/d）；

V_3——二级消化后污泥量（m^3/d）；

P_1——生污泥含水率（%）；

P_3——二级消化后污泥含水率（%）。

设计中取 $P_1=97\%$，$P_3=95\%$，$V_1=659.52m^3/d$

$$V_3 = \frac{100-97}{100-95} \times 659.52 \times (1-0.65 \times 0.50) = 267.1m^3/d$$

二级消化池采用2座，单池排泥量为　$267.11/2=133.56m^3/d$

3. 二级消化池上清液排放量

整个消化过程中产生的上清液由二级消化池排除

$$V' = V_1P_1 - V_3P_3$$

式中　V'——上清液排放量（m^3/d）。

$$V' = 659.52 \times 0.97 - 267.11 \times 0.95 = 385.98m^3/d$$

二级消化池采用2座，单池上清液排放量为　$385.98/2=192.99m^3/d$

13.4.7　沼气产量

1. 消化池降解的污泥量

$$X = (1-P)V_1P_VR_d$$

式中　X——消化池降解污泥量（kg/d）；

P——生污泥含水率（%）；

V_1——生污泥量（m^3/d）；

P_V——生污泥有机物含量，一般采用65%；

R_d——污泥可消化程度，一般采用50%。

设计中取 $P=97\%$，$V_1=659.52m^3/d$

$$X=(1-0.97)\times659.52\times65\%\times50\%\times1000=6430.32kg/d$$

2. 消化池的产气量

$$q=aX$$

式中　q——消化池沼气产量（m^3/d）；

a——污泥沼气产率（m^3/kg 污泥），一般采用 $0.75\sim1.10m^3/kg$ 污泥。

设计中取 $a=0.9m^3/kg$ 污泥，每日产气量

$$q=0.9\times6430.32=5787.3m^3/d=0.067m^3/s$$

13.4.8　一级消化池的管道系统

1. 进泥管

$$Q=(Q_1+Q_2)/n$$

式中　Q——进泥管投泥量（m^3/d）；

Q_1——投加生污泥量（m^3/d）；

Q_2——循环污泥量（m^3/d），一般采用 $Q_2=(2\sim4)Q_1$；

n——消化池数。

设计中取 $Q_2=2Q_1$，$n=4$。

$$Q=(659.52+2\times659.52)/4=494.64m^3/d$$

适当采用间歇运行，每日运行12h。

$$Q=494.64/(12\times3600)=0.0115m^3/s$$

$$v_1=\frac{4Q}{\pi D_1^2}$$

式中　v_1——管内污泥流速（m/s）；

D_1——投配管直径（mm）。

设计中为防止堵塞，设计中取 $D_1=150mm$

$$v_1=\frac{4\times0.0115}{3.14\times0.15^2}=0.65m/s$$

2. 排泥管

为了防止消化池中产生正负压的变化，在投泥的同时还要进行排泥。

$$v_2=\frac{4Q}{\pi D_2^2}$$

式中　Q——一级消化池排泥量（m^3/d）；

v_2——管内污泥流速（m/s）；

D_2——排泥管直径（mm）。

设计中为防止堵塞，设计中取 $D_2=150\text{mm}$，一级消化池单池排泥量 $Q_2=163.59\text{m}^3/\text{d}$，采用间歇排放，运行时间3h，用闸阀控制排泥，出泥口设在池底中央处。

$$Q=163.59/(3\times3600)=0.0152\text{m}^3/\text{s}$$

$$v_2=\frac{4\times0.0152}{3.14\times0.15^2}=0.86\text{m/s}$$

3. 循环出泥管

$$v_3=\frac{4Q_2}{\pi D_3^2}$$

式中　Q_2——循环污泥量（m^3/d）；

v_3——管内污泥流速（m/s）；

D_3——循环出泥管直径（mm）。

设计中取 $Q_2=2Q_1$，$n=4$，采用间歇运行，每日运行12h

$$Q_2=659.52\times2/(4\times12\times3600)=0.0076\text{m}^3/\text{s}$$

设计中为防止堵塞，设计中取 $D_3=150\text{mm}$

$$v_3=\frac{4\times0.0076}{3.14\times0.15^2}=0.43\text{m/s}$$

4. 取样管

在池中不同位置设置取样管，共设4根，$DN=50\text{mm}$。

5. 沼气集气管的设计计算

$$Q=Q_1+Q_2$$

$$Q_1=\frac{q\times a}{n\times86400}$$

$$v=\frac{4Q}{\pi D^2}$$

式中　Q——集气管沼气流量（m^3/s）；

Q_1——消化池产生的沼气流量（m^3/s）；

Q_2——搅拌所需沼气流量（m^3/s）；

q——每日产生沼气总量（m^3/d）；

a——一级消化池产气量占总产气量的比率（%），一般采用80%；

n——一级消化池数量；

v——集气管内沼气流速（m/s）；

D——沼气集气管直径（mm）。

设计取 $Q_2=0.33\text{m}^3/\text{s}$，$q=5787.3\text{m}^3/\text{d}$，沼气管 $DN=300\text{mm}$，$n=4$

$$Q_1=\frac{5787.3\times0.8}{4\times86400}=0.0134\text{m}^3/\text{s}$$

$$Q = 0.0134 + 0.33 = 0.343\text{m}^3/\text{s}$$

$$v = \frac{4Q}{\pi D^2} = \frac{4 \times 0.343}{3.14 \times 0.3^2} = 4.85\text{m/s}，符合要求（v \leqslant 7 \sim 8\text{m/s}）$$

设计中取最高时产气量为平均产气量的 2 倍，最高时产气量

$$Q_{max} = 2Q_1 + Q_2$$

$$Q_{max} = 0.0134 \times 2 + 0.33 = 0.357\text{m}^3/\text{s}$$

$$v = \frac{Q}{\frac{\pi}{4} \times D^2} = \frac{0.357}{0.785 \times 0.3^2} = 5.05\text{m/s}$$

6. 溢流管的设计计算

为防止池内液位超过限定的最高液位，池内应设置溢流管，采用溢流管 $DN = 200\text{mm}$。溢流管水封高度采用 0.8m，水封的作用是防止池内沼气沿溢流管泄漏。

13.4.9　二级消化池的管道系统

二级消化池采用浮动罩式消化池，不加热、不搅拌。二级消化池管路主要有进泥管、排泥管、沼气管、上清液排放管、取样管等。

1. 进泥管

二级消化池为 2 座，采用间歇进泥的运行方式，每日进泥时间 3h。

$$Q_1 = \frac{V_2}{n \times t_1 \times 3600}$$

$$v_1 = \frac{4Q_1}{\pi D^2}$$

式中　Q_1——进泥管流量（m^3/s）；

V_2——二级消化池每日进泥量（m^3/d）；

n——二级消化池数量；

t_1——二级消化池每日进泥时间（h）；

v_1——管内污泥流速（m/s）；

D_1——二级消化池进泥管直径（mm）。

设计中取 $D_1 = 200\text{mm}$，$V_2 = 654.37\text{m}^3/\text{d}$，$n = 2$，$t_1 = 3\text{h}$

$$Q_1 = 654.37/(2 \times 3 \times 3600) = 0.0303\text{m}^3/\text{s}$$

$$v_1 = \frac{4 \times 0.0303}{3.14 \times 0.2^2} = 0.97\text{m/s}$$

2. 排泥管

二级消化池采用间歇排泥，排泥时间 3h。

$$Q_2 = \frac{V_2}{n \times t_2 \times 3600}$$

$$v_2 = \frac{4Q_2}{\pi D_2^2}$$

式中　Q_2——二级消化池排泥量（m^3/d）；

v_2——管内污泥流速（m/s）；

D_2——排泥管直径（mm）。

设计中取 $D_2 = 150mm$；二级消化池排泥量 $V_2 = 267.11m^3/d$，$n = 2$，$t_2 = 3h$

$$Q_2 = 267.11/(2 \times 3 \times 3600) = 0.0124m^3/s$$

$$v_2 = \frac{4 \times 0.0124}{3.14 \times 0.15^2} = 0.70m/s$$

3. 沼气管

$$Q = \frac{q \times b}{n \times 86400}$$

$$v = \frac{4Q}{\pi D^2}$$

式中　Q——二级消化池单池沼气流量（m^3/s）；

q——每日产生沼气总量（m^3/d）；

b——二级消化池产气量占总产气量的比率（%），一般采用20%；

n——二级消化池数量；

v——管内沼气流速（m/s）；

D——沼气管直径（mm）。

设计中取 $q = 5787.3m^3/d$，采用管径 $DN = 100mm$，$n = 2$

$$Q = \frac{5787.3 \times 0.2}{2 \times 86400} = 0.0067m^3/s$$

$$v = \frac{4Q}{\pi D^2} = \frac{4 \times 0.0067}{3.14 \times 0.1^2} = 0.85m/s$$

设计中取最高时产气量为平均产气量的2倍，最高时产气量为 $0.0134m^3/s$

$$v = \frac{4Q}{\pi D^2} = \frac{4 \times 0.0134}{3.14 \times 0.1^2} = 1.71m/s$$

4. 上清液排放管

$$Q = \frac{V'}{n \times t \times 3600}$$

$$v = \frac{4Q}{\pi D^2}$$

式中　V'——二级消化池上清液排放总量（m^3/d）；

Q——上清液排管设计流量（m^3/s）；

n——二级消化池数量；

t——二级消化池排上清液时间（h），一般采用进泥时间；

v——上清液排管管内流速（m/s）；

D——上清液排管直径（mm）。

设计中取 $V'=385.98\text{m}^3/\text{d}$，$n=2$，$t=3\text{h}$，$D=200\text{mm}$

$$Q=\frac{385.98}{2\times3\times3600}=0.0179\text{m}^3/\text{s}$$

$$v=\frac{4\times0.0179}{3.14\times0.2^2}=0.57\text{m/s}$$

5. 取样管同一级消化池

13.4.10　贮气柜

设计中采用单级低压浮盖式贮气柜。

1. 贮气柜最大调节容积

$$V=q\times c$$

式中　V——最大调节容量（m^3）；

q——每日产气量（m^3/d）；

c——容积调节比率（%），一般采用 25%～40%。

设计中取 $q=5787.3\text{m}^3/\text{d}$，$c=35\%$

$$V=5787.3\times0.35=2025.6\text{m}^3$$

2. 贮气柜外形尺寸

$$V=\frac{n\pi D^2}{4}H$$

式中　V——最大调节容量（m^3）；

D——贮气柜直径（m）；

n——贮气柜数量；

H——贮气柜调节高度（m）。

设计中取 $D=1.5H$，$n=2$，$V=2025.6\text{m}^3$

$$H=\sqrt[3]{\frac{4\times2025.6}{3.14\times2\times1.5^2}}=8.31\text{m}\text{,设计中取 }8.3\text{m}$$

$$D=1.5H$$

$$D=1.5\times8.3=12.45\text{m}\text{,设计中取 }12.5\text{m}$$

13.4.11　沼气压缩机

1. 沼气量

$$Q=nq$$

式中　Q——搅拌沼气用量（m^3/min）；

n——一级消化池数量；

q——单池搅拌沼气用量（m^3/s）。

设计中取 $q=0.33m^3/s$，$n=4$

$$Q = 4 \times 0.33m^3/s = 1.32m^3/s = 79.2m^3/min$$

2. 排气压力

$$H = h_1 + h_2 + h_3$$

式中　h_1——沼气管淹没深度（m）；

h_2——贮气柜水封压力（m）；

h_3——管道压力损失（m）。

设计中取 $h_1=11.5m$，$h_2=0.4m$，$h_3=5.0m$

$H=16.9m$ 水柱，设计中取 20m 水柱。

13.5　污泥脱水

污水处理厂污泥二级消化后从二级消化池排出污泥的含水率约95%左右，体积很大。因此为了便于综合利用和最终处置，需对污泥作脱水处理，使其含水率降至60%~80%，从而大大缩小污泥的体积。

13.5.1　脱水污泥量计算

脱水后污泥量

$$Q = Q_0 \frac{100 - P_1}{100 - P_2}$$

$$M = Q(1 - P_2) \times 1000$$

式中　Q——脱水后污泥量（m^3/d）；

Q_0——脱水前污泥量（m^3/d）；

P_1——脱水前污泥含水率（%）；

P_2——脱水后污泥含水率（%）；

M——脱水后干污泥重量（kg/d）。

设计中取 $Q_0=267.11m^3/d$，$P_1=95\%$，$P_2=75\%$

$$Q = Q_0 \frac{100 - P_1}{100 - P_2} = 267.11 \times \frac{100 - 95}{100 - 75} = 53.42m^3/d$$

$$M = 53.42 \times (1 - 75\%) \times 1000 = 13355kg/d$$

污泥脱水后形成泥饼用小车运走，分离液返回处理系统前端进行处理。

13.5.2　脱水机的选择

机械脱水方法有真空吸滤法、压滤法和离心法。目前常用的脱水机械主要有：真空转鼓过滤机、板框压滤机、带式压滤机、离心机。各种脱水机的主要特点见表 13-1。

常用脱水机主要特点　表 13-1

名称	特点	适用范围
真空转鼓过滤机	能够连续生产，可以自动控制，构造复杂，附属设备多，运行费用高	应用较少，适用于工业企业
板框压滤机	构造简单，劳动强度大，不能连续工作	适合小型污泥处理装置
带式压滤机	可以连续工作，脱水效率高、噪音小、能耗低、操作管理方便	应用广泛，适合大中小型污泥处理装置
离心机	构造简单、脱水效果好，动力消耗大，噪声较大	应用广泛，适用大中小型污泥处理装置

设计中选用 DY—3000 型带式压滤机，其主要技术指标为，干污泥产量 600kg/h，泥饼含水率 75%，絮凝剂聚丙烯酰胺投量按干污泥量的 2.0‰。

设计中共采用 3 台带式压滤机，其中 2 用 1 备。工作周期定为 12 小时。所以每台处理的泥量为：

$$m = 600 \times 12 \times 2 = 14400\text{kg/d}$$,可以满足要求。

13.5.3　附属设施

1．污泥贮池

$$V' = V_0 - QT$$

式中　V'——污泥贮池所需容积（m^3）；

V_0——消化后污泥量（m^3/d）；

Q——脱水污泥量（m^3/h）；

T——排泥时间（h）。

设计中取 $V_0 = 267.11m^3/d$，采用间歇排泥，排泥时间 $T = 3h$，带式压滤机工作周期 $t = 12h$，脱水污泥量

$$Q = 267.11/12 = 22.26m^3/h$$

污泥贮池所需容积

$$V' = 267.11 - 22.26 \times 3 = 200.33m^3$$

污泥贮池采用方形池体

$$V = \left[a^2 h_2 + \frac{1}{3}h_3(a^2 + ab + b^2)\right] \times n$$

$$h_3 = \text{tg}\alpha(a - b)/2$$

式中 V——污泥贮池容积（m^3）；

h_2——污泥贮池有效深度（m）；

h_3——污泥斗高度（m）；

a——污泥贮池边长（m）；

b——污泥斗底边长（m）；

n——污泥贮池个数，一般采用2个；

α——污泥斗倾角，一般采用60°。

设计中采用二座污泥贮池，正方形边长 $a=5.0$m，有效深度 $h_2=3.0$m，污泥斗底为正方形，边长 $b=1.0$m

$$h_3 = \text{tg}60\left(\frac{5-1}{2}\right) = 3.46\text{m}$$

$$V = (75+35.75)\times 2 = 221.51\text{m}^3 > 200.33\text{m}^3 \text{ 符合要求}$$

污泥贮池高度：

$$H = h_1 + h_2 + h_3$$

式中 H——污泥贮池高度（m）；

h_1——超高（m），一般采用0.3m；

h_2——污泥贮池有效深度（m）；

h_3——污泥斗高（m）。

$$H = 0.3 + 3.0 + 3.46 = 6.76\text{m}$$

2. 溶药系统

（1）溶液罐

$$V = \frac{Ma}{1000bn}$$

式中 V——溶液罐体积（m^3）；

M——脱水后干污泥重量（kg/d）；

a——聚丙烯酰胺投量（%），一般采用污泥干重的0.09%～0.2%；

b——溶液池药剂浓度（%），一般采用1%～2%；

n——溶液罐个数。

设计中取 $a=0.2\%$，$b=1\%$，$n=2$，每日配制一次设计中取

$$V = \frac{13355\times 0.002}{1000\times 0.01\times 2} = 1.34\text{m}^3$$

采用JYB型玻璃钢溶药罐，外形尺寸 $\phi1200\times1500$，有效容积1.35m^3，搅拌机功率0.75kW。

（2）溶液罐

聚丙烯酰胺溶解困难，水解时间较长（8～48h），设计中以聚丙烯酰胺水解时间24h计，需设同样规格的溶药罐2个，起到溶药、贮液的作用。

(3) 加药泵

采用四台耐腐蚀加药泵，溶药罐、溶液罐各设 2 台，型号为 50PWF，电机功率 1.1kW。

3. 空气净化装置

污泥脱水过程中有臭味产生，设计中采用木屑和生物炭滤床的方式对空气进行净化。采用三组空气净化器，在每台带式压滤机上部设集气罩，由通风机将臭气送至净化器。

第14章　污水处理厂布置

14.1　污水处理厂平面布置

在污水处理厂的厂区内有各处理单元构筑物；连通各处理构筑物之间的管、渠及其他管线；辅助性建筑物；道路以及绿地等。因此，要对污水处理厂厂区内各种工程设施进行合理的平面规划。

14.1.1　污水处理厂设施组成

根据选定的处理方案和处理工艺流程，污水处理工程设施包括下面几方面。

1. 生产性构（建）筑物

生产性构（建）筑物分为污水、污泥处理设施。污水处理设施包括污水总泵站、格栅间、沉砂池、初沉池、曝气池、二沉池、消毒池、鼓风机房、污泥回流泵房、加氯间和氯库等。

污泥处理设施包括浓缩池、贮泥池、消化池、脱水机房、沼气贮柜、沼气压缩机房等。

2. 辅助设施

辅助设施分为生产和生活辅助设施。生产辅助设施包括综合办公楼（含化验室、中心控制室）、仓库、车库、机修间、晒砂场、污泥堆场、管配件场。生活辅助设施包括食堂、浴室、锅炉房、值班宿舍、门卫室。各项辅助设施面积见表14-1。

各项辅助设施面积　　表14-1

名　称	综合办公楼	检测中心	职工宿舍	活动中心	食　堂
面积（m^2）	960	670	630	540	250
名称	机修车间	仓库	车库	变电所	浴室
面积（m^2）	250	630	190	120	210
名称	污泥堆放场	晒砂场	锅炉房	门卫	
面积（m^2）	800	250	300	30	

3．各类管道

厂区管道包括污水工艺管道、污泥工艺管道、空气管道、沼气管道、超越管道、上清液回收管道、厂区给水管道、排水管道、加药管。

4．其他设施

其他设施有道路、绿化、照明、围墙、大门。

14.1.2　平面布置的原则

1．各处理单元构筑物的平面布置

处理构筑物是污水处理厂的主体建筑物，在做平面布置时，应根据各构筑物的功能要求和水力要求，结合地形和地质条件，确定它们在厂区内平面的位置。对此，应考虑：

（1）贯通、连接各处理构筑物之间的管、渠，使之便捷、直通，避免迂回曲折。

（2）土方量做到基本平衡，并避开劣质土壤地段。

（3）在处理构筑物之间，应保持一定的间距，以保证敷设连接管、渠的要求，一般的间距可取值 5～10m，某些有特殊要求的构筑物，如污泥消化池、沼气贮罐等，其间距应按有关规定确定。

（4）各处理构筑物在平面布置上，应考虑尽量紧凑。

（5）污泥处理构筑物应尽可能单独布置，以方便管理，应布置在厂区夏季主导风向的下风向。

2．管、渠的平面布置

（1）在各处理构筑物之间，设有贯通、连接的管、渠。此外，还应设有能够使各处理构筑物独立运行的管、渠，当某一处理构筑物因故停止工作时，其后接处理构筑物仍能够保持正常的运行。

（2）应设超越全部处理构筑物，直接排放水体的超越管。

（3）在厂区内还应设有空气管路、沼气管路、给水管路及输配电线路。这些管线有的敷设在地下，但大都在地上，对它们的安排，既要便于施工和维护管理，又要紧凑，少占用地。

3．辅助建筑物的平面布置

污水厂内的辅助建筑物有集中控制室、变电所、机修间、仓库、浴池、食堂、宿舍、综合楼等。它们是污水处理厂不可缺少的组成部分。

（1）辅助建筑物建筑面积的大小应按具体情况与条件而定。辅助建筑物的位置应根据方便、安全等原则确定。

（2）生活居住区、综合楼等建筑物应与处理构筑物保持一定距离，应位于厂区夏季主风向的上风向。

（3）操作工人的值班室应尽量布置在使工人能够便于观察各处理构筑物运

行情况的位置。

4. 厂区绿化

平面布置时应安排充分的绿化地带，改善卫生条件，为污水厂工作人员提供优美的环境。

5. 道路布置

在污水处理厂内应合理的修建道路，方便运输，要设置通向各处理构筑和辅助建筑物的必要通道，通道的设计应符合如下要求：

（1）主要车行道的宽度：单车道为3～4m，双车道为6～7m，并应有回车道。

（2）车行道的转弯半径不宜小于6m。

（3）人行道的宽度为1.5～2m。

（4）通向高架构筑物的扶梯倾角不宜大于45°。

（5）天桥宽度不宜小于1m。

14.1.3　平面布置

1. 工艺流程布置

工艺流程布置根据设计任务书提供的厂区面积和地形，采用直线型布置。这种布置方式生产联络管线短，水头损失小，管理方便，且有利于日后扩建。

2. 构（建）筑物平面布置

按照功能，将污水厂布置分成三个区域：

（1）污水处理区，该区域位于污水厂中部，由各项污水处理设施组成，呈直线型布置。包括污水总泵站、格栅间、曝气沉砂池、初沉池、曝气池、二沉池、接触消毒池、计量堰、鼓风机房、加氯间及氯库。

（2）污泥处理区，该区域位于污水厂东南部，厂区主导风向的下风向，由各项污泥处理设施组成，呈直线型布置。包括污泥回流泵房、污泥浓缩池、污泥消化池、贮泥池、贮气柜、沼气压缩机房、污泥堆场等。

（3）生活区，该区是将办公楼、宿舍、食堂、锅炉房、浴室等建筑物组合在一个区内。为不使这些建筑过于分散，将办公楼与化验室，食堂与宿舍，浴室与锅炉房合建，使这些建筑相对集中，靠近污水厂大门，便于外来人员联系。生活区位于污水厂北部，厂区主导风向的上风向。

3. 污水厂管线布置

（1）污水工艺管道

污水经总泵站提升后，按照处理工艺流经各个处理构筑物后排入水体。

（2）污泥工艺管道

污水厂在处理污水的同时，也要处理产生的污泥。污泥来自初沉池和污泥回流泵房，按照工艺处理后运出厂外。

(3) 厂区排水管道

厂区排水管道系统包括四部分，构筑物上清液和溢流管、构筑物放空管、各建筑物排水管、厂区雨水管。这些污水的污染物浓度很高，不能直接排放，设计中收集后接入泵前集水池继续进行处理。

(4) 空气管道

空气管道由鼓风机房至曝气池和曝气沉砂池。

(5) 沼气管道

消化池产生的沼气一部分通过沼气压缩机对一级消化池进行沼气循环搅拌，另一部分送入锅炉房燃烧，供消化池本身加热及处理厂采暖。

(6) 超越管道

考虑到事故检修时不影响污水厂运行，对沉砂池、初沉池、活性污泥系统等主要处理工艺在必要时设置超越管道。

(7) 加氯管

为了防止管道腐蚀，加氯管采用塑料管，管道安装在管沟内，上设活动盖板以便检修。

(8) 厂区给水管道和消防栓布置

由厂外接入送至各建筑物用水点。厂区内每隔120.0m间距设置1个室外消火栓。

4. 厂区道路布置

(1) 主厂道布置

由厂外道路与厂内办公楼连接的道路采用主厂道，道宽6.0m，设双侧1.5m人行道，并植树绿化。

(2) 车行道布置

厂区内各主要构（建）筑物间布置车行道，道宽为4.0m，呈环状布置，以便车辆回程。

(3) 步行道布置

对于无物品器材运输的建筑物，设步行道与主厂道或车行道联系。

5. 厂区绿化布置

在正对厂门处布置花坛，为美化环境修建喷泉2处。利用道路与构筑物间的带状空地进行绿化，绿化带以草皮为主，靠路一侧种植绿篱，临靠构筑物一侧栽种花木或灌木，草地中栽种一些花卉。

厂区平面布置见污水处理厂平面图（附图14-1）。

14.2　污水处理厂高程布置

污水处理厂高程布置的主要任务是：① 确定各处理构筑物及泵房的标高；

② 确定处理构筑物之间连接管渠的尺寸及其标高；③ 通过计算各确定部位的水面标高，从而能够使污水沿处理流程在处理构筑物之间通畅地流动，保证污水处理厂的正常运行。

14.2.1　高程布置的原则

1. 认真计算管道沿程损失、局部损失，各处理构筑物、计量设备及联络管渠的水头损失；考虑最大时流量、雨天流量和事故时流量的增加，并留有一定的余地；还应考虑当某座构筑物停止运行时，与其并联运行的其余构筑物及有关的连接管渠能通过全部流量。

2. 考虑远期发展，水量增加的预留水头。

3. 避免处理构筑物之间跌水等浪费水头的现象，充分利用地形高差，实现自流。

4. 在认真计算并留有余量的前提下，力求缩小全程水头损失及提升泵站的扬程，以降低运行费用。

5. 需要排放的处理水，在常年大多数时间里能够自流排放水体。注意排放水位不一定选取水体多年最高水位，因为其出现时间较短，易造成常年水头浪费，而应选取经常出现的高水位作为排放水位，当水体水位高于设计排放水位时，可进行短时间的提升排放。

6. 应尽可能使污水处理工程的出水管渠高程不受水体洪水顶托，并能自流。

14.2.2　污水处理构筑物高程布置

污水处理构筑物高程布置的主要任务是：确定各处理构筑物的标高，确定各处理构筑物之间连接管渠的尺寸及标高，确定各处理构筑物的水面标高，从而能够使污水沿处理构筑物之间顺畅流动，保证污水厂正常运行。

1. 构筑物水头损失

构筑物水头损失见表14-2。

构筑物水头损失表　　表14-2

构筑物名称	水头损失（m）	构筑物名称	水头损失（m）
格栅	0.2	二沉池	0.5
沉砂池	0.2	接触池	0.3
初沉池	0.5	计量堰	0.26
曝气池	0.4		

2. 管渠水力计算

管渠水力计算见表14-3。

污水管渠水力计算表 表14-3

管渠及构筑物名称	流量（L/s）	管渠设计参数				水头损失（m）		
		D(mm)	I（‰）	V(m/s)	L（m）	沿程	局部	合计
出水口至计量堰	996	1100	1.0	1.0	250	0.25	0.176	0.426
计量堰至接触池	996	1100	1.0	1.0	40	0.04	0.077	0.117
接触池至集配水井	996	1100	1.0	1.0	35	0.035	0.306	0.341
集配水井至二沉池	498	800	1.5	1.0	10	0.015	0.102	0.117
二沉池至集配水井	679	900	1.35	1.1	10	0.014	0.168	0.182
集配水井至曝气池	1358	1200	1.0	1.2	35	0.035	0.306	0.341
曝气池至集配水井	996	1100	1.0	1.0	30	0.03	0.077	0.107
集配水井至初沉池	498	800	1.5	1.0	10	0.015	0.102	0.117
初沉池至集配水井	498	800	1.5	1.0	10	0.015	0.168	0.183
集配水井至沉砂池	996	1100	1.0	1.0	15	0.015	0.308	0.323

3. 污水处理高程布置

污水处理厂设置了终点泵站，水力计算以接受处理后污水水体的最高水位作为起点，沿污水处理流程向上倒推计算，以使处理后的污水在洪水季节也能自流排出。

由于河流最高水位较低，污水厂出水能够在洪水位时自流排出。因此，在污水高程布置上主要考虑土方平衡，设计中以曝气池为基准，确定曝气池水面标高102.00m，由此向两边推算其他构筑物高程。计算结果见表14-4。

构筑物及管渠水面标高计算表 表14-4

序号	管渠及构筑物名称	水面上游标高（m）	水面下游标高（m）	构筑物水面标高（m）	地面标高（m）
1	出水口至计量堰	99.642	99.216		100.30
2	计量堰	99.902	99.642	99.772	100.30
3	计量堰至接触池	100.019	99.902		100.30
4	接触池	100.319	100.019	100.169	100.30
5	接触池至集配水井	100.660	100.319		100.30
6	集配水井至二沉池	100.777	100.660		100.30
7	二沉池	101.277	100.777	101.027	100.30
8	二沉池至集配水井	101.459	101.277		100.30
9	集配水井至曝气池	101.80	101.459		100.30
10	曝气池	102.20	101.80	102.0	100.30
11	曝气池至集配水井	102.307	102.20		100.30

续表

序号	管渠及构筑物名称	水面上游标高（m）	水面下游标高（m）	构筑物水面标高（m）	地面标高（m）
12	集配水井至初沉池	102.424	102.307		100.30
13	初沉池	102.924	102.424	102.674	100.30
14	初沉池至集配水井	103.107	102.924		100.30
15	集配水井至沉砂池	103.430	103.107		100.30
16	沉砂池	103.630	103.430	103.53	100.30
17	格栅	103.830	103.630	103.63	100.30

计算结果出水口水面标高99.216m，高于最高洪水位98.50m，满足排放要求。污水高程布置见附图14-2。

14.2.3　污泥处理构筑物高程布置

1. 污泥管道水头损失

管道沿程损失：

$$h_f = 2.49\left(\frac{L}{D^{1.17}}\right)\left(\frac{v}{C_H}\right)^{1.85}$$

管道局部损失：

$$h_i = \xi \frac{v^2}{2g}$$

式中　C_H——污泥浓度系数；

D——污泥管管径（m）；

L——管道长度（m）；

v——管内流速（m/s）；

ξ——局部阻力系数。

查计算表可知污泥含水率97%时，污泥浓度系数$C_H=71$，污泥含水率95%时，污泥浓度系数$C_H=53$。

各连接管道的水头损失见表14-5。

连接管道水头损失　　**表14-5**

管渠及构筑物名称	流量（L/s）	管渠设计参数			水头损失（m）		
初沉池至贮泥池	26.6	200	0.85	160	0.72	0.13	0.85
浓缩池至贮泥池	15.3	150	0.87	10	0.07	0.03	0.10
一级消化池至二级消化池	15.0	150	0.85	40	0.26	0.13	0.39
二级消化池至脱水机房	16.4	150	0.93	20	0.26	0.12	0.38

2. 污泥处理构筑物的水头损失

当污泥以重力流排出池体时，污泥处理构筑物的水头损失以各构筑物的出流水头计算，初沉池、浓缩池、消化池一般取 1.5m，二沉池一般取 1.2m。

3. 污泥高程布置

消化池高度较高，可以满足后续脱水机房的需要，考虑土方平衡，确定一级消化池泥面为地上 6.0m，即 106.30m。从污水高程可知初沉池液面标高和二沉池液面标高。高程计算的顺序是：

（1）由初沉池液面高程推算贮泥池液面高程，再由贮泥池液面高程反推浓缩池液面高程；

（2）由脱水机房高程，再推算一级消化池高程和二级消化池高程；

（3）确定二沉池至浓缩池的污泥泵提升高度；

（4）确定贮泥池至一级消化池的污泥泵提升高度。

计算结果见表 14-6，污泥高程布置见附图 14-2。

污泥处理构筑物及管渠水面标高计算表　　**表 14-6**

序号	管渠及构筑物名称	上游泥面标高（m）	下游泥面标高（m）	构筑物泥面标高（m）	地面标高（m）
1	初沉池			102.674	100.30
2	初沉池至贮泥池	102.674	100.324		100.30
3	贮泥池			100.324	100.30
4	浓缩池至贮泥池	101.924	100.324		100.30
5	浓缩池			101.924	100.30
6	一级消化池			106.300	100.30
7	一级消化池至二级消化池	106.300	104.410		100.30
8	二级消化池			104.410	100.30
9	二级消化池至脱水机房	104.410	102.53		100.30
10	脱水机房			102.53	100.30

14.3　土建工程与公共工程

14.3.1　土建工程

污水处理厂区所在地层结构简单，土质性质均一，基本为粉质黏土，无不良地质现象。工程地质条件可以满足各种构（建）筑物的要求，不必对地基进行特殊处理。

本设计中，所有构筑物均为钢筋混凝土结构，以提高池体的防渗能力；附属建筑均采用砖混结构，包括综合办公楼、维修间、仓库、食堂、浴室、变电所、锅炉房、车库、传达室、加氯间、鼓风机房、中心控制室等；回流污泥泵房地下为钢筋混凝土结构，地上为砖混结构；污泥脱水机房采用框架结构。

14.3.2 公用工程

1. 供电

污水处理厂与污泥处理系统合计用电负荷见表14-7。

用电负荷计算表 表14-7

序号	设备名称	单机用电负荷/kW	设备数量	总用电负荷/kW	备注
1	卧式离心泵	22	4	88	3用1备
2	格栅除污机	3.0	2	6	
3	电动葫芦	2.5	4	10	
4	吸沙泵	5.5	2	11	
5	砂水分离器	3.7	2	7.4	
6	刮泥机	5.5	2	11	
7	鼓风机	110	6	660	5用1备
8	污泥回流泵	7.5	4	30	3用1备
9	刮吸泥机	5.5	2	11	
10	加氯机	2.2	3	6.6	2用1备
11	污泥泵	5.5	6	33	4用2备
12	带式压滤机	7.5	3	22.5	2用1备
13	投药泵	4.0	4	16	3用1备
14	照明			20	
15	其他			20	
16	总计			952.5	

从表14-7中可以看出，合计用电负荷为952.5kW，其中，最大使用容量为760kW，按该市供电现状和发展，污水处理厂供电拟采用高压10kV双回路，两路输电距离为1.0km。厂内设变配电站1座，内设1000kW低能耗变压器2台及无功功率自动补偿器。厂内用电均接自变配电站，低压配电室内采用380/220V三相四线制供电。

2. 自动控制与检测

本工程拟采用现代微机管理控制系统，对污水处理工艺中的各环节进行自动控制、自动监测及显示，从而达到处理效果好，运行经济，减少劳动强度，节省人力和提高效益的目的。

设计方案选用STD总线工业控制机作为自动控制系统的主机，另配备一套数据采集及输出控制接口硬件，并通过软件编程对各个设备进行先后有序协调统一的监测和管理，从而建立一套完善的微机自动监测与控制系统。需要在主要工艺处理构筑物内设污水及污泥的流量、溶解氧、MLSS、温度、水位、泥位等传感器，以便对运行参数进行连续监测，并将讯号传至微机系统。中控室内设大屏幕模拟显示系统，以便对全厂设备的运行状态及运行参数进行不间断的监视。中控室内设主控制台，以便对全厂工艺设备进行集中托运控制或手动/自动切换。自动控制项目见表14-8；自动监测项目见表14-9。

自动控制项目一览表　　**表14-8**

设备名称	内容	主令	一次仪表	控制设备	自控台数
鼓风机	开/停	DO	固定式溶氧仪	启动柜	6
格栅除污机	开/停	水位差	超声水位计	动力柜	2
污水泵	开/停	水位差	超声水位计	启力柜	4

自动监测项目一览表　　**表14-9**

序号	监测项目	数量	一次仪表	显示地点	打印周期/h	
					瞬时量	累计量
1	污水流量	2	电磁流量计	大屏幕	2	24
2	回流污泥量	2	电磁流量计	大屏幕	2	
3	剩余污泥量	1	电磁流量计	大屏幕		24
4	曝气池内DO	10	固定式溶氧仪	大屏幕	2	
5	曝气池内MLSS	4	固定式MLSS仪	大屏幕	2	
6	曝气池内水温	4	热电阻	大屏幕	2	
7	进水水位	1	超声波水位计	大屏幕	2	
8	贮泥池泥位	2	超声波水位计	大屏幕	2	
9	电量	1	电度表	微机屏幕		24

3. 供水

本污水处理厂每日需水约100m^3，主要用于生活饮用、加氯机、污泥脱水机、绿化及冲洗地面，水源引自市政自来水管网。今后拟将处理厂最后出水进行深度处理后，作为非饮用水回用。

14.3.3　人员编制

根据《城市污水处理工程项目建设标准》，拟定污水厂工作人员编制为50人。管理技术人员、分析化验人员、维修人员采取白班8h工作制。岗位操作人员采取12h倒班工作制。为合理地操作和维护各种处理设施，岗位操作人员、分析化验人员需在污水处理厂建成前三个月进行岗位培训。

定员编制见表14-10。

人员编制表　　表14-10

工作部门	人数	工作范围	工作班次
行政管理	3	行政管理	白班
总控室	4	生产、技术、安全	白班
分析化验	4	水质分析检测	白班
设备维修	4	设备检修及维护	倒班
后勤服务	5	后勤服务	白班
污水泵站	4	水泵运行、维护	倒班
污水预处理	4	格栅、沉砂池、初沉池运行维护	倒班
污水生物处理	4	曝气池、鼓风机运行维护	倒班
污泥回流泵房	4	二沉池、回流泵运行维护	倒班
污泥处理	2	浓缩池、消化池运行维护	倒班
脱水机房	2	污泥加药、脱水设备运行维护	倒班
沼气压缩机房	2	设备检修及维护	倒班
变电所	4	设备检修及维护	倒班
其他	4		
合计	50		

14.3.4　分析监测项目

污水厂运行中要切实做好控制、观察、记录监测数据和水质分析检测工作，这是水厂正常运行的重要保障。对污水厂的运行采用自动监测、自动记录、自动操作、调节及集中控制等技术，是提高运行管理水平的重要途径与发展方向。

污水厂中常用的检测项目与监测指标见表14-11，污水厂自动监控项目与内容见表14-12。

污水厂分析监测项目　　表14-11

监测项目	监　测　参　数
水质	1. 原水pH、水温、COD、BOD、悬浮物、总氮、氨氮、总磷、重金属等 2. 初沉池出水pH、COD、BOD、悬浮物、溶解氧、总氮、氨氮、总磷、水温等 3. 曝气池中pH、溶解氧、MLSS、MLVSS、SV、SVI、水温等 4. 二沉池出水pH、COD、BOD、悬浮物、溶解氧、总氮、氨氮、总磷、水温等 5. 消毒接触池出水pH、余氯等 6. 消化池进出水和池中pH、水温、COD、BOD、MLSS、MLVSS、总氮、氨氮、碱度、挥发酸等 7. 浓缩池进出水含水率、MLSS、MLVSS

续表

监测项目	监　测　参　数
液位	1. 水泵集水池水位 2. 贮泥池液位，消化池液位，格栅前后水位，沉淀池污泥泥面
流量	1. 每台水泵流量，进出水厂管渠流量 2. 风机、空气管道流量 3. 排泥管道污泥量 4. 消化池沼气产量
压力	1. 水泵进口真空度和出口压力 2. 鼓风机出口风压 3. 消化池、贮气柜压力
温度	1. 水温 2. 水泵、风机电机轴承温度，电机定子温度 3. 消化池发酵温度
电气系统	1. 泵房、鼓风机房总电量，各机组分电量 2. 变电所的交流电压、电流、功率、电量、功率因素，频率，直流控制系统母线电压，直流合闸母线电压，整流器输出电流等 3. 水泵、风机工作电流、电压

污水厂自动监控项目与内容　　表 14-12

自控项目	自　控　内　容
运行设备自动监控	1. 安装摄像机，在水泵、风机等所有运行设备附近安装摄像装置，将设备的运行情况直接反映到中心控制室的显示屏上，便于技术管理人员随时了解各岗位的运行情况。 2. 运行设备的自动控制，在中心控制室通过自控装置可以控制所有运行设备的开启。 3. 运行情况的自动监控，在中心控制室显示屏上可以显示工艺流程中各点的水质、水量监测数据和运行设备的开启情况，便于技术人员自动监控污水厂整体运行情况。 4. 水泵采用液位自动控制，最低水位自动停泵，常水位自动启泵，最高水位自动增加水泵开启台数。 5. 鼓风机运行自动调节，根据曝气池溶解氧在线检测数据，由计算机系统自动调节风机运行。 6. 回流污泥量自动控制，根据曝气池进出水水质、水量，回流污泥浓度的检测数据，由计算机系统分析计算出最佳回流污泥量，自动调整污泥回流泵的运行。 7. 沉淀池排泥的自动控制，根据池中污泥液位自动调整排泥周期和排泥时间。 8. 消化池运行自动控制系统，根据设定的消化温度自动调整加热量，根据消化液碱度、pH 等检测数据由计算机自动调整进泥量

续表

自控项目	自控内容
数据处理和记录	1. 原水、出水瞬时流量和累计流量。 2. 进、出水水温、pH、COD、BOD、悬浮物、溶解氧、总氮、氨氮、总磷等水质数据记录。 3. 绘制记录进、出水流量、COD、BOD、悬浮物、溶解氧、总氮、氨氮、总磷的变化曲线。 4. 分析记录各单元处理构筑物的在线监测数据。 5. 记录鼓风机、水泵、污泥脱水机等设备开停台数，运行时间，单机耗电量，总耗电量。设备故障显示和故障记录。 6. 记录沉淀池每天排泥次数、排泥时间。 7. 分析记录曝气池进出水水质、水量、回流污泥浓度、溶解氧等在线检测数据，由计算机系统分析确定最佳曝气量和回流污泥量并自动调节风机、回流泵的运行。 8. 计算污水处理成本，打印运行结果和各种数据、报表

14.4　污水处理厂估算

城市污水处理工程（6万 m^3/d）总估算表见表14-13。

总估算表（万元）　　**表14-13**

序号	工程或费用名称	估算价值					技术经济指标
		建筑工程费	安装工程费	设备购置费	其他费用	合计	
1	格栅间及提升泵房	85.66	33.75	161.53		280.95	
2	沉砂池	72.13	28.72	129.69		230.54	
3	初沉池配水井	7.81	0.83			8.64	
4	初沉池	540.45	30.24	174.66		745.35	
5	生物处理池	1280.46	786.30	100.19		2166.95	
6	二沉池配水井	7.81	0.83			8.64	
7	二沉池	753.67	49.84	224.08		1027.59	
8	污泥回流泵房	36.05	16.92	48.84		101.81	
9	消毒间	38.31	31.22	132.60		202.13	
10	接触池	121.13	16.90	11.40		149.43	
11	鼓风机房	83.81	47.59	164.96		296.35	
12	污泥浓缩池	37.14	14.74	57.42		109.30	

续表

序号	工程或费用名称	估算价值					技术经济指标
		建筑工程费	安装工程费	设备购置费	其他费用	合计	
13	污泥储池	15.11	1.25	4.80		21.16	
14	污泥消化池	553.98	23.31	89.65		666.94	
15	污泥脱水间	52.13	35.86	224.08		312.07	
16	处理厂电气		45.03	241.69		286.72	
17	处理厂仪表及自控		67.22	517.06		584.28	
18	综合楼	115.20				115.20	
19	检测中心	73.70				73.70	
20	变电所	13.20				13.20	
21	职工宿舍	53.55				53.55	
22	活动中心	51.30				51.30	
23	食堂	23.75				23.75	
24	机修间	21.25				21.25	
25	仓库	50.40				50.40	
26	车库	59.85				59.85	
27	锅炉房	28.50	7.84	59.38		95.72	
28	门卫	3.60				3.60	
29	化验设备			160.00		160.00	
30	机修设备			85.00		85.00	
31	汽车			73.00		73.00	
32	电力外线		166.45			166.45	
33	通讯工程		9.12	6.22		15.34	
34	厂区平面	632.94	883.19			1516.13	
	第一部分费用小计					9776.29	
1	建设单位管理费					107.54	
2	职工培训费					12.24	
3	办公及家具购置费					6.80	
4	征地费					476.95	
5	联合试运转					22.83	
6	施工监理费					117.32	

续表

序号	工程或费用名称	估算价值					技术经济指标
		建筑工程费	安装工程费	设备购置费	其他费用	合计	
7	招标工作费用					48.88	
8	工程保险费					43.99	
9	勘测费					48.88	
10	设计费					543.39	
11	预算费					54.34	
12	前期工作费用					41.63	
	第二部分费用小计					1524.79	
1	预备费					1130.11	
2	建设期贷款利息					388.75	
3	铺底流动资金					59.15	
	合计					12879.09	

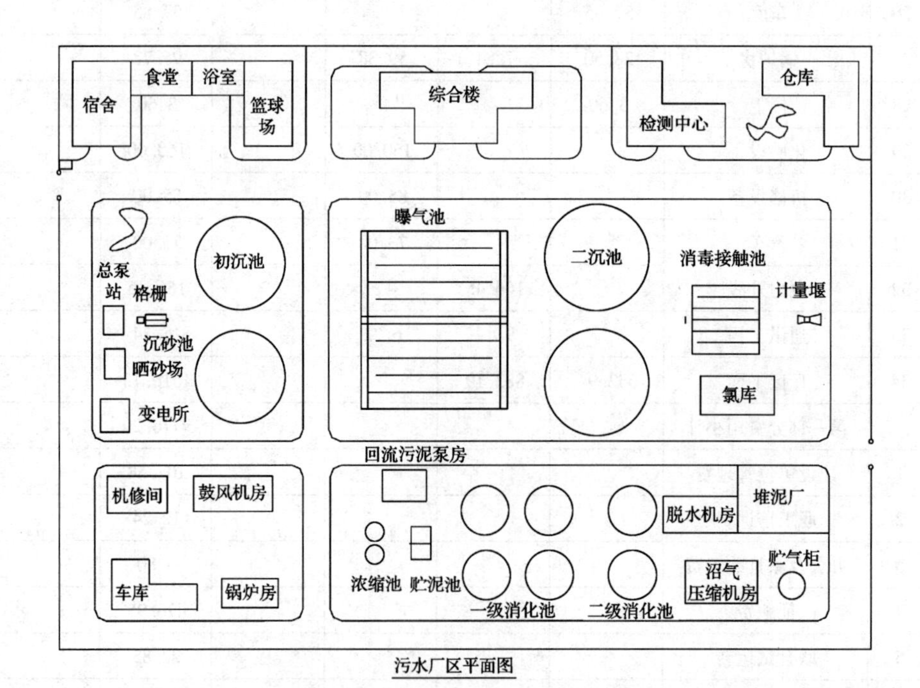

附图14-1 污水处理厂平面布置图

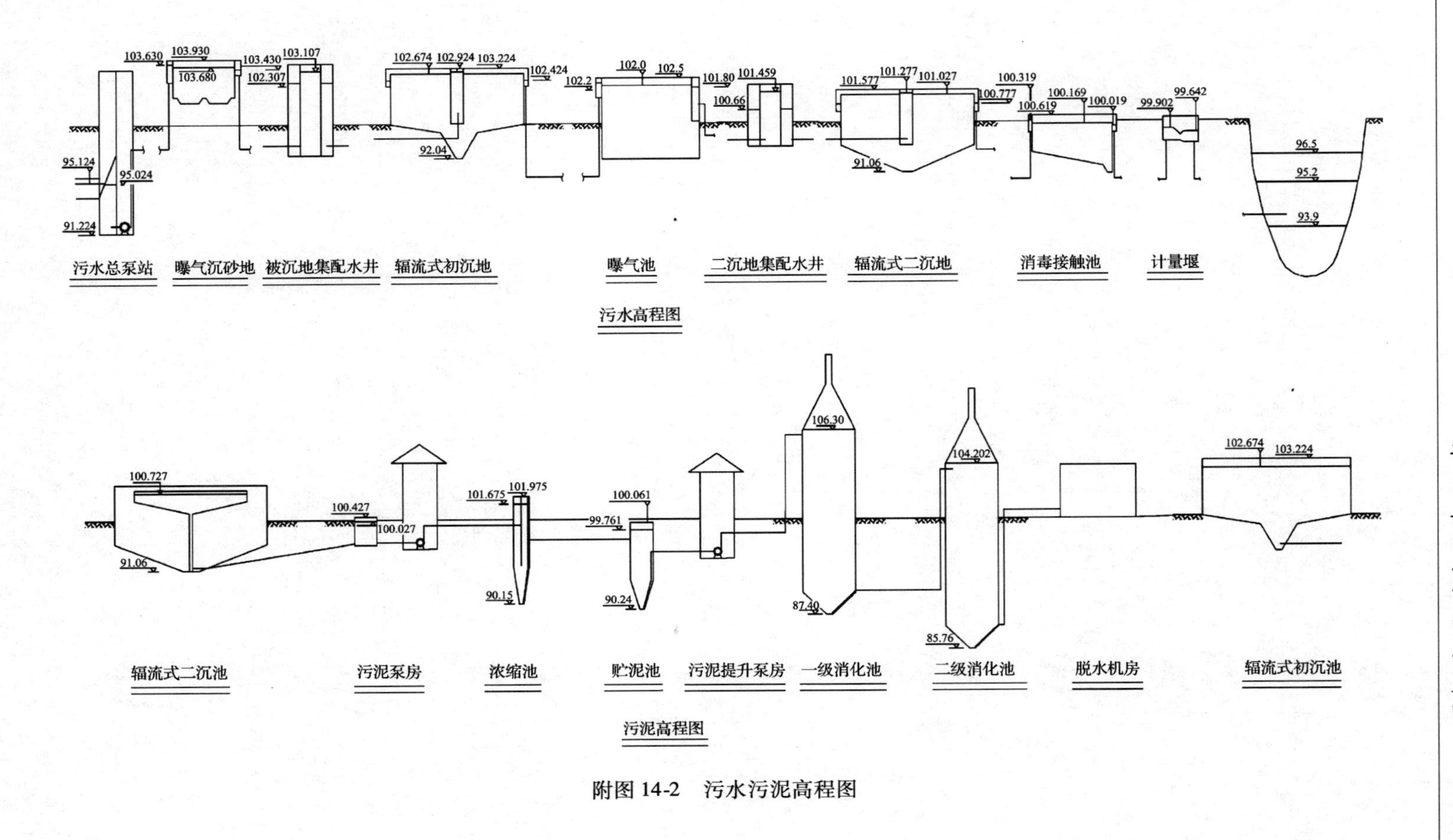

附图 14-2　污水污泥高程图

第4篇
效 益 分 析

第15章　经济评价分析

建设项目经济评价是项目可行性研究的有机组成部分和重要内容，是项目决策科学化的重要手段。污水处理工程建设项目可以通过经济评价合理确定污水收费价格，选择最佳设计和投资方案，起到预测投资风险，提高投资利润率的作用。同时也可以从宏观的、综合平衡的角度考察项目对国民经济的净效益，借以鼓励或抑制某些行业或项目的发展，指导投资方向，促进国家资源的合理配置，建设项目经济评价包括财务评价和国民经济评价。

15.1　财务评价

污水处理工程建设项目财务评价的主要方法是静态计算和动态计算相接合，对相关的基础数据进行分析、计算和整理，最终得到结论性的数据，这种数据就是财务评价指标。将具体建设项目的指标与国家或部门规定的基准参数进行比较，从财务角度衡量建设项目的可行性。

基础数据通常归纳为8个基本财务报表。即总成本费用估算表、损益表、借款还本付息计算表、资金来源与运用表、资产负债表、现金流量表（全部投资）、现金流量表（自有资金）和敏感性分析表。通过这些报表可直接或间接求得财务评价指标，并可进一步进行财务盈利性分析、清偿能力分析、资金构成分析、敏感性分析和其他比率分析。主要财务评价指标是财务内部收益率、财务净现值、投资回收期、借款偿还期、投资利润率和投资利税率。

1. 总成本费用

总成本费用是指项目在一定时期内（一般为一年）为生产和销售产品而花费的全部成本和费用。

总成本费用 = 生产成本 + 管理费用 + 财务费用

式中　生产成本——包括各项直接支出（直接材料、直接工资和其他直接支出）及制造费用。

管理费用——指企业行政管理部门为管理和组织经营活动发生的各项费用，包括管理人员工资和福利费、折旧费、修理费、维简费、无形及递延资产摊销费及其他管理费用。

财务费用——指筹集资金而发生的各项费用，包括生产经营期间发生的利息净支出及其他财务费用。

2. 要素成本估算法

污水处理项目的产品是经处理后的污水，生产成本估算通常采用"要素成本估算法"。此方法是参照国内污水处理行业的生产费用要素和现行吨水单位成本进行估算的，成本要素及计算方法如下：

(1) 电费 = 年耗电量 × 电费单价；

(2) 药剂费 = Σ(药剂用量 × 药剂费单价)；

(3) 工资及福利费 = 职工定员 × 职工每年的平均工资福利费；

(4) 年折旧费 = (可提折旧固定资产 + 建设期贷款利息) × 折旧提存率；

(5) 修理费 = (可提折旧固定资产 + 建设期贷款利息) × 大修提存率；

(6) 检修维护费 = 可提折旧固定资产 × 综合费率；

(7) 摊销费 = 无形及递延资产 × 摊销费率；

(8) 其他费用 = (1 ~ 8) × 综合费率；

(9) 利息 = 长期贷款利息 + 流动资金贷款利息；

(10) 总成本 = 以上所有费用之和；

(11) 经营成本 = 项目总成本 - (固定资本折旧、无形及递延资产摊销费和利息支出)；

(12) 可变成本 = 总成本费用中，随污水处理量增减而成比例地增减的费用部分（如生产用的原材料、动力费和药剂费等费用一般都属于可变成本)；

(13) 固定成本 = 固定资产折旧费 + 摊销费 + 管理费用；

(14) 总成本 = 可变成本 + 固定成本。

3. 污水收费价格预测

污水收费价格对于污水处理项目而言就是处理 $1m^3$ 污水的单位价格。在经济评价中通常采用理论水价。理论水价为综合平均水价，综合内容为城市工业污水、居民生活污水和公用事业污水三部分。

预测理论水价：

$$d = AC/\sum Q$$

$$AC = P(A/P,i,n) + A$$

$$(A/P,i,n) = i(1+i)n/[(1+i)n-1]$$

式中　d——理论水价（元/m^3）；

AC——等额年总成本（万元）；

P——建设总投资（万元）；

A——年经营成本（万元）；

A/P——资金回收系数；

i——设定的内部收益率（%）；

n——项目寿命期（项目计算期）（年）；

$\sum Q$——污水排放量（m^3）。

用此种方法预测水价，使现金流量表中求适合项目贴现率非常方便，不须多次试算，往往只以设定的内部收益率为基础，上下调1~2个百分点即可。并且采用理论水价求出的内部收益率通常接近基准收益率。

4. 财务评价指标

建设项目财务评价指标是为评价项目财务经济效果而设定的，可通过相应的基本计算报表直接或间接获得。

5. 财务净现值

财务净现值是反映项目在计算期内获利能力的动态评价指标。一个项目的财务净现值是指项目按基准收益率或设定的折现率（当未制定基准收益率时），将各年的净现金流量折现到建设起点（建设初期）的现值之和。亦即项目全部收益现值减去全部支出现值的差额，其表达式为：

$$FNPV = \sum (C_I - C_O)t(1 + i_c) - t$$

式中　FNPV——财务净现值；

C_I——现金流入量；

C_O——现金流出量；

$(C_I - C_O)\ t$——第t年净现金流量；

n——计算期；

i_c——基准收益率或设定的收益率。

财务净现值大于零，表明项目的获利能力超过了基准收益率或设定的收益率的获利水平；财务净现值小于零，表明项目的获利能力达不到基准收益率或设定的收益率水平。

6. 财务内部收益率

财务内部收益率反映项目获利能力常用的动态评价指标，是指项目在计算期内，各年净现金流量的现值累计等于零时的折现率，其表达式

$$FNPV = \sum (C_I - C_O)t(1 + FIRR) - t = 0$$

式中　FIRR——内部收益率；

C_I——现金流入量；

C_O——现金流出量；

$(C_I - C_O)\ t$——第t年净现金流量；

n——计算期。

财务内部收益率大于、等于行业的基准收益率或者高于贷款利率则认为项目在财务上是可行的。

7. 静态全部投资回收期

静态全部投资回收期（投资返本年限）是反映项目真实清偿能力的重要指标，它是指通过项目的净收益（包括利润和折旧）来回收总投资（包括固定资产和流动资金）所需要的时间。投资回收期一般从建设期开始年算起，也可以从投产开始年算起。静态投资回收期的表达式为：

$$\sum(C_{I}-C_{O})t=0$$

投资回收期可根据财务现金流量表（全部投资）中累计净现金流量计算求得。其表达公式为：

投资回收期（P_t）=（累计净现金流量开始出现正值年份数）-1
+（上年累计净现金流量的绝对值/当年净现金流量）

将求出的投资回收期与部门或行业的基准投资回收期（Pc）比较，当$P_t \leqslant Pc$时，则认为项目在财务上是可行的。投资回收期是评价项目资金回收能力的一个财务指标，不能评价项目计算期内的总收益和获利能力。故在使用这个指标进行方案选择和项目排队时，必须与其他指标（如财务内部收益率或财务净现值）合并使用。

8. 动态全部投资回收期

动态全部投资回收期是按现值法计算的投资回收期，它与静态投资回收期的区别在于考虑了资金的时间因素，是利用基准收益率或设定的折现率折算的净现金流量为计算依据，可利用财务现金流量表（全部投资）计算动态全部投资回收期，其计算公式为：

动态投资回收期=（累计财务净现值开始出现正值年份数）-1
+（上年累计财务净现值的绝对值/当年财务净现值）

动态投资回收期的作用与净态投资回收期一样，但在投资回收期较长或折现率较大的情况下，两种方法计算的结果差异较大，动态投资回收期常常偏长。

9. 投资利润率

投资利润率是指项目达到设计生产能力后的一个正常生产年份的利润总额与项目总投资的比率，它是考察项目单位投资盈利能力的静态指标。对生产期内各年的利润总额变化幅度较大的项目，应计算生产期平均利润总额与项目总投资的比率，其计算公式为：

投资利润率=年利润总额或年平均利润总额/项目总投资×100%

投资利润率可根据损益表中的有关数据计算求得。在财务评价中，将投资利润率与行业平均投资利润率对比，以判别项目单位投资盈利能力是否达到本行业的平均水平。

10. 投资利税率

投资利税率是指项目达到设计生产能力后的一个正常生产年份的利税总额或项目生产期内的年平均利税总额与项目总投资的比率，其计算公式为：

投资利税率=年利税总额或年平均利税总额/项目总投资×100%

投资利税率可根据损益表中有关数据计算求得。在财务评价中，将投资利税率与行业平均投资利税率对比，以判别项目投资对国家积累的贡献水平是否达到本行业的平均水平。

11. 借款偿还期

借款偿还期可由借款还本付息计算表直接推算，以年表示，其计算公式为：

借款偿还期=借款偿还后开始出现盈余年份数-开始借款年份
+当年借款额/当年可用于还款的资金额

15.2 不确定性分析

工程项目经济评价所采用的数据，除来源于现行的切合实际的资料外，一部分来自预测和估算，有一定程度的不确定性，比如水价预测是在事先设定内部收益率的条件下进行的，因此，理论水价与实际水价存在差异。为了分析不确定因素对经济评价指标的影响，需进行不确定性分析，估计项目可能承担的风险，确定项目在经济上的可靠性。不确定性分析包括敏感性分析和盈亏平衡分析。

1. 敏感性分析

敏感性分析是通过分析、预测项目主要因素发生变化时对经济评价指标的影响，从中找出敏感因素，并确定其影响程度以预测项目承担的风险。在项目计算期内可能发生变化的因素有产品产量、产品价格、产品成本、固定资产投资等。排水项目通常采用单因素的财务敏感性分析，单因素的敏感性分析是指在分析过程中每次只变动一个因素，而其他因素保持不变。

单因素分析的方法是将因素的变化用相对值表示。相对值是使每个因素都从其原始取值变动一个幅度，例如±5%，±10%，±15%等，计算每次变动对经济评价指标的影响。如果变化的幅度小，则表明项目经济效益对该因素不敏感，承担的风险不大。通过敏感性分析可以区别敏感性大或敏感性小的方案，在经济效益相似的情况下，选择敏感性小的方案。

2. 盈亏平衡分析

盈亏平衡分析是在一定的市场、生产能力的条件下，研究拟建项目成本与收益的平衡关系的方法，项目的盈利和亏损有个转折点称为盈亏平衡点。在这一点上，收入等于生产成本，项目刚好盈亏平衡。盈亏平衡分析就是要找出盈亏平衡点，盈亏平衡点越低，项目盈利的可能性就越大，造成亏损的可能性就越小，项目承担的风险就越小。

盈亏平衡点可根据正常年份的污水处理量、可变成本、固定成本、销售水价和销售税金等数据计算，用生产能力利用率或产量等表示，其计算公式为：

盈亏平衡（以生产能力利用率表示的）=年固定总成本/（年销售收入
-年可变总成本-年销售税金及附加）×100%

盈亏平衡（以产量表示的）=设计生产能力×生产能力利用率

15.3　国民经济评价

国民经济评价是按照资源合理配置的原则，从国家整体角度考察项目的效益和费用，用货物影子价格、影子工资、影子汇率和社会折现率等经济参数分析、计算项目对国民经济的净贡献，评价项目的经济合理性。

项目的效益是指项目对国民经济所作的贡献，分为直接效益和间接效益。直接效益是指由项目产出物产生并在项目范围内计算的经济效益。一般表现为增加该产出物数量满足国内需求的效益；替代其他相同或类似企业的产出物，使被替代企业减产以减少国家有用资源消耗的效益；增加出口所增收的国家外汇等。

间接效益是指由项目引起而在直接效益中未得到反映的那部分费用。

国家对项目的补贴，项目向国家交纳的税金，由于并不发生实际资源的增加和消耗，而是国民经济内部的"转移支付"，因此不计为项目的效益和费用。

城市污水处理工程的效益可分为两类，一是城市污水处理机构或部门内部的直接效益；二是非城市污水处理工程项目执行机构或部门受益的间接效益，如污水处理项目的建设，减少受益地区人民的疾病，提高健康水平，美化环境以及对改善投资环境吸引投资方面的贡献。

根据国家计划委员会颁发的《建设项目经济评价方法》第六十九条：城市给水排水、文化教育、科研、卫生、体育、环境保护以及其他公共服务与社会事业项目的效益，除一部分可以量化外，大部分难以用货币计量。对这些项目应按其不同类型和特点，选择适当的评价指标并作定性描述。

如果财务评价效果较好，财务评价的结果已能满足决策的需要，根据《关于建设项目经济评价工作的若干规定》第三条，可不进行国民经济评价。

15.4　经济评价编制实例

15.4.1　工程概况

本工程为某城市污水处理厂工程，污水处理厂工程的设计水量为 6.00 万 m^3/d，工程总投资为 12879.09 万元。其中：工程静态投资为 12431.19 万元，铺底流动资金为 59.15 万元，建设期贷款利息为 388.75 万元。

15.4.2　基本数据

1．固定资产投资构成

固定资产投资构成详见投资总估算表见表 14-10。

2. 资金来源

(1) 贷款：6600.00万元

(2) 国家补助：4300.00万元

(3) 地方自筹：1979.09万元

3. 实施进度及计算期

本项目拟二年建成，第三年开始投入生产，生产期按20年计算，整个计算期为22年。投资分年使用计划详见表15-1。

投资分年使用计划（万元）　　　**表15-1**

项目 \ 年份	＊＊＊＊年	＊＊＊＊年	＊＊＊＊年	合计
一、固定资产投资				
1. 贷款	3300.00	3300.00		6600.00
2. 国家补助	2150.00	2150.00		4300.00
3. 地方自筹	960.00	959.94		1919.94
小　计	6410.00	6409.94		12819.94
二、铺底流动资金			59.15	59.15
合　计	6410.00	6409.94	59.15	12879.09

4. 流动资金来源及分年使用计划

流动资金周转天数按90天计算。

流动资金总额 =（年经营成本 ÷ 360）× 流动资金周转天数 = 197.15万元

企业自有流动资金率为30%，自有流动资金总额为59.15万元，银行贷款为138.00万元，年利率为5.85%，在投产第一年投入使用。

5. 企业定员及工资总额

企业定员为85人，人均年工资及职工福利费按12000.00元计，年工资总额为87.00万元。

15.4.3 财务评价

1. 生产成本估算

生产成本估算详见总成本费用估算表（见表15-2）。

见总成本费用估算说明如下：

(1) 固定资产折旧费按综合折旧率：设计中按4.4%计取。

(2) 检修维护费按：设计中按0.5%计取。

总成本费用估算表 **表 15-2**

项目名称	单位	单价	数量	1	2	3	4	5	6	7	8	9	10	11
生产负荷（%）						100.00	100.00	100.00	100.00	100.00	100.00	100.00	100.00	100.00
基本电费	kVA	0.012	1500.00			18.00	18.00	18.00	18.00	18.00	18.00	18.00	18.00	18.00
电度电费	10^4kWh	0.60	678.90			407.34	407.34	407.34	407.34	407.34	407.34	407.34	407.34	407.34
药剂费						112.42	112.42	112.42	112.42	112.42	112.42	112.42	112.42	112.42
燃料费						30.00	30.00	30.00	30.00	30.00	30.00	30.00	30.00	30.00
工资及福利费	万元	1.2	85.00			102.00	102.00	102.00	102.00	102.00	102.00	102.00	102.00	102.00
折旧费	万元					470.88	470.88	470.88	470.88	470.88	470.88	470.88	470.88	470.88
修理费	万元													
摊销费	万元					104.78	104.78	104.78	104.78	104.78	104.78	104.78	104.78	104.78
日常检修维护费	万元					58.86	58.86	58.86	58.86	58.86	58.86	58.86	58.86	58.86
其他费用	万元					59.98	59.98	59.98	59.98	59.98	59.98	59.98	59.98	59.98
贷款利息	万元					397.75	340.22	280.41	218.24	153.62	86.45	16.62	9.01	9.01
总成本费用	万元					1762.02	1704.48	1644.67	1582.50	1517.88	1450.71	1380.89	1373.28	1373.28

续表

项目名称	12	13	14	15	16	17	18	19	20	21	22	23	24	合计
生产负荷（%）	100.00	100.00	100.00	100.00	100.00	100.00	100.00	100.00	100.00	100.00	100.00			
基本电费	18.00	18.00	18.00	18.00	18.00	18.00	18.00	18.00	18.00	18.00	18.00			360.00
电度电费	407.34	407.34	407.34	407.34	407.34	407.34	407.34	407.34	407.34	407.34	407.34			8146.80
药剂费	112.42	112.42	112.42	112.42	112.42	112.42	112.42	112.42	112.42	112.42	112.42			2248.40
燃料费	30.00	30.00	30.00	30.00	30.00	30.00	30.00	30.00	30.00	30.00	30.00			600.00
工资及福利费	102.00	102.00	102.00	102.00	102.00	102.00	102.00	102.00	102.00	102.00	102.00			2040.00
折旧费	470.88	470.88	470.88	470.88	470.88	470.88	470.88	470.88	470.88	470.88	470.88			9417.68
修理费														
摊销费	104.78													1047.84
日常检修维护费	58.86	58.86	58.86	58.86	58.86	58.86	58.86	58.86	58.86	58.86	58.86			1177.21
其他费用	59.98	59.98	59.98	59.98	59.98	59.98	59.98	59.98	59.98	59.98	59.98			1199.50
贷款利息	9.01	9.01	9.01	9.01	9.01	9.01	9.01	9.01	9.01	9.01	9.01			1610.47
总成本费用	1373.28	1268.49	1268.49	1268.49	1268.49	1268.49	1268.49	1268.49	1268.49	1268.49	1268.49			27847.91

（3）无形及递延资产合计为：设计中为 1047. 84 万元，按 10 年摊销，年摊销费 104. 78 万元。

（4）污水处理厂每年耗电量为 678. 90 万度，电价为 0. 60 元/度，年电费 407. 34 万元。

（5）污水处理厂每年耗煤量为 1250 吨，每吨煤单价为 240. 00 元，年费用 30. 00 万元。

（6）污水处理厂职工总数为 85 人，人均年工资及职工福利费按 12000. 00 元计，年工资总额 102 万元。

2．污水收费收入

根据《建设项目经济评价方法与参数》有关财务内部收益率、投资回收期、投资利润率及投资利税率的要求，综合确定污水排放收费价格为 1. 20 元/m^3，依此价格计算评价基本报表。

3．财务评价指标

各项财务评价指标计算详见损益表和借款偿还计划表（见表 15-3、见表15-4），由基本报表计算出的财务评价指标如下：

（1）所得税前财务内部收益率为 9. 98%；

（2）所得税前财务净现值（$I=4\%$）为 8169. 20 万元；

（3）所得税前投资回收期为 10. 28 年；

（4）财务内部收益率为 7. 39%；

（5）财务净现值（$I=4\%$）为 4291. 57 万元；

（6）投资回收期为 12. 07 年；

（7）投资利润率为 8. 52%；

（8）投资利税率为 10. 60%；

（9）贷款偿还期为 8. 10 年。

通过以上评价指标可以看出，该项目财务内部收益率大于本行业基准收益率 4. 00%，说明盈利能力满足了本行业最低要求，当 $I=4.00\%$ 时，财务净现值为 4291. 57 万元，大于零。因此，该项目在财务上是可以考虑接受的。

4．盈亏平衡分析

盈亏平衡分析指标计算详见资产负载表和现金流量表（见表 15-5、见表15-6），由报表计算出的盈亏平衡指标如下：

盈亏平衡点（以生产能力表示）= 年固定总成本 ÷（年销售收入 − 年可变成本 − 年税金）× 100% = 44. 65%

盈亏平衡点（以产量表示）= 6. 00 × 44. 65% = 2. 68 万 m^3

计算结果表明，该项目只要达到设计能力的 44. 65% 时，也就是日产量达到 2. 68 万 m^3 时，企业就可以保本。由此可见，该项目盈亏平衡点比较低，抗风险能力较强。

单位：万元

损益表

表15-3

项目名称	1	2	3	4	5	6	7	8	9	10	11	12	13
生产负荷（%）			100.00	100.00	100.00	100.00	100.00	100.00	100.00	100.00	100.00	100.00	100.00
销售收入			2628.00	2628.00	2628.00	2628.00	2628.00	2628.00	2628.00	2628.00	2628.00	2628.00	2628.00
销售税金及附加			267.18	267.18	267.18	267.18	267.18	267.18	267.18	267.18	267.18	267.18	267.18
1. 销项税			341.64	341.64	341.64	341.64	341.64	341.64	341.64	341.64	341.64	341.64	341.64
2. 进项税			96.52	96.52	96.52	96.52	96.52	96.52	96.52	96.52	96.52	96.52	96.52
3. 城市维护建设税			17.16	17.16	17.16	17.16	17.16	17.16	17.16	17.16	17.16	17.16	17.16
4. 教育费附加			4.90	4.90	4.90	4.90	4.90	4.90	4.90	4.90	4.90	4.90	4.90
总成本费用			1762.02	1704.48	1644.67	1582.50	1517.88	1450.71	1380.89	1373.28	1373.28	1373.28	1268.49
利润总额			598.80	656.34	716.15	778.31	842.94	910.11	979.93	987.54	987.54	987.54	1092.33
应纳税所得额			598.80	656.34	716.15	778.31	842.94	910.11	979.93	987.54	987.54	987.54	1092.33
所得税			197.60	216.59	236.33	256.84	278.17	300.34	323.38	325.89	325.89	325.89	360.47
税后利润			401.20	439.75	479.82	521.47	564.77	609.77	656.55	661.65	661.65	661.65	731.86
可供分配的利润			401.20	439.75	479.82	521.47	564.77	609.77	656.55	661.65	661.65	661.65	731.86
盈余公积金													
应付利润													
未分配利润			401.20	439.75	479.82	521.47	564.77	609.77	656.55	661.65	661.65	661.65	731.86
累计未分配利润			401.20	840.94	1320.76	1842.23	2407.00	3016.77	3673.33	4334.98	4996.63	5658.29	6390.14

续表

项目名称	14	15	16	17	18	19	20	21	22	23	24		合计
生产负荷（%）	100.00	100.00	100.00	100.00	100.00	100.00	100.00	100.00	100.00				
销售收入	2628.00	2628.00	2628.00	2628.00	2628.00	2628.00	2628.00	2628.00	2628.00				52560.00
销售税金及附加	267.18	267.18	267.18	267.18	267.18	267.18	267.18	267.18	267.18				5343.63
1. 销项税	341.64	341.64	341.64	341.64	341.64	341.64	341.64	341.64	341.64				6832.80
2. 进项税	96.52	96.52	96.52	96.52	96.52	96.52	96.52	96.52	96.52				1930.38
3. 城市维护建设税	17.16	17.16	17.16	17.16	17.16	17.16	17.16	17.16	17.16				343.17
4. 教育费附加	4.90	4.90	4.90	4.90	4.90	4.90	4.90	4.90	4.90				98.05
总成本费用	1268.49	1268.49	1268.49	1268.49	1268.49	1268.49	1268.49	1268.49	1268.49				27847.91
利润总额	1092.33	1092.33	1092.33	1092.33	1092.33	1092.33	1092.33	1092.33	1092.33				19368.46
应纳税所得额	1092.33	1092.33	1092.33	1092.33	1092.33	1092.33	1092.33	1092.33	1092.33				19368.46
所得税	360.47	360.47	360.47	360.47	360.47	360.47	360.47	360.47	360.47				6391.59
税后利润	731.86	731.86	731.86	731.86	731.86	731.86	731.86	731.86	731.86				12976.87
可供分配的利润	731.86	731.86	731.86	731.86	731.86	731.86	731.86	731.86	731.86				12976.87
盈余公积金													
应付利润													
未分配利润	731.86	731.86	731.86	731.86	731.86	731.86	731.86	731.86	731.86				12976.87
累计未分配利润	7122.00	7853.86	8585.72	9317.58	10049.43	10781.29	11513.15	12245.01	12976.87				

投资利润率：8.52%　投资利税率：10.60%

单位：万元

借款偿还计划表

表 15-4

项目名称	贷款利率（%）	1	2	3	4	5	6	7	8	9	10	11	12
一、外汇借款	4.00												
年初借款本息累计			0.00	0.00	0.00	0.00	0.00	0.00	0.00	0.00	0.00	0.00	0.00
本年借款（国外）		0.00	0.00										
本年应计利息		0.00	0.00	0.00	0.00	0.00	0.00	0.00	0.00	0.00	0.00	0.00	0.00
本年偿还本金				0.00	0.00	0.00	0.00	0.00	0.00	0.00	0.00	0.00	0.00
本年付息				0.00	0.00	0.00	0.00	0.00	0.00	0.00	0.00	0.00	0.00
二、国内借款													
年初借款本息累计	5.89		3300.00	6600.00	5623.13	4607.72	3552.23	2455.09	1314.66	129.22	0.00	0.00	0.00
本年借款（国内）		3300.00	3300.00										
本年应计利息		97.19	291.56	388.74	331.20	271.39	209.23	144.61	77.43	7.61	0.00	0.00	0.00
本年偿还本金				976.87	1015.42	1055.49	1097.14	1140.44	1185.44	129.22	0.00	0.00	0.00
本年付息				388.74	331.20	271.39	209.23	144.61	77.43	7.61	0.00	0.00	0.00
三、偿还本金资金来源													
利润				401.20	439.75	479.82	521.47	564.77	609.77	656.55	661.65	661.65	661.65
折旧				470.88	470.88	470.88	470.88	470.88	470.88	470.88	470.88	470.88	470.88
摊销				104.78	104.78	104.78	104.78	104.78	104.78	104.78	104.78	104.78	104.78
其他资金													
偿还本金来源合计				976.87	1015.42	1055.49	1097.14	1140.44	1185.44	1232.22	1237.32	1237.32	1237.32

续表

项目名称	贷款利率（%）	13	14	15	16	17	18	19	20	21	22	23	24
一、外汇借款	4.00												
年初借款本息累计		0.00	0.00	0.00	0.00	0.00	0.00	0.00	0.00	0.00	0.00		
本年借款（国外）													
本年应计利息		0.00	0.00	0.00	0.00	0.00	0.00	0.00	0.00	0.00	0.00		
本年偿还本金		0.00	0.00	0.00	0.00	0.00	0.00	0.00	0.00	0.00	0.00		
本年付息		0.00	0.00	0.00	0.00	0.00	0.00	0.00	0.00	0.00	0.00		
二、国内借款													
年初借款本息累计	5.89	0.00	0.00	0.00	0.00	0.00	0.00	0.00	0.00	0.00	0.00		
本年借款（国内）													
本年应计利息		0.00	0.00	0.00	0.00	0.00	0.00	0.00	0.00	0.00	0.00		
本年偿还本金		0.00	0.00	0.00	0.00	0.00	0.00	0.00	0.00	0.00	0.00		
本年付息		0.00	0.00	0.00	0.00	0.00	0.00	0.00	0.00	0.00	0.00		
三、偿还本金资金来源													
利润		731.86	731.86	731.86	731.86	731.86	731.86	731.86	731.86	731.86	731.86		
折旧		470.88	470.88	470.88	470.88	470.88	470.88	470.88	470.88	470.88	470.88		
摊销		0.00	0.00	0.00	0.00	0.00	0.00	0.00	0.00	0.00	0.00		
其他资金													
偿还本金来源合计		1202.74	1202.74	1202.74	1202.74	1202.74	1202.74	1202.74	1202.74	1202.74	1202.74		

贷款偿还期：8.1年

资产负债表

表 15-5

项目名称	1	2	3	4	5	6	7	8	9	10	11	12
一、资产	6410.00	12819.94	12599.85	12024.18	11448.51	10872.85	10297.18	9721.51	10248.84	10910.50	11565.40	12227.05
流动资产总额			355.58	355.58	355.58	355.58	355.58	355.58	1458.58	2695.90	3926.47	5163.79
应收账款			131.43	131.43	131.43	131.43	131.43	131.43	131.43	131.43	131.43	131.43
存货			197.15	197.15	197.15	197.15	197.15	197.15	197.15	197.15	197.15	197.15
现金			27.00	27.00	27.00	27.00	27.00	27.00	27.00	27.00	20.25	20.25
累计盈余资金			0.00	0.00	0.00	0.00	0.00	0.00	1103.00	2340.32	3577.64	4814.97
在建工程	6410.00	12819.94										
固定资金净值			11301.22	10830.33	10359.45	9888.56	9417.68	8946.80	8475.91	8005.03	7534.14	7063.26
无形及递延资产净值			943.06	838.27	733.49	628.70	523.92	419.14	314.35	209.57	104.78	
二、负债及所有者权益	6410.00	12819.94	12599.85	12024.18	11448.51	10872.85	10297.18	9721.51	10248.84	10910.50	11565.40	12227.05
流动负债			296.43	296.43	296.43	296.43	296.43	296.43	296.43	296.43	289.68	289.68
应负账款			158.43	158.43	158.43	158.43	158.43	158.43	158.43	158.43	151.68	151.68
流动资金借款			138.00	138.00	138.00	138.00	138.00	138.00	138.00	138.00	138.00	138.00
其他短期借贷												
长期借贷	3300.00	6600.00	5623.13	4607.72	3552.23	2455.09	1314.66	129.22	0.00	0.00	0.00	0.00
负债小计	3300.00	6600.00	5919.57	4904.15	3848.67	2751.53	1611.09	425.65	296.43	296.43	289.68	289.68
所有者权益	3110.00	6219.94	6680.28	7120.03	7599.85	8121.32	8686.09	9295.86	9952.41	10614.06	11275.72	11937.37
资本金	3110.00	6219.94	6279.08	6279.08	6279.08	6279.08	6279.08	6279.08	6279.08	6279.08	6279.08	6279.08
累计盈余公积金			0.00	0.00	0.00	0.00	0.00	0.00	0.00	0.00	0.00	0.00
累计未分配利润			401.20	840.94	1320.76	1842.23	2407.00	3016.77	3673.33	4334.98	4996.63	5658.29

续表

项目名称	13	14	15	16	17	18	19	20	21	22	23	24
一、资产	12958. 91	13690. 77	14422. 63	15154. 49	15886. 34	16618. 20	17350. 06	18081. 92	18813. 78	21017. 43		
流动资产总额	6366. 54	7569. 28	8772. 02	9974. 76	11177. 50	12380. 25	13582. 99	14785. 73	15988. 47	18663. 01		
应收账款	131. 43	131. 43	131. 43	131. 43	131. 43	131. 43	131. 43	131. 43	131. 43	131. 43		
存货	197. 15	197. 15	197. 15	197. 15	197. 15	197. 15	197. 15	197. 15	197. 15	197. 15		
现金	20. 25	20. 25	20. 25	20. 25	20. 25	20. 25	20. 25	20. 25	20. 25	20. 25		
累计盈余资金	6017. 71	7220. 45	8423. 19	9625. 93	10828. 68	12031. 42	13234. 16	14436. 90	15639. 64	18314. 18		
在建工程												
固定资金净值	6592. 38	6121. 49	5650. 61	5179. 72	4708. 84	4237. 96	3767. 07	3296. 19	2825. 30	2354. 42		
无形及递延资产净值												
二、负债及所有者权益	12958. 91	13690. 77	14422. 63	15154. 49	15886. 34	16618. 20	17350. 06	18081. 92	18813. 78	19545. 64		
流动负债	289. 68	289. 68	289. 68	289. 68	289. 68	289. 68	289. 68	289. 68	289. 68	289. 68		
应负账款	151. 68	151. 68	151. 68	151. 68	151. 68	151. 68	151. 68	151. 68	151. 68	151. 68		
流动资金借款	138. 00	138. 00	138. 00	138. 00	138. 00	138. 00	138. 00	138. 00	138. 00	138. 00		
其他短期借贷												
长期借贷	0. 00	0. 00	0. 00	0. 00	0. 00	0. 00	0. 00	0. 00	0. 00	0. 00		
负债小计	289. 68	289. 68	289. 68	289. 68	289. 68	289. 68	289. 68	289. 68	289. 68	289. 68		
所有者权益	12669. 23	13401. 09	14132. 94	14864. 80	15596. 66	16328. 52	17060. 38	17792. 24	18524. 09	19255. 95		
资本金	6279. 08	6279. 08	6279. 08	6279. 08	6279. 08	6279. 08	6279. 08	6279. 08	6279. 08	6279. 08		
累计盈余公积金	0. 00	0. 00	0. 00	0. 00	0. 00	0. 00	0. 00	0. 00	0. 00	0. 00		
累计未分配利润	6390. 14	7122. 00	7853. 86	8585. 72	9317. 58	10049. 43	10781. 29	11513. 15	12245. 01	12976. 87		

单位：万元

现金流量表（全部资金）

表15-6

项目名称	1	2	3	4	5	6	7	8	9	10	11	12	13
生产负荷（%）			100.00	100.00	100.00	100.00	100.00	100.00	100.00	100.00	100.00	100.00	100.00
一、现金流入			2628.00	2628.00	2628.00	2628.00	2628.00	2628.00	2628.00	2628.00	2628.00	2628.00	2628.00
产品销售收入			2628.00	2628.00	2628.00	2628.00	2628.00	2628.00	2628.00	2628.00	2628.00	2628.00	2628.00
回收固定资产余值													
回收流动资金													
二、现金流出	6410.00	6409.94	1450.53	1272.37	1292.11	1312.62	1333.95	1356.11	1379.15	1381.67	1381.67	1381.67	1416.24
固定资产投资	6410.00	6409.94											
流动资金			197.15										
经营成本			788.60	788.60	788.60	788.60	788.60	788.60	788.60	788.60	788.60	788.60	788.60
销售税金及附加			267.18	267.18	267.18	267.18	267.18	267.18	267.18	267.18	267.18	267.18	267.18
所得税			197.60	216.59	236.33	256.84	278.17	300.34	323.38	325.89	325.89	325.89	360.47
三、净现金流量	-6410.00	-6409.94	1177.47	1355.63	1335.89	1315.38	1294.05	1271.89	1248.85	1246.33	1246.33	1246.33	1211.76
四、累计净现金流量	-6410.00	-12819.94	-11642.47	-10286.84	-8950.95	-7635.57	-6341.51	-5069.63	-3820.78	-2574.45	-1328.11	-81.78	1129.98
五、所得税前净现金流量	-6410.00	-6409.94	1375.07	1572.22	1572.22	1572.22	1572.22	1572.22	1572.22	1572.22	1572.22	1572.22	1572.22
六、税前累计净现金流量	-6410.00	-12819.94	-11444.87	-9872.64	-8300.42	-6728.20	-5155.98	-3583.75	-2011.53	-439.31	1132.91	2705.14	4277.36

续表

项目名称	14	15	16	17	18	19	20	21	22	23	24		合计
生产负荷(%)	100.00	100.00	100.00	100.00	100.00	100.00	100.00	100.00	100.00				
一、现金流入	2628.00	2628.00	2628.00	2628.00	2628.00	2628.00	2628.00	2628.00	4237.80				54169.80
产品销售收入	2628.00	2628.00	2628.00	2628.00	2628.00	2628.00	2628.00	2628.00	2628.00				52560.00
回收固定资产余值									1412.652				1412.65
回收流动资金									197.15				197.15
二、现金流出	1416.24	1416.24	1416.24	1416.24	1416.24	1416.24	1416.24	1416.24	1416.24				40524.23
固定资产投资													12819.94
流动资金													197.15
经营成本	788.60	788.60	788.60	788.60	788.60	788.60	788.60	788.60	788.60				15771.91
销售税金及附加	267.18	267.18	267.18	267.18	267.18	267.18	267.18	267.18	267.18				5343.63
所得税	360.47	360.47	360.47	360.47	360.47	360.47	360.47	360.47	360.47				6391.59
三、净现金流量	1211.76	1211.76	1211.76	1211.76	1211.76	1211.76	1211.76	1211.76	2821.56				13645.57
四、累计净现金流量	2341.73	3553.49	4765.24	5977.00	7188.75	8400.51	9612.26	10824.02	13645.57				
五、所得税前净现金流量	1572.22	1572.22	1572.22	1572.22	1572.22	1572.22	1572.22	1572.22	3182.02				20037.16
六、税前累计净现金流量	5849.58	7421.80	8994.03	10566.25	12138.47	13710.70	15282.92	16855.14	20037.16				

5. 敏感性分析

该项目基本方案财务内部收益率为：39%，投资回收期为12.07年（包括建设期2年)，均满足本行业基准值的要求，考虑到项目在实施过程中的一些不确定因素的变化，分别对销售收入，固定资本投资，经营成本等因素降低或提高5%、10%、15%、20%时的单独因素变化，对全部投资财务内部收益率和投资回收期影响的敏感性分析。

15.4.4　结论

根据对该项目的技术经济分析表明，该项目财务评价各项指标较好，财务内部收益率为7.39%，大于本行业基准收益率4.00%，在折现率为4.00%时，财务净现值为4291.57万元，投资回收期为12.07年（包括建设期2年)，不确定分析具有较强的抗风险能力。污水处理项目有较大的社会效益，建设该项目，将大大改善人民的生活条件，改善社会环境，改善投资环境，推动工业生产的发展及城市建设，因此该项目是可行的。

由于该项目费用与效益比较直观，不涉及进口平衡问题，财务评价的结果已能满足决策的需要，根据《关于建设项目经济评价工作的若干规定》第三条，不再进行国民经济评价。

第16章　环境影响评价分析

16.1　概　　述

16.1.1　评价目的

建设城市污水处理厂是改善当地水环境质量的主要措施，从建设项目角度来看，是一项环境保护工程，可带来良好的环境效益，但污水处理厂在建设期和投入使用后也会对环境产生相应的影响。污水处理厂的环境影响评价是按照国家《环境影响评价法》和“总量控制”等政策法规的要求，从保护环境的目的出发，在分析污水处理工程项目选址、工程规模、处理工艺、运行特点及所在地区的自然环境和社会环境的基础上，预测和评价污水处理工程的建设可能对周围地区环境造成的影响程度和范围，对建设期和运营期产生的污染提出技术上可行、经济上合理、可操作性强的污染防治措施，使之在处理污水、改善水环境的同时，把工程建设过程中及投产后对环境的负面影响降低到最小程度，为环境管理部门提供可靠的决策依据，为工程设计及施工提出切实可行的环境保护措施及改进要求与建议，从环境保护角度论证污水处理厂在拟选厂址建设的可行性。

16.1.2　评价关注的问题

1. 污水处理工艺流程的技术可靠性。对拟采用的污水处理工艺流程进行技术可靠性分析，重点是适合当地自然条件、气候条件、污水水质等，技术成熟，最好在当地有实际运行经验，保证污水处理厂投产后运行可靠。

2. 污水处理厂的二次污染问题。污水处理厂二次污染包括运行中产生的废气、废水、噪声、污泥、恶臭等，针对其拟选厂址及环境敏感点，提出相应的污染防治对策，使污水处理厂投产后对环境的负面影响降低到最小程度。

3. 建设期及营运期的环境保护措施。环境保护措施要从清洁生产的角度，尽量减少污染物的产生量，并针对具体保护目标，提出切实可行的、经济技术合理的环保措施。某些污水处理厂的环评包括污水截流管线的评价，而污水截流管线的评价中，环境影响重点是施工期，因此，施工期的污染防治措施尤为重要。

4. 污水处理厂排出废物的综合利用途径。污水处理厂处理污水过程中，一方面将降低污水中污染物质的浓度，削减污染物的排放总量，但另一方面，也排放出其他污染物，如污泥等，如果污泥的出路没有解决好，污水处理可能将变成污染物的转移，因此，应根据实际情况，积极寻找废物综合利用的途径，如污泥经消化后用于农业，处理后的污水再生为中水等，使污水处理厂不仅只有社会效益和环境效益，而且可获得经济效益，有利于污水处理厂的可持续发展。

5. 厂址选择的环境可行性。通过对拟选厂址的自然情况调查、环境影响预测分析及公众参与结果，从环境角度说明拟选厂址的可行性。

6. 建设污水处理厂的社会、经济和环境效益。主要分析建设污水处理厂给当地带来的社会效益、环境效益和经济效益，使污水处理厂的建设达到三个效益的统一。

16.1.3 环境影响报告书内容

1. 总论
2. 建设项目周围地区环境概况
3. 建设项目概况及工程分析
4. 环境质量现状评价
5. 环境影响预测及评价
6. 环境保护措施与建议
7. 总量控制
8. 公众参与
9. 厂址选择环境可行性分析
10. 环保投资估算与效益分析
11. 环境管理与环境监测制度
12. 环境影响评价结论与建议

16.2 项目简介及评价思路

以北方某城市拟建设一座处理量为 $10\times10^4\text{m}^3/\text{d}$ 的污水处理厂为例。

16.2.1 项目意义

北方某城市的污水受纳水体是当地的主要河流，该河流流经市区，是城区市民及游人乐而忘返的主要观光、休闲场所。该城市不仅是行政、旅游、商业服务和居住集中区，而且有少量工业企业，由于生活污水直接排入受纳水体，逐使河流水质及沿岸环境受到了严重污染，因此，建设一座污水处理厂，对改善沿河两岸环境质量，减轻河流的污染程度，提高民众生活质量，改善城市形象及促进城市环境经济协调健康发展，都具有重要现实意义。

该污水处理厂拟选厂址位于纳污水体南岸，城市夏季主导风向下风向。

16.2.2　工程概况

1. 建设规模

新建污水处理厂规划处理规模按 2005 年的污水量考虑，其处理规模确定为 $10\times10^4m^3/d$。项目建设期为 12 个月。

2. 设计水质和处理标准

根据纳污水体水质功能要求，对该地区污水排放水质进行统计并参照国内同类型城市污水处理厂设计水质，确定本工程的进、出水设计水质见表 16-1。

污水处理厂进水和出水水质　　表 16-1

项　目	COD	BOD_5	SS	NH_3—N
进水水质（mg/L）	400	200	250	30
出水水质（mg/L）	60	20	20	15

3. 污水处理工艺

根据污水进水量和进水水质，为达到处理出水的水质要求，结合当地地理位置、气候及环境特点，综合考虑技术可靠性及运行成本等因素，选择活性污泥法处理工艺，污泥设计为经消化、脱水后外运作农肥。其工艺流程如下：

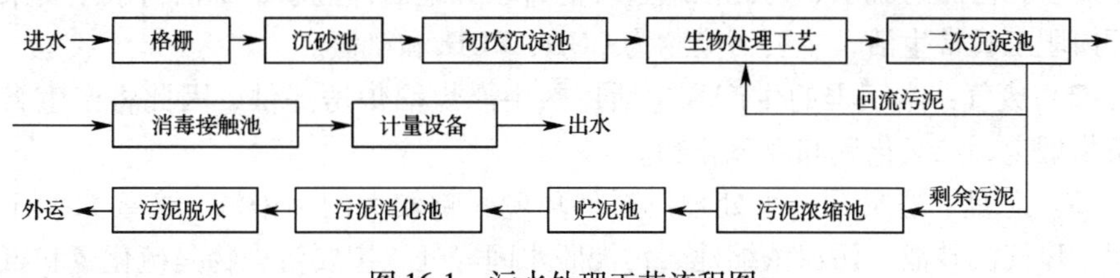

图 16-1　污水处理工艺流程图

4. 相关工程

污水管线和泵站：城区截流污水管线和泵站先期建设，单独评价，本工程不予考虑。

采暖：新建锅炉房一座，内设热水锅炉一台，型号 DZGN1.4—07/95/70，用于污水处理厂厂区建、构筑物冬季采暖。

给水：来自市政自来水管线，由外部直接接入。

供电：引自城市电网，本项目新增变电设施。

16.2.3　周边环境

1. 本项目厂址位于河流南岸，其厂址现状为河漫滩，周围比较空旷。

2. 本项目所处地区没有国家、省、市级自然保护目标，厂址附近 200m 内没有居民点。由于工程建设期间将有大量的土方工程、安装工程和运输量，因此，建设期的主要敏感点是运输路线所经过的城区和村屯。而本工程营运期的重点保护目标则是本工程的纳污水体和周围环境。

3．环境质量现状监测结果表明，纳污水体河流下游的高锰酸盐指数和COD超标，不能满足Ⅲ类水体标准（已经为劣Ⅴ类）。评价区环境空气中TSP超标严重，主要是燃煤污染和受地面扬尘的影响。拟建厂址区域声环境质量良好，符合城市环境噪声2类标准。

16.2.3　工程污染分析

1．建设期

施工期环境影响主要包括工程施工可能破坏地表植被引起的水土流失造成的对生态环境的影响；施工时产生的少量生产废水和生活污水可能对地表水的环境影响；工程建设中土方挖掘、材料堆放、混凝土搅拌、运输装卸等产生的扬尘对周围环境空气的影响；大型高噪声施工机械作业时对声环境的影响。

2．营运期

污水处理厂投产后，可大幅度削减污水中污染物的排放总量，但营运过程中也将产生废水、废气、噪声及固体废物等。

（1）废水：污水处理厂本身也排放生产废水和生活污水。生产废水主要来源于沉砂和污泥的脱水、污泥浓缩过程的排水和地面冲洗水；生活污水主要来源于厂内职工日常生活，主要污染物为COD、BOD_5和氨氮。

（2）废气：本工程的生产和生活用热由燃煤锅炉房提供，因此将产生大气污染物烟尘、二氧化硫和氮氧化物。

（3）恶臭：恶臭是污水处理厂对外环境影响较大的污染源，主要来源于隔栅间、曝气沉砂池、污泥浓缩池、污泥脱水间等处，主要污染物是硫化氢和氨。

（4）噪声：主要噪声源为鼓风机、各类泵等，噪声设备主要集中在鼓风机房、污泥回流泵房等处。设备的噪声源强为85～95dB（A）。

（5）固体废物：主要有污水处理过程产生的沉砂和污泥；锅炉产生的燃煤灰渣；职工产生的生活垃圾。

（6）非正常及风险事故排放：污水处理过程中，由于处理设施运行不正常、设备故障及管理不到位等可能造成非正常排放（出水主要指标达不到要求）和事故排放（处理效率为零）；另外，由于使用液氯对水进行消毒，也存在一定的风险，如发生氯气泄漏，可能造成不同程度的污染事故。

16.2.4　评价思路

1．本项目特点

本项目是污水治理项目，投产后将极大地改善当地地表水环境质量，但它本身也产生污染。本工程是本地建设的第一座污水处理厂，其污水处理工艺技术的运行及正常管理等还要受到当地气候条件和人员素质的影响。

2. 评价重点

根据本工程在城市规划中的位置、项目的特点及厂址所处区域的环境状况，本评价将地表水作为评价重点，分析和预测投产前后对河水水质的影响及其变化情况，其次是污泥处理处置的影响，对施工期、环境空气、声环境和风险分析也给予应有的重视。

3. 评价技术路线

本评价根据工程的特点及环保部门批复的环评大纲进行工作。主要评价方法依据《环境影响评价导则》规定的方法进行。

(1) 采用收集资料与现场监测相结合的方法，重点调查纳污水体的水质现状。

(2) 根据工程设计技术指标、出水水质等，计算主要污染物的削减量，预测河水水质的变化情况。

(3) 污泥的评价主要根据水质现状、污泥处理工艺等，评价污泥处理处置方法在当地的可行性。

(4) 污染防治措施要在清洁生产的基础上，寻找综合利用的途径，提出改进措施及建议。

(5) 评价标准

拟建污水处理厂所处地区环境空气功能区为二类区，纳污水体的水质功能划分为Ⅱ类水域，该地区噪声划为 2 类区域，因此该厂建成投产后所排各类污染物执行如下标准：

《城镇污水处理厂污染物排放标准》(GB 18918—2002) 中一级标准 (B 标准)

《锅炉大气污染物排放标准》(GB 13271—2001) 中Ⅱ时段标准

《恶臭污染物排放标准》(GB 14554—93) 中的二级标准

《工业企业厂界噪声标准》(GB 12348—90) 中的Ⅱ类标准

16.3 预 测 评 价

16.3.1 污水处理工艺评价

污水处理工艺有预处理、一级处理和二级处理三个阶段。

预处理的目的是在一级处理之前去除污水中大块的呈悬浮状态或漂浮状态的污物、砂砾等，以确保处理系统安全运行。预处理包括隔栅、沉砂、水量均衡调节等。由于本污水处理厂设计接纳污水量为 $10 \times 10^4 m^3/d$，总变化系数小于 1.6，而且建设厂址土地预留扩建用地，用地资源紧张，所以不设置调节池。预处理中的沉砂池又分为普通沉砂池、曝气沉砂池、旋流沉砂池等工艺，由于曝气沉砂池比普通沉砂池具有较多的优越性，故本工程拟采用曝气沉砂池和粗、细隔栅。

一级处理的主要目的是为二级处理减轻负荷，通常采用的工艺是沉淀处理，由于沉淀耗能甚微，初次沉淀被认为是最经济的去除污染物的方法。其经济性不仅表现在沉淀过程耗能小，而且还在于初次沉淀污泥含固体量高于二级沉淀污泥的含固量，从而可极大地降低污泥处理费用。有些处理工艺也可省去初沉池，减少一种构筑物，但增加的运行费用超过了建初沉池所需的费用。因而本工程设初沉池是经济合理的。

二级处理是城市污水处理厂的中心环节，污水中大部分污染物在二级处理中得到降解和去除，从而使处理后出水的水质达到排放标准。

本工程结合污水处理厂拟选厂址所处地区的地理位置、气候特点以及当地经济状况，对缺氧—好氧活性污泥法（A/O法）和间歇式活性污泥法（SBR法）这两个都能使处理出水达到水质要求的方案进行经济技术比较后，推荐最优化的技术方案。

两个方案的具体比较结果见表16-2。

污水处理工艺方案比较　　**表16-2**

方案	方案一	方案二
处理工艺	缺氧—好氧活性污泥法（A/O法）	间歇式活性污泥法（SBR法）
技术比较	为前置反硝化脱氮系统，工艺先进。污水首先进入缺氧池，再进入好氧池。好氧池的混合液与二沉池的沉淀污泥同时回流到缺氧池中，保证了缺氧池和好氧池中有足够的生物量，并使好氧池中硝化作用的产物——硝酸盐和亚硝酸盐回流到缺氧池中，污水的直接进入，为缺氧池中反硝化过程提供了充足的碳源，这都为反硝化的进行创造了良好的条件	该方法省去了初沉池、二沉池基础沉池、泵房和回流泵房，工艺流程简单，节约占地。节能效果显著，运转费低，同时有机物去除率高，出水水质好，不仅能去除污水中有机碳源污染物，而且具有良好的脱氮、除磷功能。该方案自动化程度高，运行管理复杂，需要高级的管理人才。但国内计算机和自控技术的飞速发展，为SBR法的推广应用，提供了极为有利的条件
经济比较	主要构筑物多，基建投资稍大，年电费稍高	构筑物少，基建投资是方案一的86%，年电费是方案一的95%
比较结果	该方法有技术成熟、构筑物少、占地面积小、基建和运行费用低等优点，操作管理简单，适合低温生化处理，在北方地区有成熟的经验，应为本工程首选方案	SBR法近年来在国内外引起了广泛的重视，对其研究也日益增多。但由于运行过程静止沉淀在北方冬季的条件下水温低，有冻结的危险，且在北方地区没有成熟的经验

根据方案比较结果，综合考虑其投资、运行管理和地区适宜性，本评价推荐方案一。

16.3.2　污泥处理工艺评价

本工程对污泥的处理采用中温厌氧消化、浓缩脱水的处理工艺，这是国内外大多数城市处理厂采用的污泥处理工艺。采用该工艺处理过的污泥，其生物活性更加稳定，污泥含水率可降至 80% 以下。该厂污泥的最终处置是作农肥施用，国家《农用污泥中污染物控制标准》（GB 4284—84）中明确指出："经高温堆腐或消化处理后的污泥才能施用于农田，污泥可在大田、园林和花卉地上施用，在蔬菜地和当年放牧的草地上不宜施用"。本工程污泥处理选用消化、浓缩脱水处理工艺是可行的，且能满足该标准对污泥消化的要求。

16.3.3　水污染负荷削减量预测

本工程投产后，将大幅度削减水污染物的排放量，减轻对纳污水体水质的污染，污水处理厂满负荷运行后，该城市生活污水中污染物的削减量见表 16-3。

本工程主要污染物削减量及排放量　　**表 16-3**

污染物	处理前总量（t/a）	削减量（t/a）	削减率（%）	处理后排放量（t/a）
COD	14600	12410	85	2190
BOD_5	7300	6570	90	730
氨氮	1095	547.5	50	547.5
SS	9125	8395	92	730
污水处理量（m^3/d）		10×10^4		

由表 16-3 可见，污水处理厂投入运行后，各项污染物均得到较大程度的削减，可大大减轻对水环境的污染负荷。

16.3.4　地表水影响预测

1. 影响预测

为了预测污水处理厂建成投产后对纳污水体水质的改善程度，选用河流下游的断面为预测断面，预测时段为枯水期，预测因子为 COD。

预测内容包括污水处理厂正常生产时达标排放对水体的影响；不建污水处理厂或事故排放时对水体的影响。

预测模式采用完全混合模式，公式如下：

$$C = \frac{C_p Q_p + C_h Q_h}{Q_p + Q_h}$$

式中　C——河水与污水混合后某污染的浓度（mg/L）；

C_p——所排污水中某种污染物的浓度（mg/L）；

C_h——河水中原有某污染物浓度（mg/L）；

Q_p——废水排放量（m^3/s）；

Q_h——河水流量（m^3/s）。

2.　预测结果及评价

根据预测模式及河水流量和水质条件，预测污水处理厂运行时及由于某些原因导致事故直排时污染物的排放情况，河水下游断面的预测结果见表16-4。

河流下游断面预测结果　**表16-4**

运行状态	污水处理厂排放		下游断面COD浓度（mg/L）		
	COD浓度（mg/L）	污水排放量（m^3/s）	现状值	预测值	变化值
正常达标	100	1.157	56.62	19.70	-36.91
不建厂或事故直排	400	1.157	56.62	56.62	0
河水流量（m^3/s）		9.5（95%保证率枯水位时，排污口上游断面）			

由表16-4可见，拟建污水处理厂达标排放时，排放口下游断面的COD浓度比现状值降低36.91mg/L，与不建污水处理厂或污水处理厂事故直排时相比，污染物的排放量大幅度削减，使下游断面的水质从目前的劣Ⅴ类提高到Ⅲ类（预测下游断面COD浓度值为19.70mg/L），这充分说明该污水处理厂建设的环境效益是十分显著的。

16.3.5　恶臭评价

1.　恶臭源分析

污水处理厂的恶臭主要来源于进水格栅间、沉砂池、初沉池、污泥浓缩及脱水间等工序。其成分主要是有机物中硫和氮生成的硫化氢、氨等多种恶臭物质，其排放量与污水处理厂的水流速度、温度、含污染物的浓度及水处理设施的几何尺寸、密闭程度和方式、当时的气温、日照等多种因素有关，排放的臭气一般具有浓度低、排气量大、产生臭气物质的种类多等特点。

本评价选择H_2S作为恶臭污染因子，重点分析其产生和影响程度。

H_2S为无色气体，具有臭鸡蛋腐败气味，其嗅觉阈值（正常人勉强感到臭味的浓度）为0.0005ppm，在其浓度为0.07ppm时，影响人眼睛对光的反射，其浓度超过10ppm时，对人的眼睛产生刺激。

2.　恶臭影响分析

为了更好地了解恶臭散布的规律，本评价进行了类比调查和监测，选择北方某处理规模相类似的污水处理厂进行类比调查并进行监测。调查结果显示，在距离恶臭发生源下风向臭味感觉比较明显，在100m范围内都可以嗅到，当距离为150m时，可以感觉到有微弱臭味，此处H_2S气体的浓度为0.0007mg/m^3。

类比调查还表明，在污水处理厂内部，恶臭污染源至厂界有一段距离，在这段距离内，恶臭强度会迅速衰减，在100m范围内，可最大幅度地减少恶臭影响，一般距离增加一倍，臭气浓度可降低一半以上。

本工程拟选厂址位于河流漫滩地上，厂区占地面积较大，易产生恶臭的进水格栅间等设施距厂界距离均大于100m，厂界 H_2S 浓度可达到二级标准，且厂区周围200m范围内无环境敏感点，因此，本污水处理厂产生的恶臭对厂区外周围环境的影响很小。

16.4 污染防治措施及综合利用

16.4.1 建设期污染防治措施

1. 文明施工

委托具有专业资质的施工单位进行施工，并严格确定施工厂界，确保施工质量，施工要有健全的职业安全、卫生、环保及管理制度。良好的管理制度是有效减少建设期施工对环境影响的根本措施。

2. 生态保护措施

污水管线施工时不可随意扩大管沟施工面积，应合理安排进度，尽量缩短施工期，施工时应将表土保留，在回填时用以恢复原有植被。污水处理厂在施工现场修建小围堰，并设置临时排水系统，控制地表剥离面积，保护植被，尽可能减少土壤侵蚀，以防止雨水冲刷而造成的水土流失。

3. 施工扬尘

施工现场周边按照规定设置围档，对施工现场内的施工道路进行硬质覆盖；施工区内须划定物料堆放场，对砂石等物料应采取封闭、遮挡等有效防尘措施。施工场地要经常洒水，对平整场地、装卸等活动应采取湿式作业，以减少扬尘对环境的污染。在风力5级以上天气，应暂时停止土方挖掘作业。

4. 噪声及振动防治措施

选用低噪声施工机械，运输材料及弃土的车辆要选择远离人群密集区的行驶路线，尽量减少对人群的干扰，施工场界要满足《建筑施工场界噪声限值》标准。

16.4.2 营运期污染防治措施

1. 水污染防治措施

污水处理厂自身产生的生产废水和生活污水通过厂区下水管网送入污水处理系统一并处理达标后排至受纳水体。

2. 大气污染防治措施

（1）锅炉烟气治理

为提供污水处理厂内各建筑物的冬季采暖，设有锅炉一台，选用灰分25%、硫分0.3%的煤质，燃煤量为500t/a，根据项目拟选厂址地区环境质量及容量要求，大气污染物在达标排放的基础上，尽量减少其贡献量，因此，本燃煤锅炉应采用高效脱硫除尘器对锅炉烟气进行治理。燃煤烟气经除尘效率为96%、脱硫效率达30%的高效除尘器处理后，主要污染物烟尘和二氧化硫的排放浓度可满足《锅炉大气污染物排放标准》（GB 13271—2001）中二类区Ⅱ时段标准，烟囱高度应大于25m。

（2）恶臭防治措施

污水处理厂各工序均不同程度地排放臭气，对其防治可通过工程除臭、加强管理、建立卫生防护带三方面加以控制。

对污水处理设施进行密封，对进水格栅池、沉砂池等加盖，密闭后集中高空排出；对有强烈臭味的污泥脱水间，将厂房内用引风机抽成负压，出口处再加装活性炭吸附器吸附臭味，并设15m以上排气筒高空排放，以减轻恶臭气味对外环境的影响。

加强对离心脱水机的维护和管理，减少污泥的含水量，对产生的污泥及时清运，避免由于随意堆放产生大量臭气污染环境。在产生臭气的构筑物周围和污水处理厂厂界处合理种植绿化防护林带，宜选择适合当地气候、抗病虫害的树种，进行高低错落、多排种植，同时在厂界外设宽约300m的卫生防护距离。

3. 噪声防治措施

污水处理厂主要噪声设备是鼓风机、水泵等，其噪声防治对策主要考虑从声源上和传播途径上降低噪声。而控制声源是降低噪声的最根本和最有效的方法。

选择低噪声、低振动、高质量的鼓风机、污水泵、水泵、电机等设备；设备基础必须采取隔振措施；单独设置隔声鼓风机房，入口采用地下廊道式，鼓风机搞好动平衡，并对风机进、出口安装消音器；各类泵房采用隔声处理；设置隔声观察室，设备运行用仪表并通过观察室来监控，在需要检查时工作人员要带隔音护耳进入现场；加强设备日常检修和维修，保证设备正常运转。

4. 事故风险应急措施

（1）事故排放

污水处理厂在运行中若发生停电、机械故障、污水干管爆裂等，污水将不能得到及时处理而直接排放，进而给纳污水体造成严重的污染。为了尽量避免事故排放，必须考虑应急措施，比如设置备用电源，当停电时启用备用电源保证设备正常运转。同时加强管理，对设施进行检修和维修，利用现代化管理手段，将事故防范于未然。

（2）氯气泄漏

污水处理厂使用的液氯主要用于消毒，但由于种种原因，存在氯气泄漏的风险，因此，对液氯钢瓶应按规章运输、贮存及使用，在液氯钢瓶和加氯间设置氯气检测仪，并与报警系统相连，当氯气泄漏时自动报警，并启动通风系统。加氯间需设置氯气泄漏事故池，一旦发现钢瓶焊口或瓶口腐蚀造成氯气泄漏，在及时组织职工往上风向撤离疏散的同时，应将钢瓶移入水（或石灰乳）池中吸收氯气，减轻对人体健康的危害和对外环境的影响。

16.4.3　综合利用

污水处理厂可处理大量的城市生活污水，使之达标排放，减少对水环境的污染，改善地表水水质。从清洁生产角度分析，污水处理厂所产生的水、污泥等都有再利用的价值和机会，如果对其进行进一步的综合利用，则可以节约水资源、减少污染物的外排量，变废物为资源，有利于污水处理厂的可持续发展。

1. 污水再利用

（1）再生水的用途

城市排放的污水，从另一个角度看也是一种资源，因为水在自然界中是惟一不可替代、也是可以重复利用的资源。污水经过适当的再生处理，可以重复利用，实现水在自然界中的良性大循环。随着科技的进步，污水再生技术基本成熟，一般情况下污水回用工程比兴建天然水取水工程，特别是长距离引水工程要节省投资并能相当程度的降低运行费用。我国是一个水资源匮乏的国家，为此，国家新近出台了关于城市污水再生利用的标准，为实现污水资源化提供了政策和技术依据。

城市污水处理并经深度净化后的再生水可以有多种用途，主要有：

工业用水，包括冷却用水、工艺用水、锅炉用水、其他工业用水。

农业灌溉用水。

生活杂用水，包括建筑中水。

地下回注用水。

景观用水。

（2）污水再生处理工艺

本污水处理厂处理后的出水再经进一步的深度处理就可以再生利用，根据该污水处理厂所处城市经济状况及再生水用途，建议本工程近期考虑设置 200m^3/d 规模的中水处理系统，处理出水达到城市杂用水水质后，用于本厂厂区绿化、洗车、冲池等，节约污水处理厂新鲜水用量。远期可考虑将全部出水再生后用管道送回城区内，作为工业用水、城市绿化、洗车杂用水及景观用水。

处理工艺：

污水处理厂二级出水→混凝沉淀→过滤→消毒→厂区杂用水

污水处理厂占地 8 万 m^2，绿化面积将达 3.2 万 m^2。春夏季用于绿化的水量约50～80m^3/d，剩余的水可用来满足生产用水的需要。

2. 污泥利用与处置

污泥作为污水处理的“产品”，在污水处理厂内经过浓缩、消化、脱水、干燥等手段处理后，仅仅做到了使污泥性质稳定，体积缩小，而没有解决其出路问题。脱水污泥的出路除填埋外，主要是农业（包括林业、园林、绿化）等方面的利用。

出于对生态环境的保护，国内外对污泥利用的质量要求愈来愈严，不允许污泥中的有毒、有害物质进入自然界的物质循环之中，所以国内外在污泥的农业应用方面采取了更加慎重的态度。污泥在农业方面利用最大的问题就是如何避免污泥中的有害物质（如重金属、有害有机物质等）进入大自然的物质循环中，对植物造成危害或者避免它们在可食性食物中富集。

污水处理厂污泥中含有氮、磷、钾、钙、镁等营养物质，同时也有重金属、有机物质等有害物质，本工程排放污泥24977t/a（含水率80%），应首先考虑农用，但要满足农业利用条件。采用《城镇污水处理厂污染物排放标准》（GB 18918—2002）中污泥农用时污染物控制标准限值，如不符合该标准规定，不能施用。

若污泥由于受到重金属、有害有机物质含量超标的影响，使污泥不能用于农业，则可考虑将这部分污泥进行卫生填埋处置。

16.5 评价结论

16.5.1 厂址选择可行性结论

1. 地理位置

污水处理厂厂址拟选在该城市发展规划中的市政公用设施用地，厂址现状为空地。

拟建厂址处工程地质条件较好，适宜作为工业建筑用地。

该厂址位于城市纳污水体河段下游区域，距纳污水体较近，可使污水处理厂处理后出水就近排放。

2. 环境可行性分析

拟选厂址位于城市市郊，厂区周围200m范围内无环境敏感点，厂址位于该地区夏季主导风向下风向，该厂址为上风时则为该地区最小频率风向。

拟选厂址附近地势开阔，有利于大气污染物的稀释和扩散，厂址地区为空地，并有远期发展扩建的余地。

环境影响预测表明，污水处理厂的建设及投产后，受纳水体环境质量将得到改善；所排大气污染物对环境的影响能为现有环境所接受；噪声对外环境影响很小；污泥作为农用可变废为宝。

3．公众参与结果

通过发放调查表了解公众对污水处理厂建设的意见。公众参与结果表明，75% 的公众同意项目的选址，25% 的公众表示对拟选厂址可以接受，没有不同意选址的意见。

综合以上建设条件、环境条件及公众参与结果，本评价认为该污水处理厂拟选厂址是合理可行的。

16.5.2　总结与建议

1．污水处理厂工程设计是可行的，该厂处理污水以生活污水为主，结合其所处的地理位置，适于采用缺氧—好氧活性污泥法（A/O 法），处理出水能够达到设计出水水质。

污泥采用中温厌氧机械脱水工艺，从污泥最终处置途径考虑，浓缩脱水污泥可以在大田作基肥施用。

2．污水处理厂投产后，其处理能力为 $10\times10^4m^3/d$，污染物的削减量分别为 COD：34t/d，BOD_5：18t/d，SS：23t/d，氨氮：1.5t/d。

3．地表水预测结果表明，污水处理厂投入使用后，纳污水体下游河段水质将得到明显改善。

4．由于拟建污水处理厂厂区占地面积较大，周围地区空旷，厂区外 200m 内无居民点，恶臭的影响范围主要在厂区范围内，对厂址 200m 以外基本无影响。

5．污泥是污水处理厂外排的主要污染物，分析表明，污泥在大田作基肥施用是可行的。但必须选择适于施用的农田，并应根据所产生污泥的特点编制污泥农业利用方案。

6．污水处理厂处理后出水经过再生可用于绿化、洗车、冲洗水池等在厂区内再利用，符合国家污水资源化的总体方针，再生处理工艺比较简单可行，建议采用并总结经验，待条件成熟时扩大规模，并设置中水管线，为所处城市提供中水。

第17章 给水排水工程设计参考资料

17.1 给水排水工程设计标准、规范

17.1.1 给水排水工程设计规范

给水排水工程设计规范见表17-1。

给水排水工程设计规范一览表　　表17-1

序号	标准编号	标 准 名 称	主编单位
1	GBJ 13—86	室外给水设计规范	上海市基本建设委员会
2	GBJ 14—87	室外排水设计规范	上海市基本建设委员会
3	GB 50265—97	泵站设计规范	中华人民共和国水利部

17.1.2 给水排水工程施工和验收标准

给水排水工程施工和验收标准见表17-2。

给水排水工程施工和验收标准一览表　　表17-2

序号	标准编号	标 准 名 称	主编单位
1	GBJ 25—90	湿陷性黄土地区建筑规范	陕西省建筑科学研究设计院
2	GBJ 93—86	工业自动化仪表工程施工及验收规范	化工部第九化工建设公司
3	GBJ 131—90	自动化仪表安装工程质量检验评定标准	化工部施工技术研究所
4	GBJ 141—90	给水排水构筑物施工及验收规范	北京市市政工程局
5	GBJ 201—83	土方与爆破工程施工及验收规范	四川省建筑工程总公司
6	GBJ 202—83	地基与基础工程施工及验收规范	上海市建筑工程局
7	GBJ 242—82	采暖与卫生工程施工及验收规范	沈阳市建筑工程局
8	GB 4551—84	石棉水泥输水、输煤气管道铺设指南	苏州混凝土水泥制品研究所
9	CJJ 3—90	市政排水管渠工程质量检验评定标准	北京市市政工程局
10	CJJ 6—85	水管道维护安全技术规程	天津市市政工程局
11	CJJ 13—87	供水水文地质钻探与凿井操作规程	中国市政工程中南设计院
12	CJJ 18—88	市政工程施工、养护及污水处理工人技术等级标准	建设部劳动工资局
13	CJJ 30—89	建筑排水硬聚氯乙烯管道施工及验收规程	上海市建筑施工技术研究所

续表

序号	标准编号	标　准　名　称	主 编 单 位
14	CECS 10—89	埋地给水钢管道水泥砂浆衬里技术标准	北京市市政设计研究院
15	CECS 18—90	室外硬聚氯乙烯给水管道施工规程	哈尔滨建筑工程学院
16	CECS 19—90	混凝土排水管道工程闭气试验标准	天津市市政工程局
17	TBJ 209—86	铁路给水排水施工规范	铁道部第四工程局
18	TBJ 409—87	铁路给水排水施工技术安全规则	铁道部第四工程局
19	TBJ 422—87	铁路给水排水工程质量评定验收标准	铁道部第四工程局
20	GB 50268—97	给水排水管道工程施工及验收规范	北京市市政工程局
21	YSJ 401—89	土方与爆破工程施工操作规程	兰州有色金属建筑研究所
22	SYJ 7—84	钢质管道及储罐防腐蚀工程设计规范	大庆石油管理局油田建设设计
23	SYJ 28—87	埋地钢质管道环氧煤沥青防腐层标准	石油部规划设计总院
24	SYJ 4001—84	长输管道干线敷设工程施工及验收规范	石油部管道局工程处
25	SYJ 4013—87	埋地钢质管道包覆聚乙烯防腐层施工及验收规范	华北石油管理局油建一公司
26	SYJ 4014—87	埋地钢质管道聚乙烯胶带防腐层施工及验收规范	华北石油勘察设计研究院

17.1.3　给水排水管道设计标准

给水排水管道设计标准见表 17-3。

给水排水管道设计标准一览表　　　　**表 17-3**

序号	标准编号	标　准　名　称	主 编 单 位
1	GB 3422—82	连续铸铁管	鞍山钢铁公司
2	GB 420—82	灰口铸铁管件	上海管件铸造厂
3	GB 8716—88	排水用灰口铸铁直管及管件	广州铸管厂
4	GB 13295—91	离心铸造球墨铸铁管	国营风雷机械厂
5	GB 13294—91	球墨铸铁管件	中国市政工程华北设计院
6	GB 3091—82	低压流体输送用镀锌焊接钢管	上海钢管厂
7	GB 3092—82	低压流体输送用焊接钢管	鞍山钢铁公司
8	GB 8163—87	输送流体用无缝钢管	鞍山钢铁公司
9	GB 2270—80	不锈钢无缝钢管	鞍山钢铁公司
10	GB 3090—82	不锈钢小直径钢管	天津冶金材料研究所
11	GB 4163—84	不锈钢管超声波探伤方法	上海第五钢铁厂
12	YB 238—63	钢制管接头	鞍山钢铁公司
13	GB 12465—90	管路松套伸缩接头	中华造船厂

续表

序号	标准编号	标　准　名　称	主编单位
14	GB 5836—86	建筑排水用硬聚氯乙烯管材和管件	上海市建筑科学研究所
15	HGJ 515—87	玻璃钢/聚氯乙烯（FRP/PVC）复合管和管件	中国环球化学工程公司
16	GB 4219—84	化工用硬聚氯乙烯管材	山东烟台塑料工业公司
17	GB 4084—83	承插式自应力钢筋混凝土输水管	建材科研院水泥科研所
18	GB 3039—82	石棉水泥输水管	苏州水泥制品研究所
19	GB 1187—81	输水胶管	青岛第六橡胶厂
20	GB 1188—81	吸水胶管	湖北宜昌中南橡胶厂
21	GB 1001—88	给水用硬聚氯乙烯管材	中国建筑标准设计研究所
22	GB 1002—88	给水用硬聚氯乙烯管件	北京市塑料研究所

17.1.4　泵类设计标准

泵类设计标准见表17-4。

泵类设计标准一览表　　表17-4

序号	标准编号	标　准　名　称	主编单位
1	GB 3214—82	水泵流量的测定方法	沈阳水泵研究所
2	GB 10889—89	泵的振动测量与评价方法	沈阳水泵研究所
3	GB 10890—89	泵的噪声测量与评价方法	沈阳水泵研究所
4	GB 3216—89	离心泵、混流泵、轴流泵和旋涡泵试验方法	沈阳水泵研究所
5	ZB 891010—88	IB型单级离心泵型式与基本参数	浙江省机械科研所
6	JB 1051—84	一般多级离心水泵型式与基本参数	沈阳水泵研究所
7	JB 3561—84	单级单吸耐腐蚀离心泵基本性能参数	沈阳水泵研究所
8	JB 3563—84	离心油泵和离心耐腐蚀泵效率	沈阳水泵研究所
9	JB 2975—81	离心式污水泵	石家庄杂质泵研究所
10	JB 2976—81	离心式泥浆泵	石家庄杂质泵研究所
11	GB 9481—88	中小型轴流泵型式与基本参数	中国农业机械化研究院
12	ZBJ 71007—88	旋涡泵技术条件	沈阳水泵研究所
13	GB 7782—87	计量泵基本参数	合肥通用机械研究所
14	GB 9236—88	计量泵技术条件	合肥通用机械研究所
15	ZBJ 78014—89	往复真空泵	合肥工业大学
16	ZBJ 78013—89	罗茨真空泵	沈阳真空技术研究所

17.1.5　阀门设计标准

阀门设计标准见表17-5。

阀门设计标准一览表　表 17-5

序号	标准编号	标 准 名 称	主 编 单 位
1	GB 12220—89	通用阀门标志	合肥通用机械研究所
2	GB 12221—89	法兰连接金属阀门结构长度	合肥通用机械研究所
3	GB 12232—89	通用阀门法兰连接铁制闸阀	合肥通用机械研究所
4	GB 12234—89	通用阀门法兰和对焊连接钢制闸阀	合肥通用机械研究所
5	GB 12233—89	通用阀门与升降式止回阀	瓦房店阀门厂
6	GB 12236—89	通用阀门钢制旋启式止回阀	合肥通用机械研究所
7	ZBJ 16001—86	聚三氟氯乙烯塑料衬里截止阀	化工部化工机械研究院
8	GB 12238—89	通用阀门法兰和对夹连接蝶阀	合肥通用机械研究所
9	GB 12239—89	通用阀门隔膜阀	合肥通用机械研究所
10	GB 12244 ~ 12246—89	减压阀	沈阳阀门研究所
11	GB 12241 ~ 12243—89	安全阀	合肥通用机械研究所

17.2　给水排水工程设计标准图集

给水排水工程常用标准图索引见表 17-6

常用标准图索引　表 17-6

序号	标 准 名 称	标 准 编 号
1	圆形阀门井	S141
2	矩形卧式阀门井	S144
3	方形及圆形给水箱	S151
4	管道和设备保温	87S159
5	管道支架及吊架	S161
6	冷热水混合器	S156
7	小型排水构筑物	93S217
8	圆形排水检查井	S231
9	矩形排水检查井	S232
10	扇形排水检查井	S233
11	跌水井	S234
12	钢制管道零件	S311
13	防水套管	S312
14	套管式伸缩器	S313
15	水塔水池浮漂水位标尺	S318
16	水池通气管、吸水喇叭管及支架	90S319

续表

序号	标 准 名 称	标 准 编 号
17	投药、消毒设备	S346
18	小型投药设备	85S347
19	深井泵房	S651
20	压力滤器	S738
21	脉冲澄清池	CS772
22	虹吸滤池	S773
23	重力式无阀滤池	S775
24	斜管的组合安装	85SS777
25	钢梯及钢栏杆通用图	HG/T21613—96
26	平流式、竖流式沉淀池	S711

17.3　给水排水工程厂区布置要求

17.3.1　厂区道路与绿化

厂区主要车行道宽度：10.0m3/d 万以下的污水厂可采取 4.0 ~ 6.0m，10.0 万 m^3/d 以上的污水厂可采取 5.0 ~ 8.0m。次要车行道一般为 3.0 ~ 5.0m，人行道宽度为 1.5 ~ 2.5m。厂内车行道转弯半径不小于 6.0 ~ 8.0m，道路纵坡一般不大于 3%。

厂区的绿化面积应为厂区总面积的 20% ~ 40%，尤其是新建厂的绿化面积不宜小于总面积的 30%。除预留绿化用地以外，主要道路两侧应有 0.5 ~ 1.5m 的绿化带。

17.3.2　厂区消防间距

厂区内污泥处理与利用设施、管廊及闸门间等设施，按照生产的火灾危险性分类，属于甲类生产建筑，电气防爆等级为 Q—2。厂房的耐火等级、防火间距、电力线路及设备选型与保护等，均应严格遵照《建筑设计防火规范》（GBJ 16—87）中的国家规范要求。

上述设施的排水管道接入厂区下水管道时，应设水封井。各个构筑物之间的管沟及电气管道等，不应互相直接连通，需要加隔绝措施。

在污泥泵间，不应敷设可燃气体管道。在配电间及仪表控制室，不应敷设可燃气体管道及污泥管等。

以上构筑物、建筑物及设施与厂外其他建筑物或设施的防火间距应为 9 ~ 15m，与厂内其他建筑物或设施的防火间距应为 6 ~ 9m。

17.3.3　各种管线允许距离

各种管线的最小水平净距，见表 17-7，地下管线交叉时的最小垂直净距，见表 17-8。

各种管线的最小水平净距（m）　　**表 17-7**

序号	管线名称	1	2	3	4			5	6	7	8	9	10	11	12
		建筑物	给水管	排水管	排气管			热力管	电力电缆	电信电缆	电信管道	乔木	灌木	地上柱杆	道路边缘
					低	中	高								
1	建筑物	3.0	3.0	2.0	3.0	4.0	1.5	0.6	0.6	1.5	3.0	1.5	3.0	—	3.0
2	给水管	3.0		1.5	1.0	1.0	1.0	1.5	0.5	1.0	1.0	1.5	—	1.0	1.5
3	排水管	3.0	1.5	1.0	1.0	1.0	1.0	1.5	0.5	1.0	1.0	1.0	—	1.0	1.5
4	煤气管	2.0	1.0	1.0				1.0	1.0	1.0	1.0	1.5	1.5	1.0	1.0
	低压（压力不超过 4.9kPa）	2.0	1.0	1.0				1.0	1.0	1.0	1.0	1.5	1.5	1.0	1.0
	中压（压力 5 ~ 98kPa）	3.0	1.0	1.0				1.0	1.0	1.0	1.0	1.5	1.5	1.0	1.0
	高压（压力 99 ~ 294kPa）	4.0	1.0	1.0				1.0	1.0	2.0	2.0	1.5	1.5	1.0	1.0
	高压（压力 295 ~ 1176kPa）	15	5.0	5.0				4.0	2.0	10	10	2.0	2.0	1.5	2.5
5	热力管	3.0	1.5	1.5	1.0	1.0	1.0		2.0	1.0	1.0	2.0	1.0	1.0	1.5
6	电力电缆	0.6	0.5	0.5	1.0	1.0	1.0	2.0	—	0.5	0.2	1.5		0.5	1.0
7	电信电缆（直埋式）	0.6	1.0	1.0	1.0	1.0	2.0	1.0	0.5	0.2	0.2	1.5		0.5	1.0
8	电信管道	0.6	1.0	1.0	1.0	1.0	2.0	1.0	0.5	0.2		1.5		0.5	1.0
9	乔木（中心）	3.0	1.5	1.0	1.5	1.5	1.5	2.0	1.5	1.5	1.5		—	2.0	1.0
10	灌木	1.5	—	—	1.5	1.5	1.5	1.0				—		—	0.5
11	地上柱杆（中心）		3.0	1.0	1.0	1.0	1.0	1.5	1.0	0.5	0.5	1.0	2.0		0.5
12	道路侧石边缘	—	1.5	1.5	1.0	1.0	1.0	1.5	1.0	1.0	1.0	1.0	0.5	0.5	

注：表中所列数字，除指定外，均系管线与管线之间净距，所谓净距，系指管线与管线外壁间之距离而言。

地下管线的交叉时最小垂直净距（m） **表17-8**

序号	管道名称	给水管	排水管	热力管	煤气管	电信铠装电缆	电信管道	高压电力电缆	低压电力电缆	明沟（沟底）	涵洞（基础底）	电力（轨底）	铁路（轨底）
1	给水管	0.1	0.1	0.1	0.1	0.2	0.1	0.2	0.2	0.5	0.15	1.0	1.0
2	排水管	0.1	0.1	0.1	0.1	0.2	0.1	0.2	0.2	0.5	0.15	1.0	1.0
3	热力管	0.1	0.1	—	0.1	0.2	0.1	0.2	0.2	0.5	0.15	1.0	1.0
4	煤气管	0.1	0.1	0.1	0.1	0.2	0.1	0.2	0.2	0.5	0.15	1.0	1.0
5	电信铠装电缆	0.2	0.2	0.2	0.2	0.1	0.15	0.2	0.2	0.5	0.20	1.0	1.0
6	电信管道	0.1	0.1	0.1	0.1	0.15	0.10	0.15	0.15	0.5	0.25	1.0	1.0
7	电力电缆	0.2	0.2	0.2	0.2	0.2	0.15	0.50	0.50	0.5	0.50	1.0	1.0

注：表中所列为净距数字，如管线敷设在套管或地道中，或者管道有基础时，其净距自套管、地道的外边或基础的底边（如果有基础的管道在其他管线上越过时）算起。

参 考 文 献

1 上海市政工程设计院. 给水排水设计手册（第3册）. 北京：中国建筑工业出版社
2 北京市市政设计院. 给水排水设计手册（第5册）. 北京：中国建筑工业出版社
3 严煦世. 给水排水工程快速设计手册（第1册）. 北京：中国建筑工业出版社
4 于尔捷、张杰. 给水排水工程快速设计手册（第2册）. 北京：中国建筑工业出版社
5 范瑾初. 给水工程. 北京：中国建筑工业出版社
6 姜乃昌. 水泵及水泵站. 北京：中国建筑工业出版社
7 中国建筑标准设计研究所. 给水排水标准图集. 北京：中国建筑工业出版社
8 张自杰. 排水工程（下册）. 北京：中国建筑工业出版社
9 许保玖. 给水处理理论. 北京：中国建筑工业出版社
10 崔玉川. 给水处理设施设计计算. 北京：化学工业出版社
11 曾科. 污水处理厂设计与运行. 北京：化学工业出版社
12 韩洪军. 污水处理构筑物设计与计算. 黑龙江哈尔滨工业大学出版社
13 钟淳昌. 净水厂设计. 北京：中国建筑工业出版社
14 唐受印，戴友芝. 水处理工程师手册. 北京：化学工业出版社
15 张自杰. 废水处理理论与设计. 北京：中国建筑工业出版社
16 胡大锵. 废水处理及回用工艺流程实用图例. 北京：水利电力出版社
17 丁亚兰. 国内外给水处理工程设计实例. 北京：化学工业出版社
18 丁亚兰. 国内外废水处理工程设计实例. 北京：化学工业出版社
19 崔玉川. 净水厂设计知识. 北京：水利电力出版社
20 孙力平. 污水处理新工艺与设计计算实例. 北京：科学出版社
21 郭功佺. 给水排水工程概预算与经济评价手册. 北京：中国建筑工业出版社
22 中国建筑工业出版社. 建筑制图标准汇编. 北京：中国建筑工业出版社

高等学校给水排水工程专业指导委员会规划推荐教材

征订号	书　　名	作　者	定价（元）	备　　注
12223	全国高等学校土建类专业本科教育培养目标和培养方案及主干课程教学基本要求——给水排水工程专业	高等学校土建学科教学指导委员会给水排水工程专业指导委员会	17.00	
13101	水质工程学	李圭白　张杰	63.00	国家级“十五”规划教材
10305	给水排水管网系统	严煦世等	30.40	国家级“十五”规划教材
10304	水资源利用与保护	李广贺等	33.40	国家级“十五”规划教材
12605	建筑给水排水工程（第五版）	王增长等	36.00	土建学科“十五”规划教材
12167	水处理实验技术（第二版）	李燕城等	22.00	土建学科“十五”规划教材
10303	水工艺设备基础	黄延林等	30.00	土建学科“十五”规划教材
10306	城市水工程概论	李圭白等	20.30	土建学科“十五”规划教材
11163	土建工程基础	沈德植等	28.00	土建学科“十五”规划教材
13496	城市水系统运营与管理	陈　卫等	39.00	土建学科“十五”规划教材
10302	水工程经济	张　勤等	39.40	土建学科“十五”规划教材
12607	水工程法规	张　智等	32.00	土建学科“十五”规划教材
12606	水工程施工	张　勤等	43.00	土建学科“十五”规划教材
12166	城市水工程建设监理	王季震等	24.00	土建学科“十五”规划教材
10355	有机化学（第二版）	蔡素德等	23.50	土建学科“十五”规划教材
13464	水源工程与管道系统设计计算	杜茂安等	19.00	土建学科“十五”规划教材（给水排水工程专业设计丛书）
13465	水处理工程设计计算	韩洪军等	36.00	土建学科“十五”规划教材（给水排水工程专业设计丛书）
13466	建筑给水排水工程设计计算	李玉华等	30.00	土建学科“十五”规划教材（给水排水工程专业设计丛书）

以上为已出版的指导委员会规划推荐教材。欲了解更多信息，请登陆中国建筑工业出版社网站：www. chian-abp. com. cn 查询。

在使用本套教材的过程中，若有何意见或建议，可发 Email 至：jiaocai@ china-abp. com. cn。